实用案例4.1 绘制棘轮

实用案例4.2 绘制梅花

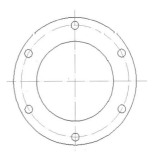

实用案例4.3 绘制盘盖

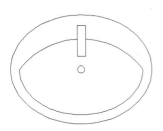

实用案例4.4 绘制脸盆

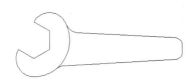

实用案例4.5 绘制六角扳手

实用案例4.6 绘制凸轮

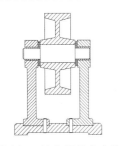

实用案例4.7 填充滑轮支座装配图

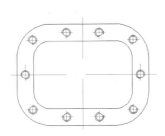

实用案例5.2 绘制多个螺钉孔

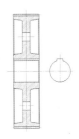

实用案例5.3 绘制齿轮

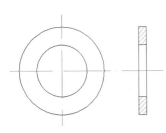

实用案例5.4 绘制垫片

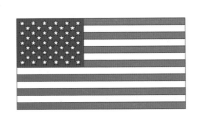

实用案例5.5 绘制美国国旗

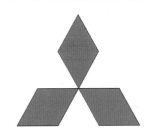

实用案例5.6 绘制三菱标志

书中案例效果展示

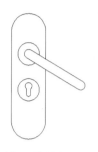

实用案例5.8 旋转把手方向

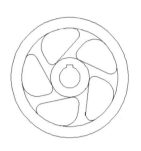

实用案例5.13 绘制手轮

实用案例5.16 绘制吊钩

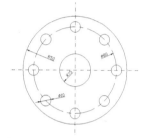

实用案例8.5 法兰盘尺寸标注

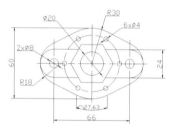

实用案例8.6 圆弧弧长标注

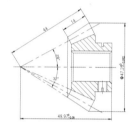

实用案例8.8 角度尺寸标注

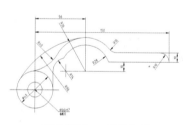

实用案例8.9 引线标注

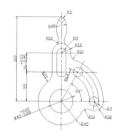

实用案例8.11 尺寸公差标注

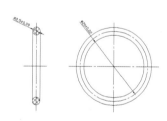

实用案例9.1.2 绘制O形圈

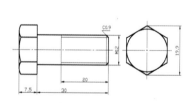

实用案例9.1.5 绘制螺栓

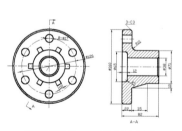

实用案例9.2.2 绘制连接盘

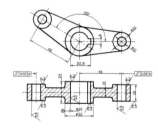

实用案例9.3.1 绘制曲柄

书中案例效果展示

手把手教你学AutoCAD 2010机械实战篇

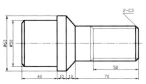

实用案例9.4.1 绘制花键轴

实用案例9.7.2 绘制斜二轴测图

实用案例10.5 绘制叶轮外形曲面

实用案例10.6 绘制桌子外形

实用案例10.7 绘制水杯外形

实用案例10.10 绘制铅笔模型

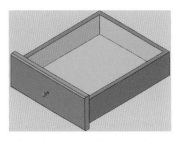

实用案例10.11 绘制抽屉模型

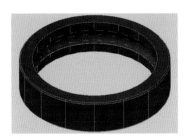

实用案例10.12 绘制轴承外圈

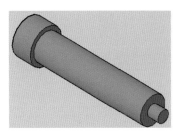

实用案例11.1 绘制顶针

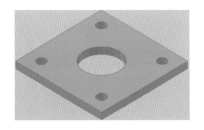

实用案例11.2 绘制模板

实用案例11.3 绘制简易轴盖

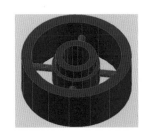

实用案例11.4 简易带辐条皮带轮

书中案例效果展示

实用案例11.5 装配带与带轮

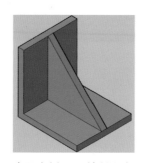

实用案例11.6 绘制支座

实用案例11.7 绘制通气管

实用案例12.1.1 绘制螺母

实用案例12.1.2 绘制螺栓

实用案例12.2.2 绘制泵盖

实用案例12.3.1 绘制深沟球轴承

实用案例12.3.2 绘制轴承座

实用案例12.4.1 绘制圆柱齿轮

实用案例12.4.2 绘制锥齿轮

实用案例12.5.1 绘制上箱体

实用案例14.1.3 齿轮轴的装配

书中案例效果展示

手把手系列

手把手教你学
AutoCAD 2010
机械实战篇

程光远 编著

电子工业出版社·
Publishing House of Electronics Industry
北京·BEIJING

内 容 简 介

本书主要讲解 AutoCAD 2010 中文版软件在机械制造行业中的应用,并根据机械设计专业绘图的特点精心编写而成。具有结构完整、信息量大、内容实用、图案美观等特点。

本书采用理论与实践相结合的讲解方式,首先讲解了 AutoCAD 机械绘图的一些基础知识;然后通过典型应用案例的操作,让读者通过大量的案例进行演练,使之更加熟练地掌握所学的绘图技能;最后精心挑选了与机械设计、机械零件相关的 AutoCAD 应用实例进行详细讲解,包括机械零件的二维零件图和三维模型图的设计和绘制技能以及装配图的绘制,并以一个综合实例讲解了完整机械图纸的绘制和设计方法,以串联本书所讲的机械绘制知识。

本书适合初学 AutoCAD 2010 的读者、打算通过自学软件进行专业充电的高中毕业生、有志于跨入机械等相关专业的人员、机械等专业的企业工人,并可作为大中专院校或社会培训 AutoCAD2010 的理想教材。

随书光盘包括了全书 146 个实用案例的素材文件和效果文件,并赠送的案例的演示讲解视频文件,供读者更好的学习。

图书在版编目(CIP)数据

手把手教你学 AutoCAD 2010. 机械实战篇 / 程光远编著. -- 北京 : 电子工业出版社,2010.6
(手把手系列)

ISBN 978-7-121-10906-5

Ⅰ. ①手… Ⅱ. ①程… Ⅲ. ①机械制图:计算机制图-应用软件,AutoCAD 2010 Ⅳ. ①TP391.72

中国版本图书馆 CIP 数据核字(2010)第 091924 号

责任编辑:许 艳
文字编辑:张丹阳
印　　刷:北京东光印刷厂
装　　订:三河市皇庄路通装订厂
出版发行:电子工业出版社
　　　　　北京市海淀区万寿路 173 信箱　邮编 100036
开　　本:787×1092　1/16　印张:31　字数:793 千字　彩插:2
印　　次:2010 年 6 月第 1 次印刷
印　　数:4000 册　定价:59.00 元(含 DVD 光盘 1 张)

凡所购买电子工业出版社图书有缺损问题,请向购买书店调换。若书店售缺,请与本社发行部联系,联系及邮购电话:(010) 88254888。

质量投诉请发邮件至 zlts@phei.com.cn,盗版侵权举报请发邮件至 dbqq@phei.com.cn。

服务热线:(010) 88258888。

前　言

　　Autodesk 公司推出的 AutoCAD 是一个在建筑行业里使用非常广泛的辅助设计软件，该软件不仅可以快速精确地绘制各种类型的建筑及装饰图纸，还可以创建三维模型，并加入物理光源、材质等渲染元素，将模型渲染为逼真的效果图，该软件因为应用范围广、绘图精度高、兼容性强等优点，而广受设计绘图人员的青睐。

　　本书从实用角度出发，采用"零起点学习＋典型应用案例＋实际工程应用"这一写作结构。考虑到初学者的具体学习需求，本书首先在基础篇中讲解了 AutoCAD 机械绘图的一些基础知识；然后通过典型应用案例的操作，让读者通过大量的案例进行演练，使之更加熟练地掌握所学的绘图技能；最后根据实际工作的应用，精心挑选了与机械设计、机械零件相关的 AutoCAD 应用实例进行详细地讲解，讲解了机械零件的二维零件图和三维模型图的设计和绘制技能，还有装配图的绘制，并且以一个综合实例讲解了完整机械图纸的绘制和设计方法，以串联本书所讲机械绘制知识。

本书主要内容

　　第 1～3 章，讲解了 AutoCAD 2010 绘图与机械制图的基础，包括 AutoCAD 的概述，图形文件的基本操作，辅助功能设置，坐标系的设置，图形单位与界限的设置，绘图环境的配置，图形的缩放与平移操作，图层的控制，与机械制图相关的国家标准，三面投影图，工程中常用的基本表示法，零件图，装配图等。

　　第 4～5 章，讲解了平面图形的绘制、编辑与应用案例，包括直线与多边形的绘制，圆、圆弧和圆环的绘制，椭圆与椭圆弧的绘制，样条曲线与多段线的绘制，图案的填充，图形对象的复制，图形对象的调整，对象的圆角与倒角，图形对象的夹点编辑操作等，并通过大量的应用案例进行演练操作。

　　第 6 章，讲解了机械图形的高效制图，包括块的创建与保存，图块属性的设置，外部参照的应用，设计中心的操作等。

　　第 7～8 章，讲解了 AutoCAD 图形中尺寸、文本、表格的标注及绘制，包括文本的创建，表格的创建，尺寸标注样式的设置，各种标注工具的应用等，且通过大量的文本与尺寸标注案例进行演练操作。

　　第 9 章，主要讲解了实际生产中最常用零件的设计和绘制，包括通用标准件、盘盖类零件、叉架类令、轴类零件、齿轮类零件、箱体类零件和零件轴测图的设计和绘制。

　　第 10～11 章，讲解了 AutoCAD 三维模型的创建与编辑操作，包括二维造型基础、三维图形的控制、三维图形的创建、三维图形的编辑，且通过大量的三维模型案例进行演练操作。

第 12 章，对机械工程中常用的零部件进行三维造型绘制和讲解，包括螺纹类零件、盘盖类零件、轴系零件、齿轮类零件和箱体类零件的三维造型设计和绘制。

第 13 章，介绍了 AutoCAD 的对象信息查询与打印出图时的相关设置，包括零件长度、面积、体积、质量等对象查询信息及图形的布局、打印和输出操作。

第 14 章，讲解了通过典型零件齿轮和轴的三维实体设计和装配以及零件图和装配图的绘制，进一步掌握和熟悉三维实体的绘制和编辑方法以及绘制完整机械图纸的方法和步骤。

本书适合读者

- 初学 AutoCAD2010 的读者，通过本书学习该软件在机械专业方面的应用。

- 高中毕业生，打算通过自学软件进行专业充电的。

- 有志于跨入机械等相关专业的人员。

- 机械等专业的企业工人，打算通过各类案例的学习提升自己的价值，以谋求职业上的进一步发展。

- 可作为大中专院校或社会培训 AutoCAD 2010 的理想教材。

本书特色

本书在知识讲解上力求新颖、由浅入深、紧扣标准、重点突出、案例实用、图解明细，同时兼顾了工程图的绘制技巧和绘制方法，使方法的学习融于具体的案例中。本书通过精选细选的典型案例，讲解了建筑工程图绘制前的运筹规划和绘制操作的次序与技巧，能够开拓读者思路，使其掌握方法，提高对知识综合运用的能力。通过对本书内容的学习、理解和练习，能使读者真正具备绘图专家级的水平和素质。

致谢

在本书的编写过程中得到了王雅茹、赵国军、郑潮、王连杰、黎卫东、卜利君、陈涛、邓兴业、付冰、何贤辉、胡标、姜琴英、历蒋、金芳芳 、张宏等老师的帮助，在此表示感谢。本书力求严谨，但是由于水平有限，时间仓促，书中难免有疏漏和不足之处，感谢广大读者不吝赐教，以期改正。

目　录

第 1 章　AutoCAD 2010 快速入门 ·············· 1

实用案例 1.1　介绍 AutoCAD 2010 在
机械方面的应用 ··············2

实用案例 1.2　介绍 AutoCAD 2010 所需
的软硬件配置 ··············3

实用案例 1.3　了解 AutoCAD 2010 的
绘图空间 ··············4

实用案例 1.4　新建和保存图形文件 ·····12

实用案例 1.5　输入和加密图形文件 ·····13

实用案例 1.6　打开和输出图形文件 ·····15

实用案例 1.7　使用帮助文件中的搜索
功能 ··············17

第 2 章　基础绘图操作 ·············· 20

实用案例 2.1　介绍命令调用方式 ········21

实用案例 2.2　介绍如何设置坐标系 ·····25

实用案例 2.3　设置图形单位和界限 ·····27

实用案例 2.4　配置绘图系统 ···········29

实用案例 2.5　介绍如何管理样板
文件 ··············45

实用案例 2.6　介绍如何管理图层 ·····46

实用案例 2.7　图层状态和特性 ···········51

实用案例 2.8　介绍坐标的四种输入
方式 ··············55

实用案例 2.9　设置绘图辅助功能 ·····56

实用案例 2.10　视图显示控制 ···········61

第 3 章　机械设计与绘图基础 ·············· 69

实用案例 3.1　介绍与机械制图相关的
国家标准 ··············70

实用案例 3.2　介绍投影法基本原理和
三面投影图 ··············77

实用案例 3.3　介绍工程中常用的基本
视图 ··············81

实用案例 3.4　零件图 ···········87

实用案例 3.5　装配图概述 ···········93

实用案例 3.6　如何定制符合国家标准的
CAD 环境 ··············94

第 4 章　平面绘图 ·············· 100

实用案例 4.1　绘制棘轮 ···········101

实用案例 4.2　绘制梅花 ···········103

实用案例 4.3　绘制盘盖 ···········107

实用案例 4.4　绘制脸盆 ···········112

实用案例 4.5　绘制六角扳手 ·······116

实用案例 4.6　绘制凸轮 ···········119

实用案例 4.7　填充滑轮支座装配图 ···122

综合实例演练——绘制旋钮 ···········128

第 5 章　二维图形编辑 ·············· 132

实用案例 5.1　如何选择图形对象 ·······133

实用案例 5.2　绘制多个螺钉孔 ·······138

实用案例 5.3　绘制齿轮 ···········140

实用案例 5.4　绘制垫片 ···········142

实用案例 5.5　绘制美国国旗⋯⋯⋯⋯146
实用案例 5.6　绘制三菱标志⋯⋯⋯⋯152
实用案例 5.7　修改螺钉孔位置⋯⋯⋯154
实用案例 5.8　旋转把手方向⋯⋯⋯⋯155
实用案例 5.9　缩放联轴器⋯⋯⋯⋯⋯157
实用案例 5.10　拉伸零件⋯⋯⋯⋯⋯159
实用案例 5.11　修改零件形状⋯⋯⋯161
实用案例 5.12　绘制一个花瓶⋯⋯⋯163
实用案例 5.13　绘制手轮⋯⋯⋯⋯⋯166
实用案例 5.14　修改螺纹线⋯⋯⋯⋯167
实用案例 5.15　分解图形⋯⋯⋯⋯⋯169
实用案例 5.16　绘制吊钩⋯⋯⋯⋯⋯170
实用案例 5.17　绘制挂轮架⋯⋯⋯⋯175
综合实例演练——绘制传动轮⋯⋯⋯179

第6章　高效绘图⋯⋯⋯⋯⋯⋯⋯181
实用案例 6.1　创建螺栓图块⋯⋯⋯182
实用案例 6.2　创建六角螺母块文件⋯184
实用案例 6.3　利用图块组合零件图⋯186
实用案例 6.4　定义属性并编辑属性值⋯188
实用案例 6.5　插入一个带有属性的块⋯191
实用案例 6.6　编辑块属性⋯⋯⋯⋯⋯192
实用案例 6.7　应用设计中心管理与
　　　　　　　共享零件图⋯⋯⋯194
实用案例 6.8　应用选项板高效引用
　　　　　　　外部资源⋯⋯⋯⋯197
实用案例 6.9　应用编组管理复杂
　　　　　　　零件图⋯⋯⋯⋯⋯201
实用案例 6.10　应用特性管理与修改
　　　　　　　零件图⋯⋯⋯⋯⋯203
综合实例演练——定义并插入粗糙度
　　　　　　　符号图块⋯⋯⋯⋯207

第7章　文本标注和表格⋯⋯⋯⋯⋯211
实用案例 7.1　为零件图制作简单的
　　　　　　　标题栏⋯⋯⋯⋯⋯212

实用案例 7.2　在齿轮零件图中添加
　　　　　　　技术要求⋯⋯⋯⋯217
实用案例 7.3　在装配图中创建并填充
　　　　　　　明细表格⋯⋯⋯⋯223
综合实例演练——制作变速箱装配明
　　　　　　　细表⋯⋯⋯⋯⋯⋯227

第8章　尺寸标注和管理⋯⋯⋯⋯⋯229
实用案例 8.1　创建标注样板⋯⋯⋯230
实用案例 8.2　直齿圆锥齿轮尺寸标注236
实用案例 8.3　台阶轴-1 尺寸标注⋯⋯239
实用案例 8.4　台阶轴-2 尺寸标注⋯⋯241
实用案例 8.5　法兰盘尺寸标注⋯⋯⋯243
实用案例 8.6　圆弧弧长标注⋯⋯⋯245
实用案例 8.7　圆弧半径折弯标注⋯⋯247
实用案例 8.8　角度尺寸标注⋯⋯⋯249
实用案例 8.9　引线标注⋯⋯⋯⋯⋯251
实用案例 8.10　设置引线标注⋯⋯⋯254
实用案例 8.11　尺寸公差标注⋯⋯⋯258
实用案例 8.12　形位公差标注⋯⋯⋯260
实用案例 8.13　协调零件图中各项尺寸
　　　　　　　标注⋯⋯⋯⋯⋯⋯263
实用案例 8.14　编辑标注尺寸⋯⋯⋯266
实用案例 8.15　折断标注⋯⋯⋯⋯⋯268
综合实例演练——标注曲柄尺寸⋯⋯269

第9章　常用零件绘制综合实例⋯⋯272
9.1　绘制通用标准件⋯⋯⋯⋯⋯⋯273
实用案例 9.1.1　绘制平键⋯⋯⋯⋯273
实用案例 9.1.2　绘制 O 形圈⋯⋯⋯275
实用案例 9.1.3　绘制止动垫圈⋯⋯⋯278
实用案例 9.1.4　绘制螺钉⋯⋯⋯⋯280
实用案例 9.1.5　绘制螺栓⋯⋯⋯⋯282
9.2　绘制盘盖类零件⋯⋯⋯⋯⋯⋯285
实用案例 9.2.1　绘制端盖⋯⋯⋯⋯285

实用案例 9.2.2 绘制连接盘 ………… 287

9.3 绘制叉架类零件 ………… 291

实用案例 9.3.1 绘制曲柄 ………… 291

实用案例 9.3.2 绘制拨叉 ………… 294

9.4 绘制轴类零件 ………… 298

实用案例 9.4.1 绘制花键轴 ………… 298

实用案例 9.4.2 绘制轴承 ………… 301

9.5 绘制齿轮类零件 ………… 304

实用案例 9.5.1 绘制圆柱齿轮 ………… 304

实用案例 9.5.2 绘制锥齿轮 ………… 308

9.6 绘制箱体类零件 ………… 311

实用案例 9.6.1 绘制机座 ………… 311

实用案例 9.6.2 绘制箱体 ………… 316

9.7 绘制零件轴测图 ………… 321

实用案例 9.7.1 绘制正等轴测图 ………… 321

实用案例 9.7.2 绘制斜二轴测图 ………… 324

第 10 章 三维造型 ………… 327

实用案例 10.1 三维世界坐标系和三维
用户坐标系 ………… 328

实用案例 10.2 三维图形的视图观察 ………… 331

实用案例 10.3 多视口观察三维图形 ………… 335

实用案例 10.4 绘制开口扳手 ………… 336

实用案例 10.5 绘制叶轮外形曲面 ………… 339

实用案例 10.6 绘制桌子外形 ………… 342

实用案例 10.7 绘制水杯外形 ………… 344

实用案例 10.8 绘制套筒 ………… 346

实用案例 10.9 绘制螺母 ………… 349

实用案例 10.10 绘制铅笔模型 ………… 352

实用案例 10.11 绘制抽屉模型 ………… 356

实用案例 10.12 绘制轴承外圈 ………… 362

综合实例演练——绘制轨道轮 ………… 364

第 11 章 三维图形编辑 ………… 366

实用案例 11.1 绘制顶针 ………… 367

实用案例 11.2 绘制模板 ………… 368

实用案例 11.3 绘制简易轴盖 ………… 370

实用案例 11.4 简易带辐条皮带轮 ………… 373

实用案例 11.5 装配带与带轮 ………… 377

实用案例 11.6 绘制支座 ………… 380

实用案例 11.7 绘制通气管 ………… 382

实用案例 11.8 绘制笛子 ………… 386

实用案例 11.9 三维消隐 ………… 390

实用案例 11.10 使用 VSCURRENT 命令
的不同效果显示
图形 ………… 391

实用案例 11.11 使用 VISUALSTYLES
命令按要求设置三维
视图 ………… 394

实用案例 11.12 为三维图形添加材质，
并渲染图形 ………… 400

综合实例演练——绘制热水壶 ………… 401

第 12 章 常用零件三维造型综合实例 ………… 408

12.1 螺纹类零件的三维造型 ………… 409

实用案例 12.1.1 绘制螺母 ………… 409

实用案例 12.1.2 绘制螺栓 ………… 412

12.2 盘盖类零件的三维造型 ………… 414

实用案例 12.2.1 绘制皮带轮 ………… 414

实用案例 12.2.2 绘制泵盖 ………… 416

12.3 轴系零件的三维造型 ………… 419

实用案例 12.3.1 绘制深沟球轴承 ………… 419

实用案例 12.3.2 绘制轴承座 ………… 422

12.4 齿轮类零件的三维造型 ………… 424

实用案例 12.4.1 绘制圆柱齿轮 ………… 424

实用案例 12.4.2 绘制锥齿轮 ………… 427

12.5 箱体类零件的三维造型 ………… 430

实用案例 12.5.1 绘制上箱体 ………… 430

实用案例 12.5.2 绘制下箱体 ………… 434

第 13 章 信息查询与打印出图 ………… 440

实用案例 13.1 查询零件长度 ………… 441

实用案例 13.2　查询面积 ……………443

实用案例 13.3　查询零件体积和
质量 ………………446

实用案例 13.4　模型空间与图纸空间
切换 ………………448

实用案例 13.5　设置图纸布局 ………451

实用案例 13.6　设置打印样式 ………454

第 14 章　机械设计综合实例 ……………457

14.1　齿轮轴各零件的三维模型及装配 …458

实用案例 14.1.1　绘制轴的三维模型 …458

实用案例 14.1.2　绘制齿轮的三维
模型 ………………463

实用案例 14.1.3　齿轮轴的装配 ………467

14.2　绘制齿轮轴零件图 …………………469

实用案例 14.2.1　创建样板文件 ………469

实用案例 14.2.2　绘制轴零件图 ………473

实用案例 14.2.3　绘制齿轮零件图 ……480

14.3　绘制齿轮轴装配图 …………………482

第1章
AutoCAD 2010 快速入门

本章导读

　　本章主要介绍计算机辅助设计（Computer-Aided Design）软件 AutoCAD 2010 的相关知识，AutoCAD 主要应用领域包括建筑、机械、测量、设备等方面。

　　AutoCAD 2010 是 Autodesk 公司出品的一款计算机辅助设计软件，以其良好的界面和开放性的体系结构赢得了广大用户的喜爱，用户可以在 AutoCAD 中绘制所需图形，也可以采用针对 AutoCAD 的编程语言如 AutoLISP 和 Visual Basic Applications 进行参数化绘图。

　　用户在初次使用 AutoCAD 绘图时需要对 AutoCAD 2010 的工作空间、图层、坐标系等概念有一定的了解，本章作为 AutoCAD 2010 的开篇基础章节，会对 AutoCAD 2010 的工作空间、文件操作、设定坐标系和图形界限、图层的管理进行讲解。

本章主要学习以下内容：

- 介绍 AutoCAD 在机械设计方面的应用
- 介绍 AutoCAD 2010 所需的软硬件配置
- 介绍 AutoCAD 2010 的绘图空间
- 介绍 AutoCAD 2010 的文件操作
- 使用帮助文件中的搜索功能

实用案例 1.1　介绍 AutoCAD 2010 在机械方面的应用

案例解读

　　AutoCAD 用户可以在 AutoCAD 中任意绘制和编辑二维、三维图形，与传统的手工绘图相比，速度更快，精度更高，且更能够帮助用户表达设计思想。随着 AutoCAD 的不断发展，现已广泛应用于电子工业、机械工业、建筑工业等领域。

　　相对于机械工业而言，选择应用的 CAD 软件应包含以下功能：自动创建圆角和倒角、自动图案填充、自动计算面积和截面特性、可对选择对象创建矩形和环形阵列。除上述功能外，还应包括各种简单的计算，如计算面积、体积、惯性矩、质心、形心、创建几何体（二维、三维）、尺寸标注及编辑等功能。AutoCAD 系列软件很好地满足了上述功能，在机械工业中应用广泛。

要点流程

- 介绍在"二维图形的绘制与编辑"方面的应用
- 介绍在"三维造型的绘制与编辑"方面的应用
- 介绍在"图形及符号库"方面的应用
- 介绍在"参数化设计"方面的应用
- 介绍在"生成设计文档"方面的应用

操作步骤

步骤 1　介绍在"二维图形的绘制与编辑"方面的应用

代替传统的手工绘图绘制机械制图，可以减少设计者的重复劳动，且图纸修改方便。

步骤 2　介绍在"三维造型的绘制与编辑"方面的应用

采用实体造型技术来设计零部件结构，经渲染或消隐等处理后显示零部件的真实形状。

步骤 3　介绍在"图形及符号库"方面的应用

将机械设计中的系列件、标准件和常用符号存入图形及符号库中，可在需要时调出，插入到当前机械制图所需要的位置，从而可以大幅度提高绘图速度。

步骤 4　介绍在"参数化设计"方面的应用

AutoCAD 提供了针对 AutoCAD 的开发语言，如 Visual LISP 和 Visual Basic Applications，可以完成参数化绘制图形功能。在机械方面，对标准化和系列化的产品，零部件具有相似的结构但规格不同，可以采用参数化设计的方法来绘制图形，经过二次开发，用户只需要输入零部件的相关参数就能生成相应的图形，从而实现自动绘图，缩短了设计时间，节约了设计成本。

步骤 5　介绍在"生成设计文档"方面的应用

AutoCAD 用户可以完成设计文档及相关的报表，如零件图、装配图、技术文件等。

实用案例 1.2　介绍 AutoCAD 2010 所需的软硬件配置

案例解读

本例将给出 AutoCAD 2010 的官方系统配置要求。

要点流程

- 介绍 AutoCAD 2010 32 位配置要求
- 介绍 AutoCAD 2010 64 位配置要求
- 介绍 3D 建模的其他要求（适用于所有配置）

操作步骤

步骤 1　介绍 AutoCAD 2010 32 位配置要求

AutoCAD 2010 32 位配置要求：

（1）Microsoft Windows XP Professional 或 Home 版本（SP2 或更高）。

（2）支持 SSE2 技术的英特尔奔腾 4 或 AMD Athlon 双核处理器（1.6 GHz 或更高主频）。

（3）2 GB 内存。

（4）1 GB 可用磁盘空间（用于安装）。

（5）1,024×768 VGA 真彩色显示器。

（6）Microsoft Internet Explorer 7.0 或更高版本。

（7）Microsoft Windows Vista（SP1 或更高），包括 Enterprise、Business、Ultimate 或 Home Premium 版本（Windows Vista 各版本区别）。

（8）支持 SSE2 技术的英特尔奔腾 4 或 AMD Athlon 双核处理器（3GHz 或更高主频）。

（9）2 GB 内存。

（10）1 GB 可用磁盘空间（用于安装）。

（11）1,024×768 VGA 真彩色显示器。

（12）Internet Explorer 7.0 或更高。

步骤 2　介绍 AutoCAD 2010 64 位配置要求

AutoCAD 2010 64 位配置要求：

（1）Windows XP Professional x64 版本（SP2 或更高）或 Windows Vista（SP1 或更高），包括 Enterprise、Business、Ultimate 或 Home Premium 版本（Windows Vista 各版本区别）。

（2）支持 SSE2 技术的 AMD Athlon 64 位处理器、支持 SSE2 技术的 AMD Opteron 处理器、支持 SSE2 技术和英特尔 EM64T 的英特尔至强处理器，或支持 SSE2 技术和英特尔 EM64T 的英特尔奔腾 4 处理器。

（3）2 GB 内存。

（4）1.5 GB 可用磁盘空间（用于安装）。

（5）1,024×768 VGA 真彩色显示器。

（6）Internet Explorer 7.0 或更高。

步骤 3 介绍 3D 建模的其他要求（适用于所有配置）

3D 建模的其他要求（适用于所有配置）：

（1）英特尔奔腾 4 处理器或 AMD Athlon 处理器（3 GHz 或更高主频）；英特尔或 AMD 双核处理器（2 GHz 或更高主频）。

（2）2GB 或更大内存。

（3）2GB 硬盘空间，外加用于安装的可用磁盘空间。

（4）1,280×1,024 32 位彩色视频显示适配器（真彩色），工作站级显卡（具有 128 MB 或更大内存、支持 Microsoft Direct3D）。

实用案例 1.3　了解 AutoCAD 2010 的绘图空间

案例解读

AutoCAD 2010 的工作空间相比 2009 版本又有了很大程度的改进，工作空间工具栏位于绘图界面的左上方，如图 1-1 所示。打开下拉列表，AutoCAD 2010 中文版主要工作空间有：AutoCAD 经典、二维草图与注释、三维建模。另外也可以自定义工作空间，如图 1-2 所示。

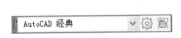

图 1-1　工作空间工具栏　　　　　　　　图 1-2　工作空间列表

通过工作空间工具栏，可以实现工作界面在各个工作空间之中切换。

要点流程

- 介绍 AutoCAD 经典的界面组成
- 介绍二维草图与注释的界面组成
- 介绍三维建模的界面组成
- 介绍如何管理工作空间

操作步骤

步骤 1 介绍 AutoCAD 经典的界面组成

AutoCAD 2010 中文版默认的工作空间是"AutoCAD 经典"工作空间，如图 1-3 所示。AutoCAD 经典工作空间主要由菜单栏、工具栏、绘图窗口、工具选项板和命令提示窗口组成。

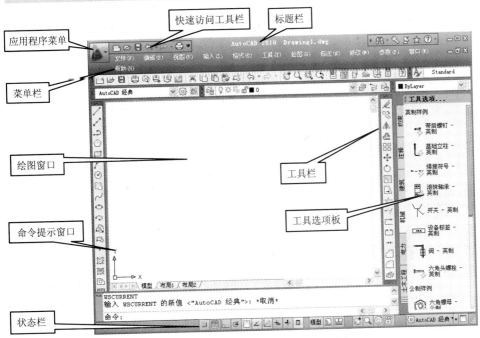

图 1-3　AutoCAD 经典工作空间

各选项含义：

◆ 应用程序菜单：单击应用程序按钮▲旁边的下箭头图标▼，打开如图 1-4 所示的应用程序菜单，在该菜单中可以搜索命令、访问常用工具和浏览文件。这是 AutoCAD 2010 的新增功能，下面将详细介绍。

　✓ 搜索命令：搜索字段显示在应用程序菜单的顶部。搜索结果可以包括菜单命令、基本工具提示和命令提示文字字符串。可以输入任何语言的搜索术语。例如搜索 "circle" 命令的相关信息，在如图 1-4 所示菜单的搜索文本框中输入 "circle" 命令，同时在该菜单中显示该命令的搜索结果，其结果如图 1-5 所示。

图 1-4　应用程序菜单

图 1-5　"circle" 命令的搜索结果

✓ 访问常用工具栏：用于访问应用程序菜单中的常用工具以打开或发布文件。

✓ 浏览文件：用于查看、排序和访问最近打开的支持文件。

◆ 快速访问工具栏：用于使用快速访问工具栏显示常用工具，位于菜单栏的上边，如图 1-6 所示。可以向快速访问工具栏添加无限多的工具。超出工具栏最大长度范围的工具会以弹出按钮显示。

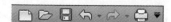

图 1-6 快速访问工具栏

◆ 标题栏：位于快速访问工具栏的右侧，显示软件的名称、版本以及当前正在操作的文件名。启动 AutoCAD 2010 中文版后，载入一个空白文件，默认名称为"Drawing1.dwg"。

◆ 菜单栏：与大多数软件一样，AutoCAD 的菜单栏位于标题栏下方，集合了几乎所有的 AutoCAD 2010 的命令，如图 1-7 所示。

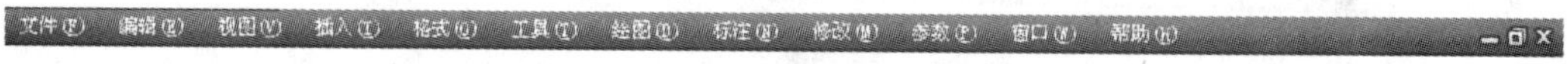

文件(F) 编辑(E) 视图(V) 插入(I) 格式(O) 工具(T) 绘图(D) 标注(N) 修改(M) 参数(P) 窗口(W) 帮助(H)

图 1-7 菜单栏

◆ 工具栏：是由一系列功能命令的工具按钮组成的，是对菜单栏中重要功能和常见命令的汇总，也是对软件庞大的功能进行浓缩。

✓ 工具栏的设定可以帮助用户更方便快捷地进行操作。

✓ AutoCAD 2010 共有 37 组工具栏，在 AutoCAD 经典工作空间默认的情况下显示"标准"、"工作空间"、"绘图"、"绘图次序"、"特性"、"图层"、"修改"八组工具栏，如图 1-8 所示。

✓ 用户也可以根据自己的喜好和工作特性，自定义工具栏的显示，并将设置保存起来。

标准工具栏
工作空间工具栏
图层工具栏
对象特性工具栏
样式工具栏
绘图工具栏
修改工具栏
绘图次序工具栏

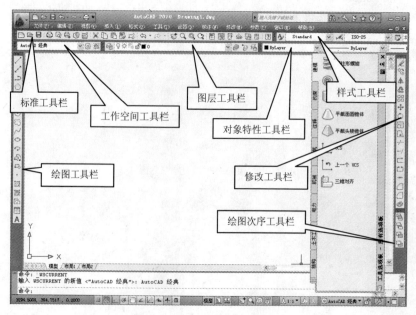

图 1-8 默认状态下的工具栏

◆　命令提示窗口：位于 AutoCAD 绘图界面的下部，是 AutoCAD 的重要输入端，用户
可以通过在命令窗口中输入命令来运行程序的各个功能。命令提示窗口的外观如图
1-9 所示。

✓　默认情况下，命令提示窗口只显示三行，包括一行用于用户输入命令。

✓　可将鼠标放置在命令提示窗口上边框线附近，当鼠标变为双向箭头后，按住左
键上下移动，可任意缩放命令提示窗口的大小，如图 1-10 所示。

✓　若需要详细了解命令提示窗口中的信息，可用鼠标拖动命令提示窗口右侧的滚
动条查看信息，也可以按 F2 键，打开"AutoCAD 文本窗口"，如图 1-11 所
示，能够更加方便地查阅信息。

图 1-9　命令提示窗口　　　　　　　　　　　图 1-10　扩大命令提示窗口

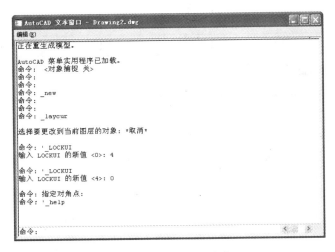

图 1-11　AutoCAD 文本窗口

◆　状态栏：包括应用程序状态栏和图形状态栏。

✓　应用程序状态栏位于工作界面的最下方，可显示光标的坐标值、绘图工具、导
航工具以及用于快速查看和注释缩放的工具，如图 1-12 所示。

图 1-12　应用程序状态栏

✓　图形状态栏位于绘图窗口的最下方，用于显示缩放注释的若干工具，如图 1-13
所示。

图 1-13 图形状态栏

✓　当状态栏显示当前绘图的环境设置时，其上各部分内容的功能如表 1-1 所示。

表 1-1　状态栏各项目功能表

项　目	功　能
2818.5279, 1457.8209, 0.0000	光标坐标显示区：显示当前光标的准确位置
▦	控制对象捕捉功能。凸起为关闭，凹下为打开
▦	控制栅格显示功能。凸起为关闭，凹下为打开
∟	控制正交模式功能。凸起为关闭，凹下为打开
⊿	控制极轴追踪模式功能。凸起为关闭，凹下为打开
▭	控制使用对象自动捕捉功能。凸起为关闭，凹下为打开
∠	控制使用对象自动追踪功能。凸起为关闭，凹下为打开
⊠	控制动态 UCS 功能。凸起为关闭，凹下为打开
⊥	控制动态输入功能。凸起为关闭，凹下为打开
╋	控制线宽显示功能。凸起为关闭，凹下为打开
图纸或**模型**	控制用户绘图环境，分为"图纸"和"模型"两种，单击切换
⚟ 1:1	设定注释的比例，单击右侧黑色三角形，可从列表中变更比例
⚟	控制注释性对象可见性
⚟	注释比例更改时自动将比例添加进注释性对象，暗色为关闭
⬚或🔒	控制工具栏、窗口位置锁定
⬚	控制是否全屏显示

◆　工具选项板：一般位于绘图窗口的右部，主要提供的绘制图形的快捷方法如图 1-14
　　所示。其中包括"图案填充"、"建模"、"建筑"、"注释"、"机械"、"电力"等二十
　　多种选项卡，其中的快捷方式都是日常绘图中各专业常用到的绘图工具。
　　✓　一般来说，只需要选中工具选项板上的选项按钮，然后在绘图区域选择插入位
　　　　置即可。
　　✓　比如单击工具选项板"建筑"选项卡中的"树-英制"，然后单击旁边的绘图
　　　　区域，则绘出了树的俯视图，如图 1-15 所示。

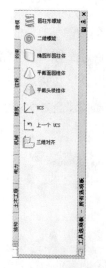

图 1-14　工具选项板（建模）

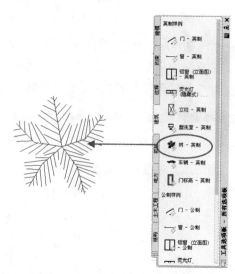

图 1-15　工具选项板上的快捷方式

◆ 绘图窗口：是 AutoCAD 程序最重要的组成部分，是用户绘图的工作区域，模拟工程制图中绘图板上的绘图纸面。在 AutoCAD 经典工作空间下的绘图窗口如图 1-16 所示。

✔ 绘图窗口中显示坐标系的图标。坐标系图标只是绘图的正负方向，分别有 X 轴和 Y 轴两个方向。

✔ 另外绘图窗口下方有绘图环境选项卡。可以通过单击选项卡切换绘图环境。如图 1-16 所示的绘图环境选项卡有"模型"、"布局 1"、"布局 2"三个，默认为"模型"选项卡，即处于"模型"空间，单击"布局 1"或"布局 2"选项卡则可以从"模型"空间切换到"图纸"空间。

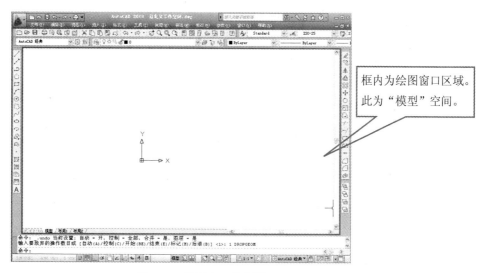

框内为绘图窗口区域。此为"模型"空间。

图 1-16　绘图窗口的范围

步骤 2 介绍二维草图与注释的界面组成

在绘制二维草图时，可以使用二维草图与注释工作空间，其中仅包含与二维绘图注释相关的工具栏、菜单和选项板。不需要的界面项（如三维建模的内容）会被隐藏，使得用户的工作屏幕区域最大化，如图 1-17 所示。

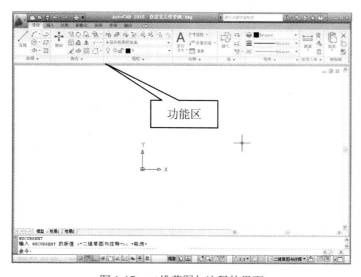

功能区

图 1-17　二维草图与注释的界面

注意

　　如图 1-17 所示的工作空间是在"初始设置"默认打开"功能区"后的二维草图与注释工作空间。

　　面板是 AutoCAD 2010 中一种特殊的选项板，用于集合与目前工作空间中任务相关联的按钮和控件，相当于有用的工具栏的集合，如图 1-18 所示。

图 1-18　二维草图与注释的功能区

步骤 3　介绍三维建模的界面组成

　　三维建模工作空间与二维草图与注释工作空间的性质是一样的，主要是针对三维建模的任务设定的绘图环境。三维建模的界面如图 1-19 所示。

图 1-19　三维建模的界面

步骤 4　介绍如何管理工作空间

　　用户可以进行工作空间管理，主要包括：保存当前的工作空间、工作空间的设置、自定义工作空间。也可以将当前工作空间保存为"我的工作空间"。

　　① 保存当前的工作空间。

知识要点：

保存当前工作空间的方法如下。

◆　下拉菜单：选择"工具→工作空间→将当前工作空间另存为"命令。

◆　工具栏：在"工作空间"工具栏上打开工作空间的列表，从中选择"将当前工作空间另存为"命令。

◆　输入命令名：在命令行中输入或动态输入 WSSAVE，并按 Enter 键。

　　启动保存当前工作空间命令后，软件会弹出"保存工作空间"对话框，如图 1-20 所示。在对话框中输入名称，比如将之命名为"myworkspace"，则以 lin 命名的工作空间就保存起来了。此时再在"工作空间"工具栏上打开工作空间的列表，会发现在列表中增加了

"myworkspace"工作空间，如图 1-21 所示。

　　图 1-20　"保存工作空间"对话框　　　　图 1-21　增加新的工作空间

②工作空间的设置。

知识要点：

设置工作空间的方法如下。

◆　下拉菜单：选择"工具→工作空间→工作空间设置"命令。

◆　工具栏：在"工作空间"工具栏上打开工作空间的列表，从中选择"工作空间设置"命令；或者在"工作空间"工具栏上单击"工作空间设置"按钮🔘。

◆　输入命令名：在命令行中输入或动态输入 WSSETTINGS，并按 Enter 键。

启动设置工作空间命令后，打开"工作空间设置"对话框，如图 1-22 所示。可以通过次对话框，按照用户个人习惯和喜好，安排每一条命令的优先度。

③自定义工作空间。

知识要点：

自定义工作空间的方法如下。

◆　下拉菜单：选择"工具→工作空间→自定义"命令。

◆　工具栏：在"工作空间"工具栏上打开工作空间的列表，从中选择"自定义"命令。

◆　输入命令名：在命令行中输入或动态输入 CUI，并按 Enter 键。

启动自定义工作空间命令后，打开"自定义用户界面"对话框，如图 1-23 所示。在"自定义用户界面"对话框中，可以管理所有的 CUI 文件（自定义文件）。绘图界面中的一切可视化内容，包括工具栏、面板、滚动条，都可以通过此对话框重新分配和定义。

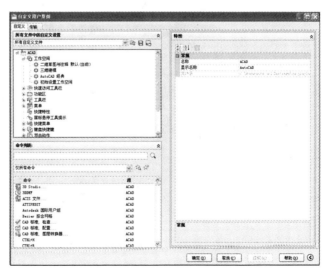

图 1-22　"工作空间设置"对话框　　　　图 1-23　"自定义用户界面"对话框

实用案例 1.4　新建和保存图形文件

素材文件:	无
效果文件:	CDROM\01\效果\新建和保存图形文件.dwg
演示录像:	CDROM\01\演示录像\新建和保存图形文件.exe

案例解读

本案例是新建和保存一个图形文件，帮助读者掌握新建图形文件和保存图形文件命令。

要点流程

- 新建一个三维图形文件
- 保存新建的三维图形文件

操作步骤

步骤 1　新建图形文件

①启动 AutoCAD 2010 中文版，进入绘图界面。

②在"标准"工具栏上单击"新建"按钮，打开如图 1-24 所示的"选择样板"对话框。

知识要点:

当启动 AutoCAD 2010 中文版后，自动载入一个默认名为"Drawing1.dwg"的图形文件。而大多数情况，用户需要新建一个符合绘图要求的文件。

新建图形文件的方法如下。

- ◆ 下拉菜单: 选择"文件→新建"命令。
- ◆ 工具栏: 在"标准"工具栏上单击"新建"按钮。
- ◆ 输入命令名: 在命令行中输入或动态输入 NEW，并按 Enter 键。
- ◆ 快捷键: 按 Ctrl+N 组合键。

图 1-24　"选择样板"对话框

③在"选择样板"对话框中，选择样本文件"acadiso3D.dwt"，单击"打开"按钮。"acdiso"是指公制的 acd 文件，"3D"即三维。

步骤 2 保存图形文件

在"标准"工具栏上单击"保存"按钮 ，打开如图 1-25 所示的"图形另存为"对话框，在文件类型的下拉列表框中选择要保存的文件类型，如图 1-26 所示。

知识要点：

在工程实践中，为了防止意外因素对设计绘图工作的影响，图形文件需要经常性地保存或备份。

"保存"命令的启动方法如下。

◆ 下拉菜单：选择"文件→保存"命令。

◆ 工具栏：在"标准"工具栏上单击"保存"按钮 。

◆ 输入命令名：在命令行中输入或动态输入 QSAVE，并按 Enter 键。

◆ 快捷键：按 Ctrl+S 组合键。

图 1-25 "图形另存为"对话框

图 1-26 另存为文件类型

实用案例 1.5 输入和加密图形文件

素材文件：	CDROM\01\素材\输入图形文件素材.wmf
效果文件：	CDROM\01\效果\输入图形文件.dwg
演示录像：	CDROM\01\演示录像\输入图形文件.exe

案例解读

本案例是输入和加密一个图形文件，帮助读者掌握输入图形文件和加密图形文件命令。

要点流程

● 输入一个图形文件
● 加密输入的图形文件

操作步骤

步骤 1 输入图形文件

①启动 AutoCAD 2010 中文版，进入绘图界面。

②在命令行中输入或动态输入 IMPORT，并按 Enter 键，弹出"输入文件"对话框，如图 1-27 所示。

知识要点：

输入图形文件，可以使其他软件所生成的文件转化成为能够被 AutoCAD 2010 识别的格式。输入图形文件的方法如下。

◆　下拉菜单：选择"文件→输入"命令。

◆　输入命令名：在命令行中输入或动态输入 IMPORT，并按 Enter 键。

③找到光盘文件"CDROM\01\素材\输入图形文件素材.wmf"，单击"打开"按钮，输入此文件到 AutoCAD 2010 中文版中，如图 1-28 所示，这样就完成了图形文件的输入。

> **注意**
>
> 能够输入的文件类型主要有：Windows 图元文件（*.wmf）、ACIS 实体对象文件（*.sat）、3D Studio 文件（*.3ds）、MicroStation DGN 文件（*.dgn）。

图 1-27　"输入文件"对话框　　　　图 1-28　将 WMF 文件（左）输入到 AutoCAD 中

步骤 2　加密图形文件

①在菜单区选择"文件→另存为"命令，打开如图 1-25 所示的"图形另存为"对话框，在该对话框中的"工具"选项列表框中单击"安全选项"命令，打开如图 1-29 所示的"安全选项"对话框。

②在如图 1-29 所示对话框中，输入两次相同的密码即可。

知识要点：

加密图形文件是为了保证技术机密不被非相关人员看到，可以对图形文件进行加密，则打开此文件时需要知道密码。

图 1-29　"安全选项"对话框

实用案例 1.6 打开和输出图形文件

素材文件：	CDROM\01\素材\打开和输出图形文件素材.dwg
效果文件：	CDROM\01\效果\打开和输出图形文件.dwf
演示录像：	CDROM\01\演示录像\打开和输出图形文件.exe

案例解读

本案例是打开和输出一个图形文件，帮助读者掌握打开图形文件和输出图形文件命令。

要点流程

- 打开一个图形文件
- 输出打开的图形文件

操作步骤

步骤 1 打开图形文件

在"标准"工具栏上单击"打开"按钮 📂，打开如图 1-30 所示的"选择文件"对话框，打开光盘文件"CDROM\01\素材\打开和输出图形文件素材.dwg"，素材为一个三维八角形立柱面，如图 1-31 所示。

知识要点：

打开图形文件是指对于现有的图形文件，则通过"打开"命令，将图形文件加载到 AutoCAD 2010 中文版中。

打开图形文件的方法如下。

- ◆ 下拉菜单：选择"文件→打开"命令。
- ◆ 工具栏：在"标准"工具栏上单击"打开"按钮 📂。
- ◆ 输入命令名：在命令行中输入或动态输入 OPEN，并按 Enter 键。
- ◆ 快捷键：按 Ctrl+O 组合键。
- ◆ 双击目标图形文件。

图 1-30 "选择文件"对话框

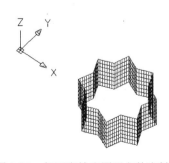

图 1-31 打开和输出图形文件素材

除了直接打开图形文件之外还有几种特殊方式可以打开文件。单击"打开"按钮右侧的▼按钮，弹出下拉菜单，如图 1-32 所示。

步骤 2 输出图形文件

①在命令行中输入或动态输入 EXPORT，并按 Enter 键，打开如图 1-33 所示的"输出数据"对话框。

知识要点：

"输出"命令，可以使 AutoCAD 2010 生成的图形文件成为能够被其他软件识别的文件。

输出图形文件的方法：

◆ 下拉菜单：选择"文件→输出"命令。

◆ 输入命令名：在命令行中输入或动态输入 EXPORT，并按 Enter 键。

②选择文件类型为 3D dwf 文件，输入文件名为"打开和输出图形文件.dwf"，选择保存路径，单击"保存"按钮，输出此文件，然后系统弹出对话框，如图 1-34 所示。

③在系统对话框中单击"是"按钮，启动 Autodesk DWF Viewer，可以通过此软件查看输出后的三维八角形立柱模型，如图 1-35 所示。

能够输出的文件类型主要有：三维 DWF 文件（*.dwf）、Windows 图元文件（*.wmf）、ACIS 实体对象文件（*.sat）、实体对象立体平板印刷文件（*.stl）、封装的 PostScript 文件（*.eps）、属性提取 DXX 文件（*.dxx）、设备无关位图文件（*.bmp）、块文件（*.dwg）、MicroStation DGN 文件（*.dgn）。

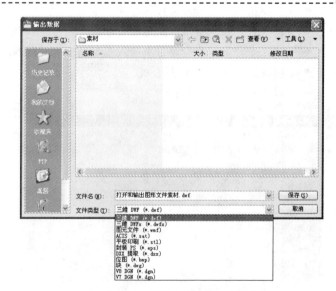

图 1-32 打开方式列表　　　　　图 1-33 "输出数据"对话框

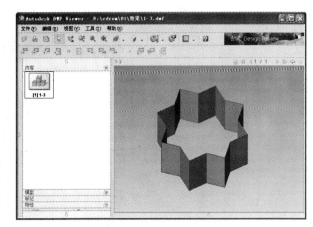

图 1-34 系统对话框   图 1-35 三维八角形立柱观察

实用案例 1.7 使用帮助文件中的搜索功能

素材文件:	无
效果文件:	无
演示录像:	CDROM\01\演示录像\使用帮助文件中的搜索功能.exe

案例解读

作为对操作性要求非常严格的软件，AutoCAD 一向为用户提供着强大的帮助功能。详细而严谨的帮助文件，几乎覆盖了 AutoCAD 实际使用中的方方面面，是使用者有力的助手。

要点流程

- 启动帮助命令
- 利用"索引"选项卡获取帮助信息

操作步骤

步骤 1 启动"帮助"命令

选择"帮助→帮助"命令，系统弹出如图 1-36 所示的"AutoCAD 2010 帮助"对话框。

知识要点：

帮助命令的启动方法如下。

- ◆ 下拉菜单：选择"帮助→帮助"命令。
- ◆ 工具栏：在"标准"工具栏上单击"帮助"按钮 ?。
- ◆ 输入命令名：在命令行中输入或动态输入 HELP 或？，并按 Enter 键。
- ◆ 快捷键：按 F1 键。

图 1-36 "AutoCAD 2010 帮助"对话框

各选项含义:

◆ "目录"选项卡,如图 1-37 所示。

在该选项卡中,显示出按帮助主题分类的树形结构的目录,有用户手册、命令参考、驱动程序和外围设备手册、安装和许可手册、自定义手册等目录。单击其中任意目录,即可打开该主题的下一级目录,列表框的右面显示与目录相对应的帮助信息。

◆ "索引"选项卡,如图 1-38 所示。

在该选项卡中,输入要查找的关键字,列表框中就会出现相关的帮助主题,由此快速获取相关的帮助信息。

◆ "搜索"选项卡,如图 1-39 所示。

在该选项卡中,输入要搜索的文字,快速获取该文字的帮助信息。

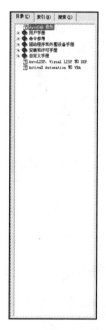

图 1-37 "目录"选项卡　　图 1-38 "索引"选项卡　　图 1-39 "搜索"选项卡

步骤 2 利用"索引"选项卡获取帮助信息

①以查询"绘制圆"命令为例,单击"搜索"选项卡,在"显示要搜索的部分"列表框中,选择"用户文档"选项,在"键入要搜索的文字"文本框中输入"绘制圆",单击"搜索"按钮,在"选择主题"列表中便会列出相关的主题,如图 1-40 所示。

图 1-40   查看详细内容

②选择列表中的最后一个选项"CIRCLE(快速参考)",右侧显示栏可以看到关于"CIRCLE"命令的详细操作步骤。切换右侧显示栏到"概念"选项卡,可以查看到关于此条命令的相关概念表述。

第2章
基础绘图操作

本章主要介绍 AutoCAD 相关的绘图操作基础，包括绘图系统的配置、样板文件的管理、对象的选择、放弃和重做命令的应用、正交和极轴模式。

AutoCAD 2010 用户在使用 AutoCAD 进行绘制和编辑图形时，可根据自身习惯或需要对绘图系统进行配置；也可以将重复性使用的图形保存为样板文件，再次使用时可直接打开样板文件；对象的选择是绘制和编辑图像的基本操作，迅速、快捷地选择对象可以大大提高绘图的效率；放弃和重做命令可以取消错误操作或取消刚操作的取消命令；正交和极轴模式的熟练使用将会使 AutoCAD 用户绘制或编辑图像时如鱼得水。

本章作为 AutoCAD 的基础章节，将对 AutoCAD 绘图操作基础进行详细讲解。

本章主要学习以下内容:

- 介绍命令调用方式
- 介绍如何设置坐标系
- 设置图形单位和界限
- 配置绘图系统
- 介绍如何管理样板文件
- 介绍如何管理图层
- 图层状态和特性
- 介绍坐标的四种输入方式
- 设置捕捉和栅格、正交等绘图辅助功能
- 视图显示控制

实用案例 2.1　介绍命令调用方式

案例解读

在 AutoCAD 2010 中，通过执行命令来实现所有功能，灵活、熟练地使用命令有助于提高绘图效率。AutoCAD 2010 提供了五种方式调用命令，包括：

- 键盘输入
- 工具栏
- 下拉菜单
- 快捷菜单
- 动态输入

用户可以利用键盘、鼠标以不同方式输入命令。

要点流程

依次介绍用"键盘键入"、"工具栏"、"下拉菜单"等方式调用命令

操作步骤

步骤 1　使用键盘调用命令

①概念介绍。

使用键盘调用命令就是在 AutoCAD 2010 绘图窗口底部的命令提示行中输入命令的全称或缩写，输入的字母不分大小写，然后按 Enter 键或 Space 键即可。

②实例练习。

当启动某个命令后，在命令行会出现多个命令选项，此时只需要输入选项的代表字母即可。例如在命令行输入 z，按 Enter 键，则命令行显示如下。

> ZOOM
> 指定窗口的角点，输入比例因子 (nX 或 nXP)，或者
> [全部(A)/中心(C)/动态(D)/范围(E)/上一个(P)/比例(S)/窗口(W)/对象(O)] <实时→:

输入"A"选择"全部"命令，则在当前视口中缩放显示整个图形。也可以输入"S"选择"比例"命令，则以指定的比例因子缩放显示。该命令的默认选项是"<实时→"，如果选择该默认选项，直接按 Enter 键即可。

> **技巧**
> 如果要详细了解命令行窗口中的文字信息，可通过 F2 功能键打开"文本窗口"来查看。默认情况下，"文本窗口"处于关闭状态。

步骤 2　使用工具栏调用命令

①概念介绍。

单击工具栏中的图标，调用相应的命令，然后再根据命令行中的提示执行该命令。

知识要点：

- ◆ 工具栏的位置可以是固定的，也可以是浮动的。固定的工具栏位于屏幕的边缘，浮动的工具栏有标题栏，可以拖放在屏幕中的任何位置，还可以修改浮动工具栏的大小。
- ◆ 将一个浮动的工具栏拖动到屏幕边缘，变成固定的工具栏。也可以将一个固定的工具栏拖曳到屏幕边缘，变成浮动的工具栏。双击工具栏的边框，可转换工具栏的固定/浮动状态。
- ◆ 在现有的任意工具栏上右击鼠标，弹出一个快捷菜单。从快捷菜单中选中所需工具栏名称，则该工具栏将显示在窗口中，供用户调用相关命令。如果要隐藏窗口中已显示的工具栏，从快捷菜单中选中该工具栏的名称即可。或者将工具栏变为浮动状态，单击窗口右上角的关闭图标■。

②实例练习。

例如：在绘图工具栏中，单击"直线"图标╱，则命令行显示如下。

_line 指定第一点

用户可根据命令行中的提示画出所需直线。

有时单击工具栏中的图标，会弹出对话框，在该对话框中设置选项。例如：在绘图工具栏中，单击"图案填充"图标▨，弹出"图案填充和渐变色"对话框，用户可在该对话框中设置填充的图案、角度和比例等项目。

将光标停留在工具栏的图标上，即可显示该按钮的名称，如图 2-1 所示。同时在状态栏中显示该命令的功能说明。

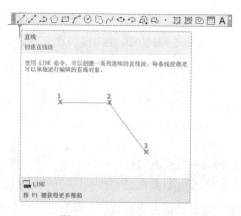

图 2-1 "修改"工具栏

步骤 3 使用下拉菜单调入命令

①概念介绍。

在菜单栏中单击主菜单名，在弹出的下拉菜单中单击要执行的命令。

知识要点：

通过以下三种方式激活菜单项。

- ◆ 直接单击菜单项。
- ◆ 按 Alt 键的同时按主菜单名后带有下画线的字母，然后再按菜单项中带有下画线的字母即可激活该菜单项。例如，按下 Alt 键后，按字母 D 可打开"绘图"菜单，再按字母 L，则可激活直线命令。

◆ 菜单项的右侧显示了组合键。对于这类菜单项，可以直接按组合键激活相应的菜单项。例如按 Ctrl+C 组合键，则执行了编辑菜单中的"复制"命令，如图 2-2 所示。

图 2-2　"编辑→复制"菜单选项

② 菜单项：可直接执行命令。

例如：单击"绘图"菜单，在弹出的下拉菜单中单击"直线"命令，则命令行显示如下：

```
_line 指定第一点
```

用户可根据命令行中的提示画出所需直线。

③ 菜单项后面带有省略号"..."，表示选择该菜单项后会弹出一个相关的对话框，为用户的进一步操作提供功能更为详尽的窗口。

例如：单击"绘图"菜单，在弹出的下拉菜单中单击"图案填充"命令，则弹出"图案填充和渐变色"对话框，用户可在该对话框中设置填充的图案、角度和比例等项。

④ 菜单项的最右侧有一个三角形箭头，表示该菜单项包含级联的子菜单。

例如：单击"绘图"菜单，在弹出的下拉菜单中单击"圆"命令，则弹出子菜单，如图 2-3 所示。

图 2-3　"绘图→圆"菜单选项

23

步骤 4 使用快捷菜单调入命令

在绘图区域右击鼠标，系统根据当前操作弹出快捷菜单，用户可选择执行相应的命令。当正在执行某个命令时，右击鼠标，弹出与正在执行的命令相关的快捷菜单。选择完对象后，右击鼠标，则会弹出常用的编辑命令选项。

> **注意**
>
> 当光标处于不同位置，或者正在使用的命令不同时，右击鼠标所得到的快捷菜单不同。

步骤 5 使用动态输入调入命令

① 概念介绍。

使用动态输入调用命令，直接在绘图区的动态提示中输入命令，不必在命令行中输入命令，或者利用光标在动态提示选项中选择命令选项。启用"动态输入"时，工具栏提示将在光标附近显示信息，该信息会随着光标移动而更新。

知识要点：

打开或关闭"动态输入"：

◆ 在状态栏上单击"DYN"或者按 F12 键，打开或关闭"动态输入"命令。

② 实例练习。

利用动态输入绘制正五边形的步骤如下：

● 选择"文件→新建"命令，建立新文件。

● 选择"工具→草图设置"命令，弹出"草图设置"对话框。在"草图设置"对话框中，选择"动态输入"选项卡。

● 在"动态输入"选项卡中，勾选"启用指针输入"、"可能时启用标注输入"和"在十字光标附近显示命令提示和命令输入"，如图 2-4 所示。

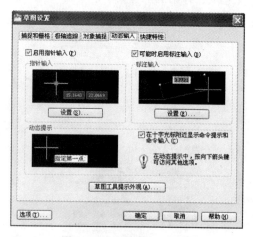

图 2-4 "动态输入"设置

● 单击"确定"按钮，退出"动态输入"对话框。

● 在绘图工具栏中，单击"正多边形"按钮⬡，执行"正多边形"命令。

● 在绘图窗口中，如图 2-5 所示，输入正多边形的边数"5"，按 Enter 键。

● 在绘图窗口中，如图 2-6 所示，输入正五边形中心点的坐标（10，10），按 Enter 键。

图 2-5 输入正五边形边数　　　　　　　图 2-6　输入正五边形中心点坐标

- 在绘图窗口中，如图 2-7 所示，选择"内接于圆"，按 Enter 键。
- 在绘图窗口中，如图 2-8 所示，指定圆的半径值为 8，按 Enter 键，完成了中心为（10，10），边长为 8 的正五边形的绘制。

图 2-7　选择正五边形内接于圆　　　　　图 2-8　指定圆的半径

- 选择"文件→保存"命令，文件名定义为"正五边形"，保存该文件。

实用案例 2.2　介绍如何设置坐标系

 案例解读

对象在空间中的位置是通过坐标系来确定的。通过建立坐标系，输入正确的坐标值，才能使绘图准确、高效。在 AutoCAD 2010 中根据对象的不同，坐标系可分为世界坐标系（WCS）和用户坐标系（UCS）两种。图形文件中的所有对象都可以由 WCS 坐标定义。某些情况下，使用 UCS 坐标创建和编辑对象将更方便更快捷。

本案例将详细介绍世界坐标系和用户坐标系是如何定义的，这将为进一步的绘图奠定基础。

要点流程

- 世界坐标系
- 用户坐标系

操作步骤

步骤 1 世界坐标系

依据笛卡儿右手坐标系来确定图形中的各点位置，X 轴为水平方向，Y 轴为垂直方向，Z 轴为垂直于 XY 平面的方向，原点 O 的 xyz 坐标为（0，0，0）。世界坐标系是一个固定不变的坐标系，是默认的坐标系，可简称为 WCS（World Coordinate System）。

知识要点：

◆　直角坐标系

直角坐标系是由一个坐标为（0，0）的原点，和通过原点，且相互垂直的两个坐标轴 X

轴、Y 轴构成。其中，X 轴为水平方向，向右为正方向；Y 轴为垂直方向，向上为正方向。通过一组坐标值（x，y）来定义某点的位置。

◆ 极坐标系

极坐标系是由一个极点和一个水平向右的极轴构成。点的位置可通过该点到极点的连线长度 L 和该连线与极轴的交角 a（逆时针方向为正）确定，即通过一组坐标值（L<a）来定义点的位置。

◆ 相对坐标

在某些情况下，用户需要直接通过点与点之间的相对位移来绘制图形，这就需要使用相对坐标。在 AutoCAD 2010 中用 "@" 表示相对坐标。相对坐标可以使用直角坐标，也可以使用极坐标。

例如，某一直线的起点坐标为（8，8）、终点坐标为（8，10），则终点相对于起点的相对坐标为（@0，2），用相对极坐标表示应为（@2<90）。

◆ 坐标值的显示

在系统的状态栏中显示当前光标的位置坐标。在 AutoCAD 2010 中，坐标值有三种显示状态：

✓ 绝对坐标。

✓ 相对极坐标。

✓ 关闭状态：颜色变为灰色。

◆ 用户可以通过下述三种方法在三种状态之间进行切换：

✓ 按 F6 键或按 Ctrl+D 组合键在三种状态之间切换。

✓ 双击状态栏中显示坐标值的区域，进行切换。

✓ 在状态栏中显示坐标值的区域，右击鼠标弹出快捷菜单，在菜单中选择所需状态。

步骤 2 用户坐标系

为了便于编辑对象，相对于世界坐标系，用户可以建立无限多的用户坐标系，用户坐标系是一个可以移动的坐标系，简称为 UCS（User Coordinate System）。

知识要点：

新建用户坐标系的方法如下。

◆ 下拉菜单：选择 "工具→新建 UCS" 命令。

◆ 输入命令名：在命令行中输入或动态输入 UCS，并按 Enter 键。

命令行操作如下。

```
命令：_ucs
当前 UCS 名称：*世界*
指定 UCS 的原点或[面(F)/命名(NA)/对象(OB)/上一个(P)/视图(V)/世界(W)/X/Y/Z/Z 轴
(ZA)] <世界>：_x
指定绕 X 轴的旋转角度 <90>：
```

由命令行操作可以看出，除了用 X 轴来定义用户坐标系之外，还可以用其他几种方式来新建用户坐标系。

各选项含义：

◆ 默认选项：是 "指定 UCS 的原点"，选择该种方式时将要求移动当前 UCS 的原点到指定的位置，保持其 X、Y 和 Z 轴方向不变，从而定义新的 UCS。

◆　"面"选项：输入命令"F"选择，将 UCS 与实体对象的选定面对齐。

◆　"命名"选项：按名称保存并恢复通常使用的 UCS 方向

◆　"对象"选项：根据选定的二维对象定义新的坐标系。该选项使得选择的对象位于新 UCS 的 XY 平面。

◆　"上一个"选项：恢复上一个使用的 UCS。

◆　"视图"选项：以平行于屏幕的平面为 XY 平面，建立新的坐标系，UCS 原点保持不变。

◆　"X/Y/Z"选项：绕指定轴旋转当前 UCS。

◆　"Z 轴"选项：定义 UCS 中的 Z 轴正半轴，从而确定 XY 平面。

实用案例 2.3　设置图形单位和界限

案例解读

在手工画图之前，我们要准备好图纸和尺子。图纸即是给定图形的界限，尺子则相当于确定图形的单位。本案例就是讲述在 AutoCAD 2010 中如何确定图形单位和图形界限。

要点流程

● 设置图形单位
● 设置图形界限

操作步骤

步骤 1 设置图形单位

用如图 2-9 所示的"图形单位"对话框设置图形单位。

知识要点：

要设置图形的单位，可通过以下方法。

◆　下拉菜单：选择"格式→单位"命令。

◆　输入命令名：在命令行中输入或动态输入 UNITS，并按 Enter 键。

图 2-9 "图形单位"对话框

各选项含义：

◆ 长度的类型和精度：

在长度的类型下拉列表框中选择长度类型，系统提供的长度类型有分数、工程、建筑、科学、小数五种。其中"工程"和"建筑"格式提供英尺和英寸显示。

在精度下拉列表框中选择绘图精度，即小数点后的保留位数或分数大小。

◆ 角度的类型和精度：

在角度的类型下拉列表框中选择角度类型，系统提供的角度类型有十进制度数、百分度、度/分/秒、弧度、勘测单位五种。

在精度下拉列表框中选择角度精度。

"顺时针"复选框，用来确定是否按顺时针方向测量角度。系统默认值是按逆时针方向测量角度。

◆ 当修改单位时，"输出样例"部分将显示出该单位的示例。

◆ 插入比例：是指选择插入到当前图形中的块和图形的单位。如果块或图形创建时使用的单位与该选项指定的单位不同，则在插入这些块或图形时，将对其按比例缩放。插入比例是源块或图形使用的单位与目标图形使用的单位之比。如果插入块时不按指定单位缩放，请选择"无单位"。

◆ 光源：选择光源强度的单位。

◆ 基准角度的方向控制：

在"图形单位"对话框中，单击"方向"按钮，弹出"方向控制"对话框，如图2-10所示。在该对话框中，可以设置基准角度的起始方向。系统默认的角度基准是朝东方向为零度。

图2-10 "方向控制"对话框

> **注意**
>
> 当源块或目标图形中的"插入比例"设置为"无单位"时，选择"工具→选项"命令，打开"选项"对话框，在"用户系统配置"选项卡中的"源内容单位"和"目标图形单位"设置单位，以便于出图。如果绘图时没有特殊要求，建议保留默认设置。

步骤2 设置图形界限

①概念介绍。

在开始绘制图形之前，需要指明图形的边界，规定出图形的作图范围，如同我们画图时首先要确定图纸大小一样。

②用图形界限命令设置图形界限。

知识要点：

图形界限命令的启动方法如下。

- 下拉菜单：选择"格式→图形界限"命令。
- 输入命令名：在命令行中输入或动态输入 LIMITS，并按 Enter 键。

此时命令行的提示如下：

指定左下角点或 [开(ON)/关(OFF)] <0.0000,0.0000→:

- 开（ON）：选择该项，进行图形界限检查，在超出图形界限的区域内不能绘制图形。
- 关（OFF）：选择该项，不进行图形界限检查，在超出图形界限的区域内可以绘制图形，该选项是系统的默认选项。
- 指定左下角点：设置图形左下角的位置，输入一个坐标值并按 Enter 键，也可以在绘图区选定某点。如果同意括号内的默认值，则直接按 Enter 键。

确定左下角后，AutoCAD 2010 将继续提示：

指定右上角点 <420.0000,297.0000→:

- 设置图形右上角的位置，输入一个坐标值并按 Enter 键，也可以在绘图区选定某点。如果同意括号内的默认值，则直接按 Enter 键。

> **注意**
>
> 图形界限检查只检查输入点，所以对象的延伸部分有可能超出界限。通常图形界限的设置是以图纸的大小为依据，全部图形对象必须都绘在图形界限内。

实用案例 2.4　配置绘图系统

案例解读

当用户使用 AutoCAD 时，如果感觉当前的绘图环境不满意，可以将绘图环境设置成自己所需要的。在 AutoCAD 中，用户可以通过系统提供的"选项"对话框来设置各项参数。本案例将详细介绍"选项"对话框的各个选项卡功能。

要点流程

- 显示配置
- 打开和保存配置
- 系统配置
- 用户系统配置
- 草图配置
- 选择配置

操作步骤

步骤 1　显示配置

打开如图 2-3 所示的"选项"对话框的"显示"选项卡，在该选项卡中设置系统的各项显示。

知识要点:

"选项"对话框的启动方法如下。

◆ 下拉菜单: 选择"工具→选项"命令。

◆ 输入命令名: 在命令行中输入或动态输入 OPTIONS 或 OP, 按 Enter 键。

◆ 快捷菜单: 当未运行操作命令, 也未选择任何对象时, 在绘图区域中右击鼠标, 弹出快捷菜单, 选择"选项"命令。

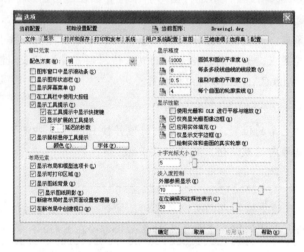

图 2-11 "选项"对话框中的"显示"选项卡

各选项含义:

◆ "窗口元素"选项区域:

✓ 颜色方案: 以深色或亮色控制元素 (例如状态栏、标题栏、功能区栏和菜单浏览器边框) 的颜色设置。

✓ 图形窗口中显示滚动条: 选中该项, 在绘图区域的底部和右侧显示滚动条。

✓ 显示图形状态栏: 选中该项, 在绘图区域的底部显示图形的状态栏。

✓ 显示屏幕菜单: 选中该项, 在绘图区域的右侧显示屏幕菜单。

✓ 在工具栏中使用大按钮: 选中该项, 在工具栏中以 32×30 像素显示按钮图标。系统默认的按钮图标显示尺寸为 15×16 像素。

✓ 显示工具栏提示: 选中该项, 当光标停留在工具栏的按钮上时, 显示该按钮的功能提示。

✓ 在工具栏提示中显示快捷键: 当光标停留在工具栏的按钮上时, 显示该工具的快捷键。

✓ 显示扩展工具提示: 控制扩展工具提示的显示。

✓ 延迟的秒数: 设置显示基本工具提示与显示扩展工具提示之间的延迟时间。

✓ 显示鼠标悬停工具提示 : 控制亮显对象的工具提示的鼠标悬停显示。ROLLOVERTIPS 系统变量控制鼠标悬停工具提示的显示。

✓ 修改窗口中各元素的颜色: 单击"颜色"按钮, 弹出"图形窗口颜色"对话框, 如图 2-12 所示。在"上下文"框中选择所需的背景, 在"界面元素"框中选择元素名称, "颜色"框中将显示选中元素的当前颜色。此时在"颜色"下拉列表中选择一种新颜色，单击"应用并关闭"按钮完成对窗口元素颜色的修改。

✓　设置命令窗口中的命令行文字：单击"字体"按钮，弹出"命令行窗口字体"对话框，如图 2-13 所示。在该对话框中设置命令行的字体、字形和字号。

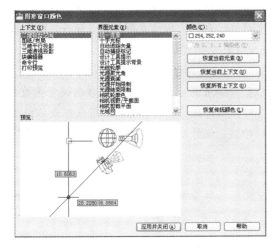

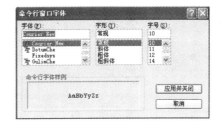

图 2-12　"图形窗口颜色"对话框　　　　　　图 2-13　"命令行窗口字体"对话框

◆　"显示精度"选项区域：

　　✓　圆弧和圆的平滑度：数值越大，图像越平滑。但是该数值的增大会延长平移、缩放、重生成等操作的运行时间。取值范围从 1 到 20000，系统默认的平滑度是 1000。

　　✓　每条多段线曲线的线段数：设置每条多段线曲线生成的线段数目。数值越大，显示速度越慢。取值范围从-32767 到 32767，默认值为 8。

　　✓　渲染对象的平滑度：设置着色和渲染曲面的平滑度。系统将"渲染对象的平滑度"的数值乘以"圆弧和圆的平滑度"的数值来确定如何显示实体对象。数值越大，显示速度越慢，渲染时间也越长。取值范围从 0.01 到 10，默认值是 0.5。

　　✓　每个曲面的轮廓素线：设置对象上每个曲面的轮廓线数目。数目越大，显示速度越慢，渲染时间也越长。取值范围从 0 到 2047，默认值是 4。

◆　"布局元素"选项区域：

　　✓　显示布局和模型选项卡：选中该项，在绘图区域的底部显示布局和模型选项卡。

　　✓　显示可打印区域：选中该项，显示布局中的可打印区域。虚线内的区域是可打印区域，打印区域的大小由所选的输出设备决定。

　　✓　显示图纸背景：选中该项，显示布局中指定的图纸尺寸的表示。图纸背景的尺寸是由图纸尺寸和打印比例确定的。

　　✓　显示图纸阴影：选中该项，在布局中图纸背景的周围显示阴影。仅在选中"显示图纸背景"选项后，该项才有效。

　　✓　新建布局时显示页面设置管理器：建立新布局时将显示页面设置管理器，设置图纸和打印设置的相关选项。

　　✓　在新布局中创建视口：选中该项，在创建新布局时，将建立单个视口。

◆　"显示性能"选项区域：

✓ 使用光栅和 OLE 进行平移与缩放：选中该项，平移和缩放时显示光栅图像和 OLE 对象。

✓ 仅亮显光栅图像边框：选中该项，则选中光栅图像时，只亮显该图像的边框。

✓ 应用实体填充：选中该项，将显示图形中的实体填充。带有实体填充的对象包括多线、宽线、实体、所有图案填充（包括实体填充）和宽多段线。选中该项后，必须使用 REGEN 或 REGENALL 命令重新生成图形，才能使该设置生效。

✓ 仅显示文字边框：选中该项，则图形的文字部分只显示文字边框而不显示文字。必须使用 REGEN 或 REGENALL 命令重新生成图形，才能使该设置生效。

✓ 绘制实体和曲面的真实轮廓：控制在当前视觉样式设置为二维线框或三维线框时，是否显示三维实体对象的轮廓边。此外，该选项还决定了当三维实体对象被隐藏时是否绘制或显示网格。

◆ "十字光标大小"选项区域

✓ 通过指定"十字光标大小"框中光标与屏幕大小的百分比，来调节十字光标的尺寸。取值范围从 1% 到 100%，默认百分比为 5%。

◆ 淡入度控制：

✓ 外部参照显示：指定外部参照图形的淡入度的值。此选项仅影响屏幕上的显示。它不影响打印或打印预览。XDWGFADECTL 系统变量定义 DWG 外部参照的淡入百分比。有效范围是 -90 至 90 之间的整数。默认设置是 70%。如果 XDWGFADECTL 设置为负值，则不会启用外部参照淡入功能，但将存储设置。

✓ 在位编辑与注释性图示：在位参照编辑的过程中指定对象的淡入度值。未被编辑的对象将以较低强度显示。XFADECTL 系统变量，通过在位编辑参照，可以编辑当前图形中的块参照或外部参照。有效值范围从 0% 到 90%，默认设置为 50%。

例如，用"显示配置"功能改变背景颜色，其操作步骤如下：

● 选择"文件→打开"命令，打开光盘文件"CDROM\02\素材\背景素材.dwg"，如图 2-14 所示。

● 选择"工具→选项"命令，弹出的"选项"对话框。

● 在弹出的"选项"对话框中，选择"显示"选项卡。

● 在"窗口元素"选项区域内，单击"颜色"按钮，弹出"图形窗口颜色"对话框。

图 2-14　黑色背景

● 在"上下文"框中选择"二维模型空间"，在"界面元素"框中选择"统一背景"，"颜色"框中将颜色改为"白色"，如图 2-12 所示。

● 单击"应用并关闭"按钮完成对背景颜色的修改，如图 2-15 所示。

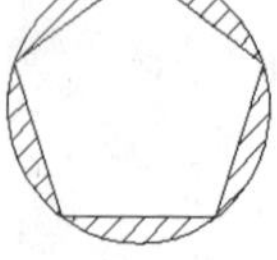

步骤 2　打开和保存配置

在"选项"对话框中，选择"打开和保存"选项卡，如图 2-16 所示。在该选项卡中，可以设置系统打开和保存文件的相关选项。

图 2-15 白色背景

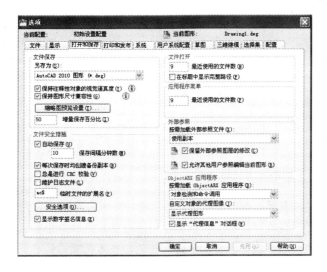

图 2-16 "选项"对话框

各选项含义:

◆ "文件保存"选项区域:

✓ 另存为: 指定保存文件时所使用的文件格式。

✓ 保持注释性对象的视觉逼真度: 选中该项,在 AutoCAD 2010 以前的版本中查看注释性对象时,将保持其视觉逼真度。

✓ 保持图形尺寸的兼容性: 指定是否使用 AutoCAD 2010 及之前版本的对象大小限制来代替 AutoCAD 2010 的对象大小限制。单击信息图标以了解有关对象大小限制以及它们如何影响打开和保存图形的信息。

✓ 缩略图预览设置: 单击"缩微预览设置"按钮,弹出"缩略图预览设置"对话框,如图 2-17 所示。此对话框控制保存图形时是否更新缩略图预览。

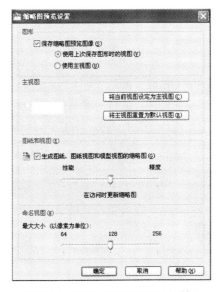

图 2-17 "缩微预览设置"对话框

✓ 增量保存百分比：增量保存较快，但会增加图形的大小。完全保存将消除浪费的空间。如果将"增量保存百分比"设置为 0，则每次保存都是完全保存。

◆ "文件安全措施"选项区域：

✓ 自动保存：指定某一时间间隔，系统定期自动保存图形。

✓ 每次保存时均创建备份副本：选中该项，在保存图形时创建图形的备份副本。备份副本创建在与图形文件相同的位置。

✓ 总是进行 CRC 校验：该选项决定了每次将对象读入图形时是否执行循环冗余校验（CRC）。由于硬件问题或 AutoCAD 错误造成的图形破坏，可选中此项，进行 CRC 校验。

✓ 维护日志文件：选中该项，将文本窗口的内容写入日志文件。日志文件的位置和名称，通过"选项"对话框中的"文件"选项卡进行设置。

✓ 临时文件的扩展名：指定临时文件的扩展名。默认的扩展名是.ac$。

✓ 安全选项：单击"安全选项"按钮，弹出"安全选项"对话框，如图 2-18 所示。在该对话框中，可以为文件设置密码和数字签名。

图 2-18 "安全选项"对话框

✓ 显示数字签名信息：选中该项，打开带有有效数字签名的文件时，将显示数字签名信息。

◆ "文件打开"选项区域：

✓ 要列出的最近使用文件数：指定"文件"菜单中所列出的最近使用过的文件数目，以便快速调用该文件。该项的有效值为 0 到 9，默认值为 4。

✓ 在标题中显示完整路径：选中该项，在图形的标题栏中显示出当前图形文件的完整路径。

◆ 应用程序菜单：

✓ 最近使用的文件数：控制菜单浏览器的"最近使用的文档"快捷菜单中所列出的最近使用过的文件数。有效值为 0 到 50。

◆ "外部参照"选项区域：

✓ 按需加载外部参照文件：

禁用：关闭按需加载。

启用：打开按需加载。选中此项，当文件被参照时，其他用户不能编辑该文件。

使用副本：打开按需加载，仅使用参照图形的副本。其他用户可以编辑原始图形。

    ✓   保留外部参照图层的修改：保存对依赖外部参照图层的图层特性和状态的修改。重新加载该图形时，当前被指定给依赖外部参照图层的特性将被保留。

    ✓   允许其他用户参照编辑当前图形：选中该项，当前图形被其他图形参照时，可以在位编辑当前图形。

◆ "ObjectARX 应用程序"选项区域：

    ✓   按需加载 ObjectARX 应用程序：当图形含有第三方应用程序创建的自定义对象时，该选项可以指定是否以及何时按需加载此应用程序。

        关闭按需加载：不执行按需加载。

        自定义对象检测：在打开包含自定义对象的图形时，按需加载源应用程序。

        命令调用：在调用源应用程序的某个命令时，按需加载该应用程序。

        对象检测和命令调用：在打开包含自定义对象的图形时，按需加载该应用程序。在调用源应用程序的某个命令时，按需加载该应用程序。

    ✓   自定义对象的代理图像：管理图形中自定义对象的显示方式，可分为：

        显示代理图形：在图形中显示自定义对象。

        不显示代理图形：在图形中不显示自定义对象。

        显示代理边框：在图形中显示方框来代替自定义对象。

    ✓   显示"代理信息"对话框：选中该复选框，打开包含自定义对象的图形时将出现警告。

步骤 3 系统配置

在"选项"对话框中，选择"系统"选项卡，如图 2-19 所示。在该选项卡中，可以进行系统设置。

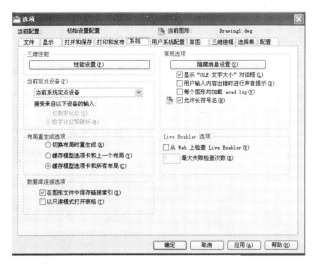

图 2-19 "系统"选项卡

各选项含义：

◆ "三维性能"选项区域：

    ✓   性能设置：单击"性能设置"按钮，弹出"自适应降级和性能调节"对话框，如图 2-20 所示。在该对话框中，控制三维显示性能。

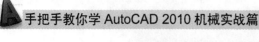

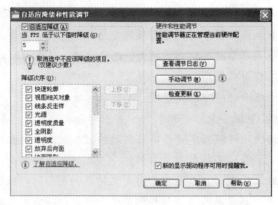

图 2-20 "自适应降级和性能调节"对话框

◆ "当前定点设备"选项区域：

✓ 当前系统定点设备：从下拉列表中选择定点设置。

✓ 接受来自以下设备的输入：指定 AutoCAD 是同时接受鼠标和数字化仪的输入，还是只接受数字化仪的输入。

◆ "布局重生成选项"选项区域：

✓ 切换布局时重生成：每次切换选项卡都会重新生成图形。

✓ 缓存模型选项卡和上一个布局：对于当前的模型选项卡和当前的上一个布局选项卡，将显示列表保存到内存中，并且在切换两个选项卡时禁止重新生成。对于其他的布局选项卡，切换到它们时仍然重新生成。

✓ 缓存模型选项卡和所有布局：第一次切换到每个选项卡时重生成图形。对于绘图任务中的其余选项卡，显示列表将保存到内存中，当切换到这些选项卡时禁止重新生成。

◆ "数据库连接选项"选项区域：

✓ 在图形文件中保存链接索引：在图形文件中保存数据库索引。

✓ 以只读模式打开表格：在图形文件中以只读模式打开数据库表。

◆ "常规选项"选项区域：

✓ 隐藏消息设置：单击该按钮，打开"隐藏消息设置"对话框，该对话框用于显示标记为不再次显示或始终使用对话框中指定选项的所有对话框。

✓ 显示"OLE 文字大小"对话框：当 OLE 对象插入图形时，显示"OLE 文字大小"对话框。

✓ 显示所有警告消息：忽略各个对话框原有的设置，显示所有带有警告选项的对话框。

✓ 用户输入内容出错时进行声音提示：当检测到无效输入时，声音提示。

✓ 每个图形均加载 acad.lsp：指定是否将 acad.lsp 文件加载到每个图形中。如果取消该项，那么只把 acaddoc.lsp 文件加载到图形文件中。

✓ 允许长符号名：允许在图形定义表中使用长名称命名对象。对象名称最多可以是 255 个字符，包括字母、数字、空格和任何 Windows 与 AutoCAD 2010 未作其他用途的特殊字符。

- "Live Enabler 选项"选项区域:
    - ✓ 从 Web 上检查 Live Enabler: 检查 Autodesk 的网站上是否有对象激活器。
    - ✓ 最大失败检查次数: 设置在检查对象激活器失败后继续进行检查的次数。

步骤 4 用户系统配置

在"选项"对话框中,选择"用户系统配置"选项卡,如图 2-21 所示。在该选项卡中,可以进行系统优化设置。

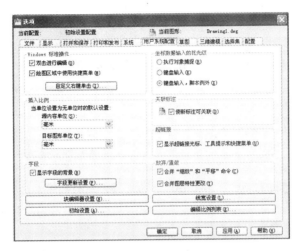

图 2-21 "用户系统配置"选项卡

各选项含义:

- "Windows 标准操作"选项区域:
    - ✓ 双击进行编辑: 选中该项,在绘图区域中双击,则对图形进行编辑操作。
    - ✓ 绘图区域中使用快捷菜单: 选中该项,在绘图区域中右击鼠标可以显示快捷菜单。不选该项,则右击鼠标代表按 Enter 键。
    - ✓ 自定义右键单击: 单击"自定义右键单击"按钮,弹出"自定义右键单击"对话框,如图 2-22 所示。在该对话框中,用户可以分别定义默认模式、编辑模式和命令模式下右击鼠标的作用。
- "插入比例"选项区域:
    - ✓ 源内容单位: 在没有指定单位时,设置被插入到图形中的对象的单位。
    - ✓ 目标图形单位: 在没有指定单位时,设置当前图形中对象的单位。
- "字段"选项区域:
    - ✓ 显示字段的背景: 用浅灰色背景显示字段,打印时不会打印背景色。若未选择该项,则和文字相同的背景显示字段。
    - ✓ 字段更新设置: 单击"字段更新设置"按钮,弹出"字段更新设置"对话框,如图 2-23 所示。在该对话框中,选择在何种情况下自动更新字段。

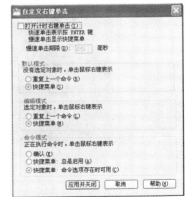

图 2-22 "自定义右键单击"对话框

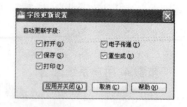

◆ "坐标数据输入的优先级"选项区域：

✓ 执行对象捕捉：坐标值是通过捕捉对象给出的。

✓ 键盘输入：坐标值是通过键盘输入的。

✓ 键盘输入，脚本例外：坐标值是通过键盘输入的，但脚本例外。

图 2-23 "字段更新设置"对话框

◆ "关联标注"选项区域：

✓ 使新标注可关联：指明创建的对象标注是否具有关联性。

◆ "超链接"选项区域：

✓ 显示超链接光标、工具栏提示和快捷菜单：选中该项，当定点设备移动到含有超级链接的对象上时，将显示超级链接光标和工具栏提示。当选中含有超级链接的对象，右击鼠标时，快捷菜单中会出现超级链接选项。

◆ "放弃/重做"选项区域：

✓ 合并"缩放"和"平移"命令：把多个连续的缩放和平移命令合并为单个动作来进行放弃和重做操作。

✓ 合并图层特性更改：将从图层特性管理器所做的图层特性更改进行编组。

◆ 初始设置：用于为新图形确定与提供的 AutoCAD 随附的默认样板相比时可能更适用于用户所属行业的图形样板文件。

✓ 单击该按钮，打开如图 2-24 所示的"AutoCAD 2010 - 初始设置"对话框 1，在该对话框中选择所属行业。

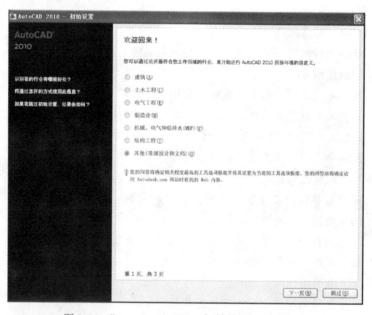

图 2-24 "AutoCAD 2010 - 初始设置"对话框 1

✓ 在如图 2-24 所示对话框中，单击"下一页"按钮，打开如图 2-25 所示的"AutoCAD 2010 - 初始设置"对话框 2，用于优化默认的工作空间。

✓ 在如图 2-25 所示对话框中，单击"下一页"按钮，打开如图 2-26 所示的"AutoCAD 2010 - 初始设置"对话框 3，用于指定创建新图形时要使用的默认图形样板文件。

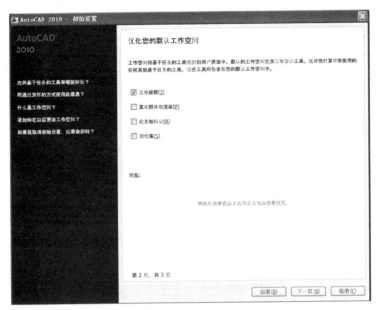

图 2-25　"AutoCAD 2010 - 初始设置"对话框 2

图 2-26　"AutoCAD 2010 - 初始设置"对话框 3

✓　在如图 2-26 所示对话框中，单击"完成"按钮，完成初始设置。

◆　在其他选项区域：

  ✓　块编辑器设置：单击该按钮，打开如图 2-27 所示的"块编辑器设置"对话框。使用此对话框控制块编辑器的环境设置。

  ✓　线宽设置：单击"线宽设置"按钮，弹出"线宽设置"对话框，如图 2-28 所示。在该对话框中，可以设置当前线宽，还可以设置线宽的显示特性和默认值。

图 2-27 "块编辑器设置"对话框

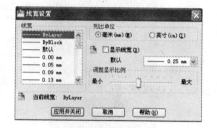

图 2-28 "线宽设置"对话框

✓ 编辑比例列表：单击"编辑比例列表"按钮，弹出"编辑比例列表"对话框，如图 2-29 所示。在该对话框中，可以编辑在与布局视口和打印相关联的几个对话框中所显示的比例缩放列表。

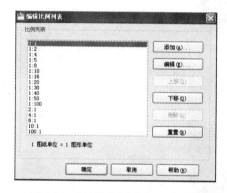

图 2-29 "编辑比例列表"对话框

步骤 5 草图配置

在"选项"对话框中，选择"草图"选项卡，如图 2-30 所示。在该选项卡中，可以设置辅助绘图工具的选项。

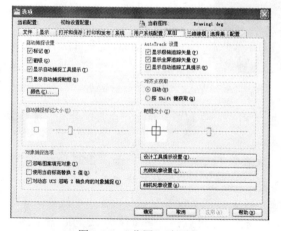

图 2-30 "草图"选项卡

各选项含义:

- ◆ "自动捕捉设置"选项区域:
  - ✓ 标记: 当光标移到捕捉点时显示的几何符号。
  - ✓ 磁吸: 选中该项,可将光标锁定到最近的捕捉点上。
  - ✓ 显示自动捕捉工具栏提示: 选中该项,显示自动捕捉到的对象的说明。
  - ✓ 显示自动捕捉靶框: 选中该项,将显示自动捕捉靶框。靶框是捕捉对象时出现在十字光标内部的方框。
  - ✓ 颜色: 单击"颜色"按钮,弹出"图形窗口颜色"对话框,如图 2-31 所示。在该对话框中,可以修改界面元素的颜色。

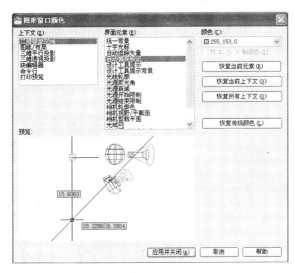

图 2-31　"图形窗口颜色"对话框

- ◆ "自动捕捉标记大小"选项区域: 设置自动捕捉标记的显示尺寸。取值范围为 1 到 20 像素。
- ◆ "对象捕捉选项"选项区域: 设置对象捕捉的三个选项。
  - ✓ 忽略图案填充对象: 在打开对象捕捉时,对象捕捉忽略填充图案。
  - ✓ 使用当前标高替换 Z 值: 在打开对象捕捉时,忽略对象捕捉位置的 Z 值,而使用当前 UCS 设置的标高。
  - ✓ 对动态 UCS 忽略 Z 轴负向的对象捕捉: 使用动态 UCS 时,对象捕捉忽略具有负 Z 值的几何体。
- ◆ "自动追踪设置"选项区域: 该设置在极轴追踪或对象捕捉追踪打开时有效。
  - ✓ 显示极轴追踪矢量: 当极轴追踪打开时,将沿指定角度显示一个矢量。
  - ✓ 显示全屏追踪矢量: 该选项控制追踪矢量的显示。追踪矢量是辅助用户按特定角度或与其他对象特定关系绘制对象的构造线。
  - ✓ 显示自动追踪工具栏提示: 选中该项,将显示自动追踪工具栏提示和正交工具栏提示。
- ◆ "对齐点获取"选项区域:
  - ✓ 自动: 当靶框移到对象捕捉上时,自动显示追踪矢量。

✓ 按 Shift 键获取：按住 Shift 键，当靶框移到对象捕捉上时，显示追踪矢量。

◆ "靶框大小"选项区域：设置靶框的显示尺寸。取值范围从 1 到 50 像素。

◆ 其他选项区域：

✓ 工具栏提示外观：单击"设计工具栏提示设置"按钮，弹出"工具栏提示外观"对话框，如图 2-32 所示。在该对话框中，可设置工具栏提示的颜色、大小和透明度。

✓ 光线轮廓外观：单击"光线轮廓设置"按钮，弹出"光线轮廓外观"对话框，如图 2-33 所示。在该对话框中，设置光源、光线轮廓的大小和颜色。

图 2-32 "工具栏提示外观"对话框

图 2-33 "光线轮廓外观"对话框

✓ 相机轮廓外观：单击"相机轮廓设置"按钮，弹出"相机轮廓外观"对话框，如图 2-34 所示。在该对话框中，设置相机轮廓的大小和颜色。

图 2-34 "相机轮廓外观"对话框

步骤 6 选择配置

在"选项"对话框中，选择"选择集"选项卡，如图 2-35 所示。在该选项卡中，可以设置对象选择的方法。

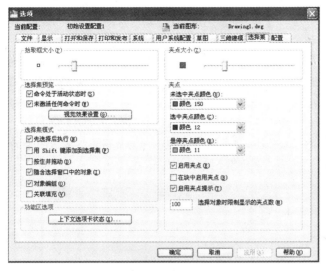

图 2-35 "选择集"选项卡

各选项含义:

◆ "拾取框大小"选项区域: 控制拾取框的显示尺寸。拾取框是在编辑命令中出现的对象选择工具。有效值为 0 ~ 20, 默认值为 3。

◆ "选择集预览"选项区域:

✓ 命令处于活动状态时: 选中该项, 当执行某个命令, 在命令行出现"选择对象"提示时, 将会显示选择预览。

✓ 未激活任何命令时: 未激活任何命令, 就可以显示选择预览。

✓ 视觉效果设置: 单击"视觉效果设置"按钮, 弹出"视觉效果设置"对话框, 如图 2-36 所示。在该对话框中, 可以设置选择的显示效果。

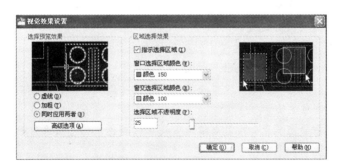

图 2-36 "视觉效果设置"对话框

◆ "选择集模式"选项区域:

✓ 先选择后执行: 在执行命令之前, 先选择对象。

✓ 用 Shift 键添加到选择集: 按住 Shift 键, 再选择对象, 可向选择集中添加对象或从选择集中删除对象。

✓ 按住并拖动: 选择一点, 然后将定点设备拖动至第二点来绘制选择窗口。如果未选择此选项, 则可以用定点设备选择两个单独的点来绘制选择窗口。

✓ 隐含窗口: 首先在对象外选择一点, 然后从左向右地绘制选择窗口, 可选择窗

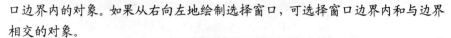

口边界内的对象。如果从右向左地绘制选择窗口，可选择窗口边界内和与边界相交的对象。

- ✓ 对象编组：选中编组中的一个对象就选择了编组中的所有对象。
- ✓ 关联填充：选中该项，则选择关联图案填充时也选择了边界对象。
- ◆ 功能区选项：
  - ✓ 上下文选项卡状态：单击该按钮，打开如图 2-37 所示的"功能区上下文选项卡状态选项"对话框，该对话框以为功能区上下文选项卡的显示设置对象选择设置。对话框中的各个选项含义如下：

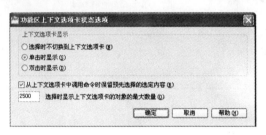

图 2-37 "功能区上下文选项卡状态选项"对话框

上下文选项卡显示：控制单击或双击对象时功能区上下文选项卡的显示方式。

选择时不切换到上下文选项卡：单击或双击对象或选择集时，焦点不会自动切换到功能区上下文选项卡。

单击时显示：单击对象或选择集时，焦点切换到第一个功能区上下文选项卡。

双击时显示：双击对象或选择集时，焦点切换到第一个功能区上下文选项卡。

从上下文选项卡中调用命令时保留预先选择的选定内容：如果选中该选项，预先选择的选定内容在执行了功能区上下文选项卡中的命令后仍处于选中状态。如果清除该选项，预先选择的选择集在通过功能区上下文选项卡执行命令后将不再处于选定状态。

选择时显示上下文选项卡的对象的最大数量：选择集包括的对象多于指定数量时，不显示功能区上下文选项卡。

- ◆ "夹点大小"选项区域：设置夹点的显示尺寸。
- ◆ "夹点"选项区域：
  - ✓ 未选中夹点颜色：指定未被选中夹点的颜色。未选中的夹点显示为一个小方块轮廓。
  - ✓ 选中夹点颜色：指定选中夹点的颜色。选中的夹点显示为一个填充小方块。
  - ✓ 悬停夹点颜色：光标在夹点上滚动时夹点显示的颜色
  - ✓ 启用夹点：选择对象后在对象上显示夹点。
  - ✓ 在块中启用夹点：选中该项，将显示块中每个对象上的夹点。未选中该项，则只在块的插入点显示一个夹点。
- ◆ 启用夹点提示：当光标停留在自定义对象的夹点上时，显示夹点提示。
- ◆ 选择对象时限制显示的夹点数：当初始选择集中含有超过指定数目的对象时，不显示夹点。有效范围 1~32767，默认值是 100。

实用案例 2.5 介绍如何管理样板文件

案例解读

样板文件是具有特定图形设置的图形文件。使用样板新建图形,新图形将继承该样板中的所有设置,这样保证了项目中所有图形文件标准的统一,同时也避免了大量重复性的设置工作,节省了时间,提高了绘图效率。

要点流程

- 介绍如何生成样板文件
- 介绍使用样板文件创建图形的步骤

操作步骤

步骤 1 介绍如何生成样板文件

①概念介绍。

生成样本文件,可以从系统中已有的样板文件中选择一个,也可以自定义样板文件。

②介绍"通过现有图形建立样板文件"的操作步骤。

- 启动"打开"命令,弹出"选择文件"对话框。
- 在"选择文件"对话框中,选择要用作样板的图形文件,单击"确定"按钮,打开文件。
- 修改编辑该文件后,选择"文件→另存为"命令,或者在命令提示行中输入 SAVEAS,弹出"图形另存为"对话框。
- 在"图形另存为"对话框中,"文件类型"选择"AutoCAD 图形样板",如图 2-38 所示。图形样板文件的扩展名为.dwt。
- 在"文件名"中,输入该样板文件的名称,单击"保存"按钮,弹出"样板选项"对话框,如图 2-39 所示。
- 在"样板选项"对话框中,输入样板说明。

图 2-38 "图形另存为"对话框

图 2-39 "样板选项"对话框

- "测量单位"可选择该样板文件使用英制单位还是公制单位。
- 新图层通知：
  - 将所有图层另存为未协调：将样板文件及其图层集另存为未协调图层，不创建图层基线。该项是默认选项。
  - 将所有图层另存为已协调：将样板文件及其图层集另存为协调图层，将创建图层基线。
- 单击"确定"按钮，生成了样板文件。

技巧

在"样板选项"对话框中，选择"将所有图层另存为未协调"，则当样板文件与未协调图层一起保存时，不会创建图层基线，因此第一次保存或打印图形时不会显示"新图层通知"气泡。"气泡"是弹出一个带有 "⚠" 标志的"图层通知警告"对话框。

步骤 2　介绍使用样板文件创建图形的步骤

①启动"新建"命令，弹出"选择样板"对话框，如图 2-40 所示。

图 2-40 "选择样板"对话框

②在"选择样板"对话框中，从列表中选择一个样板。

③单击"打开"按钮旁边的小箭头，有三个选项：打开、无样板打开-英制和无样板打开-公制。

④默认设置是"打开"，如果新建的图形不使用样板文件，可选择"无样板"选项。

实用案例 2.6　介绍如何管理图层

📥 案例解读

任何一张 CAD 图都需要使用到"图层特性管理器"，用户需要将图纸中的每一类别（如：墙体、家具、门、窗等）用不同的颜色、不同的线宽、是否打印、不同的线形来显示。

在 AutoCAD 绘图过程中，使用图层是一种最基本的操作，也是最有利的工作之一，它对图形文件中各类实体的分类管理和综合控制具有重要的意义。归纳起来主要有以下几个特点。

- 大大节省存储空间。

- 能够统一控制同一图层对象的颜色、线条宽度、线型等属性。
- 能够统一控制同类图形实体的显示、冻结等特性。
- 在同一图形中可以建立任意数量的图层，且同一图层的实体数量也没有限制。
- 各图层具有相同的性质、绘图界限及显示时的缩放倍数，可同时对不同图层上的对象进行编辑操作。

本案例将详细介绍图层操作的各个命令，以便读者掌握图层操作的各个命令的用法。

要点流程

- 新建图层
- 删除图层
- 设置图层名称
- 修改图层颜色
- 修改图层线型
- 修改图层线宽
- 设置当前图层

操作步骤

步骤 1 创建和删除图层

知识要点：

在绘制图纸之前，先要新建若干个图层，以供画图时调用。对于该绘图文件不需要的图层也要予以删除。

调用"图层特性管理器"的方法如下。

- 下拉菜单：选择"格式→图层"命令。
- 工具栏：在"图层"工具栏上单击"图层特性管理器"按钮 。
- 输入命令名：在命令行中输入或动态输入 LAYER 或 LA，并按 Enter 键。

实例介绍"创建/删除图层"的步骤，其操作步骤如下：

①打开光盘中的文件"CDROM\02\素材\图层.dwg"。该文件中含有 0 层、尺寸层、轮廓层和阴影层。

②选择"格式→图层"命令，弹出"图层特性管理器"对话框，如图 2-41 所示。

③在"图层特性管理器"对话框中，单击"新建图层"按钮 ，图层名将自动添加到图层列表中，图层名处于选中状态，此时可输入新的图层名"文字层"，如图 2-42 所示。

图 2-41 "图层特性管理器"对话框

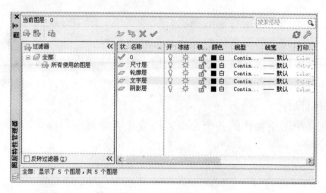

图 2-42　新建图层

④ 在图层特性管理器中选择图层"阴影层",单击"删除图层"按钮✖删除该层,如图 2-43 所示。

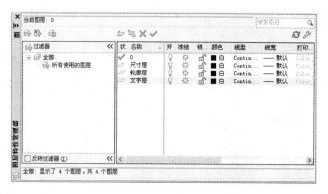

图 2-43　删除图层

⑤ 单击"确定"按钮,退出"图层特性管理器"对话框。此时该文件中含有 0 层、轮廓层、尺寸层和文字层。

注意

　　只能删除未被参照的图层。不能删除参照图层包括图层 0 和 DEFPOINTS、包含对象(包括块定义中的对象)的图层、当前图层以及依赖外部参照的图层。

步骤 2　设置图层名称

实例介绍"设置图层名称"的步骤,其操作步骤如下。

① 打开光盘中的文件"CDROM\02\素材\图层.dwg"。该文件中含有 0 层、轮廓层、尺寸层和阴影层。

② 选择"格式→图层"命令,弹出如图 2-41 所示的"图层特性管理器"对话框。

② 在"图层特性管理器"对话框中,间歇地双击图层名称"阴影层",则可以修改该图层名称,将"阴影层"改为"剖面层",如图 2-44 所示。

④ 单击"确定"按钮,退出"图层特性管理器"对话框。此时该文件中含有 0 层、轮廓层、尺寸层和剖面层。

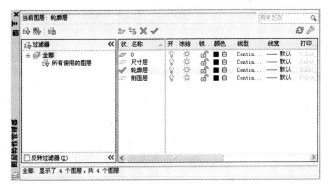

图 2-44　修改图层名称

步骤 3 设置图层的颜色

实例介绍"设置图层的颜色"的步骤，其操作步骤如下。

①打开光盘中的文件"CDROM\02\素材\图层.dwg"。该文件中含有 0 层、轮廓层、尺寸层和阴影层。

②选择"格式→图层"命令，弹出"图层特性管理器"对话框。

③在"图层特性管理器"对话框中，单击图层"尺寸层"的颜色，弹出"选择颜色"对话框，如图 2-45 所示。

图 2-45　"选择颜色"对话框

④在"选择颜色"对话框中，选择"索引颜色"选项卡，将"尺寸层"的颜色改为索引颜色 4 青色。

⑤单击"确定"按钮，退出"选择颜色"对话框。

⑥单击"确定"按钮，退出"图层特性管理器"对话框。此时"尺寸层"的颜色为索引颜色 4 青色。

步骤 4 设置图层的线型

实例介绍"修改图层的线型"的步骤，其操作步骤如下。

①打开光盘中的文件"CDROM\02\素材\图层.dwg"。该文件中含有 0 层、轮廓层、尺寸层和阴影层。

②选择"格式→图层"命令，弹出"图层特性管理器"对话框。

③在"图层特性管理器"对话框中，单击图层"轮廓层"的线型，弹出"选择线型"对话框，如图 2-46 所示。

④ 在"选择线型"对话框中,单击"加载"按钮,弹出"加载或重载线型"对话框,如图 2-47 所示。

图 2-46 "选择线型"对话框

图 2-47 "加载或重载线型"对话框

⑤ 在"加载或重载线型"对话框中,选择"BORDER"线型,单击"确定"按钮,退出"加载或重载线型"对话框。

⑥ 在"选择线型"对话框中,选中"BORDER"线型,单击"确定"按钮,退出"选择线型"对话框。

⑦ 在"图层特性管理器"对话框中,单击"确定"按钮,退出"图层特性管理器"对话框。此时"轮廓层"的线型为"BORDER"线型。

> **注意**
>
> 已删除的线型定义仍保存在"acad.lin"或"acadiso.lin"文件中,如果需要可以对其重新加载。

步骤 5 设置图层的线宽

实例介绍"修改图层的线宽"的步骤,其操作步骤如下。

① 打开光盘中的文件"CDROM\02\素材\图层.dwg"。该文件中含有 0 层、轮廓层、尺寸层和阴影层。

② 选择"格式→图层"命令,弹出"图层特性管理器"对话框。

③ 在"图层特性管理器"对话框中,单击图层"轮廓层"的线宽,弹出"线宽"对话框,如图 2-48 所示。

④ 在"线宽"对话框中,选择"0.30mm"线宽。

⑤ 单击"确定"按钮,退出"线宽"对话框。

⑥ 在"图层特性管理器"对话框中,单击"确定"按钮。此时"轮廓层"的线宽为"0.30mm"线宽。

步骤 6 设置当前图层

绘图时,新建对象将位于当前图层上。当前图层可以是默认图层(0),也可以将用户创建的图层置为当前图层。新创建的对象采用当前图层的颜色、线型和其他特性。

知识要点:

设置当前图层的方法如下。

图 2-48 "线宽"对话框

◆ 在"图层特性管理器"对话框中,选中某一图层,单击"置为当前"按钮 ✓,则该图层成为当前图层。

◆ 在"图层特性管理器"对话框中，选中某一图层，右击鼠标，弹出快捷菜单，选择"置为当前"命令，则该图层成为当前图层。

◆ 在图层工具栏中打开图层列表，选择要置为当前图层的图层即可。

◆ 选择图形对象，然后在图层工具栏中，单击"将对象的图层置为当前"按钮，即可将该对象所在的图层设为当前图层。

实例介绍"设置当前图层"的步骤，其操作步骤如下。

①打开光盘中的文件"CDROM\02\素材\图层.dwg"。该文件中含有 0 层、轮廓层、尺寸层和阴影层。

②选择"格式→图层"命令，弹出"图层特性管理器"对话框。

③在"图层特性管理器"对话框中，选中"轮廓层"，单击"置为当前"按钮，则"轮廓层"成为当前图层。

实用案例 2.7 图层状态和特性

案例解读

图层具有开关、冻结解冻、锁定解锁等管理图形的功能，用户可以随时显示、关闭、冻结、锁定某图层的对象。通过对图层的管理方便地控制不同类型的对象。

在绘制较为复杂的图形时，经常需要创建许多的图层，并为其设置相应的图层特性，若每次在创建新文件时都要创建这些图层，将会大大降低工作效率。幸好 AutoCAD 为用户提供了保存及调用图层特性的功能，可以将创建好的图层以文件的形式保存起来，供用户在需要的时候直接调出来。

要点流程

● 通过"图层特性管理器"和"图层"工具栏来控制图层状态

● 保存并调用图层的特性及状态

操作步骤

步骤 1 控制图层状态

①在"图层特性管理器"对话框中，通过单击"开/关"、"冻结/解冻"、"锁定/解锁"、"打印/不打印"来切换图层状态，如图 2-49 所示。

图 2-49 "图层特性管理器"对话框

图层显示状态说明见表 2-1。

表 2-1 状态

序　号	图　层	显　　示	打　　印	备　　注
1	开	可见	由图层的"打印/不打印"状态决定	
2	关	不可见	不能打印	可重新生成
3	解冻	可见	由图层的"打印/不打印"状态决定	
4	冻结	不可见	不能打印	不能重新生成
5	解锁	可见	由图层的"打印/不打印"状态决定	
6	锁定	可见	由图层的"打印/不打印"状态决定	不能选择、编辑
7	打印	可见	打印	只能控制可见图层
8	不打印	可见	不打印	只能控制可见图层

②通过"图层"工具栏也能控制图层的显示状态，如图 2-50 所示。

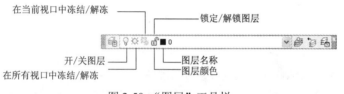

图 2-50 "图层"工具栏

知识要点：

◆ "打开/关闭"图层：在"图层"工具栏的列表框中，单击相应图层的小灯泡图标💡，可以打开或关闭图层的显示与否。在打开状态下，灯泡的颜色为黄色，该图层的对象将显示在视图中，也可以在输出设置上打印；在关闭状态下，灯泡的颜色转为灰色💡，该图层的对象不能在视图中显示出来，也不能打印出来。

◆ "冻结/解冻"图层：在"图层"工具栏的列表框中，单击相应图层的太阳☀ 或雪花❋ 图标，可以冻结或解冻图层。在图层被冻结时，显示为雪花❋ 图标，其图层的图形对象不能被显示和打印出来，也不能编辑或修改图层上的图形对象；在图层被解冻时，显示为太阳☀ 图标，此时图层上的对象可以被编辑。

◆ "锁定/解锁"图层：在"图层"工具栏的列表框中，单击相应图层的小锁🔓 图标，可以锁定或解锁图层。在图层被锁定时，显示为🔒 图标，此时不能编辑锁定图层上的对象，但仍然可以在锁定的图层上绘制新的图形对象。

步骤 2 保存图层的特性及状态

保存图层，其操作步骤如下所示：

①在 AutoCAD 2010 系统中，打开 "CDROM\02\素材\建筑平面图.dwg" 图形文件。

②选择"格式→图层"命令，将弹出"图层特性管理器"面板，将看到当前图形文件中已经设置好有许多的图层，单击左上方的"图层状态管理器"按钮，将弹出"图层状态管理器"对话框，如图 2-51 所示。

③在"图层状态管理器"对话框中单击"新建"按钮，将弹出"要保存的新图层状态"对话框，在"新图层状态名"文本框中输入保存的图层特性名称，在"说明"列表框中输入图层特性文件的说明信息，如图 2-52 所示。

图 2-51　打开"图层状态管理器"对话框　　　图 2-52　"要保存的新图层状态"对话框

④ 当单击"确定"按钮后，返回到"图层状态管理器"对话框，若单击右下角的⊙按钮，将展开显示图层的相应特性及状态，如图 2-53 所示。

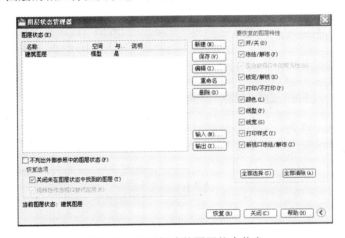

图 2-53　显示新建的图层状态信息

⑤ 单击"输出"按钮，将弹出"输出图层状态"对话框，指定图层特性要保存的路径及名称，其文件的后缀为.las，然后单击"保存"按钮，从而完成图层特性的保存，如图 2-54 所示。

图 2-54　保存图层状态

步骤 3 调用图层的特性及状态

调用图层的特性及状态是指将保存的图层调用到新文件中。

例如，将前面保存的图层状态名称"建筑图层.las"调用到新的文件中，其操作步骤如下：

① 在 AutoCAD 2010 系统中，新建"CDROM\02\效果\调用图层.dwg"图形文件。

② 选择"格式→图层"命令，将弹出"图层特性管理器"面板，将看到当前图形文件中只有一个图层 0，如图 2-55 所示。

图 2-55 当前的图层

③ 单击左上方的"图层状态管理器"按钮，将弹出"图层状态管理器"对话框，并单击"输入"按钮，将弹出"输入图层状态"对话框，在"文件类型"下拉组合框中选择"图层状态（*.las）"，然后选择前面所保存的"建筑图层.las"文件，如图 2-56 所示。

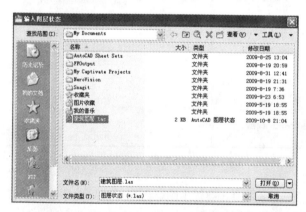

图 2-56 "输入图层状态"对话框

④ 当用户单击"打开"按钮后，将返回到"图层特性管理器"面板，即可看到调用的图层，并已经设置好了图层的名称、线宽、颜色等，如图 2-57 所示。

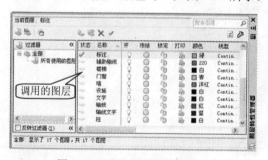

图 2-57 显示当前调用的图层

实用案例 2.8　介绍坐标的四种输入方式

案例解读

在 AutoCAD 2010 中，点的坐标可以使用绝对直角坐标、绝对极坐标、相对直角坐标和相对极坐标四种方法表示。本案例就是用这四种输入方式绘制长方形，以便读者直截了当地认识四种坐标输入方式。

要点流程

- 用绝对直角坐标方式绘制矩形
- 用绝对极坐标方式绘制矩形
- 用相对直角坐标方式绘制矩形
- 用相对极坐标方式绘制矩形

操作步骤

步骤 1　绝对直角坐标方式

① 概念介绍。

绝对直角坐标指当前点相对坐标原点的坐标值。

② 绘制矩形。

```
命令: l
LINE 指定第一点: 0, 0
指定下一点或 [放弃(U)]: 30, 0
指定下一点或 [闭合(C)/放弃(U)]: 30, 40
指定下一点或 [闭合(C)/放弃(U)]: 0, 40
指定下一点或 [闭合(C)/放弃(U)]: c
```

步骤 2　相对直角坐标方式

① 概念介绍。

相对直角坐标是指当前点相对于某一点的坐标增量。相对直角坐标前加 "@" 符号。

② 绘制矩形。

```
命令: l
LINE 指定第一点: 0, 0
指定下一点或 [放弃(U)]: @30, 0
指定下一点或 [放弃(U)]: @0, 40
指定下一点或 [闭合(C)/放弃(U)]: @-30, 0
指定下一点或 [闭合(C)/放弃(U)]: c
```

步骤 3　绝对极坐标方式

① 概念介绍。

绝对极坐标用 "距离<角度" 表示。距离为该点到坐标原点的距离，角度为该点和坐标原点的连线与 X 轴正向的夹角。

② 绘制矩形。

```
命令: l
```

```
LINE 指定第一点：0, 0
指定下一点或 [放弃(U)]：30<0
指定下一点或 [放弃(U)]：50<53
指定下一点或 [闭合(C)/放弃(U)]：40<90
指定下一点或 [闭合(C)/放弃(U)]：c
```

步骤 4 相对极坐标方式

①概念介绍。

相对极坐标用"@距离<角度"表示，例如"@10<30"表示两点之间的距离为 10，两点的连线与 X 轴正向夹角为 30。例如 A 点的绝对极坐标为"50<30"，B 点相对 A 点的相对极坐标为"@10<30"，则 B 点的绝对极坐标为"60<30"。

②绘制矩形。

```
命令：1
LINE 指定第一点：0,0
指定下一点或 [放弃(U)]：@30<0
指定下一点或 [放弃(U)]：@40<90
指定下一点或 [闭合(C)/放弃(U)]：@-30<0
指定下一点或 [闭合(C)/放弃(U)]：c
```

> **注意**
>
> 在输入点的坐标时，要综合考虑这四种方法，从中选用最简便的方法。在实用案例 2.8 中，我们也可以使用"矩形"命令直接画出该长方形。

实用案例 2.9　设置绘图辅助功能

▶ 案例解读

手工绘图时，我们使用铅笔、三角板、丁字尺和圆规等绘图工具。在 AutoCAD 2010 中，我们通过捕捉对象以及使用栅格、设置正交模式等操作来画图。本章我们要学习绘图辅助功能，为今后的绘图做好准备。只有熟练掌握了这些基础操作，才能用好 AutoCAD 2010，高效高质地绘制图形。

▶ 要点流程

- 设置捕捉和栅格
- 设置正交模式
- 设置对象的捕捉模式
- 设置自动与极轴追踪

▶ 操作步骤

步骤 1 设置捕捉和栅格

①概念介绍。

"捕捉"用于设置鼠标光标移动的间距，"栅格"是一些标定位位置的小点，使用它可以提供直观的距离和位置参照。

（2）打开"捕捉和栅格"选项卡。

选择"工具→草图设置"命令，将打开"草图设置"对话框，切换到"捕捉和栅格"选项卡中，可以启用或关闭"捕捉"和"栅格"功能，并设置"捕捉"和"栅格"的间距与类型，如图 2-58 所示。

图 2-58　"捕捉和栅格"选项卡

各选项含义：

◆ "启用捕捉"复选框：用于打开或关闭捕捉方式，可按 F9 键进行切换，也可在状态栏中单击 ▦ 按钮进行切换。

◆ "捕捉间距"设置区：用于设置 X 轴和 Y 轴的捕捉间距。

◆ "启用栅格"复选框：用于打开或关闭栅格的显示，可按 F7 键进行切换，也可在状态栏中单击 ▦ 按钮进行切换。当打开栅格状态时，用户可以将栅格显示为点矩阵或线矩阵，如图 2-59 所示。

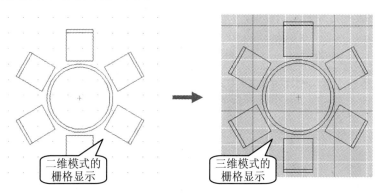

图 2-59　显示的栅格

◆ "栅格间距"设置区：用于设置 X 轴和 Y 轴的栅格间距，并且可以设置每条主轴的栅格数量。若栅格的 X 轴和 Y 轴间距为 0，则栅格采用捕捉 X 轴和 Y 轴间距的值。

◆ "栅格捕捉"单选按钮：可以设置捕捉样式为栅格。若选中"矩形捕捉"单选按钮，其光标可以捕捉一个矩形栅格；若选中"等轴测捕捉"单选按钮，其光标可以捕捉一个等轴测栅格。

- ◆ "PolarSnap"（极轴捕捉）单选按钮：可以设置捕捉样式为极轴捕捉，并且可以设置极轴间距，此时光标将沿极轴角或对象追踪角度进行捕捉。
- ◆ "自适应栅格"复选框：用于限制缩放时栅格的密度。
- ◆ "显示超出界限的栅格"复选框：用于确定是否显示图形界限之外的栅格。
- ◆ "跟随动态 UCS"复选框：跟随动态 UCS 的 XY 平面而改变栅格平面。

步骤 2 设置正交模式

概念介绍。

在正交模式下画图，光标只能在水平和垂直方向上移动，因此用户在正交模式下可以很方便地绘制出平行于 X 轴或 Y 轴的线段。

知识要点：

打开或关闭正交模式的方法如下。

- ◆ 单击状态栏上"正交"按钮。
- ◆ 功能键 F8 键。

步骤 3 设置对象的捕捉模式

① 概念介绍。

在实际绘图过程中，有时经常需要精确地找到已知图形的特殊点，如圆心点、切点、直线中点等，这时就可以启动对象捕捉功能。

注意

对象捕捉与捕捉不同，对象捕捉是把光标锁定在已知图形的特殊点上，它不是独立的命令，是在执行命令过程中被结合使用的模式。而捕捉是将光标锁定在可见或不可见的栅格点上，是可以单独执行的命令。

② 调用对象捕捉模式的方法。

- ● "对象捕捉"工具栏。
- ● 按 Shift 键，同时右击鼠标，弹出快捷菜单。
- ● 在命令行中输入相应的缩写。

③ "对象捕捉"工具栏。

"对象捕捉"工具栏如图 2-60 所示。在绘图过程中，需要指定点时，单击该工具栏中相应的特征点按钮，再将光标移到要捕捉的特征点附近，即可捕捉到所需要的点。

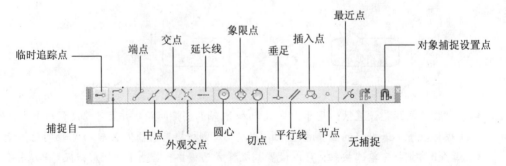

图 2-60 "对象捕捉"工具栏

④对象捕捉的设置。

绘图时需要频繁使用对象捕捉功能，为了方便用户，将某些对象捕捉方式设置为选中状态，这样当光标接近捕捉点时，系统将产生自动捕捉标记、捕捉提示和磁吸。

知识要点：

使用以下三种方式可以设置对象捕捉。

- ◆ 下拉菜单：选择"工具→草图设置"命令，弹出"草图设置"对话框。在"草图设置"对话框中，选择"对象捕捉"选项卡，如图 2-61 所示。
- ◆ 工具栏：在"对象捕捉"工具栏上单击"对象捕捉设置"按钮 🔛。
- ◆ 在状态栏上的"对象捕捉"上右击鼠标，然后单击"设置"命令。
- ◆ 启用对象捕捉：选中该项，则在"对象捕捉模式"中选择的对象捕捉将处于有效状态。

单击状态栏上的"对象捕捉"按钮，或者使用 F3 键都可以打开或关闭对象捕捉。

- ◆ 启用对象捕捉追踪：选中该项，在命令中指定点时，光标可以沿基于其他对象捕捉点的对齐路径进行追踪。即用户先根据"对象捕捉"功能确定对象的某一特征点，然后以该点为基准点进行追踪，得到目标点。

单击状态栏上的"对象追踪"按钮，或者使用 F11 键都可以打开或关闭对象捕捉追踪。

- ◆ 对象捕捉模式：选择某一对象捕捉模式，使之在启用了对象捕捉时有效。
- ◆ 全部选择：打开所有对象捕捉模式。
- ◆ 全部清除：关闭所有对象捕捉模式。

> **注意**
>
> 当要求指定点时，按下 Shift 键或者 Ctrl 键，在绘图区任一点右击鼠标，打开"对象捕捉"快捷菜单，如图 2-62 所示。

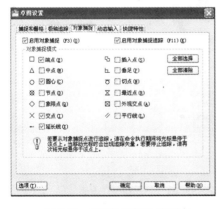

图 2-61 "对象捕捉"选项卡

图 2-62 "对象捕捉"快捷菜单

步骤 4 设置自动与极轴追踪

①概念介绍。

自动追踪实质上也是一种精确定位点的方法，当要求输入的点在一定的角度线上，或者输入点与其他对象有一定的关系，从而可以利用自动追踪功能来确定点的位置是非常方便的。

自动追踪包括两种追踪方式：极轴追踪和对象捕捉追踪。极轴追踪是按事先给定的角度增量来追踪点；而对象捕捉追踪是按与已绘图形对象的某种特定关系来追踪，这种特定的关系确定了一个用户事先并不知道的角度。

> **注意**
>
> 　　如果用户事先知道要追踪的角度（方向），即可用极轴追踪；而如果事先不知道具体的追踪角度（方向），但知道与其他对象的某种关系，则用对象捕捉追踪，如图 2-63 所示。

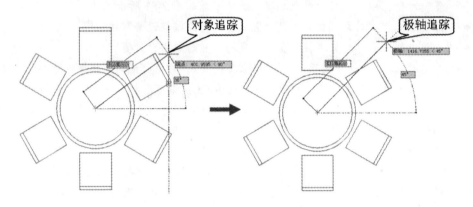

图 2-63　对象和极轴追踪

(2) "极轴追踪"的设置方法。

- 下拉菜单：选择"工具→草图设置"命令，弹出"草图设置"对话框。在"草图设置"对话框中，选择"极轴追踪"选项卡，如图 2-64 所示。
- 状态栏：在状态栏的"极轴"上右击鼠标，然后单击"设置"命令。

图 2-64　"极轴追踪"选项卡

各选项含义：

◆ "极轴角设置"设置区：用于设置极轴追踪的角度。默认的极轴追踪角度增量是 90°，用户可在"增量角"下拉列表框中选择角度增量值。若该下拉列表框中的角度值不能满足用户的需求，可将下侧的"附加角"复选框选中。用户也可单击"新建"按钮并输入一个新的角度值，将其添加到附加角的列表框中。

◆ "对象捕捉追踪设置"设置区：若选择"仅正交追踪"单选按钮，可在启用对象捕捉追踪的同时，显示获取的对象捕捉点的正交对象捕捉追踪路径；若选择"用所有极轴角设置追踪"单选按钮，可以将极轴追踪设置应用到对象捕捉追踪，此时可以将极轴追踪设置应用到对象捕捉追踪上。

◆ "极轴角测量"设置区：用于设置极轴追踪对齐角度的测量基准。若选择"绝对"单选按钮，表示以前当用户坐标 UCS 的 X 轴正方向为 0° 角计算极轴追踪角；若选择"相对上一段"单选按钮，可以基于最后绘制的线段确定极轴追踪角度。

例如，运用"极轴跟踪"功能绘制一斜线，其操作步骤如下：

● 选择"文件→新建"命令，建立新文件。

● 选择"工具→草图设置"命令，弹出"草图设置"对话框。在"草图设置"对话框中，选择"极轴追踪"选项卡。

● 在"极轴追踪"选项卡中，勾选"启用极轴追踪"，并设置"增量角"为"45"。

● 单击"确定"按钮，退出"极轴追踪"对话框。

● 在命令提示行中，输入直线命令 L，并按 Enter 键。

● 在绘图窗口中单击，确定直线的第一点。移动光标，当光标经过 0° 或者 45° 角时，绘图窗口中将显示对齐路径和工具栏提示，如图 2-65 所示。

图 2-65　极轴追踪——斜线

● 此时输入斜线长度 30，并按 Enter 键。

● 按 Enter 键结束直线命令。绘图窗口中画出了一条与 X 轴正方向成 45°，长为 30个单位的直线。

● 选择"文件→保存"命令，文件名定义为"斜线"，保存该文件。

实用案例 2.10　视图显示控制

案例解读

所谓"视图"是指按一定比例、移动位置和角度显示的图形。绘制图形时，既要观察图形的整体效果，又要查看图形的局部细节，为此 AutoCAD 2010 提供了视图缩放和平移命令、命名视图、鸟瞰视图和平铺视口等命令控制图形的显示，此外还提供了重画和重生成命令刷新屏幕，重新生成图形。本案例将详细介绍视图的显示控制方法。

要点流程

● 缩放视图

- 平移视图
- 鸟瞰视图
- 新建视图
- 平铺视图
- 设置当前视图

操作步骤

步骤 1 视图缩放

① 命令介绍。

在绘图过程中，为了看清局部图形或者看到全部图形对象，需要缩放图形。

② 介绍图形缩放命令的启动方法。

图形缩放可以通过以下方法：

- 下拉菜单：选择"视图→缩放"命令，如图 2-66 所示。
- 工具栏：在"缩放"工具栏中，根据需要选择"缩放"命令，如图 2-67 和图 2-68 所示。
- 输入命令名：在命令行中输入或动态输入 ZOOM 或 Z，并按 Enter 键。

图 2-66 "视图→缩放"命令

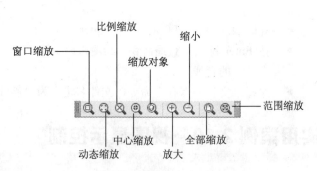

图 2-67 "缩放"工具栏

图 2-68 "标准"工具栏

知识要点：

"缩放"命令中包括：

◆ "实时"缩放：是指随着鼠标的上下移动，图形动态的改变显示大小。

◆ 执行该命令时，光标变成放大镜形状，按住鼠标左键拖动可缩放图形，向上拖动为放大图形，向下拖动为缩小图形。

◆ "上一步"缩放：返回到上一个视图，最多可恢复此前的十个视图。

◆ "窗口"缩放：显示由两个角点所定义的矩形窗口内的区域。

◆ "动态"缩放：通过视图框来选定显示区域。移动视图框或调整它的大小，将其中的图像平移或缩放。

执行该命令时，绘图区中出现两个虚线框和一个实线框，黄色虚线框代表图形范围，蓝色虚线框代表当前视图所占的区域，白色实线框是视图框。单击鼠标左键确定视图框的位置后，视图框右侧将显示一个箭头标志。通过改变视图框的大小来改变缩放的比例，向左移动光标，将缩小视图框大小，向右移动光标，将放大视图框大小。

◆ "比例"缩放：以指定的比例因子缩放显示。AutoCAD 2010 提供了三种形式的比例缩放。

相对图形界限的比例缩放：在命令行的提示下，直接输入数值即可。

相对当前视图的比例缩放：在命令行的提示下，输入带有后缀 x 的比例系数。比如输入 5x，则图形会以当前图形的 5 倍大小显示。

相对图纸空间的比例缩放：在命令行的提示下，输入带有后缀 xp 的比例系数。比如输入 2xp，则图形会以图纸空间的 2 倍大小显示。

◆ "中心点"缩放：重新定位图形的中心点。显示由中心点和缩放比例（或高度）所定义的窗口。

◆ "对象"缩放：显示一个或多个选定的对象，并使其放大后的对象位于绘图区域的中心。

◆ 放大和缩小：按照系统默认的缩放比例进行缩放。

◆ "全部"缩放：在当前视口中缩放显示整个图形，取决于用户定义的栅格界限或图形界限。

◆ "范围"缩放：使所有图形对象最大化显示，充满整个视口。视图包含已关闭图层上的对象，但不包含冻结图层上的对象。

步骤 2　视图平移

①命令介绍。

平移图形是指在不改变图形显示比例的情况下，移动图形来观察当前视图中的对象。

②介绍图形平移命令的启动方法。

通过以下方法进行图形平移。

● 下拉菜单：选择"视图→平移"命令，如图 2-69 所示。

● 工具栏：单击"标准"工具栏中"实时平移"图标 。

● 输入命令名：在命令行中输入或动态输入 PAN 或 P，并按 Enter 键。

知识要点：

◆ "实时"平移：此时光标变成手形，按住鼠标左键拖动，图形随着光标的移动而进行平移。

◆ "定点"平移：指定第一个基点（或位移）和第二个基点，图形将按指定的设置平移。

◆ 其他平移方式："左"、"右"、"上"、"下"，图形将相应的做一个单位的平移。

步骤 3 命名视图

①命令介绍：用户可以针对一张图纸创建多个视图。当要观看图纸的某一视图时，将该视图恢复即可。经过命名的视图，可以在绘图过程中随时恢复。在"视图管理器"对话框中，可以新建、设置和删除命名视图。

②视图管理器的启动方法。

- 下拉菜单：选择"视图→命名视图"命令，如图 2-70 所示。
- 工具栏：单击"视图"工具栏中"命名视图"图标 。
- 输入命令名：在命令行中输入或动态输入 VIEW 或 V，并按 Enter 键。

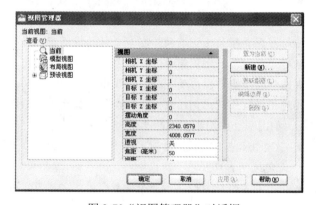

图 2-69 "视图→平移"命令　　　　图 2-70 "视图管理器"对话框

各选项含义：

- ◆ "查看"区域左侧栏：显示可用的视图列表。
  - ✓ 当前：显示当前视图及其"查看"和"剪裁"特性。
  - ✓ 模型视图：显示命名视图和相机视图列表，并列出选定视图的"基本"、"查看"和"剪裁"特性。
  - ✓ 布局视图：在定义视图的布局上显示视口列表，并列出选定视图的"基本"和"查看"特性。
  - ✓ 预设视图：显示正交视图和等轴测视图列表，并列出选定视图的"基本"特性。
- ◆ "查看"区域中间栏：显示视图特性。
- ◆ "视图"部分：
  - ✓ 相机 X 坐标：仅适用于当前视图和模型视图，显示视图相机的 X 坐标。
  - ✓ 相机 Y 坐标：仅适用于当前视图和模型视图，显示视图相机的 Y 坐标。
  - ✓ 相机 Z 坐标：仅适用于当前视图和模型视图，显示视图相机的 Z 坐标。
  - ✓ 目标 X 坐标：仅适用于当前视图和模型视图，显示视图目标的 X 坐标。
  - ✓ 目标 Y 坐标：仅适用于当前视图和模型视图，显示视图目标的 Y 坐标。
  - ✓ 目标 Z 坐标：仅适用于当前视图和模型视图，显示视图目标的 Z 坐标。
  - ✓ 摆动角度：指定视图的当前摆动角度。
  - ✓ 高度：指定视图的高度。

✓ 宽度：指定视图的宽度。

✓ 透视：适用于当前视图和模型视图，打开/关闭透视图。

✓ 镜头长度（毫米）：适用于除布局视图之外的所有视图，指定焦距（以毫米为单位）。更改此值将相应更改"视野"设置。

✓ 视野：适用于除布局视图之外的所有视图，指定水平视野。更改此值将相应更改"镜头长度"设置。

✓ "剪裁"部分：适用于除布局视图之外的所有视图，以下剪裁特性适用于特性列表的"剪裁"部分中的视图。

✓ 前向面：如果该视图已启用前向剪裁，则指定前向剪裁平面的偏移值。

✓ 后向面：如果该视图已启用后向剪裁，则指定后向剪裁平面的偏移值。

✓ 剪裁：设置剪裁选项。可以选择"关"、"前向开"、"后向开"或"前向和后向开"。

◆ "置为当前"按钮：在对话框中左侧的"查看"栏中选择要恢复的视图名称，单击"置为当前"按钮，恢复选定的视图。

◆ "新建"按钮：新建命名视图，弹出"新建视图"对话框，如图 2-71 所示。

◆ "更新图层"按钮：更新与选定的视图一起保存的图层信息，使其与当前模型空间和布局空间中的图层可见性匹配。

◆ "编辑边界"按钮：单击该按钮，切换到绘图区，使用鼠标选定视图的边界。

◆ "删除"按钮：在对话框左侧的"查看"栏中选择视图名称，单击"删除"按钮删除选定视图。

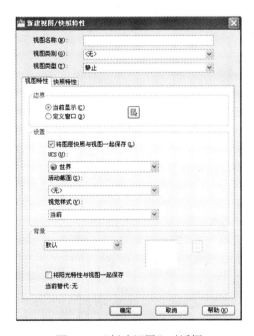

图 2-71 "新建视图"对话框

在"新建视图"对话框中：

◆ 视图名称：设置视图的名称。

◆ 视图类别：指定命名视图的类别。可以从列表中选择，也可以输入新类别。

◆ "边界"区域:
  ✓ 当前显示:使用当前显示作为新视图。
  ✓ 定义窗口:自定义窗口作为新视图。
  ✓ 右侧"定义视图窗口"按钮 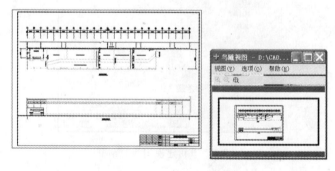:单击该按钮,系统将切换到绘图区,使用鼠标在绘图区域指定两个角点,将该自定义的窗口作为新视图。

◆ "设置"区域:
  ✓ 将图层快照与视图一起保存:在新的命名视图中保存当前图层的可见性。
  ✓ UCS:(适用于模型视图和布局视图)从列表中选择与新视图一起保存的 UCS 坐标系。
  ✓ 活动截面:(仅适用于模型视图)从列表中指定恢复视图时应用的活动截面。
  ✓ 视觉样式:(仅适用于模型视图)从列表中指定与视图一起保存的视觉样式。

◆ "背景"区域:从列表中指定应用于选定视图的背景类型。
  ✓ 将阳光特性与视图一起保存:选中该项,"阳光与天光"数据将与命名视图一起保存。当背景类型是"阳光与天光"时,系统自动选中该项。
  ✓ 预览框:显示当前背景。
  ✓ 选择按钮 …:单击该按钮,更改当前背景设置。

步骤 4 鸟瞰视图

① 命令介绍:使用 ZOOM 命令查看图形细节或使用 PAN 命令移动图形时,屏幕上显示的都只是图形中的一部分,此时用户无法了解该局部图形与整体图形以及与图形其他部分之间的相对关系。为此,AutoCAD 2010 提供了鸟瞰视图工具,它可以在另外一个独立的窗口中显示整个图形视图以便快速移动到目标区域。

② 鸟瞰视图的启动方法

● 下拉菜单:选择"视图→鸟瞰视图"命令。
● 输入命令名:在命令行中输入或动态输入 DSVIEWER,并按 Enter 键。

知识要点:

DSVIEWER 命令可以透明使用。"鸟瞰视图"窗口如图 2-72 所示,该视图显示了整个图形,用一个粗线框标记当前视图,该粗线框称为视图框,表示当前屏幕所显示的范围,通过移动视图框的位置或者改变视图框的大小来动态更改视图显示。

图 2-72 "鸟瞰视图"窗口

◆ 在鸟瞰视图窗口中单击鼠标左键,窗口中出现一个中间有"X"标记的细线框,移动光标,整个细线框也会跟着移动。

- 单击鼠标，细线框右侧显示箭头 "→"。向左移动光标，将缩小视图框大小，即放大了图形的显示比例，向右移动光标，将放大视图框大小，即缩小了图形的显示比例。
- 在鸟瞰视图窗口中单击鼠标，视图框交替处于平移和缩放状态，调整图形和视图框的相对位置和大小，右击鼠标确定视图框的最终位置和大小，系统窗口中相应显示视图框中所包含的图形部分。

各选项含义：

在"鸟瞰视图"窗口中：

- "视图"菜单：
    - ✓ 放大：以当前视图框为中心，放大两倍来增大"鸟瞰视图"窗口中的图形显示比例。
    - ✓ 缩小：以当前视图框为中心，缩小两倍来减小"鸟瞰视图"窗口中的图形显示比例。
    - ✓ 全局：在"鸟瞰视图"窗口中显示整个图形和当前视图。
- "选项"菜单：
    - ✓ 自动视口：当显示多重视口时，自动显示当前视口的模型空间视图。关闭"自动视口"时，将不更新"鸟瞰视图"窗口。
    - ✓ 动态更新：编辑图形时，更新"鸟瞰视图"窗口。关闭"动态更新"时，将不更新"鸟瞰视图"窗口，直到在"鸟瞰视图"窗口中单击。
    - ✓ 实时缩放：选择该项，使用"鸟瞰视图"窗口缩放时，绘图区将实时更新。

步骤 5　平铺视图

① 命令介绍：在绘图时，常常需要将图形局部放大以显示细节，同时又需要观察图形的整体效果，这时仅使用单一的视图已无法满足需要了。在 AutoCAD 2010 中使用平铺视图功能，将绘图窗口划分为若干个视图，用来查看图形。各个视图可以独立地进行缩放和平移，而且各个视图能够同步的进行图形的绘制编辑，当修改一个视图中的图形，在其他视图中也能有所体现。单击视图区域可以在不同视图间切换。

② "视口"对话框的启动方法。

- 下拉菜单：选择"视图→视口→新建视口"命令，如图 2-73 所示。
- 工具栏：单击"视口"工具栏中"显示视口对话框"图标。
- 输入命令名：在命令行中输入或动态输入 VPORTS，并按 Enter 键。

图 2-73　"视口"对话框

注意

　　"视口"对话框中可用的选项取决于是模型空间视口（"模型"选项卡）还是布局空间视口（"布局"选项卡）。

各选项含义：

◆　"新建视口"选项卡：

✓　新名称：指定新建的模型空间视口的名称。

✓　标准视口：在列表中选择视口配置名称。

✓　预览：显示选定视口配置的样例，以及每个单独视口的默认配置视图。

✓　应用于：有"显示"和"当前视口"两个选项，选择将模型空间视口配置应用到整个显示窗口还是当前视口。"显示"是系统的默认设置。

✓　设置：选择二维或三维设置。

✓　修改视图：从列表中选择视图替换选定视口中的视图。

✓　如果"设置"是"二维"，则"修改视图"列表中可以选择命名视图。

✓　如果"设置"是"三维"，则"修改视图"列表中可以选择三维标准视图和命名视图。

✓　视觉样式：将视觉样式应用到视口中。有"当前"、"二维线框"、"三维隐藏"、"三维线框"、"概念"和"真实"等选项。

◆　"命名视口"选项卡：

显示图形中已保存的模型空间视口配置。选中视口名称，右击鼠标可对视口进行"删除"和"重命名"操作。

创建新视口后，可以对视口进行拆分、合并等操作。

✓　拆分视口：单击要拆分的视口，选择"视图→视口"命令，选择拆分数目，然后根据命令行提示进行操作。

✓　合并视口：选择"视图→视口→合并"命令，选择要保留的视口，然后再选择相邻视口，将其与要保留的视口合并。

✓　恢复单个视口：

下拉菜单：选择"视图→视口→一个视口"命令。

工具栏：在"视口"工具栏上单击"单个视口"按钮。

输入命令名：在命令行中输入或动态输入 VPORTS，并按 Enter 键，然后输入 SI，并按 Enter 键。

第**3**章
机械设计与绘图基础

本章导读

　　本章将介绍与机械制图相关的国家标准，并说明如何在 AutoCAD 中创建符合国家标准的制图环境。

　　机械图样是机械设计和机械制造的重要技术文件，起着表达制图者设计意图和交流技术思想的作用，是工程界共同的技术语言。中华人民共和国国家标准简称国标（GB）即为机械图样需要遵循的统一规范。

　　国家标准的产生有利于制图者规范化制图以及图样的重复利用和被他人解读，更好地学习和利用国家标准则是本章学习的目标。本章的知识点是确保绘制的图样符合国家标准的重要指标，需要初学者加以重视。

本章主要学习以下内容：

- 介绍与机械制图相关的国家标准
- 介绍投影法基本原理和三面投影图
- 介绍工程中常用的基本视图
- 零件图
- 装配图
- 定制符合国家规定的 CAD 环境

实用案例 3.1 介绍与机械制图相关的国家标准

案例解读

在计算机相当普及的今天，我们一改过去手工绘图的习惯，而使用计算机绘图。AutoCAD 以其良好的系统开放、易于掌握、使用方便等特性在计算机绘图中占据了广大的市场。但 AutoCAD 作为一个通用的绘图系统，采用的是英制标准和 ISO 标准，中国用户使用时需要根据国家标准的规定和相关的设定对 AutoCAD 进行必要的设置。

机械工程 CAD 国家制图标准规定了计算机辅助设计的制图规则，适用于计算机及其外围设备中显示、绘制、打印的机械工程图样及有关技术文件。现有的机械工程 CAD 国家标准如表 3-1 所示。

表 3-1 现有的机械工程 CAD 国家标准

国家标准名	引导要素	中心要素
GB/T 14689—1993	技术制图	图纸幅面和格式
GB/T 14690—1993	技术制图	比例
GB/T 14691—1993	技术制图	字体
GB/T 14692—1993	技术制图	投影法
GB/T 10609.1—1989	技术制图	标题栏
GB/T 10609.2—1989	技术制图	明细栏
GB/T 10609.3—1989	技术制图	复制图的折叠方法
GB/T 10609.4—1989	技术制图	对缩微复制原件的要求
GB/T 13361—1992	技术制图	通用术语
GB/T 17450—1998	技术制图	图线
GB/T 17451—1998	技术制图	图样画法、视图
GB/T 17452—1998	技术制图	图样画法、剖视图和断面图
GB/T 17453—1998	技术制图	图样画法、剖面区域的表示法
GB/T 19096—2003	技术制图	未定义形状过的画法
GB/T 4457.2—2003	技术制图	指引线和基准线的表示
GB/T 4458.1—2003	机械制图	图样画法、视图
GB/T 4458.2—2003	机械制图	装配图中零部件序号及其编排法
GB/T 4458.4—2003	机械制图	尺寸注法
GB/T 4458.5—2003	机械制图	尺寸公差与配合注法
GB/T 4458.6—1998	机械制图	图样画法、剖视图和断面图
GB/T 4459.1—1995	机械制图	螺纹及螺纹紧固件表示法
GB/T 4459.2—2003	机械制图	齿轮表示法
GB/T 4459.3—2000	机械制图	花键表示法
GB/T 4459.4—2003	机械制图	弹簧表示法
GB/T 4459.5—1998	机械制图	中心孔表示法
GB/T 4459.6—2003	机械制图	动密封图表示法
GB/T 4459.7—1998	机械制图	滚动轴承表示法
GB/T 4656.1—2000	机械制图	棒料型材及其断面表示法

国家标准的代号为"GB/T"，GB/T 系列标准是一套推荐性标准。以 GB/T 4459.3－2000 为例来说明国家标准：GB 为国标的汉语拼音的首字母，T 为推荐的汉语拼音的首字母，GB/T 表示标准代号及属性，4459 为标准顺序号，2000 为标准批准年号（4 位数）。GB/T 4459.3—2000 为标准编号，机械制图、花键表示法为标准名称，机械制图为引导要素，花键表示法为中心要素。

标准顺序是按照批准的先后顺序编排的，并无标准分类的含义。当某项标准需要分几个部分编写，每个部分又可以相对独立地发布时，可共用一个顺序号，并在同一顺序号之后增编一部分序号，二者之间用脚圆点隔开，如：GB/T 16675.1 和 GB/T 16675.2。

要点流程

- 介绍"图纸的篇幅和格式"的有关规定
- 介绍"图纸比例"的有关规定
- 介绍"字体"的有关规定
- 介绍"图线"的有关规定
- 介绍"尺寸和标准"的有关规定

操作步骤

步骤 1　图纸的篇幅和格式

(1) 图纸幅画（GB/T 14689—1993）。

- 图纸的基本幅画共有 5 种，如表 3-2 所示。在 CAD 绘制图样时应优先采用这些图幅尺寸，必要时允许选用规定的加长幅画，加长幅画的尺寸是由基本幅画的短边成整数倍增加后得出的。

表 3-2　图纸幅画

幅画代号	A0	A1	A2	A3	A4
B×L	841×1189	594×841	420×594	297×420	210×297
e	20		10		
c	10			5	
a	25				

- 幅画之间的关系为：将 A0 图纸长边对折即可得到两张 A1 图纸，将 A1 图纸的长边对折即可得到两张 A2 图纸，以此类推，如图 3-1 所示。

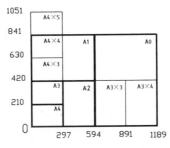

图 3-1　图幅尺寸及加长

(2) 图框格式。

- CAD 绘制图样时应明确一个概念：图样应绘制在图框内部。每张基本幅画的图纸在绘图前都应先画图框线，以粗实线表示。

● 图框线有两种格式：一种是用于需要装订的图纸（一般采用 A4 幅面竖装或 A3 幅面横装），如图 3-2 所示。另一种是不需要装订的图纸，也可有竖式或横式两种画法，如图 3-3 所示。出于复制操作的方便性考虑，可在图纸边上的中点处绘制对中符号。对中符号用粗实线绘制，画入图框内 5mm，当对中符号处于标题栏范围内时，深入标题栏内的部分可省略不画。

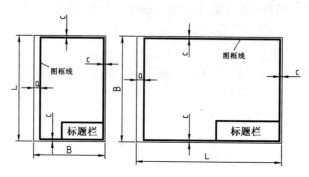

图 3-2　留装订边的图框格式

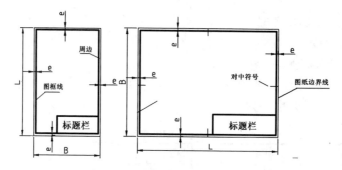

图 3-3　不留装订边的图框格式

③ 标题栏。

● CAD 制图样时在每张图纸上都必须画出标题栏，以方便查询和使用。GB/T10609.1—1989 对标题栏的格式和尺寸做了详细规定，标题栏一般位于图纸右下角贴图框线的位置上。由更改区、签字区、其他区、名称及代号区组成，如图 3-4 所示。

● CAD 制图时看图方向与标题栏方向一致，即以标题栏中的文字为看图方向。当看图方向与标题栏方向不一致时，需要使用方向符号。方向符号为画在对中符号上的等边三角形，以细实线绘制，看图时应使其位于图纸下方。

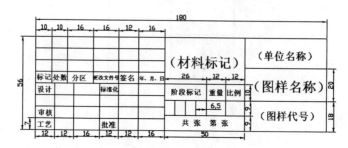

图 3-4　国家标准规定的标题栏格式

步骤 2　比例

①有关"比例"的规定。

比例为 CAD 图样中图形与实物相应要素的线性尺寸之比。在 CAD 制图时，尽量采用机件的实际大小（1:1）画图，以反映其真实大小。同一机件的各个视图采用相同的比例，并在标题栏中注明。当某个视图采用不同的比例时，必须另行加以标注。但无论图样比例如何变化，图形中的角度以及长度都应与实际机件的角度和长度值保持一致。

②有关"比例"的国家标准。

国家标准（GB/T 14690－1993）对工程制图中的比例进行了规范，故绘制图样时，应当根据国家标准选取适当的比例，如表 3-3 所示。

表 3-3　比例系数

种　类	比　　例						
原值比例	1:1						
放大比例	2:1	2.5:1	4:1	5:1			
	$2×10n:1$	$2.5×10n:1$	$4×10n:1$	$5×10n:1$	$1×10n:1$		
缩小比例	1:1.5	1:2	1:2.5	1:3	1:4	1:5	1:6	1:10
	$1:1.5×10n$	$1:2×10n$	$1:2.5×10n$	$1:3×10n$	$1:4×10n$	$1:5×10n$	$1:6×10n$	$1:1×10n$

步骤 3　字体

①"字体"概念。

字体包括汉字、字母、数字。CAD 图样中使用数字和文字来说明机件的大小和技术要求。

②有关"字体"的国家标准。

国家标准（GB/T14691—1993）规定图样中的字体书写必须做到：字体工整、笔画清楚、间隔均匀、排列整齐。

③有关"字体"的规定。

- 字体高度（用 h 表示，单位为 mm）的公称尺寸系列为：1.8、2.5、3.5、5、7、10 以及 14、20。如需书写更大的字，其字体高度应按 $\sqrt{2}$ 的比率递增。

- 汉字应写成长仿宋体，并采用中华人民共和国国务院正式公布推行的简化字。汉字高度 h 不应小于 3.5mm，字宽一般为 0.7h。

- 字母和数字均有直体与斜体之分。常用的为斜体字，其字头向右倾斜，与水平线约成 75°，字母和数字分 A 型和 B 型，A 型字体的笔画宽度（d）为字高（h）的 1/14；B 型字体的笔画宽度（d）为字高的 1/10。在同一 CAD 图样中，只允许出现一种形式的字体。字体与图幅的对应关系如表 3-4 所示。

表 3-4　字体与图幅的对应关系

字体 h	图　幅				
	A0	A1	A2	A3	A4
汉字	7		5		
字母与数字	5		3.5		

步骤 4　图线

①有关"图线"的国家标准。

图线应用相关的国家标准有 GB/T 4457.4－2002《机械制图 图样画法 图线》和 GB/T17450－1998《技术制图 图线》。前者规定了机械制图中所有图线的一般规则，适用于机械工程图样，后者规定了适用于各种技术图样的图线名称、形式、结构、标记及画法规则。

②"图线"线型。

绘制 CAD 机械图样使用的基本图线有粗实线、细实线、细虚线、细点画线、细双点画线、波浪线、双折线、粗点画线、粗虚线等，如表 3-5 所示。

表 3-5　常用线型的名称、宽度及其主要用途

名　称	线　型	线　宽	主要用途	
细实线	———————	0.5d	尺寸线、延伸线、剖面线、辅助线、重合断面的轮廓线、引出线、螺纹的牙底线及齿轮的齿根线	
粗实线	———————	d	可见轮廓线	
细虚线	- - - - - - -	0.5d	不可见轮廓线、不可见棱边线	画长 12d
粗虚线	■■■■■■■■	d	允许表面处理的表示线	短间隔长 3d
细点画线	—·—·—·—	0.5d	轴线、对称中心线	画长 24d
粗点画线	—▬—▬—▬	d	限定范围表示线	短间隔长 3d
细双点画线	—··—··—	0.5d	相邻辅助零件的轮廓线、轨迹线、中断线、齿轮的分度圆及分度线	点长 0.5d
波浪线	～～～	0.5d	断裂边的边界线、视图和剖视的分界线	
双折线	⌇⌇	0.5d	断裂边的分界线	

③有关"图线"的规定。

● GB/T 4457.4－2002《机械制图 图样画法 图线》规定，在机械图样中采用粗、细两种线宽，其比例关系为 2:1，粗线宽度优先采用 0.5mm 或 0.7mm。

● 图线宽度尺寸系列为 0.13mm、0.18mm、0.25mm、0.35mm、0.5mm、0.7mm、1mm、1.4mm 以及 2mm，其公比为 $1/\sqrt{2}$。使用时根据图形的大小和复杂程度选定。同一图样中，同类图线的宽度应保持一致。

图线在机械制图中的用途如图 3-5 所示。

④图线的画法。

● 考虑到缩微制图的需要，两条平行线（包括剖面线）之间的距离应为粗实线的两倍宽度，最小距离应不小于 0.7mm。

● 同一图样中同类图线的宽度应基本保持一致。虚线、点画线、双点画线的线段长度和间隔也应各自大致相同，虚线、细点画线、细双点画线与其他图线相交时，应交在线段处，不应在空隙处或短画处相交。

● 细虚线直接在实线延长线上相接时，细虚线应留出空隙。细虚线圆弧与实线相切时，细虚线圆弧应留出间隙。

● 绘制圆的对称中心线时，圆心应为长画的交点，细点画线的线段应超出对称图形的轮廓约 2~5mm。

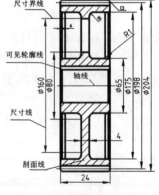

图 3-5　图线的用途

- 对称图形的对称中心线一般应超出图形外 5mm 左右。超出量在整幅图样中应保持基本一致。

⑤ 图线的设置。

AutoCAD 对图线的设置是通过"图层特性管理器"来实现的。图层特性管理器能对图线的名称、线型、颜色、线宽等进行设置和管理。在 AutoCAD 2010 中的图层特性管理器如图 3-6 所示。

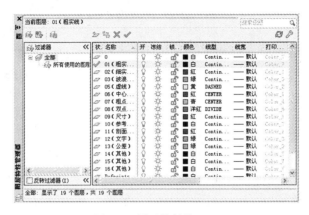

图 3-6　图层特性管理器

步骤 5　尺寸和标注

① 有关"尺寸和标注"的国家标准。

国家标准 GB/T4458.4—2003 对尺寸标注进行了规定，如图 3-7 所示。

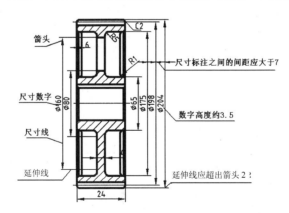

图 3-7　尺寸的组成

② 基本规则。

- CAD 图样上所标注的尺寸与绘图比例和绘图精度无关，应为机件的真实尺寸，且应为机件的最后完工尺寸，否则应加以说明。
- 图样包括技术要求的尺寸，以毫米为单位时，不需要标注单位符号（或名称），如采用其他单位，则应注明相应的单位符号。
- 机件上的每一个尺寸，一般只标注一次，并应标注在反映该结构最清晰的图形上。
- 尺寸线到轮廓线、尺寸线和尺寸线之间的距离为 7~10mm，尺寸线超出尺寸界限 2~3mm，尺寸数字一般为 3.5 号字，箭头长 5mm，箭头尾部宽 1mm。

> **注意**
>
> 原则是在不至于引起误解和不产生理解多义性的前提下，力求简洁。

③ 尺寸标注基本组成要素。

组成尺寸的基本要素包括延伸线、尺寸线、尺寸数字以及符号等，如图 3-7 所示。

- 延伸线用细实线绘制，并应由图形的轮廓线、轴线或对称中心线处引出。也可利用轮廓线、轴线或对称中心线作延伸线，当表示曲线轮廓上各点的坐标时，可将尺寸线或其延长线作为延伸线。延伸线一般应与尺寸线垂直，必要时才允许倾斜。在光滑过渡处标注尺寸时，应用细实线将轮廓线延长，从它们的交点处引出延伸线。标注角度的延伸线应沿径向引出，标注弦长的延伸线应平行于该弦的垂直平分线，标注弧长的延伸线应平行于该弧所对的圆心角的角平分线，但当弧度较大时，应沿径向引出。

- 尺寸线用细实线绘制，必须单独画出，不能用其他图线代替，也不能与其他图线重合或画在其延长线上，如图 3-8 所示。尺寸线之间的间隔应均匀一致，一般大于 5mm。其终端有斜线和箭头两种形式，如图 3-9 所示。一般来说，机械图样中采用箭头形式，土建图样中采用斜线形式。在同一张图纸中，只能采用同一种尺寸终端形式，不应该出现两种尺寸终端混用的情况。当使用斜线终端标注时，尺寸线与尺寸应相互垂直，采用箭头终端标注时，在没有足够位置画箭头或注写数字的情况下，允许用圆点或斜线代替箭头。在图 3-9 中，左面为箭头右边为细斜线，其中 d 为粗实线宽度，h 为尺寸数字高度。

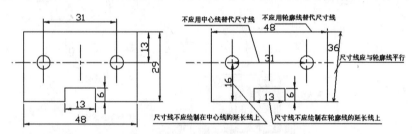

图 3-8　正确的尺寸标注与错误的尺寸标注

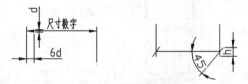

图 3-9　尺寸终端的两种形式

④ "尺寸标注"的有关规定。

- 图样中的尺寸标注大致可以分为线性、圆、角度等尺寸标注，在标注线性尺寸时，尺寸线应与所标注的线段平行。相互平行的尺寸线，小尺寸在内，大尺寸在外，以避免延伸线与尺寸线相交，且平行尺寸线间的间距尽量保持一致，一般约为 5~10mm。同时延伸线应超出尺寸线 2~3mm。

- 标注圆的直径和圆弧半径时尺寸线的终端应为箭头形式，当圆弧的半径过大或在图纸范围内无法正确标出其圆心位置时，可按折线形式标注。当不需要标出圆心位置时，则尺寸线只画靠近箭头的一段即可。

- 当标注角度时，尺寸线画成圆弧，其圆心是该角的顶点。

- 当标注对称机件时，如果对称机件的图形只画出一半或略大于一半时，尺寸线应当略超过对称中心线或断裂处的边界，此时仅在尺寸线的一端画出箭头，但仍应标注完整结构的尺寸，如图 3-10 所示。

⑤ "尺寸数字"的有关标注规定。

尺寸数字即为尺寸标注中的数字，用以显示机件几何构型中的具体信息。

- 尺寸数字的位置：尺寸数字一般应注写在尺寸线的上方，也允许写在尺寸线的中断处。尺寸数字不能被任何图线穿过，无法避免时，应将图线断开。
- 尺寸数字的方向：线性尺寸数字的方向应尽量避免如图 3-11 所示的 30°位置，当无法避免时，应用如图 3-11 右图所示的标注方法引出标注。

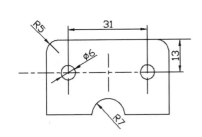

图 3-10　对称机件的尺寸标注　　　　图 3-11　尺寸标注避免位置

- 对于非水平方向上的尺寸，其尺寸数字方向也可水平注写在尺寸线的中断处。
- 角度标注时的尺寸数字一律写成水平方向，其位置一般为尺寸线的中断处，也可以在尺寸线的上方或尺寸标注时引出标注。

⑥ 尺寸标注的符号。

标注尺寸时采用的符号或缩写要符合如表 3-6 所示的规定，符号的线宽为 h/10（h 为字体高度）。

表 3-6　尺寸标注的符号说明

符　号	含　义	符　号	含　义
直径	Φ	埋头孔	∨
半径	R	沉孔或锪平	⊔
球	S	深度	↧
均布	EQS	正方形	□
45°倒角	C	斜度	∠
厚度	t	锥度	◁
弧长	⌒	展开长	◜

实用案例 3.2　介绍投影法基本原理和三面投影图

案例解读

本案例将主要阐述投影法的基本原理及三面投影图的形成原理和基本画法。对投影法原理的理解是更好地理解和掌握三面投影图的基础。

要点流程

- 介绍投影法的基本原理
- 介绍三面投影图的概念、三面正交投影图形的画法等知识要点
- 介绍三面投影的相关规律

操作步骤

步骤 1 投影法的基本原理

①介绍"投影法"的概念。

物体在光线的照射下就会在地面上产生影子,这种现象称为投影现象。根据投影现象总结出来的用一组射线通过物体射向预定平面的方法即为投影法。投影法的定义为:将投射线通过物体,向选定的平面投射,并在该平面上得到图形的方法称为投影法。根据投影法得到的图形称为投影图(投影);投影法中得到投影的平面称为投影面,如图 3-12 所示。

②常见的投影法。

常见的投影法有中心投影法和平行投影法两大类。投射线由一点放射出去的投影,称为中心投影;由相互平行的投射线作出的投影称为平行投影法。平行投影法根据投射线与投影面间的相对位置(垂直或倾斜)又可分为正投影法和斜投影法,如图 3-13 所示。

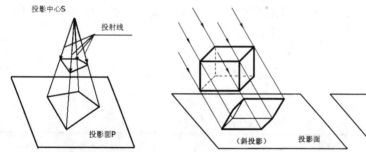

图 3-12　中心投影法　　　　图 3-13　平行投影的两种形式:斜投影与正投影

- 中心投影法由于得到的投影不反映形体的真实大小,度量性比较差,且作图复杂,在机械制图中较少采用。斜投影图立体感较差,如图 3-14 所示,在机械制图中绝大多数采用平行正投影法。机械制图中不加以说明的投影法均指正投影法,根据正投影法得到的投影称为正投影。

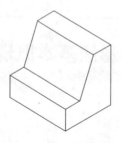

图 3-14　平行投影法之斜投影应用

- 正投影具有真实性、积聚性、类比性等特性，如图 3-15 所示。真实性是指直线（或平面图形）平行于投影面，其投影反映原形的实形和实长；积聚性是指直线（或平行图形）垂直于投影面，其投影积聚为一点（或一直线）；类似性是指直线（或平面图形）倾斜于投影面，其投影长度缩短（或面积缩小），但与原几何形状相仿。

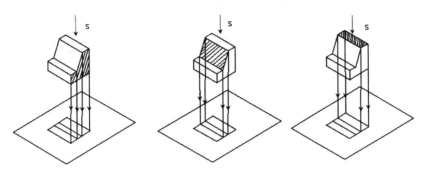

图 3-15 正投影的若干特性

- 此外正投影还具有从属性和定比性等特性。从属性是指点在直线上，则点的投影必在该直线的投影上；点（或直线）在平面上，则点（或直线）的投影必在该平面的投影上；定比性是指点分线段所成的比例，等于该点的正投影所分该线段的正投影的比例；直线分平面所成的面积之比，等于直线的正投影所分平面的投影面积之比。

注意

单个投影面的正投影是不能唯一确定物体的形状和结构的。如图 3-16 所示，以长方体为底座，其余三个部件为上端部件，因上端部件的不同，可以组成三个完全不同的物体，但当三个完全不同的组合体向同一投影面正投影时，所得到的投影却完全一致，如图 3-17 所示。

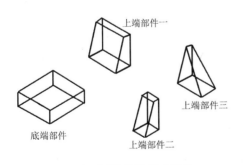

图 3-16 三个不同物体的组成部件

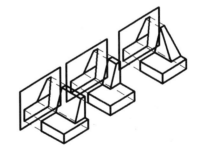

图 3-17 三个不同物体的单面投影图

步骤 2 三面投影图

① 三面投影图的建立。

单面正投影图无法正确反映空间物体的真实尺寸和形状大小等信息，所以此时引入三面投影图的概念。H 面、V 面、W 面构成三面投影体系，三个面互相垂直。其中水平放置的投影面 H，称为水平投影面；正对观察者的投影面 V，称为正立投影面；右面侧立的投影面 W，称为侧立投影面。三个投影面两两相交，其交线为投影轴，其中 H 面与 V 面的交线为 OX 轴；V 面与 W 面的交线称为 OZ 轴；H 面与 W 面的交线称为 OY 轴。三个投影轴是相互垂直的，三个投影面或三个投影轴的交点 O 为原点。三个投影面和三个投影轴构成了常见的三面正投影体系，如图 3-18 所示。

2 三面正交投影体系的建立。

三面投影体系建立完毕，将形体放置于三面正交投影体系中，按正交投影原理向各投影面投影，即可得到形体的水平投影（或 H 投影）、正面投影（或 V 投影）、侧面投影（或 W 投影）。

3 三面正交投影的画法。

工程上采用的三面正交投影法有两种画法：第一角投影和第三角投影。

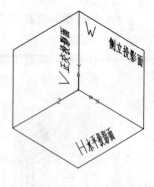

图 3-18　三面正交投影体系

- 第一角投影也称为第一角画法（简称 E 法），是将物体置于第一分角内，使其处于观察者与投影面之间得到三面投影，我国采用的是这种画法。
- 第三角投影也称为第三角画法（简称 A 法），是将物体置于第三分角内，并使投影面处于观察者和物体之间来得到三面投影。

注意

◆ 除非特殊说明，一般所说的三面正交投影图样为第一角投影。物体按第一角投影可得物体在三面正交投影体系中的投影，如图 3-19 所示。去除物体后可以更加清晰地看到三面投影，如图 3-20 所示。

4 形体的三面投影图。

出于方便作图和阅读图样的考虑，实际作图时需将物体的三个投影面表示在一个平面上，这就需要将三个互相垂直的投影面展开在一个平面上。由 H 面、V 面以及 W 面投影组成的投影图，即为形体的三面投影图，如图 3-21 所示。

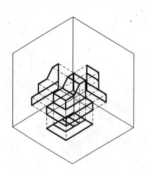

图 3-19　物体在三面投影体系中的投影

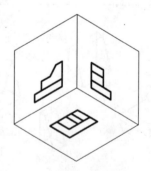

图 3-20　三面投影体系中的三面投影

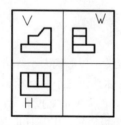

图 3-21　投影面的展开及三面投影图

步骤 3 三面投影的相关规律

- 位置：以正面投影为基准，侧面投影位于其正右方，水平投影位于其正下方。
- 三等关系：定义 OX 轴向尺寸为"长"，OY 轴向尺寸为"宽"，OZ 轴向尺寸为"高"。则三等关系为：正面投影与水平投影等长且要对正，即"长对正"；侧面投影与正面投影平齐且等高，即为"高平齐"；侧面投影与水平投影等宽，即为"宽相等"。
- 方位关系：正面投影反映形体的左、右和上、下方位关系；水平投影反映形体的前、后和左、右的方位关系；侧面投影反映形体的前、后和上、下的方位关系，如图 3-22 所示。

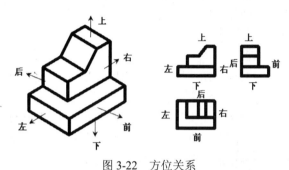

图 3-22 方位关系

实用案例 3.3 介绍工程中常用的基本视图

案例解读

在绘制一些简单的图样时，三面投影图可以满足用户的要求，但是随着工程形体的形状和结构的复杂度逐渐增加，仅用三面投影图难以达到完整、清晰地表达及方便画图、读图等要求。国家标准《技术制图》规定了一系列的绘制图样的各种基本表达方法：视图、断面图、剖视图、局部放大图以及简化画法等。

要点流程

- 介绍"局部视图"的表示方法
- 介绍"剖视图"的表示方法
- 介绍"断面图"的表示方法
- 介绍"局部放大图"的表示方法

操作步骤

步骤 1 局部视图

①视图的分类。

视图是表达形体结构和形状的工具，国家标准 GB/T17451－1998 规定，视图可以分为基本视图、向视图、局部视图和斜视图等。

②局部视图的概念。

局部视图是指将物体的某一部分向基本投影面投影所得的视图，如图 3-23 所示。某一部分未能表达清楚但没有必要重画新视图的情况下就需要使用局部视图，局部视图的断裂边界应以波浪线表示，波浪线应画在机件实体的轮廓线范围以内，不可以画在机件的中空处，仅当该结构独立完整地凸出于其他部分之外，且外轮廓线又自行封闭时，波浪线方可省略不画。

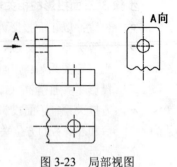

③ 局部视图的尺寸标注。

对于局部视图的尺寸标注可按如下处理：当局部视图按基本视图的形式配置时，可不必标注；当局部视图按向视图的形式配置时，应按向视图的标注方向标注投射方向以及图名。

图 3-23　局部视图

步骤 2　剖视图

① 有关"剖视图"的规定。

- 国家标准 GB/T17452－1998《技术制图 图样画法 剖视图和断面图》规定技术制图中剖视图和断面图的基本表示方法，适用于各种技术图样。
- 机件上可见的轮廓线用实线绘制，不可见的轮廓线规定用虚线绘制，当机件的内部形状比较复杂时，视图上出现过多的虚线为看图和尺寸标注带来了不便。国家标准规定采用剖视图的画法来表现机件的内部结构形状。

② 剖视图的概念。

- 剖视图即是假想用一个平面剖开机件，将处在观察者和剖切平面之间的部分移去，使其余部分向投影面投射所得的图形。完成剖视后，机件内以前不可视轮廓成为可视，用粗实线画出。剖视图使得图形清晰，有利于图样的绘制和读取。
- 剖视图归纳起来有三点："剖"、"移"、"视"。"剖"是指用假想中的剖切面来剖开物体，"移"是指将处于剖切面与观察者之间的部分形体移去，"视"是指将其余部分向投影面投射，剖面区域（即为剖切面与机件接触的部分）应画出剖面符号（45°斜线），如图 3-24 所示。

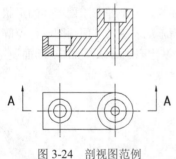

③ 画剖视图的步骤。

- 确定剖切平面的位置。
- 绘制剖开机件部分的投影。
- 绘制剖面区域（在 AutoCAD 2010 中可以使用图案填充功能）。

图 3-24　剖视图范例

> **注意**
>
> 在绘制剖视图时应注意：未剖开的视图仍按完整机件投影法进行投影绘制；绘制剖视图时不要漏画粗实线，应将投影面与剖切平面之间机件部分的可见轮廓线全部绘制出，不应有所遗漏；对于剖视图的虚线处理，可遵循以下规则：如已经在其他视图中表达清楚的结构，虚线可以省略，当机件的结构由其他视图不能表示清楚时，在剖视图中仍须画出虚线。

④ 剖视图的分类。

剖视图根据国家标准 GB/T17452-1998 规定分为全剖视图、半剖视图和局部剖视图三种。

- **全剖视图：**是指用剖切面完全剖开机件所得的剖视图，主要用于表示内部形状复杂的不对称机件或外形简单的对称机件，如图 3-25 所示。

- **半剖视图：**是指在绘制具有对称平面的机件时，向垂直于对称平面的投影面上投影，以对称中心为界，一半画成剖视图，另一半画成视图所得到的视图，主要用于内、外形状都需要表示的机件，如图 3-26 所示。在半剖视图中，标准规定以机件的对称中心线作为视图与剖切图的分界线，当对称中心线为铅垂线时，应将半个剖视图绘制在中心线右侧，当对称中心线为水平线时，剖面图应绘制在水平中心线的下方。

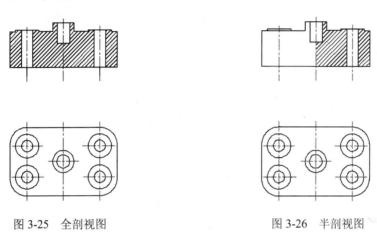

图 3-25　全剖视图　　　　　　　　　图 3-26　半剖视图

- **局部剖视图：**是用剖切平面局部地剖开机件所得的剖视图。主要用于表达机件的局部形状结构或不适合用全剖视图或半剖视图的部分，如图 3-27 所示。需要注意的是，在一个视图中，局部剖切的数量不宜过多，避免由于图样零乱而影响图样清楚地表达机件的形状结构。

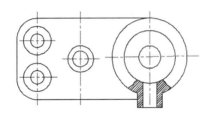

图 3-27　局部剖视图

⑤绘制剖视图应注意的问题。

- 已在其他视图中表达清楚的结构形状虚线不应画出。
- 局部剖视图存在一个未剖部分与被剖部分的分界线，标准规定使用波浪线作为分界，波浪线应绘制在机件的实体上，不能超出机件轮廓线，也不能绘制在机件的中空处（例如波浪线不穿过孔），但当被剖的局部结构为回转体时，将该结构的中心线作为局部剖视图与视图的分界线认为是合适的。
- 波浪线不应绘制在轮廓的延长线上，也不能用其他轮廓线代替（例如不能用中心线来代替波浪线）或与图样上的其他图线重合。
- 当绘制对称机件时，如果对称中心线处有图线而不方便使用半剖视图，可采用局部视图来表示。

⑥ 剖切平面的选取。

根据剖视图中机件的特点，可以选取三种不同的剖切平面进行剖切。

- **单一剖切面进行剖切：**是指每次只用一个剖切面，但如果必要时也可以多次剖切同一个形体的剖切方法，也称为单一剖。单一剖切面通常为柱面或平面，在采用柱面剖切时，通常采用展开画法，在具体绘制图样时，通常仅绘制出剖面展开图或采用简化绘制方法，将剖切平面后机件的有关结构形状省略不予绘制。单一剖切面可以与基本投影面平行或倾斜，当机件具有倾斜基本投影面的内部形状结构且在基本视图上不能反映其实际结构形状时，可以用不与基本投影面平行的平面进行剖切，再投影至与剖切平面平行的投影面上，此种方法通常称为斜剖视。斜剖视必须做出标注。

- **使用几个平行的剖切平面进行剖切：**使用两个或两个以上平行的剖切面将机件剖切后投影得到投影面，此种剖切方法也被称为阶梯剖切方法。几个平行的剖切面可为两个或两个以上，各剖切平面的转折处必须为直角。此处使用剖切平面而不使用剖切柱面进行剖切的原因是剖切柱面使图形复杂化、表达不清晰等。采用几个平行剖切平面进行剖切应注意的问题：要正确选择剖切平面的位置，不完整要素不应出现在剖视图上，在剖视图上不要将几个平行剖切平面的转折处画出粗实线，转折处不应与视图中的轮廓线重合，只有当机件上的两个要素在图形上具有公共对称中心线或轴线时，剖切转折处方允许通过对称中心，但此时应以对称中心线或轴线为界。使用几个平行剖切平面进行剖切必须标注剖切位置线、投射方向线和剖切编号。

- **几个相交的剖切面进行剖切：**用两个或两个以上的剖切面将机件剖开，使一个剖切平面与基本投影面保持平行，将其他不平行于基本投影面的剖切面剖到的结构及有关部分旋转到与基本投影面平行，再进行投影来得到剖视图。此种剖切方法也被称为旋转剖。采用几个相交的剖切面进行剖切需要注意的问题有："有关部分"是指与要所表达的被剖切结构有直接联系密切相关的部分，或非一起旋转难以表达的部分；采用几个相交的剖切面进行剖切，剖切平面后与所表达的结构关系不甚密切或一起旋转易引起误解的结构一般仍按原来的位置投影；在剖切后出现不完整要素时，应按此部分不剖绘制；剖切所得的图的图名后应加上"展开"二字。采用几个相交平面的剖切方法适用于内外主要结构具有理想的回转轴线的形体，轴线恰好处于两剖切面的交线上且两剖切面一为剖面图所在投影面的平行面，另一为投影面的垂直面。

注意

使用单个剖切面、几个平面的剖切面、几个相交的剖切面均可以获得全剖面图、半剖面图和局部剖面图，具体在绘制图样时采用何种剖切方法较好应视所绘制形体的具体情况来定。

步骤 3 断面图

① 断面图的概念。

假想用剖切面将机构的某处进行剖断，仅绘制该剖切面与机件接触部分（区域内画上剖面线或材料图例）即剖切面切割机件的断面图形，称为断面图。断面图是用来表达机件几何断面形状的。

②断面图和剖视图的区别。

断面图与剖视图在概念上十分类似，既有联系又有区别。

- 两者都是假想地用剖切面将机件剖开后投影，不同的是剖视图在绘制出断面形状以外，还需要绘制出剖切面后面的可见结构的投影，也可以认为断面只是剖视图的组成部分之一。

- 剖视图和断面图的符号也不同，断面图的剖切符号只画长度 6~10mm 的粗实线作为剖切位置线，不绘制剖切方向线，编号写在投影方向的一侧，剖视图则需绘制剖切方向线。

- 就表达断面形状来讲，断面图与剖视图相比较，能够表达得更清晰并且重点突出，如图 3-28 所示。

③断面图的分类。

根据图形放置位置的不同，断面图可以分为两种：移出断面图和重合断面图。

- 移出断面图：是指将机件的某一部分剖切后形成的断面图移出绘制于主投影图的一侧，即绘制在视图轮廓线之外的断面图，如图 3-29 所示。

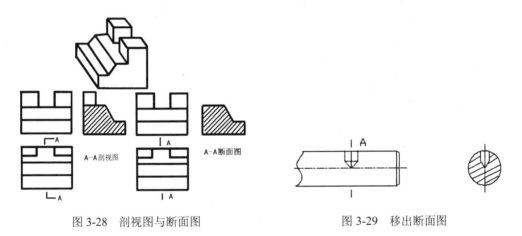

图 3-28　剖视图与断面图　　　　　图 3-29　移出断面图

注意

绘制移出断面图时需要注意：

- 移出断面图需要绘制在视图轮廓线之外，轮廓线用粗实线绘制。
- 尽可能地使移出断面图绘制在剖切线（剖切面位置的细点画线）的延长线上或其他适当的位置。
- 由两个或多个相交剖切平面剖切得出的移出断面，中间应断开。
- 绘制过程中，如发现剖切平面通过回转面形成的孔或凹坑等结构的轴线时，应按剖视图来绘制。
- 当剖切平面通过非圆孔时，导致完全分离的两个断面，也应按剖视图绘制。剖切平面应与被剖切部分的主要轮廓线垂直。

- 重合断面图：是指将断面图直接绘制在投影图中，二者重合。重合断面图适用于表达几何结构比较简单的机件，如图 3-30 所示。

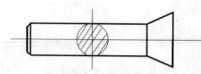

图 3-30　重合断面图

　　绘制重合断面图时应注意：

◆　重合断面图的轮廓线用细实线绘制。

◆　当轮廓线与重合断面的图形重合时，轮廓线仍应继续画出，不应中断。

◆　重合断面图应位于视图轮廓线之内，剖切位置明显的，无须标注名称。

◆　对称的剖切平面，只需要绘制剖切线，而不对称的重合剖面，要用剖切符号来表示剖切平面的位置和投射方向，在不至于引起误解时，也可以省略标注。

步骤 4　局部放大图

①局部放大图的概念。

　　在绘制机件图形时，机件上的细小结构在视图中不能够清晰表达或不便于尺寸标注时，可用将原图放大比例进行绘制，绘制所得的图形即为局部放大图，如图 3-31 所示。

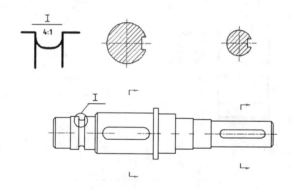

图 3-31　局部放大图

②局部放大图的特点。

局部放大图的特点是视图、剖视图或断面图中均可采用局部放大图，且表达方式比较灵活。

③局部放大图的画法。

● 局部放大图与被放大部分的表达方法无关，应尽量放置在被放大部分的附近。

● 局部放大图的投影方向应与被放大部分的投影方向保持一致，与整体相联系的部分用波浪线画出。

● 画成断面和剖视时其剖面符号的方向和距离应与原图中保持一致。

注意

　　在可以使用局部放大图清晰完整表达的前提下，原图中被放大的部分可以采用简化画法。

　　局部放大图的比例是指放大图形与实际机件的大小之比，而非与原图形的大小之比。

④局部放大图的标注。

- 绘制局部放大图时，应用细实线圆或长圆圈出被放大的部分。
- 当同一个机件上同时有几个被放大的部分时，必须伸用罗马数字依次标明被放大的部分，并在局部放大图的上方标出相应的罗马数字和采用的比例。
- 如果只有一个放大部分，则只需要在局部放大图的上方标注所采用的比例即可（罗马数字和比例之间的横线以细实线绘制，罗马数字写在横线之上，比例写在横线之下）。
- 如果一个局部放大图不能将机件的结构表达清晰，则可用几个局部放大图形来表达同一个被放大的部分。

实用案例 3.4　零件图

案例解读

表达零件的结构、尺寸及技术要求的图样被称为零件图，是制造和检测零件的重要依据。它不仅仅是把零件的内、外结构形状和大小表达清晰，还需要对零件的材料、加工、测量、检测提出必要的技术要求。零件图应包含制造和检验零件的全部技术资料。

要点流程

- 介绍零件的分类
- 介绍零件图的内容
- 介绍零件图的画法
- 介绍零件图的技术要求

操作步骤

步骤 1　零件的分类

零件的种类繁多，结构多样。根据其结构特点的不同，一般将零件划分为轴套类、盘盖类、叉架类、箱体类四种典型零件。

①轴套类零件。

- 结构分析：轴一般是用来支承零件和传递动力的零件，套一般是装在轴上，起轴向定位、连接或传动等作用。轴套类零件的基本形状为同轴回转体，且轴向尺寸大于径向尺寸，包括键槽、销孔、螺纹退刀槽以及轴肩等结构，其主要在车床或磨床上进行加工。
- 视图选择：轴套类零件的主视图由加位位置来决定，一般按水平位置放置。此种放置即可表示各段形体的相对位置又可反映出轴肩、退刀槽等结构。轴套类零件的主要结构为回体，一般只绘制一个主视图来表示轴上各轴段长度、直径及各种结构的轴向位置。主视图中轴线应呈水平状态以便于读图。对于零件上的键槽等结构，可采用局部视图、局部剖视图、移出断面图或局部放大图来表示。实心轴零件在视图选择时优先考虑选择显示外形较好的视图，空心轴套的视图选择则优先选择剖视图以表示其内部结构。

② 盘盖类零件。

- 结构分析：盘盖类零件主要起传动、连接、轴向定位及密封、支承等作用。一般装在箱体类零件的两端支承孔中。盘盖类零件的基本形状一般为回转体或其他几何形状的扁平盘状体，特点是多为同轴线回转体，轴向尺寸小于径向尺寸，通常还带有螺纹孔、光孔和肋板等结构。

- 视图选择：盘盖类零件的视图选择由其加工位置来判定，一般按加工位置水平放置，即以过轴线的全剖视图为主视图，轴线水平放置。但是对于比较复杂的、非回转体的盘盖类零件也可以按工作位置来确定主视图。盘盖类零件一般需要两个以上的基本视图来表达，除主视图外，通常还采用单一剖切面或相交剖切平面等剖切方法来表示各部分结构。表达时应注意零件上均布的孔、槽、肋等结构的规定画法。此外，为了表达细小结构，有时常采用局部放大图。

③ 叉架类零件。

- 结构分析：常用于倾斜或弯曲的结构联结零件的工作部分与安装部分，包括各种叉杆和支架，通常起传动、连接、支承等作用。叉架类零件形状不规则，外形比较复杂，包括工作部分、连接部分和安装固定部分，常有弯曲或倾斜结构，并带有肋板、轴孔、耳板、底板、螺孔等结构。

- 视图选择：零件视图的选择可以选用加工位置、工作位置或自然平衡位置，叉架类零件外形结构比较复杂，加工位置多变、工作位置不固定，所以主视图的选择应以工作位置原则和形状特征原则来判定：一般以最能反映零件结构、形状特征的视图为主视图，按工作位置或自然平衡位置放置。除基本视图表达外，还要用适当的局部视图、断面图等表达方法来表达零件的局部结构。

④ 箱体类零件。

- 结构分析：箱体类零件是组成机器和部件的主要零件，用来支承、包容、保护运动或其他零件，通常具有空腔、孔、安装面及螺孔等结构，结构复杂。

- 视图选择：箱体类零件制造时，所使用的加工方法及装夹位置变化也比较多，所以主视图的选择主要根据工作位置原则和形状特征原则来考虑，并可采用剖视重点反映其内部结构。由于箱体类零件内、外结构复杂，为了表达清晰，一般要用三个或三个以上的基本视图，还可以采用局部视图、斜视图及规定画法来表达外形。在表达追求完整的同时，应尽量减少视图的数量，可适当保留必要的虚线。

步骤 2 零件图的内容

一个完整的零件图应包括四部分内容：一组图形、完整的尺寸、必要的技术要求和标题栏。

① 一组图形。

应能正确、清晰地表达零件的各部分结构形状。可采用视图、剖视图、断面图等各种国家标准规定的表达方法。

② 完整的尺寸。

完整的尺寸是指图形中应正确、清晰、完整、合理地标注出零件结构形状的大小和相对几何关系的全部尺寸。

③ 必要的技术要求。

使用规定的符号、数字、字母、文字注解，说明零件在加工、检验时所应达到的要求，如表面粗糙度、尺寸公差、形位公差、材料和热处理、检验方法以及其他特殊要求。技术要求的文字一般应注写在标题栏上方图纸空白处。

④标题栏。

标题栏用来注明零件的名称、材料、数量、图样编号、绘图比例以及设计，审核、批准者的姓名、日期等信息。标题栏应配置在图框的右下角，一般由更改区、签字区、其他区、名称以及代号区组成。

步骤 3 零件图的画法

零件图的绘制过程一般可分为如下几步：零件分析，选择表达方案，尺寸标注，技术要求的填写，标题栏的填写。

①零件分析。

对一个零件的几何形状、尺寸大小、工艺结构和材料选择进行分析的过程称为结构分析，零件分析是认识零件的一个重要过程，是确保下一步表达方案选择的前提。零件的加工位置、工作位置及结构形状的不同导致视图的选择不同，因此在选择表达方案之前，应首先对零件进行形体分析和结构分析，了解零件的工作和加工情况，力求清楚、正确、完整、合理地表达零件的几何结构和相互关系，反映零件的设计和工艺要求。

> **注意**
>
> ◆ 零件分析一方面要保证零件的功能，另一方面还要考虑整体相关的关系和工艺要求，此外还要注意良好的经济性和外形美观。整体相互关系主要是指相关零件的结合方式、外形与内形的相互呼应、相邻零件的形状协调性、与安装使用条件相互响应。

②表达方案的选择。

● 方案选择要求：表达零件所用的一组图形，应能完整、正确、清晰、简洁地表达零件各组成部分的内外形状和结构，便于尺寸标注和技术要求。零件的表达方案应便于读图和制图，优先考虑看图的方便性。

> **注意**
>
> ◆ 对于零件图能否正确、完整、清晰、简洁地表达零件问题主要取决于两个方面：主视图的选择和根据不同结构形状的零件来确定基本视图数量及采用何种视图表达（视图、剖视图、断面图）。

● 主视图的选择：主视图是表达零件形状最关键的视图，直接影响到其他视图的选择，是一组图形的核心。选择主视图应遵循以下原则。

➢ 合理位置原则：加工位置是指零件在加工过程时所处的位置，主视图应尽量表示零件在机床上加工时所处的位置，以便于加工时直接图物对照，便于看图和尺寸测量；工作位置是零件在装配过程中所处的位置，零件主视图应尽量与零件在机器或部件中的工作位置保持一致，这样可以根据装配关系来考虑零件的形状及有关尺寸，便于检测。一般来说，对于轴、套、盘等回转体零件，常采用加工位置放置主视图，对于钩、支架、箱体等零件，应采用工作位置放置主视图。

➢ 表达形状特征原则：主视图应能较多地反映零件各部分的形状和它们之间的相对位置还要兼顾到对该零件其他视图的表达是否有利。

● 其他视图的选择：仅用一个主视图无法清晰、完整、正确地表达零件的结构形状，尤其是不可见部分，必须选择其他视图，包括剖视图、断面图、局部放大图和简化画法等各种表达方法。其他视图的选择，应在能清楚表达零件结构形状和相互关系的前提下，尽量减少其他视图的个数，便于绘图和看图。

> **注意**
>
> 其他视图的选择应注意以下几个问题。
>
> ◆ 优先考虑基本视图，当有内部结构时尽量在基本视图上剖视，对于尚未清楚的局部结构或倾斜部分结构，可增加必要的局部视图、局部剖视图和局部放大图；
>
> ◆ 相关的视图应尽量保持直接投影关系；
>
> ◆ 根据零件的复杂程度及结构形状，全面考虑其他视图，注意避免不必要的重复，在明确表达零件的前提下，视图数量为最少。

③ 零件的尺寸标注。

● 尺寸标注要求：零件图的尺寸标注应从设计要求和工艺要求出发，综合考虑设计、加工、测量等多方面的因素。零件图的尺寸标注应做到：

清晰——尺寸布局层次分明，尺寸线整齐，数字、代号清楚。

正确——图中的所有尺寸数字及公差数值均正确无误，且符合国家标准中尺寸标注的相关规定。

完整——尺寸标注中零件结构形状的定形和定位尺寸必须标注完整，且不重复。

合理——尺寸标注既要满足零件的设计要求，又要考虑方便零件制造、测量、检验和装配。

● 要正确合理的标注尺寸：正确合理的尺寸标注，主要在于正确选择尺寸基准和直接标注出重要尺寸。

> ➢ 尺寸基准：是指零件在加工测量时或装配到机器上时，用以确定其位置的一些点、线、面。可以是零件上对称平面、安装底平面、端面、零件的结合面、主要孔和轴的轴线等。尺寸基准按其来源、重要性、用途和几何形式的不同，主要分为设计基准和工艺基准。
>
> ➢ 设计基准：是指在设计过程中，根据零件结构特点和设计要求为保证其使用性能而设定的基准（可以是点、线、面）。零件有长、宽、高三方向，每个方向都要有一个设计基准。设计基准又称为主基准；工艺基准是根据零件的加工过程，为方便装夹、定位、测量而确定的基准（可以是点、线、面）。工艺基准有时可能与设计基准重合，当工艺基准与设计基准不重合时称为辅助基准。
>
> ➢ 尺寸基准的选择：这是一个非常重要的问题。基准选择的正确与否关系到整个零件尺寸标注的合理性。若选择不当，将无法保证设计要求，给零件的加工、测量、检测带来困难。选择基准的原则是尽可能使设计基准与工艺基准保持一致，以减少两个基准不重合而导致的尺寸误差；当设计基准与工艺基准不一致时，应以保证设计要求为主，将重要的尺寸由设计基准注出，以保证所设计的零件在机器或部件中的位置和功能；将次要尺寸从工艺基准注出，以保证加工质量，便于加工和测量操作。

正确合理的尺寸标注应注意以下几点：

◆ 设计中的重要尺寸必须由设计基准直接标出，重要尺寸主要是指影响零件在整个机器的工作性能和装配精度的尺寸。

◆ 当在同一个方向出现多个基准时，为了突出主要基准，明确辅助基准，保证尺寸标注的不脱节，应在辅助基准和主要基准之间标注出联系尺寸。

◆ 标注尺寸时避免出现封闭的尺寸链。

◆ 尺寸的标注应符合加工顺序和便于测量。

◆ 加工面和非加工面应分别分组进行标注。

◆ 相关尺寸的基准和注法应保持一致。

步骤 4　零件图的技术要求

零件图的技术要求用来说明制造零件时应该达到的质量要求，对零件的尺寸精度、零件表面状况等品质加以要求，技术要求主要包括表面粗糙度、极限与配合、表面形状和位置公差、热处理及表面处理、零件的特殊加工、检验要求等。在零件图上，可以用代号、数字、文字来标注出制造和检验时零件在技术指标上应达到的要求。

① 表面粗糙度。

● 表面粗糙度：是指零件表面上所具有的较小的间距和峰谷所组成的微观几何形状不平的程度。不同的加工方式会得出不同的表面粗糙度，光滑的表面不仅使零件美观，还会增加零件的耐磨性和耐腐蚀性，但是提高零件的表面光滑程度，需要付出加工工序和加工成本等代价，因此在保证零件设计和使用要求的前提下，应为零件表面规定适当的表面粗糙度。

● 国家标准规定表面粗糙度的参数有：轮廓算术平均偏差（Ra）、微观不平度十点高度（Rz）及轮廓最大高度（Ry），其中优先采用 Ra。轮廓算术平均偏差定义是在取样长度 1 内，轮廓偏距 Z 的绝对值的算术平均值，可以按下式计算：

$$Ra = \frac{1}{l}\int_0^l |Z(x)| \mathrm{d}x$$

● 表面粗糙度的标注方法应符合国家标准：在同一图样中，零件的每一表面都应该标注相应的表面粗糙度，每一表面的粗糙度代号只能标注一次，并尽可能标注在具有确定该表面大小或位置尺寸的视图上，且代号应注在可见轮廓线、尺寸线、延伸线或其延长线上，必要时可注在指引线上；符号的尖端应由材料外指向该表面；代号中 Ra 值数字的大小和书写方向必须与图上尺寸数字的大小和方向保持一致。在国家标准中对于表面粗糙度的符号进行了规定，本文仅列举常用的几项，如需要可查阅相关国家标准。表面粗糙度相关符号意义如表 3-7 所示。

表 3-7　表面粗糙度相关符号意义

符　　号	意义及相关说明
✓	表示表面是用任何方法获得的
✓	表示表面是用去除材料的方法获得的
✓	表示表面是用不去除材料的方法获得的
³·²	用去除材料的方法获得的表面粗糙度，Ra 的上限为 3.2μm
³·²₁·₆	用去除材料的方法获得的表面粗糙度，Ra 的上限为 3.2μm，下限为 1.6μm

②极限与配合。

极限与配合是零件图中重要的技术要求、是检验零件质量的重要技术要求，是保证使用性能与互换性的前提。

互换性：当装配一台机器或部件时，任取一个不经修配的同一种零件就可以顺利完成装配，并满足机器性能要求，零件的这种性质被称为互换性。

国家标准中对极限与配合的概念以及有关术语定义如下：

- 基本尺寸——零件设计时，根据性能和工艺要求，通过必要的计算和实验确定的尺寸。
- 实际尺寸——零件完成后通过测量完成的尺寸。
- 极限尺寸——允许零件尺寸实际变化的两个极限值，分别为最大极限尺寸和最小极限尺寸；实际尺寸只要在两个极限尺寸之间变化均为合格。
- 尺寸偏差——某一尺寸（实际尺寸或极限尺寸）减去基本尺寸得到的代数值。
- 上偏差＝最大极限尺寸－基本尺寸（ES,es）。
- 下偏差＝最小极限尺寸－基本尺寸（EI,ei）。
- 尺寸公差——允许尺寸的变动量；其值为最大极限尺寸与最小极限尺寸之差。
- 零线——极限与配合图解中，表示基本尺寸的一条直线，以其为基准确定偏差和公差。
- 公差带——在公差带图解中，由代表上偏差和下偏差或最大极限尺寸和最小极限尺寸的两条直线所限定的一个区域。
- 标准公差——是国家标准规定的用来确定公差带大小的标准化数值，按基本尺寸范围和标准公差等级确定分 20 个级别，对一定的基本尺寸来说，公差等级越高，公差数值越小，尺寸精度越高。同一公差等级，基本尺寸越大，对应的公差数值越大。
- 基本偏差——是用来确定公差带相对零线位置的那个极限偏差，可以是上偏差或下偏差。一般指靠近零线的那个偏差。基本偏差系列确定了孔和轴的公差带位置。
- 配合——是指基本尺寸相同的、相互结合的孔和轴的公差带之间的关系，国家标准将配合分为三类：间隙配合、过盈配合、过渡配合。
- 间隙配合——基本尺寸相同的轴和孔配合，孔的尺寸去除轴的尺寸值为零或正时称为间隙配合。此时孔的公差带在轴的公差带之上。最大间隙为孔的最大极限尺寸和轴的最小极限尺寸之差，最小间隙为孔的最小极限尺寸和轴的最大极限尺寸之差。
- 过盈配合——基本尺寸相同的孔和轴配合，孔的尺寸去除轴的尺寸值为负或零时称为过盈配合，此时轴的公差带在孔的公差带之上。最大过盈为轴的最大极限尺寸与孔的最小极限尺寸之差，最小过盈为轴的最小极限尺寸与孔的最大极限尺寸之差。
- 过渡配合——基本尺寸相同的轴和孔相配，孔的尺寸去除轴的尺寸可能为负也可能为正时称为过渡配合，此时孔和轴的公差带相互交叠，最大间隙为孔的最大极限尺寸与轴的最小极限尺寸之差，最大过盈为轴的最大极限尺寸与孔的最小极限尺寸之差。
- 基孔制配合——基本偏差一定的孔的公差带与不同基本偏差的轴公差带形成的各种配合制度，称为基孔制配合，代号为"H"。
- 基轴制配合——基本偏差为一定的轴的公差带与不同基本偏差的孔公差带形成的各种配合制度为基轴制配合，代号为"h"。
- 基孔制配合的配合尺寸标注为：

$$\text{基本尺寸}\frac{\text{基准孔代号（H）公差等级}}{\text{轴的基本偏差代号公差等级}}$$

- 基轴制配合的配合尺寸标注为：

$$基本尺寸\frac{孔的基本偏差代号公差等级}{基准轴代号（h）公差等级}$$

> **注意**
>
> ◆ 除了表面粗糙度和极限与配合等基本的技术要求外，技术要求还应该包括对表面
>   缺陷的限制、对表面的特殊加工及修饰、对材料性能的要求以及对加工方法和检
>   验实验方法的具体指示等，如技术要求过多时，可以单独写成技术文件。

实用案例 3.5　装配图概述

案例解读

　　装配是指按照规定的技术要求，将零件组合成组件，并进一步结合成部件乃至整台机器
的过程。装配图则是用来表达机器或部件的组成，主要表达其工作原理和装配关系。装配图
是进行装配、检验、安装、调试和维修的重要依据。与零件图不同，装配图主要用于机器与
部件的装配、调试、安装、维修等场合，是生产中的重要的技术文件，在机器设计过程中，
装配图的绘制应位于零件图之前。

要点流程

- 介绍装配图的内容
- 装配图的阅读

操作步骤

步骤 1　介绍装配图的内容

　　一般的装配图应包含以下内容：

　　①一组图形：是指装配图中正确、完整、清晰地表达机器（或部件）的工作原理、装
配关系、连接关系、相对位置关系及其主要零件的主要结构、形状的一组图形。

　　②必要的尺寸：装配图上用来标注零件间的配合、零部件安装、机器或部件的性能、
规格、关键零件间的相对位置及机器的总体大小等所必要的尺寸。

　　③技术要求：在装配图中用符号标注或文字说明来指明机器或部件在装配、安装、调
试、维修等使用方面的技术要求。

　　④零件的序号、明细栏和标题栏：在装配图中，序号与明细栏说明了零件的名称、数量、
材料、规格等，标题栏说明部件名称、数量及生产组织和管理工作所需要的信息。装配图中相同
的零件只编一个序号，序号沿顺时针或逆时针方向整齐排列，零件序号与所代表的零件之间用指
引线连接，明细栏上装配图上全部零件的详细目录，画在标题栏的上方，序号自下而上排列。

步骤 2 装配图的阅读

　　①阅读装配图中的什么内容？

　　装配图的阅读是从装配图中了解部件中各个零件之间的装配关系及拆装顺序，分析部件
或机器的性能、功能和工作原理，并能分析和读懂其中主要零件及其他有关零件的名称、数

量、材料及结构形状和作用以及技术要求。

②装配图阅读的基本步骤。

装配图阅读的基本步骤包括：概括了解、分析视图、细致分析工作原理和装配关系、分析零件和归纳总结。

- 概括了解：参阅有关资料以及装配图的标题栏和技术要求，了解部件的名称、用途和使用性能。看零件编号和明细栏，了解零件的名称、数量以及零件的位置和比例。

- 分析视图：在对标题栏和零件的明细栏进行了解的基础上，对图样中的视图表达作进一步的了解，包括装配图中视图的个数以及它们之间的相互关系和视图中采用了哪些剖视图和规定画法等。明确各视图所要表达的内容。

- 细致分析工作原理和装配关系：在对装配图概括了解的基础上，还应仔细阅读装配图。方法如下：
  - ➤ 首先从最关键的主视图入手，再根据装配干线，对照零件在各视图中的投影关系。
  - ➤ 根据各零件剖面线的方向和间隔来分清零件轮廓的范围。
  - ➤ 阅读装配图上所标注的配合代号，明确零件间的配合关系。
  - ➤ 根据国家标准中的规定画法和常见结构的表达方法，识别零件的类型，如轴承、盘盖等。
  - ➤ 根据零件序号对照明细栏，得到零件的数量、材料、规格，以利于了解零件的作用并确定零件在装配图中的位置。
  - ➤ 根据零件间相互连接的接触面应大致相同和一般零件所具有的对称性特点，想象零件的结构形状。

- 分析零件：分析零件是为了弄清楚每个零件的结构形状和各零件间的装配关系。一般应首先对主要零件进行分析，确定零件的结构、范围、形状和装配关系。为了对主要零件进行分析，需先将它们从装配图中与其相邻零件区分开来。
  - ➤ 可以通过不同方向或疏密各异的剖面线来区分两相邻的零件。
  - ➤ 可以通过各种零件的不同编号来区分零件。
  - ➤ 也可以通过各零件的外形轮廓线来区分零件。
  - ➤ 通过上述方法把一零件在装配图各视图的投影分离出来，集中一起如阅读零件图视图一样，可通过投影、形体、线面等分析法来深入了解其形体结构。
  - ➤ 弄清各零件的结构形状后还应分析它们在部件内的各自作用以及零件间的装配关系和运动间的相互作用能力。

- 归纳总结：在对装配关系和主要零件的结构分析之后，还要对装配图的其他部分如技术要求、零件尺寸等进行分析和了解，进一步了解机器（或部件）的设计理念和装配的工艺性，可以想象出整个部件的结构形状以及零件间的装配关系和运作情况。

实用案例 3.6　如何定制符合国家标准的 CAD 环境

案例解读

随着计算机技术的普及，在机械设计中计算机绘图逐渐替代了手工绘图，AutoCAD 是美国 Autodesk 公司研制的通用 CAD 软件，现已经发展至 AutoCAD 2010 版本。AutoCAD 软件现已成为我国众多设计院、高校、企业等开发专业应用软件的首选支撑平台，但是 AutoCAD 作为一个通用的绘图系统，采用了英制标准和 ISO 标准，我国用户在使用 AutoCAD 绘制图样时，需要根据国家标准的相关规定和该类图样的特点对 AutoCAD 的初始设置进行必要的修改和用户化。在运用 AutoCAD 进行设计的过程中，只要合理设置，充分掌握它的各项功能，就可以方便、快捷地绘制出符合我国国家标准的机械图样。

CAD 工程制图环境的基本设置要求包括图纸幅面与格式、比例、字体、图线、尺寸标注等内容。

要点流程

- 设置"图纸幅画与格式"
- 选定图纸比例
- 设置字体样式
- 设置图线
- 设置尺寸标注样式
- 保存模板

操作步骤

步骤 1 设置"图纸幅画与格式"

图纸幅画与格式的相关规定见本章"实用案例 3.1"中国家标准的相关规定，以建立 A3 号幅纸为例，在 AutoCAD 中设置。AutoCAD 对于图纸幅画和格式是通过 Layout（布局图）功能来完成的，在图纸空间中设置图框和标题栏变得更加方便和直观。可直接在模型空间上使用 Limits（图形界限）命令设置绘图极限，建立实体模型。按要求绘制图框和标题栏，使用布局设置来设置图纸大小，然后切换到模型空间安排图形输出部分并设置比例。

①设置绘图界限：在国家标准中，A3 图纸的幅画尺寸为 420×297，可在 AutoCAD 中使用 Limits 命令设定界限，使用 Zoom 命令显示全图。对于标题栏的绘制可以使用带属性的图块进行绘制。方法为：首先绘制符合国家标准的标题栏，打开属性定义对话框，将设计者的姓名、日期、图样名称、材料等定义属性；使用 Block 命令将标题栏定义为图块，以利于标题栏在图形中的插入。

②插入标题栏：也可以选择"工具>向导"命令来创建布局时可以插入标题栏。在使用创建布局时图纸尺寸应选择 ISO A3（297.00×420.00mm），如图 3-32 所示。

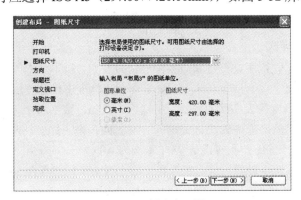

图 3-32　创建布局图

③绘图单位的设置：我国国家标准规定，采用十进制单位和度型角度单位元，零度方向为东，逆时针转角为正。在 AutoCAD 2010 中可以使用 DDUNITS 命令来设置长度和角度单位及其精度，也可以选择"格式→单位"命令进行设置，如图 3-33 所示。单击图形单位对话框上的"方向"按钮会弹出"方向控制"对话框，如图 3-34 所示。在该对话框中可对方向控制进行设置。

图 3-33 图形单位的设定　　　　　　　　　　图 3-34 方向控制的设定

步骤 2 选定图纸比例

比例是指图形与其实物相应要素的线性尺寸之比，在 AutoCAD 2010 中可以通过 Scalelistedit 命令来编辑比例，也可以选择"格式→比例缩放列表"命令来选定需要的比例，如图 3-35 所示。

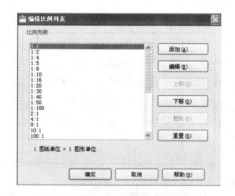

图 3-35 设置比例

步骤 3 设置字体样式

图样中需要用文字、数字、符号来对零件形状的大小、技术要求等加以说明，国家标准规定，机械图样中的汉字要写成长仿宋字，并采用国家标准中推广使用的简化字，字高 h 不小于 3.5mm，字体的高度代表字体的号数。字宽约为 0.7h，数字和字母分为 A 型和 B 型字，可以写成直体和斜体。但无论是 A 型还是 B 型字体，同一个图样上，只允许使用一种形式的字体。斜体字字头向右倾斜，与水平线成 75°，本例为 A3 幅纸，应采用 3.5 号字。在 AutoCAD 2010 中可以使用 Style 命令设置，也可以选择"格式→文字样式"命令进行设置，如图 3-36 所示。设置完毕后，单击"应用"按钮应用文字样式。

图 3-36 设置文字样式

步骤 4 设置图线

① 国家标准规定，机械图样上粗实线的线宽为 d，其他线型的线宽为 d/2。推荐粗线宽度为 0.7mm，细线宽度为 0.35mm。

② 在 AutoCAD 2010 中可以通过图层管理器来对图线的名称、线型、颜色、线宽进行设置。图线颜色是指图线在屏幕上显示的颜色，它可以影响到图线的深浅。图线颜色选择合理，则对应的图样的图线富于层次感，对于读图和画图都比较方便，国家标准对图线的颜色有明确的规定。

③ 在用 AutoCAD 2010 绘制机械图样时，国家标准中提到的粗实线、细实线、点画线等 8 种线型都会用到。需要指出的是：图线的线宽是图形的输出线宽，与图线的显示线宽不同，如表 3-8 所示。

表 3-8 图层的相关设置

图 层 号	图 层 名	颜 色	线 型	线 宽
0	粗实线	绿	Continuous	d
1	细实线	白	Continuous	d/2
2	细点画线	红	Center	d/2
3	虚线	黄	Dashed	d/2
4	粗点画线	棕	Center	d
5	双点画线	粉红	Davide	d/2
6	剖面线	白	Continuous	d/2
7	尺寸标注	白	Continuous	d/2
8	文字	白	Continuous	d/2
9	备用	白	Continuous	默认

步骤 5 设置尺寸标注样式

尺寸标注反映物体的真实大小，一个完整的尺寸标注应包括尺寸线、延伸线、箭头和尺寸数字，国家标准规定了尺寸标注的规则、注法和要求：尺寸线、延伸线要用细实线绘制；箭头宽为粗实线的宽度，长度为宽度的 4 倍。这些要求在使用 AutoCAD 2010 进行尺寸标注时应当满足。

AutoCAD 对尺寸标注样式的管理是通过标注样式管理器来进行的，AutoCAD 2010 中提供的尺寸标注基础样式"ISO-25"不符合我国国家标准，可以在"ISO-25"尺寸标注样式的基础上加以修改来设置符合我国机械制图国家标准规定的尺寸标注样式。尺寸标注样式管理器可以通过命令 DimStyle 来实现，也可以选择"格式→标注样式"命令来加以配置，如图3-37 所示。

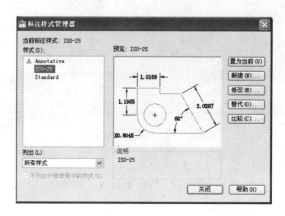

图 3-37　标注样式管理器

在标注样式管理器中单击"新建"按钮，打开"创建新标注样式"对话框，定义新样式名为"国家标准尺寸标注"，单击"继续"按钮，在弹出的新对话框中设置尺寸标注新样式。

①在"线"选项卡中，将尺寸线、延伸线的颜色和线宽由"ByBlock"改为"ByLayer"，基线间距为 7mm，起点偏移设置为 0；延伸线超出尺寸线的距离应为 2~3mm，此处设置成为 2.5mm，如图 3-38 所示。

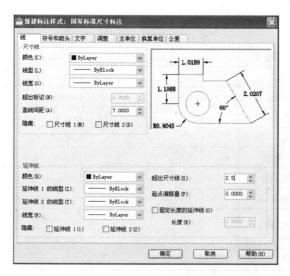

图 3-38　尺寸样式修改：线

②在"符号和箭头"选项卡中设定箭头大小为 2.8mm。

③在"文字"选项卡中将尺寸文本颜色由"ByBlock"改为"ByLayer"，文字样式采用前面应用的文字样式，文字位置在垂直方向上定义为上方，水平方向上定义为居中，从尺寸线偏移量定义为 1.5mm，文字对齐方式为与尺寸线对齐，如图 3-39 所示。

④在"主单位"选项卡中，小数分隔符选用"."，而比例因子则依前面定义的比例来选

定，如果前面选定的比例为 1:1，此处比例因子采用默认的 1 值。

⑤单击"确定"按钮返回标注样式管理器。

⑥国家标准中对线性尺寸数字和角度尺寸数字的方向要求不同，所以还需要新建一个角度尺寸标注样式，以"国家标准尺寸标注"样式为父本，单击"新建"按钮，新样式名定义为"角度标注"，将适合"所有尺寸标注"修改为"角度标注"并单击"继续"按钮。在"文字"标签中，将文字对齐方式设定为水平即完成角度标注样式的配置。单击"确定"按钮退出。

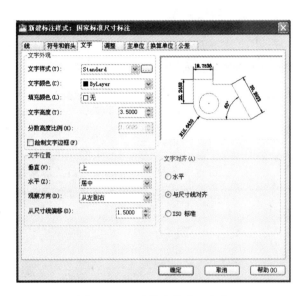

图 3-39　尺寸样式修改：文字

步骤 6　保存模板

在完成符合国家标准的 CAD 环境的绘制后，可以将其保存为模板（.dwt）文件，下次制图时可以直接打开模板，在模板上进行机械图形的绘制工作，而不需要重复设定符合国家标准的 CAD 环境，但需要注意的是，当工作完成后应保存为（.dwg）文件，以确保模板文件不被破坏。

第**4**章
平面绘图

本章将介绍使用 AutoCAD 2010 进行基本二维图形绘制，并绘制实用案例。

无论多么复杂的工程图纸，必然都是由最基本的图形对象组成。对于每个初学者来说，学习用 AutoCAD 来绘制机械工程图，首先要从绘制直线、圆、圆弧等简单图形开始，熟练掌握之后，才能加以应用，从而绘制复杂的二维图形。

正因为本章知识的基础性，因此本章每个知识点都是工程绘图中常用到的内容，更需要初学者重视和研究。

本章主要学习以下内容：

- 用"圆"、"定数等分点"等命令绘制棘轮
- 用"圆弧"等命令绘制梅花
- 用"构造线"、"射线"等命令绘制盘盖
- 用"椭圆"、"椭圆弧"、"矩形"等命令绘制脸盆
- 用"正多边形"等命令绘制六角扳手
- 用"样条曲线"等命令绘制凸轮
- 用"图案填充"等命令填充滑轮支座装配图
- 综合实例演练——绘制旋钮

实用案例 4.1　绘制棘轮

素材文件:	无
效果文件:	CDROM\04\效果\绘制棘轮.dwg
演示录像:	CDROM\04\演示录像\绘制棘轮.exe

案例解读

本案例主要讲解 AutoCAD 中定数等分点的使用方法。棘轮是一种间歇运动机构,如图 4-1 所示,当作为主动件连续运动时可以使从动件产生周期性的间歇运动。棘轮机构常用在各种机床和自动机械中间歇进给或回转工作台的转位上,如牛头刨床、冲床转位、超越离合器等。设计时需要根据任务选择合适的几何参数。棘轮的重要几何尺寸参数包括齿数、模数、齿顶圆、齿间距、齿高等。通过绘制棘轮,使大家熟悉和理解绘制点命令。

要点流程

- 首先启动 AutoCAD 2010 中文版,进入绘图界面
- 使用绘制圆命令绘制棘轮的轮廓
- 使用定数等分点命令绘制轮齿顶点
- 使用绘制直线命令绘制轮齿并环形阵列轮齿
- 删除多余辅助圆
- 将完成后的棘轮保存

流程图如图 4-2 所示。

图 4-1　棘轮效果图

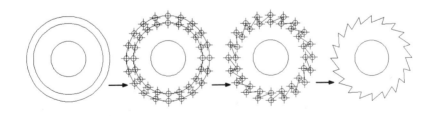

图 4-2　棘轮绘制流程图

操作步骤

步骤 1 利用"圆"命令绘制棘轮的轮廓

启动 AutoCAD 2010 中文版,在"绘图"工具栏上单击"圆"按钮⊙,鼠标在绘图区任意位置单击,绘制三个同心圆,半径依次为 50、100、120。

知识要点:

圆命令的启动方法如下。

- ◆ 下拉菜单:选择"绘图→圆"命令下的子命令。
- ◆ 工具栏:在"绘图"工具栏上单击"圆"按钮⊙。

◆ 　输入命令名：在命令行中输入或动态输入 CIRCLE 或 C，并按 Enter 键。

步骤 2 设置"点的样式"

选择"格式→点样式"命令，打开"点样式"对话框，选择标记样式为 ⊕。

知识要点：

1. 点样式的设置方式如下。

◆ 　下拉菜单：选择"格式→点样式"命令。

◆ 　输入命令名：在命令行中输入或动态输入 DDPTYPE，并按 Enter 键。

2. 点的主要作用在于标记，AutoCAD 根据标记的需要提供了 20 种点的样式。在命令行中输入 DDPTYPE 命令，弹出"点样式"对话框，如图 4-3 所示。

3. 在对话框中除了可以选择点的样式外，还可以在"点大小"框中输入相对于屏幕或按绝对单位表示点的大小的值。对应的效果如图 4-4 所示。

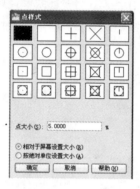

图 4-3 "点样式"对话框

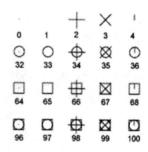

图 4-4 点样式对应的 PNODE 值

步骤 3 利用"定数等分点"命令绘制轮齿顶点

选择"绘图→点→定数等分"命令，选取半径为 100 和 120 的圆绘制等分点，绘制过程如图 4-5 所示。

知识要点：

定数等分点：绘制定数等分点是指在指定对象上将点等间隔排列，其启动方法如下：

◆ 　下拉菜单：选择"绘图→点→定数等分"命令。

◆ 　输入命令名：在命令行中输入或动态输入 DIVIDE 或 DIV，并按 Enter 键。

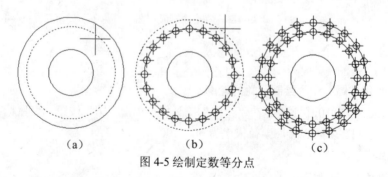

(a)　　　　　　　　　　(b)　　　　　　　　　　(c)

图 4-5 绘制定数等分点

命令行显示如下：

```
命令：_divide
```

选择要定数等分的对象：	//鼠标选取半径100的圆
输入线段数目或 [块(B)]：20	//输入生成的点数 20
命令：	//直接按 Enter 键，重复上一条命令
DIVIDE	
选择要定数等分的对象：	//鼠标选取半径120的圆
输入线段数目或 [块(B)]：20	//输入生成的点数 20

步骤 4　利用"直线"等命令绘制轮齿

①在"绘图"工具栏上单击"直线"按钮，连接内外圆相邻的点，绘制单个轮齿，如图 4-6 所示。单击"修改"工具栏上"阵列"按钮，用"环形阵列"绘制轮齿（关于"环形阵列"，详见第 5 章"实用案例 5.6"的相关内容），如图 4-7 所示。

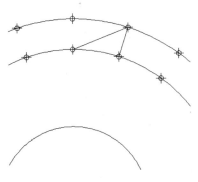 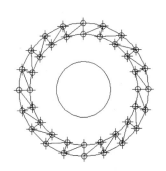

图 4-6　绘制单个轮齿　　　　　　图 4-7　环形阵列后的轮齿

②选中多余的辅助圆，单击鼠标右键，在弹出菜单中，单击"删除"按钮，删除多余的辅助圆，完成"棘轮"的绘制。

步骤 5　保存文件

实用案例 4.2　绘制梅花

素材文件：	无
效果文件：	CDROM\04\效果\绘制梅花.dwg
演示录像：	CDROM\04\演示录像\绘制梅花.exe

案例解读

本案例主要讲解 AutoCAD 中圆弧命令。通过绘制简单的梅花，使大家熟悉和理解圆弧的多种绘制方法和相对坐标的使用。梅花效果如图 4-8 所示。

要点流程

- 首先启动 AutoCAD 2010 中文版，进入绘图界面
- 使用绘制圆弧命令绘制出梅花的一个花瓣
- 使用同样方法绘制其他花瓣

图 4-8　梅花效果图

● 将完成后的梅花效果图保存

流程图如图 4-9 所示。

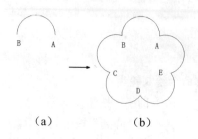

（a）　　　　　　　　（b）

图 4-9　绘制梅花流程图

▶ 操作步骤

步骤 1　用"圆弧"命令绘制梅花的一个花瓣

①启动 AutoCAD 2010 中文版，进入绘图界面。

②在"绘图"工具栏上单击"圆弧"按钮，命令行显示如下：

```
命令：_arc 指定圆弧的起点或 [圆心(C)]:
                        //鼠标单击绘图区任意位置，指定圆弧的起点，即图 4-9（a）中 A 点位置
指定圆弧的第二个点或 [圆心(C)/端点(E)]:e              //输入 e，选择端点方式
指定圆弧的端点：@80<180                           //指定圆弧端点 B
指定圆弧的圆心或 [角度(A)/方向(D)/半径(R)]:r         //输入 r，选择半径方式
指定圆弧的半径：40                               //输入圆弧的半径 40
```

知识要点：

在 AutoCAD 中，提供了多种不同的画弧方式，可以指定圆心、端点、起点、半径、角度、弦长和方向值的各种组合形式。

圆弧命令的启动方法：

◆　下拉菜单：选择"绘图→圆弧"命令下的子命令，如图 4-10 所示。

◆　工具栏：在"绘图"工具栏上单击"圆弧"按钮。

◆　输入命令名：在命令行中输入或动态输入 ARC 或 A，并按 Enter 键。

图 4-10　圆弧的子菜单命令

各选项含义：

◆　三点方法：通过指定圆弧的起点、通过的第二个点和端点绘制一段圆弧。

选择"绘图→圆弧→三点"命令，此时命令行显示如下：

```
命令：_arc 指定圆弧的起点或 [圆心(C)]：                      //输入或鼠标选取圆弧的起点
指定圆弧的第二个点或 [圆心(C)/端点(E)]：          //输入或鼠标选取圆弧通过的第二个点
指定圆弧的端点：                                        //输入或鼠标选取圆弧端点
```

◆　"起点、圆心、端点"方法：通过指定圆弧的起点、圆心和端点绘制一段圆弧。

选择"绘图→圆弧→起点、圆心、端点"命令，此时命令行显示如下：

```
命令：_arc 指定圆弧的起点或 [圆心(C)]：                      //输入或鼠标选取圆弧的起点
指定圆弧的第二个点或 [圆心(C)/端点(E)]：_c 指定圆弧的圆心：
                                                     //输入或鼠标选取圆弧的圆心
指定圆弧的端点或 [角度(A)/弦长(L)]：                     //输入或鼠标选取圆弧端点
```

◆　"起点、圆心、角度"方法：通过指定圆弧的起点、圆心和角度绘制一段圆弧。

选择"绘图→圆弧→起点、圆心、角度"命令，此时命令行显示如下：

```
命令：_arc 指定圆弧的起点或 [圆心(C)]：                      //输入或鼠标选取圆弧的起点
指定圆弧的第二个点或 [圆心(C)/端点(E)]：_c 指定圆弧的圆心：
                                                     //输入或鼠标选取圆弧的圆心
指定圆弧的端点或 [角度(A)/弦长(L)]：_a 指定包含角：              //输入圆弧角度
```

◆　"起点、圆心、长度"方法：通过指定圆弧的起点、圆心和弦长绘制一段圆弧。

选择"绘图→圆弧→起点、圆心、长度"命令，此时命令行显示如下：

```
命令：_arc 指定圆弧的起点或 [圆心(C)]：                      //输入或鼠标选取圆弧的起点
指定圆弧的第二个点或 [圆心(C)/端点(E)]：_c 指定圆弧的圆心：
                                                     //输入或鼠标选取圆弧的圆心
指定圆弧的端点或 [角度(A)/弦长(L)]：_l 指定弦长：              //输入圆弧弦长
```

◆　"起点、端点、角度"方法：通过指定圆弧的起点、圆心和弦长绘制一段圆弧。

选择"绘图→圆弧→起点、端点、角度"命令，此时命令行显示如下：

```
命令：_arc 指定圆弧的起点或 [圆心(C)]：                      //输入或鼠标选取圆弧的起点
指定圆弧的第二个点或 [圆心(C)/端点(E)]：_e
指定圆弧的端点：                                      //输入或鼠标选取圆弧的端点
指定圆弧的端点或 [角度(A)/弦长(L)]：_a 指定包含角：              //输入圆弧角度
```

◆　"起点、端点、方向"方法：通过指定圆弧的起点、端点和方向绘制一段圆弧，这
　　里的"方向"是指圆弧起点处的切线方向。

选择"绘图→圆弧→起点、端点、方向"命令，此时命令行显示如下：

```
命令：_arc 指定圆弧的起点或 [圆心(C)]：                      //输入或鼠标选取圆弧的起点
指定圆弧的第二个点或 [圆心(C)/端点(E)]：_e
指定圆弧的端点：                                      //输入或鼠标选取圆弧的端点
指定圆弧的圆心或 [角度(A)/方向(D)/半径(R)]：_d 指定圆弧的起点切向：
                            //拖动鼠标确定圆弧在起点处的切线方向，单击得到圆弧
```

◆　"起点、端点、半径"方法：通过指定圆弧的起点、端点和半径绘制一段圆弧。

选择"绘图→圆弧→起点、端点、半径"命令，此时命令行显示如下：

命令：_arc 指定圆弧的起点或 [圆心(C)]：　　　　　　　　//输入或鼠标选取圆弧的起点
指定圆弧的第二个点或 [圆心(C)/端点(E)]：_e
指定圆弧的端点：　　　　　　　　　　　　　　　　　　//输入或鼠标选取圆弧的端点
指定圆弧的圆心或 [角度(A)/方向(D)/半径(R)]：_r 指定圆弧的半径：　//输入圆弧的半径

◆　"圆心、起点、端点"方法：通过圆弧的圆心、起点和端点绘制一段圆弧。

选择"绘图→圆弧→圆心、起点、端点"命令，此时命令行显示如下：

命令：_arc 指定圆弧的起点或 [圆心(C)]：_c 指定圆弧的圆心：
　　　　　　　　　　　　　　　　　　　　　　　　　//输入或鼠标选取圆弧的圆心
指定圆弧的起点：　　　　　　　　　　　　　　　　　//输入或鼠标选取圆弧的起点
指定圆弧的端点或 [角度(A)/弦长(L)]：　　　　　　　//输入或鼠标选取圆弧的端点

◆　"圆心、起点、角度"方法：通过圆弧的圆心、起点和角度绘制一段圆弧。

选择"绘图→圆弧→圆心、起点、角度"命令，此时命令行显示如下：

命令：_arc 指定圆弧的起点或 [圆心(C)]：_c 指定圆弧的圆心：
　　　　　　　　　　　　　　　　　　　　　　　　　//输入或鼠标选取圆弧的圆心
指定圆弧的起点：　　　　　　　　　　　　　　　　　//输入或鼠标选取圆弧的起点
指定圆弧的端点或 [角度(A)/弦长(L)]：_a 指定包含角：　//输入圆弧角度

◆　"圆心、起点、长度"方法：通过圆弧的圆心、起点和角度绘制一段圆弧。

选择"绘图→圆弧→圆心、起点、长度"命令，此时命令行显示如下：

命令：_arc 指定圆弧的起点或 [圆心(C)]：_c 指定圆弧的圆心：
　　　　　　　　　　　　　　　　　　　　　　　　　//输入或鼠标选取圆弧的圆心
指定圆弧的起点：　　　　　　　　　　　　　　　　　//输入或鼠标选取圆弧的起点
指定圆弧的端点或 [角度(A)/弦长(L)]：_l 指定弦长：　//输入圆弧弦长

◆　"继续"方法：系统以最后一次绘制的线段或圆弧的终止点作为新圆弧的起点，并
且以该线段方向或圆弧在终止点处的切线方向为新圆弧在起始点处的切线方向，再
通过指定圆弧上的另一点，绘制一个圆弧。

选择"绘图→圆弧→继续"命令，此时命令行显示如下：

命令：_arc 指定圆弧的起点或 [圆心(C)]：
指定圆弧的端点：　　　　　　　　　　　　　　　　　//输入或鼠标选取圆弧的端点

如果在工具栏中单击"绘制圆弧"按钮或在命令行中输入 arc 启动圆弧命令，此时命令
行显示如下：

命令：_arc 指定圆弧的起点或 [圆心(C)]：

直接按 Enter 键，然后输入或选取圆弧的端点也可以启动"继续"命令绘制一段圆弧。

注意

◆　在"起点、圆心、长度"方法中，所给定的弦长不得超过起点到圆心距离的两倍；
在"指定弦长"的提示下，如果所输入的值为负，则该负值的绝对值将作为对应
整圆的圆缺部分圆弧的弧长。

◆　在默认设置下，系统是以逆时针方向绘制圆弧，即从起点到端点是逆时针方向。
在需要输入角度时，如果输入正值，则所绘制的圆弧是从起点绕圆心沿逆时针方
向绘出；如果输入负值，则沿顺时针方向绘制圆弧。

步骤 2 用同样方法绘制其他花瓣

①以 B 点为圆弧起点，重复圆弧绘制命令，采用端点（E）绘制方式，以@80<252 为端点，绘制角度（A）为 180°的圆弧 BC。

②以 C 点为圆弧起点，重复圆弧绘制命令，采用圆心（C）绘制方式，以@40<432 为圆弧的圆心，绘制角度（A）为 180°的圆弧 CD。

③以 D 点为圆弧的起点，重复圆弧绘制命令，采用圆心（C）绘制方式，以@40<36 为圆弧的圆心，绘制弦长（L）为 80°的圆弧 DE。

④以 E 点为圆弧的起点，重复圆弧绘制命令，采用端点（E）绘制方式，以 A 点为圆弧的端点，绘制切向（D）为@20<18 的圆弧 DE。绘制完成，效果如图 4-9（b）所示。

步骤 3 保存文件

实用案例 4.3　绘制盘盖

素材文件：	无
效果文件：	CDROM\04\效果\绘制盘盖.dwg
演示录像：	CDROM\04\演示录像\绘制盘盖.exe

案例解读

本案例主要讲解 AutoCAD 中射线和构造线命令。通过绘制这样一个盘盖类零件，使大家熟悉和理解绘制射线和构造线在机械制图中作为辅助线的使用方法。盘盖效果如图 4-11 所示。

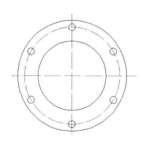

图 4-11　盘盖效果图

要点流程

- 首先启动 AutoCAD 2010 中文版，进入绘图界面
- 使用绘制构造线命令绘制中心线
- 使用绘制圆命令绘制出盘盖的内外轮廓线
- 使用绘制射线命令绘制出螺钉孔的位置辅助线，并绘制螺钉孔
- 删除辅助线，得到盘盖图形
- 将完成后的盘盖效果图保存

流程图如图 4-12 所示。

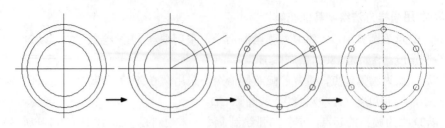

图 4-12 绘制盘盖流程图

操作步骤

步骤 1 用"构造线"命令绘制中心线

①启动 AutoCAD 2010 中文版，进入绘图界面。

②在"绘图"工具栏上单击"构造线"按钮 ，启动绘制构造线命令，在绘图区任意位置绘制水平和垂直各一条构造线。

知识要点：

构造线为两端可以无限延伸的直线，没有起点和终点，可以放置在三维空间的任何地方，主要用于绘制辅助线。

构造线命令的启动方法：

◆ 下拉菜单：选择"绘图→构造线"命令。

◆ 工具栏：在"绘图"工具栏上单击"射线"按钮 。

◆ 输入命令名：在命令行中输入或动态输入 XLINE 或 XL，并按 Enter 键。

启动构造命令之后，根据如下提示进行操作，绘制构造线，如图 4-13 所示。

```
命令：_xline                                              //启动构造线命令
指定点或 [水平(H)/垂直(V)/角度(A)/二等分(B)/偏移(O)]：h     // 选择构造线的类型
指定通过点：                                    //指定第一点绘制第一条构造线
指定通过点：                                    //指定第二点绘制第二条构造线
指定通过点：                                    //指定第 N 点绘制第 N 条构造线
指定通过点：                          //按 Enter 键或 Space 键结束构造线命令
```

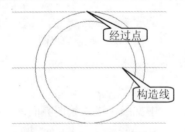

经过点

构造线

图 4-13 绘制的构造线

各选项含义：

◆ 水平（H）：创建一条经过指定点并且与当前坐标 X 轴平行的构造线。

◆ 垂直（V）创建一条经过指定点并且与当前坐标 Y 轴平行的构造线。

◆ 角度（A）：创建与 X 轴成指定角度的构造线；也可以先指定一条参考线，再指定直线与构造线的角度；还可以先指定构造线的角度，再设置必经的点。其提示如下

所示:

输入构造线的角度 (O) 或 [参照(R)]: 45	//指定输入的角度

◆ 二等分（B）: 创建二等分指定的构造线，即角平分线，要指定等分角的顶点、起点和端点。其提示如下所示，其视图效果如图 4-14 所示。

指定角的顶点:	//指定角平分线的顶点
指定角的起点:	//指定角的起点位置
指定角的端点:	//指定角的终点位置

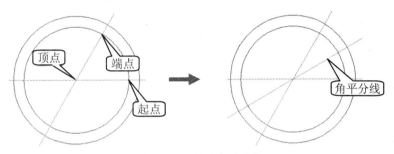

图 4-14　二等分角平分线

◆ 偏移（O）: 创建平行指定基线的构造线，需要先指定偏移距离，选择基线，然后指明构造线位于基线的哪一侧。其提示如下所示，视图效果如图 4-15 所示。

指定偏移距离或 [通过(T)] <通过>: 500	//指定偏移的距离
选择直线对象:	//选择要偏移的直线对象
指定向哪侧偏移:	//指定偏移的方向

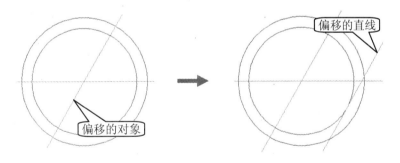

图 4-15　偏移的直线

注意

在绘制构造线时，若没有指定构造线的类型，用户可在视图中指定任意的两点来绘制一条构造线。

步骤 2 用"圆"命令绘制盘盖的内外轮廓线

在"绘图"工具栏上单击"圆"按钮 ⊙，启动绘制圆命令，以构造线的交点为圆心绘制半径分别为 50、70、80 的同心圆。

知识要点:

圆命令的启动方法如下。

- ◆ 下拉菜单：选择"绘图→圆"命令下的子命令，如图 4-16 所示。
- ◆ 工具栏：在"绘图"工具栏上单击"圆"按钮⊙。
- ◆ 输入命令名：在命令行中输入或动态输入 CIRCLE 或 C，并按 Enter 键。

命令启动后，命令行提示如下：

```
命令: _circle                                                    //启动圆命令
指定圆的圆心或 [三点(3P)/两点(2P)/切点、切点、半径(T)]:          //指定圆心点
指定圆的半径或 [直径(D)] <0.0000>:                               //输入圆的半径值
```

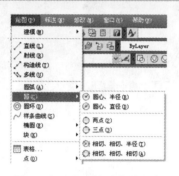

图 4-16 "圆"的子菜单命令

各选项含义：

- ◆ 三点（3P）：在视图中指定三点来绘制一个圆。其提示如下所示，视图效果如图 4-17 所示。

```
指定圆上的第一个点:                                    //在视图中指定捕捉圆的第一点
指定圆上的第二个点:                                    //在视图中指定捕捉圆的第二点
指定圆上的第三个点:                                    //在视图中指定捕捉圆的第三点
```

- ◆ 两点（2P）：在视图中指定两点来绘制一个圆，相当于这两点的距离就是圆的直径。其提示如下所示，视图效果如图 4-18 所示。

```
指定圆直径的第一个端点:                                    //指定第一个端点
指定圆直径的第二个端点:                                    //指定第二个端点
```

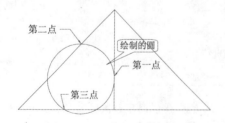

图 4-17 三点方式绘圆

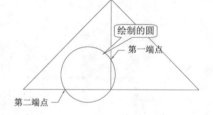

图 4-18 两点方式绘圆

- ◆ 相切、相切、半径（T）：和已知两个对象相切，并输入半径值来绘制的圆，视图效果如图 4-19 所示。
- ◆ 相切、相切、相切（A）：这个命令是在"绘图→圆"子菜单下，表示和已知的三个对象相切所绘制的圆，视图效果如图 4-20 所示。

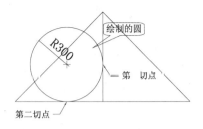

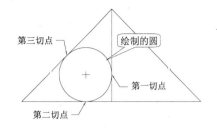

图 4-19 "切点、切点、半径"方式画圆   图 4-20 "相切、相切、相切"方式画圆

步骤 3 用"射线"等命令绘制螺钉孔及其孔位置辅助线

① 选择"工具→草图设置"命令或在屏幕下方状态行的"极轴"上右击，选择"设置"命令，弹出"草图设置"对话框。选择"极轴追踪"选项卡，并勾选 "启用极轴追踪"复选框，然后在"增量角"下拉列表框中选择 30，单击"确定"按钮，如图 4-21 所示。

② 选择"绘图→射线"命令，启动绘制射线命令。以圆心为射线的起点，然后移动鼠标，当角度显示为 30°时单击，绘制与 X 轴成 30°的射线，如图 4-22 所示。

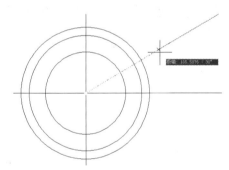

图 4-21 "草图设置"对话框   图 4-22 绘制射线

知识要点：

射线是一端固定，另一端无限延伸的直线，常用于绘制辅助线。

射线绘制命令启动方法如下：

◆ 下拉菜单：选择"绘图→射线"命令。

◆ 输入命令名：在命令行中输入或动态输入 RAY，并按 Enter 键。

启动绘制射线命令后，命令行显示如下：

命令: _ray 指定起点:

单击鼠标或输入射线的起点，此时命令行显示如下：

指定通过点:

鼠标选取或输入射线通过的一个点，完成一条射线的绘制。此时命令行显示如下：

指定通过点:

移动鼠标选取点或输入点坐标，可连续绘制同起点的一组射线，按 Enter 键或 Esc 键退出射线的绘制。

③ 在"绘图"工具栏上单击"圆"按钮 ⊘，启动绘制圆命令，以射线与中间圆的交点为圆心绘制半径为 5 的圆，如图 4-23 所示。环形阵列该圆得到其他螺钉孔，如图 4-24 所示。

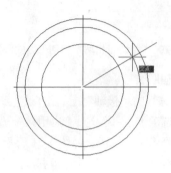
图 4-23　捕捉射线与圆的交点

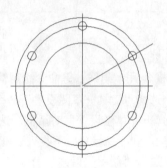
图 4-24　阵列得到圆

步骤 4 删除辅助线

删除射线和构造线等辅助线，添加中心线，得到盘盖图形。

步骤 5 保存文件

实用案例 4.4　绘制脸盆

素材文件：	无
效果文件：	CDROM\04\效果\洗脸盆.dwg
演示录像：	CDROM\04\演示录像\洗脸盆.exe

案例解读

本案例中，主要讲解了在 AutoCAD 中绘制构造线、椭圆及椭圆弧的命令，让大家熟练掌握构造线、椭圆及椭圆弧的绘制方法，其绘制完成的效果如图 4-25 所示。

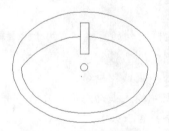
图 4-25　脸盆效果图

要点流程

- 使用构造线命令绘制水平垂直构造线
- 使用绘制椭圆命令绘制出一个椭圆

- 使用绘制椭圆弧命令绘制一个同心椭圆弧
- 用圆、矩形和圆弧命令绘制其他部分，并删除构造线

流程图如图 4-26 所示。

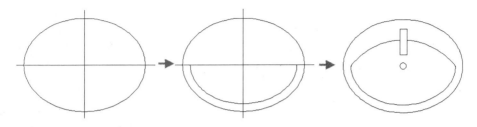

图 4-26　绘制洗脸盆流程图

操作步骤

步骤 1　绘制中心线

启动 AutoCAD 2010 中文版，使用构造线命令绘制水平垂直构造线，在"绘图"工具栏上单击"构造线"按钮，在绘图区任意位置绘制水平、垂直两条构造线。

步骤 2　用"椭圆"命令绘制一个椭圆

在"绘图"工具栏上单击"椭圆"按钮，启动绘制椭圆命令，绘制一个椭圆，如图 4-27（a）所示。

知识要点：

椭圆绘制命令启动方法如下。

- 下拉菜单：选择"绘图→椭圆"命令。
- 工具栏：在"绘图"工具栏上单击"椭圆"按钮。
- 输入命令名：在命令行中输入或动态输入 ELLIPSE 或 EL，并按 Enter 键。

启动绘制椭圆命令后，命令行显示如下：

```
命令: _ellipse
指定椭圆的轴端点或 [圆弧(A)/中心点(C)]: c            //输入 c，选择中心点方式绘制椭圆
指定椭圆的中心点:                                   //鼠标选取构造线的交点
指定轴的端点: @400,0                                //指定椭圆长半轴 400
指定另一条半轴长度或 [旋转(R)]: 300                 //指定椭圆短半轴 300
```

各选项含义：

- 圆弧（A）：选取该项后，进行椭圆弧的绘制。
- 中心点（C）：选取该项后，首先指定椭圆的中心点，再指定两条半长轴的长度。
- 旋转（R）：选取该项后，可以绘制一个圆绕其直径旋转指定角度后投影到原圆所在平面而形成的椭圆。角度范围是 0°~89.4°，输入"0"则定义一个圆。

步骤 3　用"椭圆弧"命令绘制一个同心椭圆弧

在"绘图"工具栏上单击"椭圆弧"按钮，启动绘制椭圆弧命令，绘制一个椭圆弧，如图 4-27（b）所示。

知识要点:

椭圆弧是椭圆的一部分, 相比椭圆用处更广。

椭圆弧绘制命令启动方法:

◆　　下拉菜单: 选择 "绘图→椭圆→圆弧" 命令。

◆　　工具栏: 在 "绘图" 工具栏上单击 "椭圆弧" 按钮 ⟳。

◆　　输入命令名: 在命令行中输入或动态输入 ELLIPSE 或 EL, 输入 a 并按 Enter 键。

命令行显示如下:

```
命令: _ellipse
指定椭圆的轴端点或 [圆弧(A)/中心点(C)]: _a          //启动椭圆弧命令
指定椭圆弧的轴端点或 [中心点(C)]: c             //输入 c, 选择中心点方式绘制椭圆弧
指定椭圆弧的中心点:                       //鼠标选取构造线的交点
指定轴的端点: @350,0                    //指定椭圆长半轴 350
指定另一条半轴长度或 [旋转(R)]: 250           //指定椭圆短半轴 250
指定起始角度或 [参数(P)]: 180              //指定起始角度为 180°
指定终止角度或 [参数(P)/包含角度(I)]: 360       //指定终止角度为 360°
```

各选项含义:

◆　　参数 (P): 选择该选项时, 需要指定起始参数和终止参数。然后系统通过矢量参方程 $p(u) = c + a\cos u + b\sin u$ 计算椭圆弧的起始角度和终止角度, 以创建椭圆弧, 其中, c 是椭圆的中心点, a 和 b 分别是椭圆的长轴和短轴。选择该选项系统会提示:

◆　　包含角度 (I): 定义从起始角度开始的夹角。

```
指定起始参数或 [角度(A)]:
指定终止参数或 [角度(A)/包含角度(I)]:
```

各选项含义:

◆　　起始参数: 使用 "起始参数" 选项可以从角度模式切换到参数模式。模式用于控制计算椭圆的方法。

◆　　终止参数: 用参数化矢量方程式定义椭圆弧的终止角度。

◆　　角度 (A): 定义椭圆弧的终止角度。使用 "角度" 选项可以从参数模式切换到角度模式。模式用于控制计算椭圆的方法。

> **注意**
>
> 当指定起始、终止角度绘制椭圆弧时, 角度是指与椭圆半长轴的夹角, 逆时针为正, 并非是与用户坐标系 X 轴的夹角。

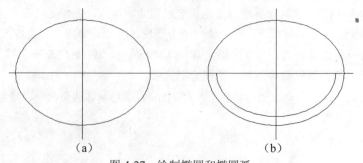

(a)　　　　　　　　　　　　　　(b)

图 4-27　绘制椭圆和椭圆弧

步骤 4 用"矩形"等命令绘制其他附属曲线

①在工具栏上单击"圆弧"按钮 ，以椭圆弧的两个端点为起点和端点，450 为半径绘制一条圆弧，如图 4-28（a）所示。

②用绘制矩形和绘制圆命令分别绘制水龙头和出水口，如图 4-28（b）所示。

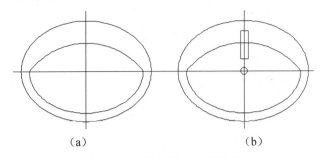

（a） （b）

图 4-28 绘制其他的附属曲线

知识要点：

矩形是一个上下两边相等、左右两边相等，且转角为 90° 所组成的图形。

矩形命令的启动方法：

◆ 下拉菜单：选择"绘图→矩形"命令。

◆ 工具栏：在"绘图"工具栏上单击"矩形"按钮 。

◆ 输入命令名：在命令行中输入或动态输入 RECTANGLE 或 REC，并按 Enter 键。

命令启动后，命令行显示：

```
命令：_rectang                                              //启动矩形命令
指定第一个角点或 [倒角(C)/标高(E)/圆角(F)/厚度(T)/宽度(W)]：    //指定矩形的角点
指定另一个角点或 [面积(A)/尺寸(D)/旋转(R)]：                    //输入另一角点坐标
```

各选项含义：

◆ 指点第一个角点：指定所要绘制矩形的一个对角点。矩形的边与当前的 X 轴和 Y 轴平行。执行此操作后，系统会提示。

◆ 指定另一个角点：输入另一对角点完成矩形的绘制，如图 4-29（a）所示。

◆ 倒角（C）：设置矩形倒角距离，对矩形的 4 个角进行处理，以满足绘图的需要。如图 4-29（b）所示。

◆ 标高（E）：设置矩形的标高。把矩形的位置设定为标高为 Z 与 XOY 平面上。

◆ 圆角（F）：设置矩形的圆角半径。将矩形的 4 个角改为由一小段圆弧连接，如图 4-29（c）所示。

◆ 厚度（T）：设置矩形的厚度。

◆ 宽度（W）：设置所绘矩形的线宽，如图 4-29（d）所示。

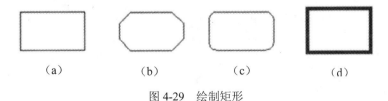

（a） （b） （c） （d）

图 4-29 绘制矩形

◆ 面积（A）：按照矩形的面积绘制矩形。选择该项，系统提示如下：

输入以当前单位计算的矩形面积 <100.0000→：　　　　　　　　　　　　　　　//输入矩形面积
计算矩形标注时依据 [长度(L)/宽度(W)]<长度→：　　　　　　　　　//按 Enter 键或输入 W
输入矩形长度 <10.0000→：　　　　　//指定矩形长度，在矩形被倒角或圆角情况下，考虑此选项

◆ 旋转（R）：旋转所绘制的矩形。选择该项，系统提示如下：

指定旋转角度或 [拾取点(P)] <0→：　　　　　　　　　　　　//输入矩形要旋转的角度值
指定另一个角点或 [面积(A)/尺寸(D)/旋转(R)]：　　　　　//指定另一个角点或选择其他选项

◆ 尺寸（D）：使用矩形的长和宽来绘制矩形。

注意

虽然绘制矩形过程中有倒角功能，但在实际绘图中，一般是用专门的倒角工具进行倒角和圆角。

步骤 5 删除构造线

删除作为辅助线的构造线，完成脸盆的绘制，如图 4-25 所示。

步骤 6 保存文件

实用案例 4.5　绘制六角扳手

素材文件：	无
效果文件：	CDROM\04\效果\绘制六角扳手.dwg
演示录像：	CDROM\04\演示录像\绘制六角扳手.exe

案例解读

本案例主要讲解 AutoCAD 中绘制正多边形命令的使用方法。通过绘制六角扳手的图案，使大家熟悉和理解绘制正多边形命令。

图 4-30　六角扳手效果图

要点流程

- 首先启动 AutoCAD 2010 中文版，进入绘图界面
- 使用绘制构造线命令绘制辅助线
- 使用绘制正多边形、圆、圆弧、直线等命令绘制轮廓线
- 修剪多余曲线和线段，完成绘制
- 将完成后的六角扳手效果图保存

流程图如图 4-31 所示。

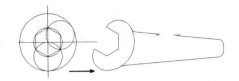

图 4-31　绘制六角扳手流程图

操作步骤

步骤 1　绘制辅助线

①启动 AutoCAD 2010 中文版，进入绘图界面。

②在"绘图"工具栏上单击"直线"按钮，启动绘制直线命令，在绘图区任意位置绘制水平和垂直各一条直线。在"修改"工具栏上单击"偏移"按钮，启动偏移命令绘制一组直线，如图 4-32 所示。

步骤 2　用"正多边形"等命令绘制轮廓线

①在"绘图"工具栏上单击"圆"按钮，启动绘制圆命令，以 A 点为圆心绘制半径分别为 12 和 24 的同心圆，如图 4-33 所示。

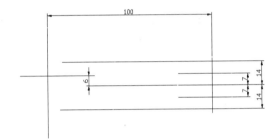

图 4-32　绘制辅助线

图 4-33　绘制同心圆

②在"绘图"工具栏上单击"正多边形"按钮，启动绘制正多边形命令，如图 4-34 所示。

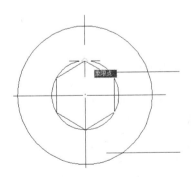

图 4-34　绘制正六边形

知识要点：

由三条以上的线段所组成的封闭图形称为多边形，如果多边形的所有对段均相应，则组成的是正多边形。

绘制正多边形命令启动方法:

◆ 下拉菜单: 选择"绘图→正多边形"命令。

◆ 工具栏: 在"绘图"工具栏上单击"矩形"按钮⬠。

◆ 输入命令名: 在命令行中输入或动态输入 POLYGON 或 POL,并按 Enter 键。

命令行显示如下:

```
命令: _polygon 输入边的数目 <4>:6                        //输入边数 6,按 Enter 键
指定正多边形的中心点或 [边(E)]:                          //鼠标选取圆心 A 点
输入选项 [内接于圆(I)/外切于圆(C)] <I>:                  //按 Enter 键接收默认值
指定圆的半径:                         //鼠标捕捉象限点,单击,完成正六边形的绘制
```

各选项含义:

◆ 中心点: 通过指定一个点,来确定正多边形的中心点。

◆ 边(E): 通过指定正多边形的边长和数量来绘制正多边形。其提示如下所示,视图效果如图 4-35 所示。

```
指定边的第一个端点:                                     //指定边的第一个端的位置
指定边的第二个端点: @1000<30                            //指定或输入第二个端点的位置
```

◆ 内接于圆(I): 以指定多边形内接圆半径的方式来绘制正多边形。其提示如下所示,视图效果如图 4-36 所示。

```
指定圆的半径: 800                                       //输入内接于圆的半径值
```

◆ 外切于圆(C): 以指定多边形外接圆半径的方式来绘制正多边形。其提示如下所示,视图效果如图 4-37 所示。

```
指定圆的半径: 800                                       // 输入内切于圆的半径值
```

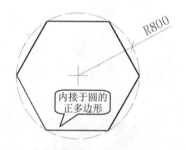

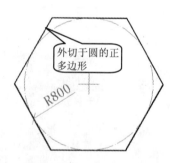

图 4-35 指定边长及角度   图 4-36 内接于圆   图 4-37 外切于圆

> **注意**
>
> 在 AutoCAD 中使用"正多边形"命令(POLYGON)所绘制的对象,是一个复制体,不能单独进行编辑,如确需进行单独的编辑,应将其对象分解后操作。另外,在 AutoCAD 中最多可以绘制由 3～1024 条等长的正多边形。

③分别以 B、C 两点为圆心绘制半径 12 的圆,如图 4-38 所示。

④在"绘图"工具栏上单击"直线"按钮╱,启动绘制直线命令,连接交点绘制手柄轮廓,并删除多余辅助线,如图 4-39 所示。

⑤ 修剪多余线段和曲线。对手柄和扳手头部间曲线添加圆角，半径分别为 5 和 10。单击图 4-40 中的圆弧，出现夹点，单击圆弧端点箭头，延伸该圆弧至另一端点，如图 4-40 所示。

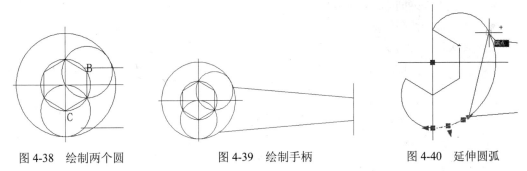

图 4-38　绘制两个圆　　　　　图 4-39　绘制手柄　　　　　图 4-40　延伸圆弧

⑥ 对手柄尾部添加圆角，半径为 5，删除辅助线，得到完成的六角扳手图案。

步骤 3　保存文件

实用案例 4.6　绘制凸轮

素材文件：	无
效果文件：	CDROM\04\效果\绘制凸轮.dwg
演示录像：	CDROM\04\演示录像\绘制凸轮.exe

案例解读

　　本案例主要讲解 AutoCAD 中样条曲线命令。作为典型零件，凸轮在机械行业中的应用非常广泛，它可以将回转运动转化为直线移动或者摆动，最常见的应用便是在内燃机中用来控制气门的开闭。凸轮轮廓曲线的设计通常是事先确定凸轮转过不同角度时从动件的位移，即确定位移曲线图，然后通过反转法，根据位移绘制一系列点，顺次光滑连接各点即得到凸轮轮廓曲线。通过绘制凸轮，使大家熟悉和理解使用样条曲线的绘制方法。凸轮的效果图如图 4-41 所示。

图 4-41　凸轮效果图

要点流程

- 首先启动 AutoCAD 2010 中文版，进入绘图界面
- 使用绘制圆命令绘制凸轮的基圆

- 使用绘制直线命令绘制直线确定凸轮轮廓上的点
- 使用绘制样条曲线命令绘制凸轮轮廓线
- 删除多余辅助线，修剪基圆，完成凸轮绘制
- 将完成后的凸轮保存

流程图如图 4-42 所示。

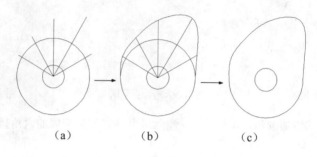

（a）　　　　　　　　（b）　　　　　　　　（c）

图 4-42　绘制凸轮流程图

操作步骤

步骤 1　绘制凸轮的基圆

①启动 AutoCAD 2010 中文版，进入绘图界面。

②在"绘图"工具栏上单击"圆"按钮 ⊙，启动绘制圆命令，绘制半径依次为 30 和 100 的同心圆。

步骤 2　确定凸轮轮廓上的点

在"绘图"工具栏上单击"直线"按钮 ✐，以步骤 1 所绘圆的圆心为起点，绘制多条直线。命令行显示如下：

```
命令：_line 指定第一点：                //鼠标捕捉圆的圆心，单击，以圆心为直线的起点
指定下一点或 [放弃(U)]：@120<30
  //指定下一点位置，直线长度120，与X轴正方向的夹角30°；按Enter键重复执行直线命令
命令：_line 指定第一点：                //鼠标捕捉圆的圆心，单击，以圆心为直线的起点
指定下一点或 [放弃(U)]：@180<60
                          //指定下一点位置，直线长度180，与X轴正方向的夹角为60°
命令：_line 指定第一点：                //鼠标捕捉圆的圆心，单击，以圆心为直线的起点
指定下一点或 [放弃(U)]：@150<90
                          //指定下一点位置，直线长度150，与X轴正方向的夹角为90°
命令：_line 指定第一点：                //鼠标捕捉圆的圆心，单击，以圆心为直线的起点
指定下一点或 [放弃(U)]：@120<120
                          //指定下一点位置，直线长度120，与X轴正方向的夹角为120°
命令：_line 指定第一点：                //鼠标捕捉圆的圆心，单击，以圆心为直线的起点
指定下一点或 [放弃(U)]：@110<150
                          //指定下一点位置，直线长度110，与X轴正方向的夹角为150°
```

直线绘制完成，如图 4-42（a）所示。

步骤 3　用"样条曲线"命令绘制凸轮轮廓线

在"绘图"工具栏上单击"样条曲线"按钮 ～，依次拾取基圆上的象限点和所绘制直线的端点，连接成为一条光滑曲线，如图 4-42（b）所示。

知识要点:

样条曲线是一种通过或接近指定点的拟合曲线,它通过起点、控制点、终点及偏差变量来控制曲线,一般用于表达具有不规则变化曲率的曲线。

样条曲线命令的启动方法:

◆　下拉菜单:选择"绘图→样条曲线"命令。

◆　工具栏:在"绘图"工具栏上单击"样条曲线"按钮 〜。

◆　输入命令名:在命令行中输入或动态输入 SPLINE 或 SPL,并按 Enter 键。

命令行显示如下:

```
命令: _spline
指定第一个点或 [对象(O)]:                          //鼠标选取大圆的左端象限点
指定下一点:                                       //鼠标选取相邻直线的端点,一下操作相同
指定下一点或 [闭合(C)/拟合公差(F)] <起点切向>:
指定下一点或 [闭合(C)/拟合公差(F)] <起点切向>:
指定下一点或 [闭合(C)/拟合公差(F)] <起点切向>:
指定下一点或 [闭合(C)/拟合公差(F)] <起点切向>:
指定下一点或 [闭合(C)/拟合公差(F)] <起点切向>:    //鼠标选取大圆的右端象限点
指定下一点或 [闭合(C)/拟合公差(F)] <起点切向>:    //按 Enter 键,指定起点切向
指定起点切向:                                     //移动鼠标,确定起点切向后单击
指定端点切向:                                     //移动鼠标,确定端点切向后单击,样条曲线绘制完成
```

各选项含义:

◆　闭合(C):封闭样条曲线,并显示"指定切向:"提示信息,要求指定样条曲线的起点同时也是终点的切线方向,如图 4-43 所示。

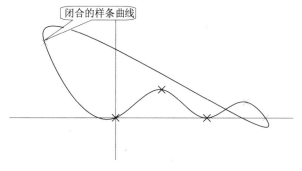

图 4-43　闭合的样条曲线

◆　拟合公差(F):设置样条曲线的拟合公差值。输入的值越大,绘制的曲线偏离指定的点越远;输入的值越小,绘制的曲线偏离指定的点越近,如图 4-44 所示。

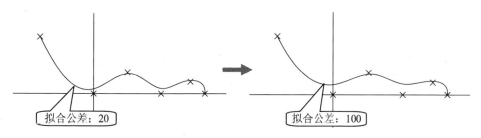

图 4-44　不同的拟合公差效果

◆ 起点方向：指定样条曲线起始点的切线方向，如图 4-45 所示。

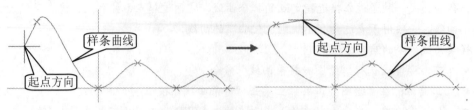

图 4-45 不同起点方向的效果

◆ 端点方向：指定样条曲线端点的切线方向，如图 4-46 所示。

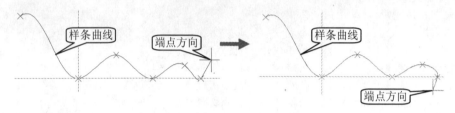

图 4-46 不同端点方向的效果

> **注意**
>
> 如果要修改绘制的样条曲线，此时使用鼠标选择该样条曲线，将在曲线的顶点位置来显示夹点，可以通过夹点来修改样条曲线，如图 4-47 所示。但如果 GRIPS 变量设置为 0 时，则不会显示出该样条曲线的夹点，如图 4-48 所示
>
>
>
> 图 4-47 显示的夹点   图 4-48 未显示的夹点

步骤 4 删除多余辅助线并修剪基圆

删除辅助直线，修剪基圆（关于"修剪"，详见第 5 章"实用案例 5.12"的相关内容），完成凸轮绘制，如图 4-42（c）所示。

步骤 5 保存文件

实用案例 4.7 填充滑轮支座装配图

素材文件：	CDROM\04\素材\填充滑轮支座装配图素材.dwg
效果文件：	CDROM\04\效果\填充滑轮支座装配图.dwg
演示录像：	CDROM\04\演示录像\填充滑轮支座装配图.exe

案例解读

滑轮在实际的生产应用中是一种非常常见的工具，绘制工程图的时候也经常需要去绘制滑轮及其支座。本小节就以滑轮支座的装配图为例，通过对相应部分进行图案填充，使读者进一步熟悉并掌握图案填充的基本方法和操作步骤，效果图如图 4-49 所示。

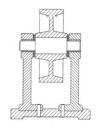

图 4-49 滑轮支座效果图

要点流程

根据滑轮支座装配图的结构，对其进行图案填充。在进行图案填充时，对不同的零件或物体，应该用不同的填充图案。具体每种材料习惯对应的填充图案，可以参照机械制图中的有关规定。对于相同材料但不同部分，可以通过旋转一个角度，或是改变比例等手段来体现。

该案例绘制的大致流程如图 4-50 所示。

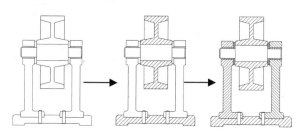

图 4-50 绘制流程图

操作步骤

步骤 1 用"图案填充"命令进行图案填充

①打开光盘中的素材文件"CDROM\04\素材\填充滑轮支座装配图素材.dwg"，如图 4-51 所示。

②在"绘图"工具栏上单击"图案填充"按钮，启动图案填充命令，弹出"图案填充和渐变色"对话框，类型选择"预定义"，图案选择"ANSI31"，设置角度为"0"，比例为"1"。单击"添加：拾取点"按钮，在如图 4-52 所示的区域内任意一处单击，按 Enter 键，返回"图案填充和渐变色"对话框，单击"确定"按钮。

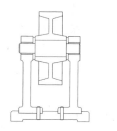

图 4-51 填充滑轮支座装配图素材

拾取内部点或 948.1331\1522.1914

图 4-52 添加拾取点（1）

知识要点:

图案填充命令的启动方法如下。

◆ 下拉菜单: 选择"绘图→图案填充"命令。

◆ 工具栏: 在"绘图"工具栏上单击"图案填充"按钮 。

◆ 输入命令名: 在命令行中输入或动态输入"HATCH(或 H)"或"BHATCH(或 BH)", 并按 Enter 键。

命令启动后, 打开"图案填充和渐变色"对话框, 如图 4-53 所示。

图 4-53 "图案填充和渐变色"对话框

该对话框用来定义图案填充和渐变色填充对象的边界、图案类型和图形特性等。

各选项含义:

◆ "类型和图案"选项组: 指定图案填充的类型和图案。

✓ 类型: 用来设置填充图案的类型。下拉列表中有三个选项, 分别为预定义、用户定义和自定义。默认为预定义, 读者可以根据需要来选择不同的类型。

预定义也就是预先定义好的图案, 即储存在随 CAD 产品提供的保存在 acad.pat 或 acadiso.pat 文件中的图案。用户定义即基于图形的当前线型创建填充图案, 用户可以定义一组或两组平行线进行填充。如果是两组, 则第二组与第一组平行线互相垂直。自定义即可以使用自己事先定义好的图案进行填充, 这些图案在自定义 PAT 文件中, 且这些文件都已添加到搜索路径中。

✓ 图案: 用来列出可供选择填充的图案。该选项有个默认按钮 , 单击该按钮, 打开"填充图案选项板"对话框, 如图 4-54 所示, 可以在这些图案中根据需要选择图案。

✓ 样例: 用来显示当前所选择的填充图案。

✓ 自定义图案: 用户用来设置自定义的图案, 但该项只有当"类型"选项设置为"自定义"时, 才可以用。单击该项的默认按钮 , 会弹出"自定义"图案的选项卡, 如图 4-55 所示。

图 4-54　"填充图案选项板"对话框　　　　　图 4-55　"自定义"选项卡

◆ "角度和比例"选项组：指定选定填充图案的角度和比例。

✓ 角度：用来设置填充图案相对于当前 UCS 坐标系的 X 轴整体旋转的角度。

✓ 比例：用来设置图案填充的比例。AutoCAD 各图案都有一个默认比例，当默认比例不符合使用者要求时，可以根据需要设置新的比例，以适应填充区域。

✓ 双向：用于"类型"选项设置为"用户定义"时的选项。如果选中该选项，将在"用户定义"时的一组平行线的基础上，出现一组与之垂直的线。

✓ 相对图纸空间：可以相对于图纸空间单位缩放填充图案，利用该选项可以在显示填充图案时，以适合布局的比例显示，但该选项只适用于布局选项卡。

✓ 间距：用来设置图案中的直线间距，但该项也是将"类型"选项设置为"用户定义"时的选项，用户定义的直线间距越大，则填充的图案就越稀疏，间距越小，填充图案越稠密。

✓ ISO 笔宽：用来设置 ISO 剖面线图案的两线之间的间距。该选项只是将"类型"选项设置为"预定义"时的选项，"填充图案选项板"对话框中的"ISO"选项卡如图 4-56 所示。

图 4-56　"ISO"选项卡

◆ "图案填充原点"选项组：指定填充图案的起点位置。

✓ 使用当前原点：是指默认情况下的原点，该情况下，图案填充原点为当前 UCS 坐标系的坐标原点。

✓ 指定的原点：用户指定新的坐标原点。该选项包括"单击以设置新原点"、"默认为边界范围"和"存储为默认原点"三个选项。

- 单击以设置新原点：指在图上任意点处单击鼠标，便可直接设置新的原点位置。

- 默认为边界范围：可以根据图案填充矩形边界的范围计算新填充原点。下拉菜单中有"左下"、"右下"、"右上"、"左上"和"正中"五个选项可供选择。

- 存储为默认原点：选择该项，会将新图案指定的填充原点的位置存储在系统变量中。

◆ "边界"选项组：设置图案填充边界的相关情况。

✓ "添加：拾取点 🖾"：通过拾取填充图案内部的一个点的方式，来指定填充区域的边界，填充的图案是包含拾取点的最小闭合区域，如图 4-57 所示。

✓ "添加：选择对象 🖾"：通过拾取填充图案的边界，即选择对象的方式，来指定填充区域的边界，填充的图案是选中的该边界围成的闭合区域。

✓ 删除边界：删除用户指定的或系统自动计算的边界。如图 4-58 所示，是没有删除边界时的填充效果。在选择"删除边界"命令后，选择圆图形，即把圆的边界删除后的效果图，如图 4-59 所示。

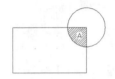  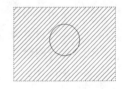

图 4-57 "图案填充"的拾取选择　图 4-58　没有删除边界的效果　图 4-59　删除边界后的效果

✓ 重新创建边界：对没有边界的图案，重新创建其边界。可以选择重新创建的边界是多段线还是面域，可以选择所创建的边界与图案填充对象是否相关联。

✓ 查看选择集：会暂时关闭"图案填充"选项卡，并且使用当前的图案填充或填充设置来显示当前定义的边界。只有新建了边界集之后，该按钮才被激活。

◆ "选项"选项组：控制几个常用的图案填充的选项。

✓ 注释性：用于对图形加以注释对象的特性控制。该特性使用于自动完成注释缩放的过程。

✓ 关联：控制填充图案与边界的关联性。如果选择关联，则改变或更新边界时，填充的图案会跟着变化，如果不选择关联，则当改变或更新边界时，填充的图案不跟着边界发生变化。

✓ 创建独立的图案填充：该选项决定了当指定了几个单独闭合的边界时，是创建单个还是多个图案填充对象。

✓ 绘图次序：指定图案填充的绘图次序。在下拉列表中可以选择是放在图案填充边界之前还是之后，是放在其他所有对象之前还是之后，或是不设置。

◆ "继承特性"按钮：单击该按钮，可以将现有的图案填充或是填充对象的特性应用到其他的图案填充或是填充对象的特性中。类似于 Word 里的格式刷。

◆ "预览"按钮：单击该按钮，可以对设置好的图案填充进行事先预览，如果合适，右击鼠标或是按 Enter 键；如果还要修改，单击鼠标左键，返回到"图案填充"选项卡中再对其进行设置即可。

③在"绘图"工具栏上单击"图案填充"按钮，启动图案填充命令，弹出"图案填充和渐变色"对话框，类型选择"预定义"，图案选择"ANSI31"，设置角度为"0"，比例为"0.75"。单击"添加：拾取点"按钮，在如图 4-60 所示的区域内任意一处单击，按 Enter 键，返回"图案填允和渐变色"对话框，单击"确定"按钮。

④在"绘图"工具栏上单击"图案填充"按钮，启动图案填充命令，弹出"图案填充和渐变色"对话框，类型选择"预定义"，图案选择"ANSI31"，设置角度为"90"，比例为"0.75"。单击"添加：拾取点"按钮，在如图 4-61 所示的区域内任意一处单击，按 Enter 键，返回"图案填充和渐变色"对话框，单击"确定"按钮。

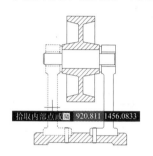
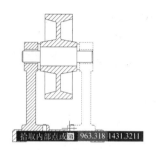

图 4-60　添加拾取点（2）　　　　图 4-61　添加拾取点（3）

⑤在"绘图"工具栏上单击"图案填充"按钮，启动图案填充命令，弹出"图案填充和渐变色"对话框，类型选择"预定义"，图案选择"ANSI31"，设置角度为"90"，比例为"0.5"。单击"添加：拾取点"按钮，在如图 4-62 所示的区域内任意一处单击，按 Enter 键，返回"图案填充和渐变色"对话框，单击"确定"按钮。

⑥在"绘图"工具栏上单击"图案填充"按钮，启动图案填充命令，弹出"图案填充和渐变色"对话框，类型选择"预定义"，图案选择"ANSI31"，设置角度为"0"，比例为"0.5"。单击"添加：拾取点"按钮，在如图 4-63 所示的区域内任意一处单击，按 Enter 键，返回"图案填充和渐变色"对话框，单击"确定"按钮。

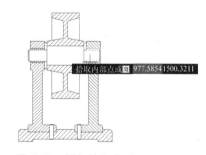

图 4-62　添加拾取点（4）　　　　图 4-63　添加拾取点（5）

⑦在"绘图"工具栏上单击"图案填充"按钮，启动图案填充命令，弹出"图案填充和渐变色"对话框，类型选择"预定义"，图案选择"ANSI31"，设置角度为"0"，比例为"0.25"。单击"添加：拾取点"按钮，在如图 4-64 所示的区域内任意一处单击，按 Enter 键，返回"图案填充和渐变色"对话框，单击"确定"按钮。

⑧最后得到的效果图如图 4-65 所示，至此，绘图完毕。

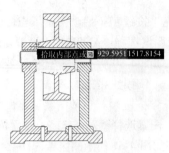

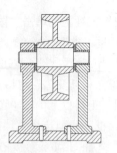

图 4-64　添加拾取点（6）　　　　　图 4-65　最终效果图

步骤 2　保存文件

综合实例演练——绘制旋钮

素材文件：	无
效果文件：	CDROM\04\效果\绘制旋钮.dwg
演示录像：	CDROM\04\演示录像\绘制旋钮.exe

案例解读

本案例主要讲解 AutoCAD 中图案填充的使用方法。旋钮由两个零件装配而成，外圈边缘有圆柱突起以增大旋转时的摩擦力，中心设计成球面不仅美观而且为内圈零件增大了空间。内圈中有螺纹，用以连接旋转轴。通过绘制旋钮，使大家熟悉和理解图案填充命令的使用。

要点流程

- 首先启动 AutoCAD 2010 中文版，进入绘图界面
- 设置图层，添加细实线层、中心线层和剖面线层，并设置相关选项
- 使用直线命令绘制一半的轮廓线，再经偏移绘制出其他直线
- 使用镜像命令绘制另一半轮廓，并添加中心线
- 使用图案填充绘制剖面线
- 将完成后的旋钮保存

流程图如图 4-66 所示。

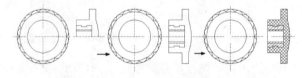

图 4-66　绘制旋钮流程图

操作步骤

步骤 1　设置图层

① 启动 AutoCAD 2010 中文版，进入绘图界面。

②打开"图层特性管理器"对话框，新建图层，分别命名为"剖面线层"、"细实线层"和"中心线层"，如图 4-67 所示。如图 4-68、图 4-69、图 4-70 所示为不同的图层设置不同的"颜色"、"线型"和"线宽"。

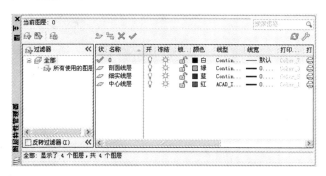

图 4-67　图形特性管理器

图 4-68　选择颜色

图 4-69　选择线型

图 4-70　选择线宽

步骤 2　绘制中心线

将"中心线层"作为当前层，在"绘图"工具栏上单击"直线"按钮，启动绘制直线命令，在绘图区任意位置绘制水平和垂直两条中心线。再将默认的"0 层"作为当前层，在"绘图"工具栏上单击"圆"按钮，启动绘制圆命令，以中心线的交点为圆心绘制半径依次为 12、18 和 20 的同心圆。

步骤 3　绘制轮廓线

①选择"工具→草图设置"命令或在屏幕下方状态行的"极轴"上右击，选择"设置"命令，弹出"草图设置"对话框。选择"极轴追踪"选项卡，并勾选"启用极轴追踪"复选框，然后在"增量角"下拉列表框中选择"20"，单击"确定"按钮。

②选择"绘图→射线"命令，启动绘制射线命令。以圆心为射线的起点，然后移动鼠标，当角度显示为 20°时单击，绘制与 X 轴成 20°的射线，如图 4-71（a）所示。

③在"绘图"工具栏上单击"圆"按钮，启动绘制圆命令，以"3 点圆"方式，过交点 A、B 和切点 C 绘制一个圆，修剪后如图 4-71（b）所示。在"修改"工具栏上单击"阵列"按钮，选择环形阵列命令，"项目总数"栏填写 18，"填充角度"栏填写 360°，单击"选择对象"按钮，选择刚修剪成的圆弧，阵列中心选择同心圆的中心点，阵列后如图 4-71（c）所示。

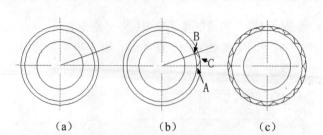

图 4-71　绘制射线和圆弧

④绘制如图 4-72 所示左视图，注意螺纹线应绘制在"细实线层"上，视图尺寸如图 4-73
所示。

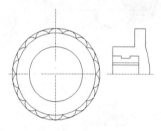

图 4-72　添加左视图

图 4-73　左视图尺寸

⑤在"修改"工具栏上单击"镜像"按钮，启动镜像命令，鼠标框选左视图，镜像
点分别选取水平中心线上两点，得到左视图水平中心线下半部的图形。

步骤 4　图案填充

①将当前图层设置为"剖面线层"。在"绘图"工具栏上单击"图案填充"按钮，启
动图案填充命令。在"样例"上单击，弹出"填充图案选项板"对话框，选择"ANSI37"，
如图 4-74 所示。"比例"栏选择"0.5"。单击"添加：拾取点"按钮，拾取要填充区域的
内部点，如图 4-75 所示。完成该步的图案填充，如图 4-76 所示。

②重复"图案填充"，在"样例"上单击，在弹出的"填充图案选项板"中选择"ANSI31"，
如图 4-77 所示。"比例"栏选择"0.5"。单击"添加：拾取点"按钮，拾取要填充区域
的内部点，如图 4-78 所示。完成图案填充，如图 4-79 所示。这样一个完整的旋钮零件就绘
制完成了。

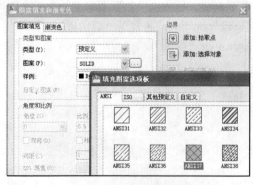

图 4-74　"图案填充和渐变色"对话框

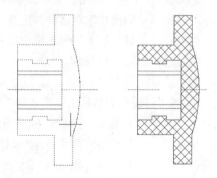

图 4-75　拾取点　　图 4-76　图案填充结果

图 4-77　"图案填充和渐变色"对话框

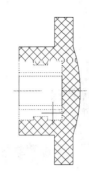

图 4-78　拾取点

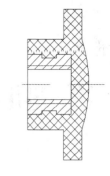

图 4-79　图案填充结果

步骤 5　保存文件

第 5 章
二维图形编辑

本章导读

本章将介绍 AutoCAD 2010 基本的二维图形编辑功能，并使用该功能绘制实用案例。

图形对象的编辑是绘图工作中的一个重要步骤，也是最富有技巧的部分。编辑图形对象有两种作用，即修改图形对象和提高工作效率。仅掌握简单的二维图形绘制命令还不能够绘制出复杂的图形，只有经过了编辑，才能绘制出千变万化的图形来。

正因为本章知识的重要性，因此本章每个知识点都是工程绘图中常用到的内容，更需要初学者重视和研究。

本章主要学习以下内容：

- 介绍如何选择图形对象
- 用"复制"等命令绘制多个螺钉孔
- 用"镜像"等命令绘制齿轮
- 用"偏移"等命令绘制垫片
- 用"矩形阵列"、"渐变色"等命令绘制美国国旗
- 用"环形阵列"等命令绘制三菱标志
- 用"移动"等命令修改螺钉孔的位置
- 用"旋转"等命令旋转门把手
- 用"缩放"等命令缩放联轴器
- 用"拉伸"等命令拉伸零件
- 用"拉长"等命令修改零件形状
- 用"修剪"等命令绘制一个花瓶
- 用"延伸"等命令绘制手轮
- 用"打断"等命令修改螺纹线
- 用"分解"等命令分解图形
- 用"圆角"、"倒角"等命令绘制吊钩
- 用"夹点移动"、"夹点旋转"、"夹点拉伸"等命令绘制挂轮架
- 综合实例演练——绘制传动轮

实用案例 5.1　如何选择图形对象

案例解读

用户在 AutoCAD 2010 中绘制或修改图形对象时，少不了对图形对象的选择操作。选择图形对象的方法很多，用户可以通过单击对象逐个拾取，也可以利用矩形窗口或交叉窗口等来选择。

本案例就是帮助读者学习如何选择图形对象。

要点流程

- 设置选择的模式
- 介绍选择对象的方法
- 如何快速选择对象
- 使用编组操作选择对象

操作步骤

步骤 1　设置选择的模式

在 AutoCAD 2010 中，选择"工具→选项"命令，将弹出"选项"对话框，切换到"选择集"选项卡，即可设置拾取框大小、视觉效果、选择集模式、夹点大小、夹点颜色等，如图 5-1 所示。

知识要点：

如果当前的绘图环境不能满足用户的需求，用户可以通过"选项"对话框自行修改绘图环境。

"选项"命令的启动方法如下。

- ◆ 下拉菜单：选择"工具→选项"命令。
- ◆ 输入命令名：在命令行中输入或动态输入 OPTIONS 或 OP，按 Enter 键。
- ◆ 快捷菜单：当未运行操作命令，也未选择任何对象时，在绘图区域中右击鼠标，弹出快捷菜单，选择"选项"命令。

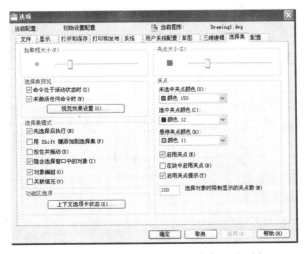

图 5-1　"选项"对话框的"选择集"选项卡

步骤 2 介绍选择对象的方法

① 当用户在执行某些命令时，将提示"选择对象："，此时鼠标将矩形拾取框光标□，将其光标放在要选择对象的位置时，将亮显对象，单击时将选择该对象（也可以逐个选择多个对象），如图 5-2 所示。

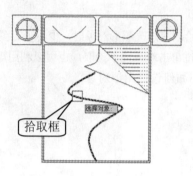

图 5-2　拾取选择对象

② 用户在选择图表对象时有多种方法，若要查看选择对象有哪些方法，可以在"选择对象："提示符下输入"? "，这时将显示如下所有选择对象的方法。

选择对象：?	//输入?可以显示有哪些选择方法
无效选择	
需要点或窗口(W)/上一个(L)/窗交(C)/框(BOX)/全部(ALL)/栏选(F)/圈围(WP)/圈交(CP)/编组(G)/添加(A)/删除(R)/多个(M)/前一个(P)/放弃(U)/自动(AU)/单个(SI)/子对象(SU)/对象(O)	

各选项含义：

◆ 需要点：可逐个拾取所需对象，该方法为默认设置。

◆ 窗口（W）：使用鼠标拖动一个矩形窗口将要选择的对象框住，凡是在窗口内的目标均被选中，如图 5-3 所示。

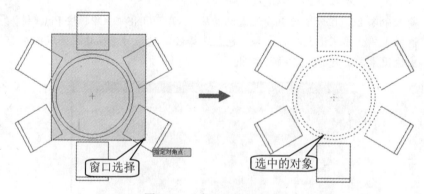

图 5-3　"窗口"选择方式

◆ 上一个（L）：此方式将用户最后绘制的图形作为编辑的对象。

◆ 窗交（C）：选择该方式后，使用鼠标拖动一个矩形框窗口，凡是在窗口内与此窗口四边相交的对象都将被选中，如图 5-4 所示。

◆ 框（BOX）：当用户使用鼠标拖动一个矩形窗口时，其第一角点位于第二角点的左侧，此方式与窗口（W）选择方式相同；其第一角点位于第二角点的右侧时，此方式与窗交（C）方式相同。

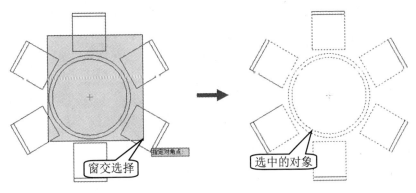

图 5-4　"窗交"选择方式

◆ 全部（ALL）：屏幕中所有图形对象均被选中。

◆ 栏选（F）：用户可用此方式画任何折线，凡是与折线相交的图形对象均被选中，如图 5-5 所示。

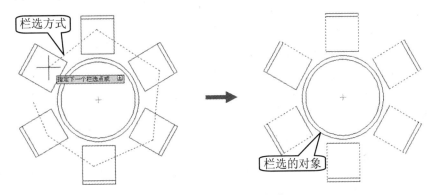

图 5-5　"栏选"选择方式

◆ 圈围（WP）：该选项与窗口（W）选择方式相似，但它可构造任意形状的多边形区域，包含在多边形窗口内的图形均被选中，如图 5-6 所示。

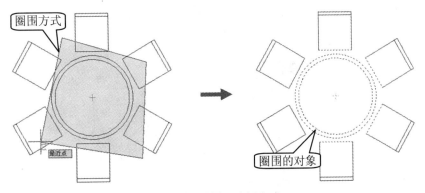

图 5-6　"圈围"选择方式

◆ 圈交（CP）：该选项与窗交（C）选择方式类似，但它可以构造任意形状的多边形区域，包含在多边形窗口内的图形或与该多边形窗口相交的任意图形对象均被选中，如图 5-7 所示。

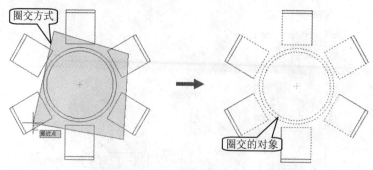

图 5-7 "圈交"选择方式

- ◆ 编组（G）：输入已定义的选择集，系统将提示输入编组名称。
- ◆ 添加（A）：当用户选择完目标后，还有少数没有选中时，可以通过此方式把目标添加到选择集中。
- ◆ 删除（R）：把选择集中的一个或多个目标对象移出选择集中。
- ◆ 前一个（P）：此方式用于选中前一次操作时所选择的对象。
- ◆ 放弃（U）：取消上一次所选中的目标对象。
- ◆ 自动（AU）：若拾取框正好有一图形，则选中该图形；反之，则要求用户指定另一角点以选中对象。
- ◆ 单个（SI）：当命令行中出现"选择对象："时，鼠标变为矩形拾取框光标□，点取要选中的目标对象即可。

③ 根据上面的提示，用户输入其中的大写字母命令，可以指定对象的选择模式。

步骤 3 如何快速选择对象

使用如图 5-8 所示的"快速选择"对话框选择对象。

知识要点：

快速选择命令启动方法如下。

- ◆ 输入命令名：在命令行中输入或动态输入 QSELECT，并按 Enter 键。
- ◆ 下拉菜单：选择"工具→快速选择"命令。
- ◆ 没有执行其他命令的前提下，可在绘图区空白处右击，在弹出的快捷菜单中选取"快速选择"命令。

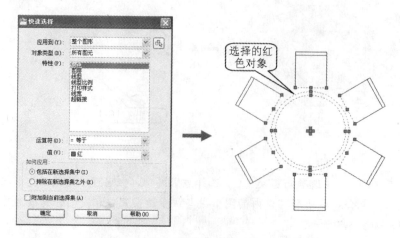

图 5-8 快速选择对象

各选项含义：

◆ 应用到：指定"快速选择"所应用的范围，包括"当前选择"和"整个图形"。

◆ 对象类型：指定目的对象的类型。

◆ 特性：设定特性选择条件，比如颜色、线型、线宽等。

◆ 运算符：根据上一选项也即特性来通过运算加以甄选。需要注意的是，对于某些非数值特性，"大于"和"小于"选项不可用。

◆ 值：指定特性的条件值。

◆ 如何应用：选择"包括在新选择集中"指选择符合条件的对象集合，而选择"排除在新选择集之外"将反向选择不符合条件的对象集合。

◆ 附加到当前选择集：选择后用快速选择命令创建的集合将附加到当前已选择的集合中。

步骤 4 使用编组操作选择对象

使用如图 5-9 所示的"对象编组"对话框创建一种选择集，根据需要选择对象。

知识要点：

"对象编组"对话框的启动方法如下。

◆ 命令行：在命令行中输入或动态输入 GROUP 或按 G，并按 Enter 键。

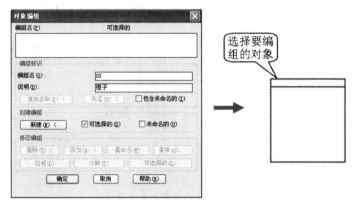

图 5-9 "对象编组"对话框

各选项含义：

◆ "编组名"列表框：显示当前图形文件中已经编组的名称。

◆ "可选择的"列表：指定编组是否可选择，如果某个编组为可选择编组，则选择该组中的一个对象将会选择整个编组。

◆ "编组名"文本框：指定编组名称，其最多可以包含 31 个字符，可用字符有字母、数字和特殊符（美元符号$、连字号-、下画线_)，但不包括空格。其名称将自动转换为大写字符。

◆ "说明"文本框：编辑并显示选定编组的说明。

◆ "查找名称"按钮：单击该按钮将切换到绘图窗口，然后拾取要查找的对象后，系统将所属的组合显示在"编组成员列表"对话框中。

◆ "亮显"按钮：单击该按钮，将在视图中显示选定编组的成员。

◆ "包含未命名的"复选框：指定是否列出未命名编组。取消该复选框，则只显示已命名的编组。

◆ "新建"按钮：单击该按钮切换到视图窗口中，要求选择编组的图形对象。

◆ "删除"按钮：单击该按钮切换到视图窗口中，选择要从对象编组中删除的对象，
然后按 Enter 键结束选择。

实用案例 5.2 绘制多个螺钉孔

素材文件：	CDROM\05\素材\单个螺钉孔.dwg
效果文件：	CDROM\05\效果\绘制多个螺钉孔.dwg
演示录像：	CDROM\05\演示录像\绘制多个螺钉孔.exe

案例解读

本案例主要使用和讲解 AutoCAD 中复制对象命令的使用方法。螺钉是标准件，因此螺钉孔的绘制也有相应的规范，通过绘制箱体上的多个螺钉孔，使大家熟悉和理解复制对象命令的使用。多个螺钉的效果如图 5-10 所示。

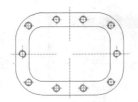

图 5-10 多个螺钉孔效果图

要点流程

- 首先启动 AutoCAD 2010 中文版，进入绘图界面
- 打开光盘中的素材文件
- 使用复制对象命令复制其他螺钉孔
- 将完成后的文件保存

流程图如图 5-11 所示。

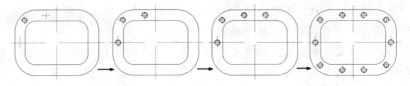

图 5-11 绘制多个螺钉孔流程图

操作步骤

步骤 1 打开素材文件

①启动 AutoCAD 2010 中文版，进入绘图界面。

②打开光盘中的素材文件"CDROM\05\素材\单个螺钉孔.dwg"，如图 5-12 所示。

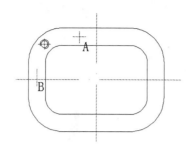

图 5-12　素材文件

步骤 2　用"复制"命令复制其他螺钉孔

①在"修改"工具栏上单击"复制"按钮 ，命令行显示如下：

命令: _copy
选择对象：指定对角点：找到 4 个　　　　　　　　　　　　　　　//鼠标选择左上角螺钉孔
选择对象：　　　　　　　　　　　　　　　　　　　　　　//直接按 Enter 键，完成对象的选择
当前设置：复制模式 = 多个
指定基点或 [位移(D)/模式(O)] <位移>：
　　　　　　　　　　　　　　　　　//以基点方式复制对象，指定螺钉孔圆心为对象基点
指定第二个点或 <使用第一个点作为位移>：
　　　　　　　　　　　　　　　//鼠标选取 A 点作为复制对象基点的插入点，如图 5-13 所示
指定第二个点或 [退出(E)/放弃(U)] <退出>：
　　　　　　　　　　　　　　　//鼠标选取 B 点作为复制对象基点的插入点，如图 5-14 所示
指定第二个点或 [退出(E)/放弃(U)] <退出>：　　　　　　　　　　//按 Enter 键退出

知识要点：

AutoCAD 提供了复制（Copy）命令，可使用户轻松地将目标对象复制到新的位置，达到重复绘制相同对象的目的。

复制命令的启动方法如下。

◆　下拉菜单：选择"修改→复制"命令。

◆　工具栏：在"修改"工具栏上单击"复制"按钮 。

◆　输入命令名：在命令行中输入或动态输入 COPY 或 CO，并按 Enter 键。

各选项含义：

◆　位移：使用坐标指定相对距离和方向，并显示如下提示信息。

指定位移 <上个值>：　　　　　　　　　　　　　　　　　　　//输入表示矢量的坐标

◆　模式：控制是否自动重复该命令，并显示如下提示信息。该设置由 COPYMODE 系统变量控制。

输入复制模式选项 [单个(S)/多个(M)] <当前>：　　　　　　　　　//输入 s 或 m

> **技巧**
> 若要按指定距离复制对象，还可以在"正交"模式和极轴追踪打开的同时，使用直接输入距离值的方式。

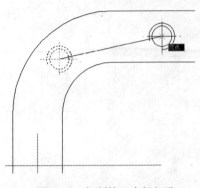

图 5-13　复制第一个螺钉孔

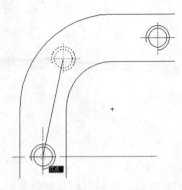

图 5-14　连续复制第二个螺钉孔

② 重复复制对象命令，命令行显示如下：

```
命令：_copy
选择对象：指定对角点：找到 4 个                        //鼠标选择位于A点的螺钉孔
选择对象：                                    //直接按 Enter 键，完成对象的选择
当前设置： 复制模式 = 多个
指定基点或 [位移(D)/模式(O)] <位移>：        //直接按 Enter 键，选择以位移模式复制对象
指定位移 <10.0000, 0.0000, 0.0000>： 10,0,0
                    //输入复制对象与源对象的相对位移，按 Enter 键完成复制，如图 5-15 所示
```

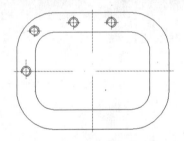

图 5-15　以位移方式复制第三个螺钉孔

③ 在"修改"工具栏上单击"镜像"按钮，启动镜像对象命令，完成其他螺钉孔的绘制（关于"镜像"命令，详见"实用案例 5.3"相关内容）。

步骤 3　保存文件

实用案例 5.3　绘制齿轮

素材文件：	CDROM\05\素材\齿轮半成品.dwg
效果文件：	CDROM\05\效果\绘制齿轮.dwg
演示录像：	CDROM\05\演示录像\绘制齿轮.exe

案例解读

本案例主要讲解 AutoCAD 中镜像对象命令的使用方法。齿轮是机械行业中常见的零件。它主要有两种应用场合，一是运动传递，如钟表；二是动力传递，如变速箱。齿轮几何外形的主要参数包括齿数、模数、齿顶圆、齿根圆、节圆等。这里通过绘制齿轮对称的横截面，使大家熟悉和理解镜像对象命令的使用。齿轮效果图如图 5-16 所示。

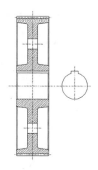

图 5-16　齿轮效果图

要点流程

- 首先启动 AutoCAD 2010 中文版，进入绘图界面。
- 打开光盘中的素材文件。
- 使用镜像对象命令补全图形。
- 将完成后的文件保存。

流程图如图 5-17 所示。

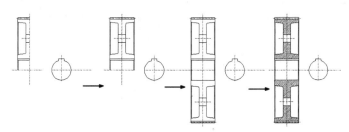

图 5-17　绘制齿轮流程图

操作步骤

步骤 1　打开素材文件

①启动 AutoCAD 2010 中文版，进入绘图界面。

②打开光盘中的素材文件"CDROM\05\素材\齿轮半成品.dwg"，如图 5-18 所示。

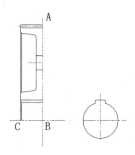

图 5-18　素材文件

步骤 2 用"镜像"命令补全图形

①在"修改"工具栏上单击"镜像"按钮 ⚒，启动镜像对象命令，命令行显示：

命令：_mirror
选择对象：指定对角点：找到 21 个   //鼠标选取图形左侧的齿轮轮廓线
选择对象：   //直接按 Enter 键，结束对象选择
指定镜像线的第一点：   //鼠标选取中心线端点 A 点为镜像线第一点
指定镜像线的第二点：   //鼠标选取中心线交点 B 点为镜像线第二点
要删除源对象吗？[是(Y)/否(N)] <N>：//直接按 Enter 键，不删除源对象，如图 5-19 所示

知识要点：

在绘图过程中，经常会碰到一些对称的图形，为此 AutoCAD 提供了图形镜像（Mirror）功能，只需要绘制出对称图形的公共部分，再利用镜像命令即可将对称的另一部分镜像复制出来。

镜像命令的启动方法如下。

◆ 下拉菜单：选择"修改→镜像"命令。

◆ 工具栏：在"修改"工具栏上单击"镜像"按钮 ⚒。

◆ 输入命令名：在命令行中输入或动态输入 MIRROR 或 MI，并按 Enter 键。

②重复镜像对象命令，命令行显示如下：

命令：_mirror
选择对象：指定对角点：找到 43 个   //鼠标选取上半部分的齿轮轮廓线
选择对象：   //直接按 Enter 键，结束对象选择
指定镜像线的第一点：   //鼠标选取中心线端点 C 点为镜像线第一点
指定镜像线的第二点：   //鼠标选取中心线交点 B 点为镜像线第二点
要删除源对象吗？[是(Y)/否(N)] <N>：//直接按 Enter 键，不删除源对象，如图 5-20 所示

③删除镜像后生成的下半部分多余的键槽。

④为剖面添加剖面线。这样，齿轮就绘制完成了。

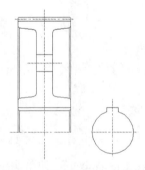
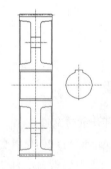

图 5-19　镜像生成右半部分　　　　　　　图 5-20　镜像生成下半部分

步骤 3 保存文件

实用案例 5.4　绘制垫片

素材文件：	无
效果文件：	CDROM\05\效果\绘制垫片.dwg
演示录像：	CDROM\05\演示录像\绘制垫片.exe

案例解读

本案例主要讲解 AutoCAD 中偏移对象命令的使用方法。垫片是标准化的零件，在机械行业中被大量使用，主要用来和螺钉、螺母配合使用，起到增大受力面积、锁紧螺母等作用。通过绘制简单的垫片，使大家熟悉和理解偏移对象命令的使用。垫片效果如图5-21 所示。

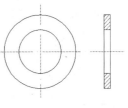

图 5-21　垫片效果图

要点流程

- 启动 AutoCAD 2010 中文版，进入绘图界面
- 使用绘制圆命令绘制垫片正视图的外圆
- 使用偏移对象命令向内偏移外圆绘制内圆
- 绘制垫片的左视图，添加剖面线
- 将完成后的垫片保存

流程图如图 5-22 所示。

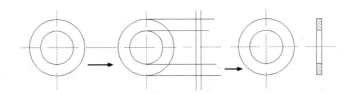

图 5-22　绘制垫片流程图

操作步骤

步骤 1 绘制垫片正视图的外圆

①启动 AutoCAD 2010 中文版，进入绘图界面。

②新建图层，分别命名为"中心线"层和"剖面线"层，如图 5-23 所示。

图 5-23　图层特性管理器

③以"中心线"层为当前层，在"绘图"工具栏上单击"直线"按钮，绘制相垂直的两条中心线。

④以"0"层为当前图层，在"绘图"工具栏上单击"圆"按钮，启动绘制圆命令，以两中心线的交点为圆心，绘制一个半径为 22 的圆。

步骤 2 用"偏移"命令绘制内圆

在"修改"工具栏上单击"偏移"按钮，此时命令行显示如下：

```
命令: _offset
当前设置: 删除源=否  图层=源  OFFSETGAPTYPE=0
指定偏移距离或 [通过(T)/删除(E)/图层(L)] <4.0000>:  9
                                      //输入偏移的距离 9，按 Enter 键
选择要偏移的对象，或 [退出(E)/放弃(U)] <退出>:
                                //鼠标选择刚绘制的圆，按 Enter 键或者右击
指定要偏移的那一侧上的点，或 [退出(E)/多个(M)/放弃(U)] <退出>:
                                //鼠标移动到圆的内部任意一点后单击
选择要偏移的对象，或 [退出(E)/放弃(U)] <退出>:
                                //直接按 Enter 键，退出对象的偏移，完成偏移后如图 5-24 所示
```

图 5-24　向内偏移圆

知识要点：

偏移对象可以对选定的对象（包括直线、圆、圆弧、椭圆、椭圆弧等）作同向偏移复制。常利用"偏移"命令的特性来创建平行线或等距离分布图形对象。

偏移命令的启动方法如下。

◆　下拉菜单：选择"修改→偏移"命令。

◆　工具栏：在"修改"工具栏上单击"偏移"按钮。

◆　输入命令名：在命令行中输入或动态输入 OFFSET 或 O，并按 Enter 键。

各选项含义：

◆　偏移距离：在距现有对象指定的距离处创建对象。

◆　通过（T）：创建通过指定点的对象，如图 5-25 所示。

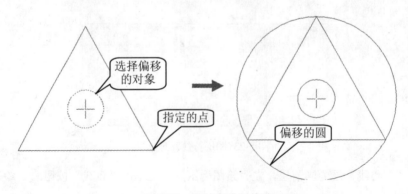

图 5-25　通过点进行偏移

◆　删除（E）：偏移对象后，将其源对象删除，如图 5-26 所示。

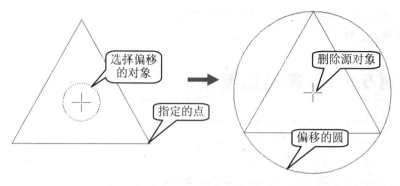

图 5-26　偏移后删除源对象

◆　图层（L）：将偏移对象创建在当前图层上还是偏移在源对象所在的图层上。

步骤 3　绘制垫片的左视图并添加剖面线

①在"绘图"工具栏上单击"直线"按钮，在"正交"模式下绘制 4 条水平直线，如图 5-27 所示。

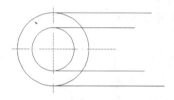

图 5-27　绘制直线

②重复绘制直线命令，绘制一条垂直线，如图 5-28（a）所示。

③在"修改"工具栏上单击"偏移"按钮，此时命令行显示如下：

```
命令：_offset
当前设置：删除源=否　图层=源　OFFSETGAPTYPE=0
指定偏移距离或 [通过(T)/删除(E)/图层(L)] <4.0000>: 4
                                          //输入偏移的距离 4，按 Enter 键
选择要偏移的对象，或 [退出(E)/放弃(U)] <退出>:
                              //鼠标选择刚绘制的垂直线，按 Enter 键或者右击
指定要偏移的那一侧上的点，或 [退出(E)/多个(M)/放弃(U)] <退出>:
                              //鼠标移动到该直线右侧任意一点后单击
选择要偏移的对象，或 [退出(E)/放弃(U)] <退出>:
                  //直接按 Enter 键，退出对象的偏移，完成偏移后如图 5-28（b）所示
```

④修剪多余的直线，完成后如图 5-28（c）所示。

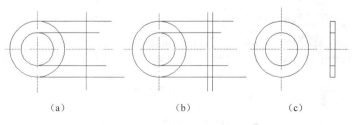

(a)　　　　　　　　　(b)　　　　　　　　　(c)

图 5-28　绘制垫片左视图

⑤为剖面添加剖面线，这样一个垫片就绘制完成了。

步骤 4 保存文件

实用案例 5.5　绘制美国国旗

素材文件:	无
效果文件:	CDROM\05\效果\绘制美国国旗.dwg
演示录像:	CDROM\05\演示录像\绘制美国国旗.exe

案例解读

　　本案例主要讲解 AutoCAD 中矩形阵列对象命令的使用方法。美国国旗长宽比为 19：10，由 13 条红白相间的条带和 50 颗蓝底白色五角星组成。图案比较规则，尤其是呈矩形排列的五角星，使用矩形阵列对象命令绘制较为方便。通过绘制美国国旗，使大家熟悉和理解矩形阵列命令的使用，效果图如图 5-29 所示。

图 5-29　美国国旗效果图

要点流程

- 启动 AutoCAD 2010 中文版，进入绘图界面
- 使用绘制矩形命令绘制美国国旗的幅面
- 使用绘制定数等分点命令绘制条带经过的点，再使用直线命令绘制条带
- 绘制五角星，并矩形阵列得到 50 颗星
- 使用图案填充添加颜色
- 将完成后的美国国旗保存

流程图如图 5-30 所示。

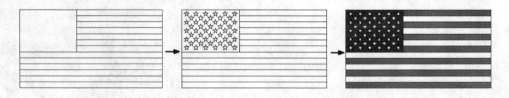

图 5-30　绘制美国国旗流程图

操作步骤

步骤 1　绘制美国国旗的幅面

①启动 AutoCAD 2010 中文版，进入绘图界面。

②在"绘图"工具栏上单击"矩形"按钮□，启动绘制矩形命令，绘制一个边长为 190 和 100 的矩形。

步骤 2　绘制条带

①在"修改"工具栏上单击"分解"按钮，启动分解对象命令（关于"分解对象"命

令，详见"实用案例 5.15"的相关内容），鼠标选取刚绘制的矩形，将矩形分解为 4 条直线段。

②选择"绘图→点→定数等分"命令，选取矩形的两个短边，在"输入线段数目或 [块 (B)]:"提示行下输入 13，按 Enter 键，绘制一系列等分点，如图 5-31 所示。

③在"绘图"工具栏上单击"直线"按钮，启动绘制直线命令，以短边上相对应的点为起点和端点，绘制一条直线，如图 5-32 所示。

图 5-31　绘制定数等分点

图 5-32　绘制直线

④在"修改"工具栏上单击"阵列"按钮，弹出"阵列"对话框，选择"矩形阵列"，在"行"栏输入 12，"列"栏输入 1。单击"选择对象"按钮，鼠标选择刚绘制的直线，按 Enter 键或者鼠标右击完成对象选择。单击"拾取行偏移"按钮，在绘图区拾取相邻两个等分点，按 Enter 键或者鼠标右击完成行偏移的拾取，这时的"阵列"对话框如图 5-33 所示。单击"预览"按钮可以看到阵列后的效果，如果满意可以单击"接受"按钮，不符合要求则单击"修改"按钮继续修改。这里单击"接受"按钮，完成直线的阵列，如图 5-34 所示。

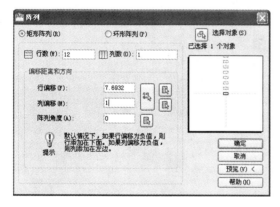

图 5-33　"阵列"对话框

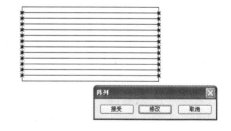

图 5-34　阵列后的效果

知识要点：

阵列（Array）命令按矩形或环形方式多重复制指定的对象。使用矩形阵列选项时，由选定对象副本的行和列数来定义阵列；使用环形选项时，通过围绕圆心复制指定对象来创建阵列。

阵列命令的启动方法如下。

◆　下拉菜单：选择"修改→阵列"命令。

◆　工具栏：在"修改"工具栏上单击"偏移"按钮。

◆　输入命令名：在命令行中输入或动态输入 ARRAY 或 AR，并按 Enter 键。

启动阵列命令之后，将弹出"阵列"对话框，选择阵列的类型、阵列的对象，并设置阵列的行数、列数，以及阵列的行、列间距即可，然后单击"确定"按钮即可，从而按照指定的要求进行阵列复制操作，如图 5-33 所示。

各选项含义：

◆ 若选择"矩形阵列"选项，表示通过指定行数和列数进行阵列，各选项的含义如下：

✓ 行数：指定阵列中的行数。

✓ 列数：指定阵列中的列数。

✓ 行偏移：指定行间距。若向下添加行，应指定负值；若使用定点设备指定行间距，应单击后面的"拾取行偏移"按钮，然后在视图中捕捉两点来确定行偏移的距离。

✓ 列偏移：指定列间距。若向左添加列，应指定负值。

✓ 阵列角度：指定旋转的角度。

✓ 选择对象：单击按钮，将切换到视图中，并选择需要阵列的对象，然后按 Enter 键确认。

◆ 若选择"环形阵列"选项，表示通过围绕圆心将指定对象进行环形阵列操作，如图 5-35 所示。

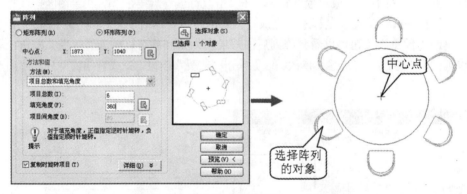

图 5-35　环形阵列

各选项的含义如下：

✓ 中心点：在 X 和 Y 文本框中输入环形阵列的中心点坐标，也可以单击右侧的按钮，并在视图中拾取一点作为阵列的中心点。

✓ 方法：设置定位对象所用的方法。

✓ 项目总数：设置在结果阵列中显示的对象数目。

✓ 填充角度：通过定义阵列中第一个和最后一个元素之间的包含角来设置阵列大小。正值是按逆时针旋转，负值是按顺时针旋转。

✓ 复制时旋转项目：指定在进行环形阵列操作时，其复制阵列的对象是否与中心点对齐。

> **技巧**
>
> 如果不勾选"复制时旋转项目"复选框，则环形阵列的对象将没有围绕中心点进行旋转，如图 5-36 所示。

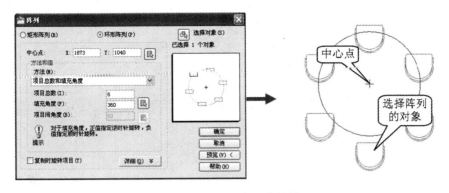

图 5-36　阵列对象没有旋转

⑤在"修改"工具栏上单击"偏移"按钮 ，启动偏移命令，选取矩形左侧的边，向右偏移 75，绘制一条偏移直线。

⑥修剪多余直线段，并将直线 a 在点 A 处打断（关于"打断"命令，详见"实用案例 5.14"的相关内容），完成后的效果如图 5-37 所示。

⑦选择"绘图→点→定数等分"命令，分别选取左上角矩形的右侧边和底边，在"输入线段数目或 [块(B)]:"提示行下分别输入 10 和 12，按 Enter 键，绘制一系列等分点，如图 5-38 所示。

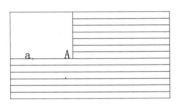

图 5-37　修剪后的条带

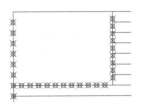

图 5-38　绘制等分点

⑧在"绘图"工具栏上单击"直线"按钮 ，启动绘制直线命令，在"正交模式"下绘制 4 条直线段，如图 5-39 所示。

步骤 3　用"矩形阵列"等命令绘制五角星

①在"绘图"工具栏上单击"正多边形"按钮 ⬠，启动绘制正多边形命令，此时命令行显示如下：

```
命令: _polygon 输入边的数目 <4>: 5
                        //输入所要绘制的正多边形的边数，默认值为 4，按 Enter 键
指定正多边形的中心点或 [边(E)]:              //选择图 5-37 中的 B 点为图形的中心点
输入选项 [内接于圆(I)/外切于圆(C)] <I>: C
        //选择正多边形是内切于圆还是外切于圆，接受默认选项内接于圆，输入 C 按 Enter 键
指定圆的半径: 3.5            //指定外接圆的半径为 3.5，绘制一个正五边形
```

②单击"直线"按钮 ，启动绘制直线命令，依次连接正五边形不相邻的两个顶点，绘制五角星的轮廓线。

③删除作为辅助线的正五边形，这样一个五角星的图案就绘制完成了。

④同理，以图 5-39 中 C 点为中心，绘制一个外接圆半径为 3.5 的五角星，如图 5-40 所示。

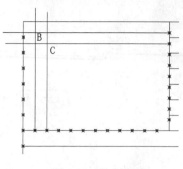

图 5-39　绘制直线

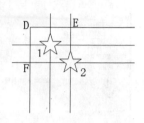

图 5-40　绘制两个五角星

⑤在"修改"工具栏上单击"阵列"按钮品,弹出"阵列"对话框,选择"矩形阵列",在"行"栏输入5,"列"栏输入6,单击"选择对象"按钮,鼠标选择五角星1,按 Enter 键或者鼠标右击完成对象选择。单击"拾取行偏移"按钮,鼠标拾取图 5-40 中的点 D、F,再单击"拾取列偏移"按钮,鼠标拾取点 D、E,按 Enter 键或者鼠标右击完成行偏移的拾取,这时的"阵列"对话框如图 5-41 所示。单击"预览"按钮可以看到阵列后的效果,单击"接受"按钮,完成五角星 1 的矩形阵列,如图 5-42 所示。

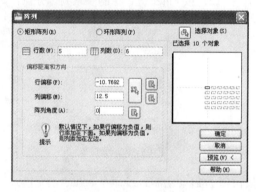

图 5-41　"阵列"对话框

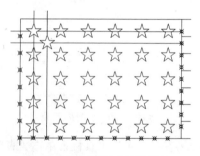

图 5-42　阵列后的效果

⑥重复阵列命令,弹出"阵列"对话框,选择"矩形阵列",在"行"栏输入4,"列"栏输入5。单击"选择对象"按钮,鼠标选择五角星 2,按 Enter 键或者鼠标右击完成对象选择。单击"拾取行偏移"按钮,鼠标拾取中点 D、F,再单击"拾取列偏移"按钮,鼠标拾取点 D、E,按 Enter 键或者鼠标右击以完成行偏移的拾取,这时的"阵列"对话框如图 5-43 所示。单击"预览"按钮可以看到阵列后的效果,单击"接受"按钮,完成五角星 2 的矩形阵列,如图 5-44 所示。

⑦删除多余直线,得到美国国旗的图案,如图 5-45 所示。

步骤 4 用"渐变色"命令进行图案填充

在"绘图"工具栏上单击"渐变色"按钮,启动渐变色命令。如图 5-46 所示,在"渐变色"选项卡的"颜色"选项区域中选择"双色",分别选择"索引颜色"中的红色和蓝色,为旗帜填充颜色。这样,美国国旗——星条旗就绘制完成了。

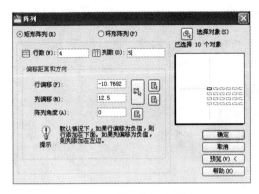

图 5-43 "阵列"对话框

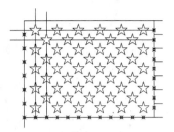

图 5-44 阵列后的效果

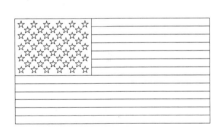

图 5-45 旗帜图案

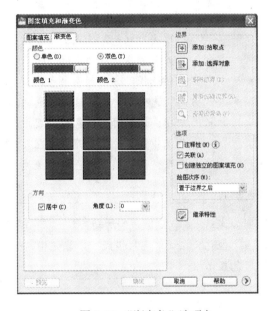

图 5-46 "渐变色"选项卡

知识要点：

渐变色命令的启动方法如下。

◆ 下拉菜单：选择"绘图→渐变色"命令。

◆ 工具栏：在"绘图"工具栏上单击"渐变色"按钮 。

◆ 输入命令名：在命令行中输入或动态输入 GRADIENT，并按 Enter 键。打开"渐变色"选项卡，如图 5-46 所示。

各选项含义：

◆ "颜色"选项组：设置图案填充的颜色。

　　✓ "单色"单选按钮：以单一色彩模式进行渐变填充。其下有个颜色显示框 ，单击 按钮，可以打开"选择颜色"对话框，如图 5-47 所示，可以用它的"索引颜色"、"真彩色"和"配色系统"三个选项卡对填充色彩进行设置，颜色显示框中就显示所选择的颜色。

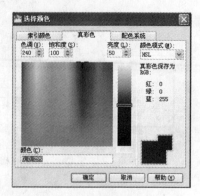

图 5-47 "选择颜色"对话框

- ✓ "双色"单选按钮：以在两种颜色之间平滑过渡的双色进行渐变填充。可以通过单击"双色"选项的 ⬚ 按钮，对第二个颜色进行设置，设置方法同上。
- ✓ 填充色方案：在"单色"选项和"双色"选项下面，有九个填充渐变色的方案可供选择，分别代表颜色渐变的九种不同方式。
- ◆ "方向"选项组：设置填充颜色的渐变中心和填充颜色的角度。
- ✓ 居中：设置填充颜色的渐变中心。如果选中该项，则填充颜色呈中心对称，若不选中该项，则填充颜色呈不对称渐变。
- ✓ 角度：设置填充颜色的填充角度。在下拉列表中，选择渐变色的填充角度。

> **注意**
>
> 拖动"着色－渐浅"滑动条 ⟨ ▮▮▮ ⟩ 上的滑动块，可以调整填充色彩的明暗和深浅，但它只在"单色"模式下才能使用，如果是"双色"模式，则它自动变为颜色2的颜色显示框。

步骤5 保存文件

实用案例5.6 绘制三菱标志

素材文件：	无
效果文件：	CDROM\05\效果\绘制三菱标志.dwg
演示录像：	CDROM\05\演示录像\绘制三菱标志.exe

📎 案例解读

本案例主要讲解 AutoCAD 中环形阵列对象命令的使用方法。三菱标志由共顶点均布的三个菱形图案组成，通过绘制简单的三菱标志，使大家熟悉和理解环形阵列命令的使用。

📎 要点流程

- 启动 AutoCAD 2010 中文版，进入绘图界面

图 5-48 三菱标志效果图

- 使用绘制多边形命令绘制两个共边的正三角形，并修剪成为一个菱形
- 使用环形阵列对象命令绘制另外两个菱形
- 使用图案填充添加颜色
- 将完成后的三菱标志保存

流程图如图 5-49 所示。

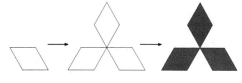

图 5-49　绘制三菱标志流程图

操作步骤

步骤 1　绘制一个菱形

① 启动 AutoCAD 2010 中文版，进入绘图界面。

② 在"绘图"工具栏上单击"正多边形"按钮　，启动绘制正多边形命令，绘制一个外接圆半径为 100 的正三角形，如图 5-50（a）所示。

③ 重复绘制正多边形命令，绘制一个与刚绘制的正三角形共边且全等的正三角形，如图 5-50（b）所示。

④ 修剪两个正三角形的公共边，形成一个菱形，如图 5-50（c）所示。

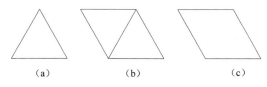

（a）　　　　　　　（b）　　　　　　　（c）

图 5-50　绘制菱形

步骤 2　用"环形阵列"命令绘制另外两个菱形

在"修改"工具栏上单击"阵列"按钮，弹出"阵列"对话框，选择"环形阵列"，在"项目总数"栏输入 3，"填充角度"栏输入 360。单击"选择对象"按钮，鼠标选择刚绘制的菱形，按 Enter 键或者鼠标右击完成对象选择。单击"拾取中心点"按钮，鼠标拾取刚绘制菱形的角点 A，按 Enter 键或者鼠标右击完成中心点的拾取，这时的"阵列"对话框如图 5-51 所示。单击"预览"按钮可以看到环形阵列后的效果，单击"接受"按钮，完成菱形的环形阵列，如图 5-52 所示。

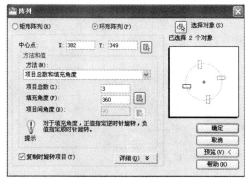

图 5-51　"阵列"对话框

图 5-52　阵列后的效果

步骤 3　用渐变色命令进行图案填充

在"绘图"工具栏上单击"渐变色"按钮，启动渐变色命令。在"颜色"选项区域中选择"双色"，选择"索引颜色"中的红色，为标志填充颜色。这样一个精美的三菱标志就

绘制完成了。

步骤 4 保存文件

实用案例 5.7 修改螺钉孔位置

素材文件：	CDROM\05\素材\三个螺钉孔.dwg
效果文件：	CDROM\05\效果\修改螺钉孔位置.dwg
演示录像：	CDROM\05\演示录像\修改螺钉孔位置.exe

案例解读

本案例主要讲解 AutoCAD 中移动对象命令的使用方法。由于设计的修改，需要移动原有图形上螺钉孔的位置，并减少螺钉孔的数量。通过对原图上的对象进行简单的移动操作就可以完成设计。通过旋转把手的方向，使大家熟悉和理解移动对象命令的使用。

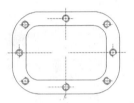

图 5-53 修改螺钉孔位置效果图

要点流程

- 启动 AutoCAD 2010 中文版，进入绘图界面
- 打开光盘中的素材文件
- 使用移动对象命令改变螺钉孔的位置
- 镜像生成其他螺钉孔
- 将完成后的文件保存

流程图如图 5-54 所示。

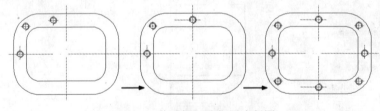

图 5-54 修改螺钉孔位置流程图

操作步骤

步骤 1 打开素材文件

① 启动 AutoCAD 2010 中文版，进入绘图界面。

②打开光盘中的素材文件"CDROM\05\素材\三个螺钉孔.dwg"，如图 5-55 所示。

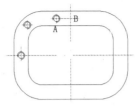

图 5-55　素材文件

步骤 2 用"移动"命令改变螺钉孔位置

在"修改"工具栏上单击"移动"按钮 ✛，启动移动对象命令，此时命令行显示如下：

```
命令：_move
选择对象：指定对角点：找到 5 个          //鼠标选取 A 点位置的螺钉孔，按 Enter 键
选择对象：                              //直接按 Enter 键，结束对象选择
指定基点或 [位移(D)] <位移>：           //鼠标选取圆心 A 点为对象基点
指定第二个点或 <使用第一个点作为位移>：
    //鼠标选取 B 点单击，如图 5-56 所示，这样螺钉孔就由 A 点移动到 B 点，如图 5-57 所示
```

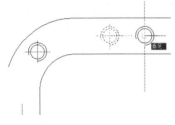

图 5-56　移动螺钉孔

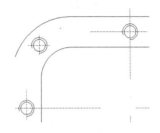

图 5-57　移动后的效果

知识要点：

移动图形对象是指改变对象的位置，而不改变对象的方向、大小和特性等。通过使用坐标和对象捕捉，可以精确地移动对象，并且可通过"特性"窗口更改坐标值来重新计算对象。

移动命令的启动方法如下。

◆　下拉菜单：选择"修改→移动"命令。

◆　工具栏：在"修改"工具栏上单击"移动"按钮 ✛。

◆　输入命令名：在命令行中输入或动态输入 MOVE 或 M，并按 Enter 键。

步骤 3 镜像生成其他螺钉孔

在"修改"工具栏上单击"镜像"按钮 ⚏，启动镜像对象命令，完成其他螺钉孔的绘制。

步骤 4 保存文件

实用案例 5.8　旋转把手方向

素材文件：	CDROM\05\素材\门把手.dwg
效果文件：	CDROM\05\效果\旋转把手方向.dwg
演示录像：	CDROM\05\演示录像\旋转把手方向.exe

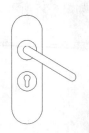

案例解读

本案例主要讲解 AutoCAD 中旋转对象命令的使用方法。门把手是生活中常见的图形，如图 5-58 所示，通过旋转把手的方向，使大家熟悉和理解旋转对象命令的使用。

要点流程

图 5-58　旋转把手方向效果图

- 启动 AutoCAD 2010 中文版，进入绘图界面
- 打开光盘中的素材文件
- 使用旋转对象命令旋转把手
- 补齐并修剪原图形
- 将完成后的门把手保存

流程图如图 5-59 所示。

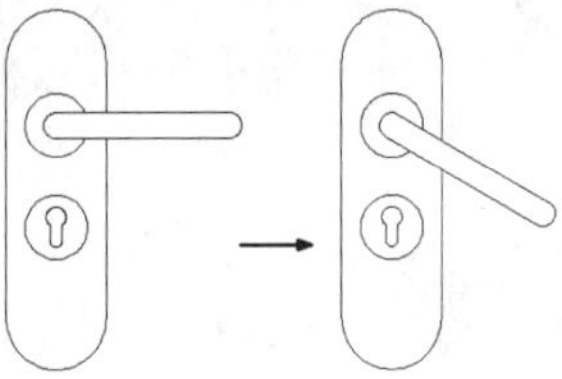

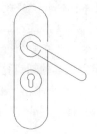

操作步骤

步骤 1　打开素材文件

图 5-59　旋转门把手流程图

① 启动 AutoCAD 2010 中文版，进入绘图界面。

② 打开光盘中的素材文件 "CDROM\05\素材\门把手.dwg"。

步骤 2　用"旋转"等命令旋转门把手

在"修改"工具栏上单击"旋转"按钮 ○，启动旋转对象命令，此时命令行显示如下：

```
命令：_rotate
UCS 当前的正角方向：　ANGDIR=逆时针　ANGBASE=0
选择对象：找到 4 个                  //鼠标选取把手，如图 5-60 所示，按 Enter 键或者右击
选择对象：                           //直接按 Enter 键结束对象的选择
指定基点：                           //指定圆心 A 为旋转的基点
指定旋转角度，或 [复制(C)/参照(R)] <0>：　<正交 关> -30
                    //输入-30，对象绕基点顺时针旋转 30°，完成旋转，如图 5-61 所示
```

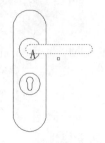

图 5-60　选择对象

图 5-61　旋转后的效果

知识要点：

旋转对象就是将选择的对象绕指定基点以某种角度进行旋转操作。

旋转命令的启动方法如下。

- 下拉菜单：选择"修改→旋转"命令。
- 工具栏：在"修改"工具栏上单击"旋转"按钮 ○。

◆　输入命令名：在命令行中输入或动态输入 ROTATE 或 RO，并按 Enter 键。

各选项含义：

◆　输入角度值：输入角度值（0°~360°），还可以按弧度、百分度或勘测方向输入值。一般情况下，若输入正角度值时，表示按逆时针旋转对象；若输入负角度值，表示按顺时针旋转对象。

◆　通过拖动旋转对象：绕基点拖动对象并指定第二点。有时为了更加精确地通过拖动鼠标操作来旋转对象，可以按切换到正交、极轴追踪或对象捕捉模式进行操作。

◆　复制旋转：当选择"复制（C）"选项时，可以将选择的对象进行复制性的旋转操作。

◆　指定参照角度：当选择"参照（R）"选项时，可以指定某一方向作为起始参照角度，然后选择一个对象以指定原对象将要旋转到的位置，或输入新角度值来指定要旋转到的位置。

> **注意**
>
> ◆　选择"格式>单位"命令，将弹出"图形单位"对话框，在其中若选择"顺时针"复选框，则在输入正角度值时，对象将按照顺时针进行旋转。

步骤 3　补齐并修剪原图形

使用夹点拉伸方法填补因旋转后缺损的圆和垂直边（关于"夹点拉伸"，详见"实用案例 5.17"的相关内容），并修剪多余曲线，完成编辑。

步骤 4　保存文件

实用案例 5.9　缩放联轴器

素材文件：	CDROM\05\素材\联轴器.dwg
效果文件：	CDROM\05\效果\缩放联轴器.dwg
演示录像：	CDROM\05\演示录像\缩放联轴器.exe

案例解读

本案例主要讲解 AutoCAD 中缩放对象命令的使用方法。联轴器在机械中用来连接两根轴，使其共同旋转以传递扭矩。联轴器由两半部分组成，分别与主动轴和从动轴连接。本案例中，要求修改联轴器各尺寸为原尺寸的一半，因此使用缩放对象命令较为方便，为了练习使用该命令的两种方法，缩小联轴器两半部分时分别使用了该命令的两种方法。缩放联轴器效果图如图 5-62 所示。

要点流程

● 启动 AutoCAD 2010 中文版，进入绘图界面
● 打开光盘中的素材文件

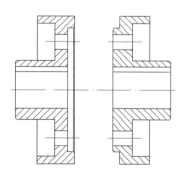

图 5-62　缩放联轴器效果图

- 使用指定比例因子方式缩小左半部分
- 使用参照方式缩小右半部分
- 将完成后的联轴器保存

流程图如图 5-63 所示。

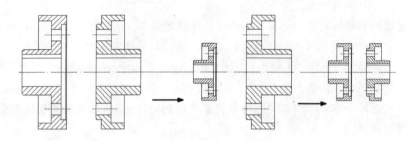

图 5-63　缩放联轴器流程图

操作步骤

步骤 1　打开素材文件

① 启动 AutoCAD 2010 中文版，进入绘图界面。

② 打开光盘中的素材文件 "CDROM\05\素材\联轴器.dwg"。

步骤 2　用"指定比例"方式缩小左半部分

在"修改"工具栏上单击"缩放"按钮，启动缩放对象命令，命令行显示如下：

```
命令: _scale
选择对象:
鼠标选取左半联轴器，如图 5-64 所示，此时命令行显示:
指定对角点: 找到 36 个                              //命令行提示找到对象
选择对象:                                //直接按 Enter 键，结束对象选择
指定基点:              //指定 A 点为图形的基点，即 A 点的位置在缩放中不发生变化
指定比例因子或 [复制(C)/参照(R)] <0.5000>:
忽略极小的比例因子。
0.5                      //输入比例因子 0.5，完成左半联轴器的缩放，如图 5-65 所示
```

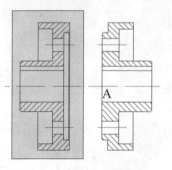

图 5-64　选择左半联轴器

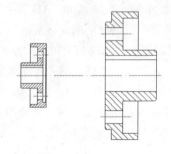

图 5-65　缩放后的效果

知识要点：

使用缩放（SCALE）命令可以通过指定的比例因子引用与另一对象间的指定距离，或用

这两种方法的组合来改变相对于给定基点的现有对象的尺寸。

缩放命令的启动方法如下。

◆ 下拉菜单: 选择"修改→缩放"命令。

◆ 工具栏: 在"修改"工具栏上单击"缩放"按钮 🔲。

◆ 输入命令名: 在命令行中输入或动态输入 SCALE 或 SC, 并按 Enter 键。

> **注意** ┌───
>
> 将 SCALE 命令用于注释性对象时, 对象的位置将相对于缩放操作的基点进行缩放, 但对象的尺寸不会更改。

步骤 3 用"参照方式"缩小右半部分

重复缩放对象命令, 命令行显示如下:

```
命令: _scale 找到 32 个                                     //鼠标选择右半联轴器
指定基点:                                                   //指定 F 点为图形的基点
指定比例因子或 [复制(C)/参照(R)] <0.5000>:
忽略极小的比例因子。
r                                                          //输入 r, 选择"参照"方式
指定参照长度 <1.0000>:                                       //如图 5-66 所示, 鼠标选取 B 点为第一点
指定第二点: (鼠标选取 C 点为第二点)
指定新的长度或 [点(P)] <1.0000>: p                           //输入 p, 重新选取参照长度
指定第一点:                                                  //鼠标选取 D 点
指定第二点:
          //鼠标选取 E 点, 以 D、E 两点间的距离作为参照长度, 完成缩放, 如图 5-67 所示
```

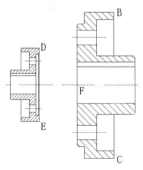

图 5-66 选取参照长度

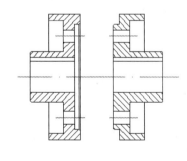

图 5-67 缩放后的效果

步骤 4 保存文件

实用案例 5.10 拉伸零件

素材文件:	CDROM\05\素材\拉伸零件.dwg
效果文件:	CDROM\05\效果\拉伸零件.dwg
演示录像:	CDROM\05\演示录像\拉伸零件.exe

案例解读

本案例主要讲解 AutoCAD 中拉伸对象命令的使用方法。设计中需要改变零件中某一部分的长度或相对位置时，使用拉伸对象命令会比较方便。通过拉伸零件，使大家熟悉和理解拉伸对象命令的使用。拉伸零件效果图如图 5-68 所示。

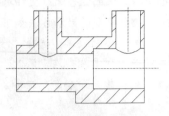

图 5-68 拉伸零件效果图

要点流程

- 启动 AutoCAD 2010 中文版，进入绘图界面
- 打开光盘中的素材文件
- 拉伸左管道高度与右侧同高
- 拉伸使零件长度缩短
- 将完成后的零件保存

流程图如图 5-69 所示。

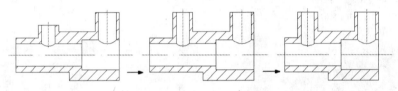

图 5-69 拉伸零件流程图

操作步骤

步骤 1 打开素材文件

①启动 AutoCAD 2010 中文版，进入绘图界面。

②打开光盘中的素材文件"CDROM\05\素材\拉伸零件.dwg"。

步骤 2 用"拉伸"命令拉伸左管道高度与右侧同高

在"修改"工具栏上单击"拉伸"按钮 ，启动拉伸对象命令，命令行显示如下：

```
命令：_stretch
以交叉窗口或交叉多边形选择要拉伸的对象...
选择对象：                              //选择如图 5-70 所示区域的对象
指定对角点：找到 7 个
选择对象：                              //直接按 Enter 键结束对象选择
指定基点或 [位移(D)] <位移>：            //选定 A 点为对象的基点
指定第二个点或 <使用第一个点作为位移>：
        //在正交模式下，向上移动鼠标捕捉点使其与右侧等高，拉伸后的效果如图 5-71 所示
```

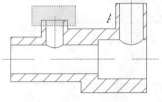

图 5-70 窗交方式选择对象

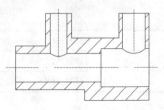

图 5-71 拉伸后的效果

知识要点：

使用拉伸（STRETCH）命令可以拉伸、缩短和移动对象。在拉伸对象操作时，首先要为拉伸对象指定一个基点，然后再指定一个位移点。

拉伸命令的启动方法如下。

◆　下拉菜单：选择"修改→拉伸"命令。

◆　工具栏：在"修改"工具栏上单击"拉伸"按钮。

◆　输入命令名：在命令行中输入或动态输入 STRETCH 或 S，并按 Enter 键。

注意

在指定拉伸的第二点时，同样可以按 F8 键切换到"正交"模式，并指定拉伸的方向，然后输入拉伸的数值。

步骤 3　拉伸使零件长度缩短

重复拉伸对象命令，命令行显示如下：

```
命令：_stretch
以交叉窗口或交叉多边形选择要拉伸的对象…
选择对象：
指定对角点：找到 7 个                          //选择图 5-72 所示区域的对象
选择对象：                                     //直接按 Enter 键结束对象选择
指定基点或 [位移(D)] <位移>：                   //按 Enter 键选择位移方式
指定位移 <0.0000, 0.0000, 0.0000>：5, 0, 0
               //输入位移向量，使对象向 X 轴正方向移动 5 个单位，完成对象拉伸
```

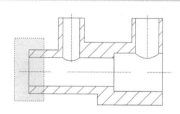

图 5-72　窗交方式选择对象

步骤 4　保存文件

实用案例 5.11　修改零件形状

素材文件：	CDROM\05\素材\未修改的零件.dwg
效果文件：	CDROM\05\效果\修改零件形状.dwg
演示录像：	CDROM\05\演示录像\修改零件形状.exe

案例解读

本案例主要讲解 AutoCAD 中拉长对象命令的使用方法。用户通过拉长对象命令中的"全部"方式，可以精确地改变零件中线段的长度。本案例通过修改这样一个零件，使大家熟悉

和理解拉长对象命令的使用，效果如图 5-73 所示。

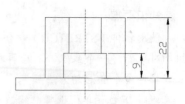

图 5-73　修改零件形状后的效果图

要点流程

- 启动 AutoCAD 2010 中文版，进入绘图界面
- 打开素材文件
- 使用拉长对象命令修改对象的长度
- 将完成后的零件保存

流程图如图 5-74 所示。

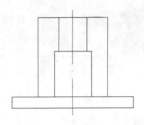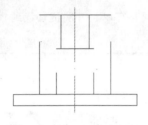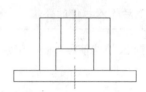

图 5-74　修改零件流程图

操作步骤

步骤 1　打开素材文件

① 启动 AutoCAD 2010 中文版，进入绘图界面。

② 打开素材文件"CDROM\05\素材\未修改的零件.dwg"，如图 5-75 所示。

步骤 2　用"拉长"命令修改对象的长度

① 选择"修改→拉长"命令，启动拉长对象命令，命令行显示如下：

```
命令：_lengthen
选择对象或 [增量(DE)/百分数(P)/全部(T)/动态(DY)]：t
                        //输入 t，按 Enter 键，选择"全部"方式拉长对象
指定总长度或 [角度(A)] <22.0000)>：9            //输入修改后的长度 9，按 Enter 键
选择要修改的对象或 [放弃(U)]：
            //鼠标选取直线 a，注意鼠标拾取点靠近上端点如图 5-76（a）所示
选择要修改的对象或 [放弃(U)]：              //鼠标选取直线 b，如图 5-76（b）所示
选择要修改的对象或 [放弃(U)]：                    //按 Enter 键结束对象修改
```

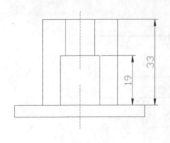

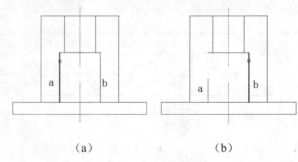

（a）　　　　　　　　　（b）

图 5-75　素材文件　　　　　图 5-76　拉长直线

知识要点：

使用拉长（LENGTHEN）命令可以改变非闭合直线、圆弧、非闭合多段线、椭圆弧和非闭合样条曲线的长度，也可以改变圆弧的角度。

拉长命令的启动方法如下。

◆　下拉菜单：选择"修改→拉长"命令。

◆　工具栏：在"修改"工具栏上单击"拉长"按钮。

◆　输入命令名：在命令行中输入或动态输入 LENGTHEN 或 LEN，并按 Enter 键。

各选项含义：

◆　增量（DE）：指定以增量方式来修改对象的长度，该增量从距离选择点最近的端点处开始测量。

◆　百分数（P）：可按百分比形式改变对象的长度。

◆　全部（T）：可通过指定对象的新长度来改变其总长度。

◆　动态（DY）：可动态拖动对象的端点来改变其长度。

② 在"修改"工具栏中单击"偏移"按钮，将拉长的水平线段向上偏移 660、55 和 165。

③ 重复拉长对象命令，命令行显示如下：

```
命令：_lengthen
选择对象或 [增量(DE)/百分数(P)/全部(T)/动态(DY)]: t
                              //输入 t，按 Enter 键，选择"全部"方式拉长对象
指定总长度或 [角度(A)] <9.0000)>: 22          //输入修改后的长度 22，按 Enter 键
选择要修改的对象或 [放弃(U)]:              //鼠标选取外侧垂直线
选择要修改的对象或 [放弃(U)]:              //鼠标选取另一侧垂直线
选择要修改的对象或 [放弃(U)]:              //按 Enter 键结束对象修改，如图 5-77 所示
```

④ 将上部悬浮的部分向下移动使端点重合并修剪，得到修改后的零件，如图 5-78 所示。

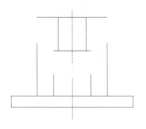
图 5-77　拉长直线效果

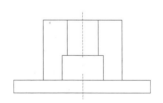
图 5-78　修改后的零件

步骤 3 保存文件

实用案例 5.12　绘制一个花瓶

素材文件：	无
效果文件：	CDROM\05\效果\绘制一个花瓶.dwg
演示录像：	CDROM\05\演示录像\绘制一个花瓶.exe

案例解读

本案例主要讲解 AutoCAD 中修剪对象命令的使用方法。花瓶是生活中常见的装饰品，如图 5-79 所示，花瓶瓶身的曲线常富于美感。本案例通过绘制这样一只优雅的花瓶，使大家熟悉和理解修剪对象命令的使用。

要点流程

- 启动 AutoCAD 2010 中文版，进入绘图界面
- 使用绘制直线和绘制圆命令绘制瓶身的基本曲线
- 使用修剪对象命令修剪掉多余的部分
- 将完成后的花瓶保存

流程图如图 5-80 所示。

图 5-79　花瓶效果图

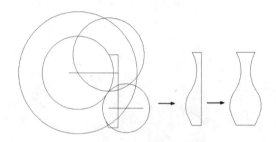

图 5-80　绘制花瓶流程图

操作步骤

步骤 1　绘制瓶身的基本曲线

①启动 AutoCAD2010 中文版，进入绘图界面。

②在"绘图"工具栏上单击"直线"按钮，绘制如图 5-80（a）所示的三条直线。

③在"修改"工具栏上单击"偏移"按钮，将上端的直线向下偏移 15，下端的直线向上偏移 16，经过拉伸后的效果如图 5-81（b）所示。

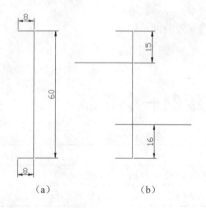

（a）　　　　　　　　（b）

图 5-81　绘制直线和偏移直线

④如图 5-81（a）所示，以 A 点为圆心，绘制半径为 30 的圆，与直线 a 相交于 B 点。再以 B 点为圆心，绘制半径为 50 的圆，与直线 B 相交于 C 点。分别以 B 和 C 点为圆心绘制半径为 30 和 20 的圆，如图 5-82（b）所示。

⑤在"绘图"工具栏上单击"直线"按钮 ，连接瓶底部直线端点和半径为 20 的圆的切点。

步骤 2 用"修剪"命令剪掉多余的部分

在"修改"工具栏上单击"修剪"按钮 ，启动修剪对象命令。

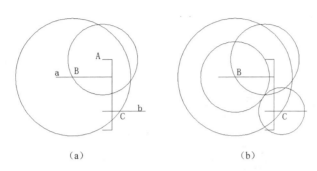

（a）   （b）

图 5-82　绘制辅助圆

```
命令: _trim
当前设置:投影=UCS, 边=无
选择剪切边...
选择对象或 <全部选择>:
//这里可以选择剪切边后再选择修剪对象，但由于图形较为复杂，不太容易找到剪切边，因此可
以直接按 Enter 键，选择"全部选择"后框选所要修剪掉的部分
选择要修剪的对象，或按住 Shift 键选择要延伸的对象，或
[栏选(F)/窗交(C)/投影(P)/边(E)/删除(R)/放弃(U)]:
//鼠标框选需要修剪的部分，修剪命令不能删除的部分可以直接选中对象后按删除键，修剪完成
```

知识要点：

使用修剪（TRIM）命令可以以某一对象为剪切边修剪其他对象。

修剪命令的启动方法如下。

◆　下拉菜单：选择"修改→修剪"命令。

◆　工具栏：在"修改"工具栏上单击"修剪"按钮 。

◆　输入命令名：在命令行中输入或动态输入 TRIM 或 TR，并按 Enter 键。

各选项含义：

◆　全部选择：按 Enter 键可快速选择视图中所有可见的图形，从而用做剪切边或边界的边。

◆　栏选（F）：选择与栏选相交的所有对象。

◆　窗交（C）：选择矩形区域（由两点确定）内部或与之相交的对象。

◆　投影（P）：指定修剪对象时 AutoCAD 使用的投影模式。

◆　边（E）：确定对象在另一对象的延长边处进行修剪，还是仅在三维空间中与该对象相交的对象处进行修剪。

◆　删除（R）：直接删除所选中的对象。

◆ 放弃（U）：撤销由 TRIM 命令所做的最近一次修剪。

> **注意**
>
> ◆ 在进行修剪操作时按住 Shift 键，可转换执行延伸 EXTEND 命令。当选择要修剪的对象时，若某条线段未与修剪边界相交，则按住 Shift 键后单击该线段，可将其延伸到最近的边界。

步骤 3 镜像另一半

在"修改"工具栏上单击"镜像"按钮 ⚮，启动镜像命令，以中心轴线为镜像轴镜像生成花瓶的另一半。这样，一个精美的花瓶图案就绘制完成了。

步骤 4 保存文件

实用案例 5.13 绘制手轮

素材文件：	CDROM\05\素材\未完成的手轮.dwg
效果文件：	CDROM\05\效果\绘制手轮.dwg
演示录像：	CDROM\05\演示录像\绘制手轮.exe

📥 案例解读

本案例主要讲解 AutoCAD 中延伸对象命令的使用方法。手轮在阀门中用来控制管道的流量，通常是铸造而成。本案例通过绘制这样一个手轮，使大家熟悉和理解延伸对象命令的使用，效果如图 5-83 所示。

图 5-83 手轮效果图

📥 要点流程

● 启动 AutoCAD 2010 中文版，进入绘图界面
● 打开素材文件
● 使用延伸对象命令延伸辐条至轮廓
● 将完成后的手轮保存。

流程图如图 5-84 所示。

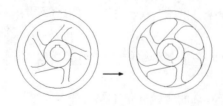

图 5-84 绘制手轮流程图

📥 操作步骤

步骤 1 打开素材文件

①启动 AutoCAD 2010 中文版，进入绘图界面。

②打开素材文件"CDROM\05\素材\未完成的手轮.dwg"。

步骤 2 用"延伸"命令延伸辐条至轮廓

在"修改"工具栏上单击"延伸"按钮-/，启动延伸对象命令，命令行显示如下：

```
命令: _extend
当前设置:投影=UCS，边=无
选择边界的边...
选择对象或 <全部选择>: 找到 1 个              //如图 5-85 所示，选择延伸边界
选择对象:                                    //直接按 Enter 键，结束对象选择
选择要延伸的对象，或按住 Shift 键选择要修剪的对象，或
[栏选(F)/窗交(C)/投影(P)/边(E)/放弃(U)]:
                                //选择要延伸的对象，如图 5-86 所示，完成手轮的绘制
```

图 5-85　选择延伸边界　　　　　　　　图 5-86　选择延伸对象

知识要点：

使用延伸（EXTEND）命令可以将直接、圆弧、椭圆弧、非闭合多段线和射线延伸到一个边界对象，使其与边界对象相交。

延伸命令的启动方法如下。

◆　下拉菜单：选择"修改→延伸"命令。

◆　工具栏：在"修改"工具栏上单击"延伸"按钮-/。

◆　输入命令名：在命令行中输入或动态输入 EXTEND 或 EX，并按 Enter 键。

> **注意**
> ◆　延伸图形对象命令与修剪图形对象命令的选项完全相同，各选项含义在此不再赘述。

步骤 3 保存文件

实用案例 5.14　修改螺纹线

素材文件：	CDROM\05\素材\螺钉.dwg
效果文件：	CDROM\05\效果\修改螺纹线.dwg
演示录像：	CDROM\05\演示录像\修改螺纹线.exe

案例解读

本案例主要讲解 AutoCAD 中打断对象命令的使用方法。螺钉是标准件，其绘制也有一定的标准，例如使用细实线代替实际的螺纹，俯视图中使用略大于四分之三个圆的圆弧来表

示螺纹线等。本案例通过修改不正确的螺纹线表达方法，使大家熟悉和理解打断对象命令的使用，效果如图 5-87 所示。

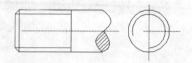

图 5-87　修改螺纹线效果图

➥ 要点流程

- 首先启动 AutoCAD 2010 中文版，进入绘图界面
- 打开素材文件
- 使用打断对象命令将圆左下角约四分之一的圆删除
- 将完成后的零件保存

流程图如图 5-88 所示。

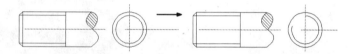

图 5-88　修改螺纹线流程图

➥ 操作步骤

步骤 1　打开素材文件

① 启动 AutoCAD 2010 中文版，进入绘图界面。

② 打开素材文件"CDROM\05\素材\螺钉.dwg"。

步骤 2　用"打断"命令删除圆左下角约四分之一的圆

在"修改"工具栏上单击"打断"按钮 ，启动打断对象命令，命令行显示如下：

```
命令：_break 选择对象：
                   //鼠标选取如图 5-88（a）所示圆，注意拾取点位于水平中心线略下端
指定第二个打断点 或 [第一点(F)]：
                   //鼠标选取圆下方象限点，如图 5-89（b）所示，完成打断
```

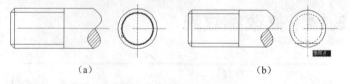

（a）　　　　　　　　　　　　　　　（b）

图 5-89　选取打断对象和打断点

知识要点：

使用打断（BREAK）命令可以将对象指定两点间的部分删除，或将一个对象打断成两个具有同一端点的对象。

打断命令的启动方法如下。

◆ 下拉菜单：选择"修改→打断"命令。

◆　工具栏：在"修改"工具栏上单击"打断"按钮，或"打断一点"按钮。

◆　输入命令名：在命令行中输入或动态输入 BREAK 或 BR，并按 Enter 键。

注意

◆　启动打断命令之后，首先选择需要打断的对象，并将选择的点作为打断的第一点，然后再在另一个位置单击确定打断的第二点。

步骤 3　保存文件

实用案例 5.15　分解图形

素材文件：	无
效果文件：	CDROM\05\效果\分解图形.dwg
演示录像：	CDROM\05\演示录像\分解图形.exe

案例解读

本案例主要讲解 AutoCAD 中分解对象命令的使用方法。尽管螺钉是标准件，并且我们也提倡使用标准件，但在某些特殊情况下还是需要使用非标准的螺钉。使用 AutoCAD 中的工具选项板，可以调用出标准件，然后将图块分解成基本对象可以快速地绘制出所需的非标准螺钉。通过本例，使大家熟悉和理解分解对象命令的使用。螺钉分解图形的效果图如图 5-90 所示。

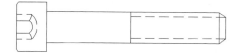

要点流程

● 启动 AutoCAD 2010 中文版，进入绘图界面

图 5-90　分解图形效果图

● 通过工具选项板导入螺钉标准件

● 分解该图块后即可进行编辑

● 将完成后的零件保存

流程图如图 5-91 所示。

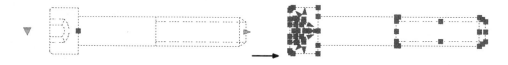

图 5-91　分解图形流程图

操作步骤

步骤 1　通过工具选项板导入螺钉标准件

①启动 AutoCAD 2010 中文版，进入绘图界面。

②选择"工具→选项板→工具选项板"命令，启动工具选项板，如图 5-92 所示。单击拖动"六角圆柱头立柱"到绘图区，如图 5-93 所示。

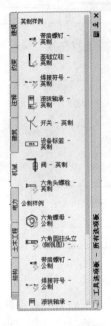

图 5-92　工具选项板

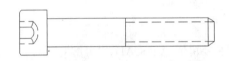

图 5-93　导入的螺钉

步骤 2 用"分解"命令分解该图块

这时导入的螺钉是一个块，还不能对其进行任意的编辑。在"修改"工具栏上单击"分解"按钮，命令行显示如下：

```
命令：_explode
选择对象：找到 1 个                                    //鼠标选取该图块
选择对象：                    //按 Enter 键，结束对象选择，完成对图块的分解
```

知识要点：

分解图形对象命令用于将作为整体的一个对象分解为若干部分，以方便对各部分进行修改。分解图形对象命令启动方法如下。

◆　下拉菜单：选择"修改→分解"命令。

◆　工具栏：在"修改"工具栏上单击"分解"按钮。

◆　输入命令名：在命令行中输入或动态输入 EXPLODE 或 X，并按 Enter 键。

步骤 3 保存文件

实用案例 5.16　绘制吊钩

素材文件：	无
效果文件：	CDROM\05\效果\绘制吊钩.dwg
演示录像：	CDROM\05\演示录像\绘制吊钩.exe

案例解读

本案例主要讲解 AutoCAD 中圆角命令的使用方法。吊钩是起重机上的起重设备，一般使用铸铁铸造而成，吊钩轮廓曲线的确定不仅考虑吊钩和防滑的要求，还要考虑其受力的形式。通过吊钩的绘制，使大家熟悉和理解圆角命令的使用，吊钩效果图如图 5-94 所示。

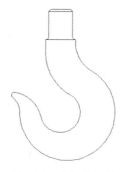

图 5-94　吊钩效果图

要点流程

- 启动 AutoCAD 2010 中文版，进入绘图界面
- 使用直线和偏移命令绘制吊钩头部
- 使用圆命令绘制吊钩部分轮廓线
- 使用圆角命令绘制过渡处的轮廓
- 修剪多余的曲线
- 将完成后的吊钩保存

流程图如图 5-95 所示。

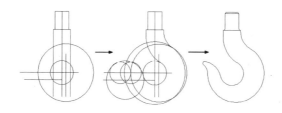

图 5-95　绘制吊钩流程图

操作步骤

步骤 1　绘制吊钩钩身和钩头轮廓

①启动 AutoCAD 2010 中文版，进入绘图界面。

②在"绘图"工具栏上单击"直线"按钮✎，启动绘制直线命令，绘制吊钩中心线并在"修改"工具栏上单击"偏移"按钮⊘，绘制一系列偏移直线，如图 5-96（a）所示。

③在"修改"工具栏上单击"修剪"按钮┼，启动修剪对象命令，修剪多余的直线，如图 5-95（b）所示。

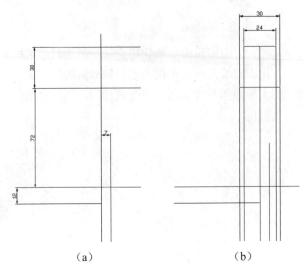

（a） （b）

图 5-96 绘制直线和偏移直线

④ 如图 5-97 所示，以点 A 为圆心，分别绘制一个半径为 20 的圆和一个半径为 52 的圆，后者与直线 a 交于点 C，再以点 B 为圆心，绘制半径为 48 的圆，与直线 b 交于点 D。

⑤ 以点 C 为圆心，绘制半径为 32 的圆，以点 D 为圆心，绘制半径为 18 的圆，与直线 b 交于点 E，再以点 E 为圆心，绘制半径为 18 的圆，如图 5-98 所示。

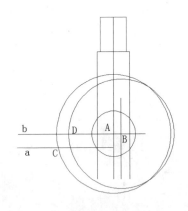

图 5-97 绘制钩身轮廓

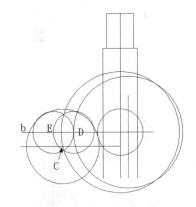

图 5-98 绘制钩头轮廓

步骤 2 用"圆角"命令绘制过渡处的轮廓

① 在"修改"工具栏上单击"圆角"按钮，启动圆角命令，命令行显示如下：

```
命令：_fillet
当前设置：模式 = 修剪，半径 = 0.0000
选择第一个对象或 [放弃(U)\多段线(P)\半径(R)\修剪(T)\多个(M)]: r
                                          //输入 r，设置圆角半径
指定圆角半径 <0.0000>: 32                  //指定圆角半径为 32
选择第一个对象或 [放弃(U)\多段线(P)\半径(R)\修剪(T)\多个(M)]:
                                          //如图 5-99 所示，选取直线
选择第二个对象，或按住 Shift 键选择要应用角点的对象：
                                          //选取圆，完成圆角，如图 5-100 所示
```

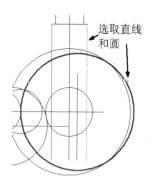

图 5-99   选择圆角对象

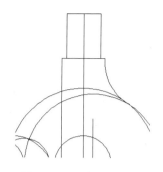

图 5-100   圆角后的效果

知识要点：

圆角（FILLET）命令表示用一段指定半径的圆弧光滑地连接两个对象，其圆角的对象包括直线、多段线、样条曲线、构造线和射线等。

圆角命令的启动方法如下。

- ◆　下拉菜单：选择"修改→圆角"命令。
- ◆　工具栏：在"修改"工具栏上单击"圆角"按钮▱。
- ◆　输入命令名：在命令行中输入或动态输入 FILLET 或 F，并按 Enter 键。

各选项含义：

- ◆　多段线（P）：提示选择二维多段线，并将其指定的多段线的尖角处，按照指定的圆角半径进行多次圆角操作。
- ◆　半径（R）：输入需要圆角的半径值。
- ◆　修剪（T）：选择当前圆角的框是否修剪。
- ◆　多个（M）：选择该选项后可以进行多次圆角操作。

②重复圆角命令，命令行显示如下：

```
命令：_fillet
当前设置：模式 = 修剪，半径 = 32.0000
选择第一个对象或 [放弃(U)\多段线(P)\半径(R)\修剪(T)\多个(M)]：r
                                        //输入 r，设置圆角半径
指定圆角半径 <32.0000>：48               //指定圆角半径为 48
选择第一个对象或 [放弃(U)\多段线(P)\半径(R)\修剪(T)\多个(M)]：
                                        //如图 5-101 所示，选取直线
选择第二个对象，或按住 Shift 键选择要应用角点的对象：//选取圆，完成圆角，如图 5-102 所示
```

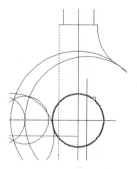

图 5-101   选择圆角对象

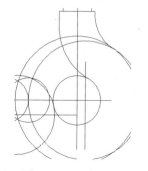

图 5-102   圆角后的效果

③ 重复圆角命令，选择图 5-103 中箭头所指的圆，添加半径为 3 的圆角，如图 5-104 所示。

④ 重复圆角命令，在阶梯处添加半径为 3 的圆角。

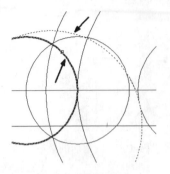

图 5-103　添加圆角

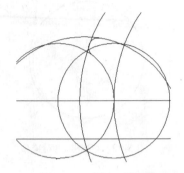

图 5-104　圆角后效果

步骤 3　用"倒角"等命令进行倒角处理

在"修改"工具栏上单击"倒角"按钮，启动倒角命令，此时命令行提示如下：

```
命令： _chamfer                                    //启动倒角命令
"修剪"模式  当前倒角长度 = 5.0000，角度 = 30
```

按照命令行提示，在命令行内输入 m 并按 Enter 键，选择连续倒角，此时命令行提示如下：

```
选择第一条直线或 [放弃(U)\多段线(P)\距离(D)\角度(A)\修剪(T)\方式(E)\多个(M)]： m
                            //在命令行内输入 m 并按 Enter 键，选择连续倒角
```

按照命令行提示，在命令行内输入 a 并按 Enter 键，此时命令行提示如下：

```
选择第一条直线或 [放弃(U)\多段线(P)\距离(D)\角度(A)\修剪(T)\方式(E)\多个(M)]： a
                            //在命令行内输入 a 并按 Enter 键，选择角度倒角
```

选择角度倒角方法，并设置第一倒角距离为 2，此时命令行提示如下：

```
指定第一条直线的倒角长度 <5.0000>：2                //输入第一倒角距离，并按 Enter 键
```

设置倒角角度为 45，此时命令行提示如下：

```
指定第一条直线的倒角角度 <30>： 45                  //输入倒角角度，并按 Enter 键
```

按照命令行提示，选择第一条倒角边，此时命令行提示如下：

```
选择第一条直线或 [放弃(U)\多段线(P)\距离(D)\角度(A)\修剪(T)\方式(E)\多个(M)]：
                                                  //选择第一条倒角边
```

按照命令行提示，选择第二条倒角边，此时命令行提示如下：

```
选择第二条直线，或按住 Shift 键选择要应用角点的直线：         //选择第二条倒角边
```

重复倒角命令，添加倒角，命令行显示如下：

```
选择第一条直线或 [放弃(U)\多段线(P)\距离(D)\角度(A)\修剪(T)\方式(E)\多个(M)]： a
                            //在命令行内输入 a 并按 Enter 键，选择角度倒角
指定第一条直线的倒角长度 <5.0000>： 2              //输入第一倒角距离，并按 Enter 键
指定第一条直线的倒角角度 <30>： 45                //输入倒角角度，并按 Enter 键
选择第一条直线或 [放弃(U)\多段线(P)\距离(D)\角度(A)\修剪(T)\方式(E)\多个(M)]：
                                                  //选择第一条倒角边
选择第二条直线，或按住 Shift 键选择要应用角点的直线：         //选择第二条倒角边
```

按 Esc 键退出倒角命令，并添加直线，如图 5-105 所示。

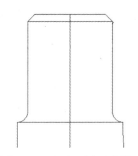

图 5-105　添加圆角和倒角

知识要点：

倒角（CHAMFER）命令表示将两条相交的直线用斜角边连接起来。可以进行倒角操作的对象有直线、多段线、射线、构造线和三维实体等。

倒角命令的启动方法如下。

◆　下拉菜单：选择"修改→倒角"命令。

◆　工具栏：在"修改"工具栏上单击"倒角"按钮◻。

◆　输入命令名：在命令行中输入或动态输入 CHAMFER 或 CHA，并按 Enter 键。

各选项含义：

◆　多段线（P）：提示选择二维多段线，并将其指定的多段线的尖角处，按照指定的倒角距离进行多次倒角操作。

◆　距离（D）：指定两条倒角边的距离。

◆　角度（A）：确定第一条边的倒角距离和角度。

◆　修剪（T）：选择当前倒角框是否修剪。

◆　方式（E）：确定进行倒角的方式，即以距离倒角还是角度倒角。

◆　多个（M）：选择该选项后可以进行多次倒角操作。

步骤 4　修剪多余的曲线或直线

修剪和删除多余直线或曲线，便得到吊钩图形。

步骤 5　保存文件

实用案例 5.17　绘制挂轮架

素材文件：	CDROM\05\素材\未完成的零件.dwg
效果文件：	CDROM\05\效果\绘制挂轮架.dwg
演示录像：	CDROM\05\演示录像\绘制挂轮架.exe

案例解读

本例是 AutoCAD 软件学习中的经典案例。如图 5-106 所示，挂轮架常用于机床附件，将轴安装在挂轮架上，齿轮再安装在轴上，从而传动分度头，使工件做复合运动。主要由直线、相切的圆和圆弧组成。在本案例中，可首先绘制辅助线，然后使用直线命令、圆命令和圆弧命令，并配合偏移命令绘制零件的大概轮廓，最后通过修剪和圆角命令完成绘制。通过本案例，读者应重点练习并掌握各种绘制圆弧的方法。

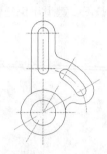

图 5-106　挂轮架效果图

要点流程

- 打开素材文件
- 夹点移动直线 a
- 夹点旋转直线 b
- 绘制并修剪其他轮廓
- 夹点拉伸中心线

流程图如图 5-107 所示。

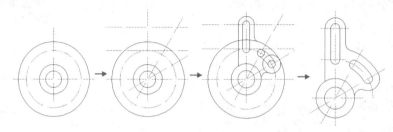

图 5-107　流程图

操作步骤

步骤 1　打开素材文件

① 启动 AutoCAD 2010 中文版，进入绘图界面。

② 打开素材文件 "CDROM\05\素材\未完成的挂轮架.dwg"，如图 5-108 所示。

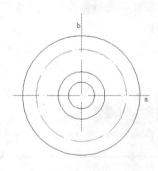

图 5-108　未完成的零件

步骤 2　"夹点移动"直线 a

鼠标选择直线 a，单击直线中心夹点，进入夹点编辑模式，不断按空格键切换到"移动"操作，命令行显示如下：

```
** 移动 **
指定移动点或 [基点(B)/复制(C)/放弃(U)/退出(X)]：c          //选择复制模式
** 移动（多重）**
```

```
指定移动点或 [基点(B)/复制(C)/放弃(U)/退出(X)]: @0, 40          //输入移动位移
** 移动 (多重) **
指定移动点或 [基点(B)/复制(C)/放弃(U)/退出(X)]: @0, 75
** 移动 (多重) **
指定移动点或 [基点(B)/复制(C)/放弃(U)/退出(X)]: @0, 125
```

知识要点：

通过夹点移动，可以改变选中夹点的位置，进而改变对象的位置。

利用夹点移动图形对象命令启动方法如下。

◆　选中夹点，反复按 Enter 键或者空格键，直到命令行显示 "** 移动 **" 为止。

◆　选中夹点，右击，在弹出的快捷菜单内选择 "移动" 命令。

使用夹点移动命令时，如果选择复制选项，移动后保留源对象，则成为夹点复制命令。

各选项含义：

◆　基点（B）：重新指定夹点移动的基点。

◆　复制（C）：将热夹点移动到多个指定的点，创建多个对象副本，并且不删除源对象。

步骤 3 "夹点旋转" 直线 b

鼠标选择直线 b，单击任意夹点，进入夹点编辑模式，不断按空格键切换到 "旋转" 操作，命令行显示如下：

```
** 旋转 **
指定旋转角度或 [基点(B)/复制(C)/放弃(U)/参照(R)/退出(X)]: c        //选择复制模式
** 旋转 (多重) **
指定旋转角度或 [基点(B)/复制(C)/放弃(U)/参照(R)/退出(X)]: b        //选择基点
指定基点:                                    //鼠标选择圆心为旋转时的基点
** 旋转 (多重) **
指定旋转角度或 [基点(B)/复制(C)/放弃(U)/参照(R)/退出(X)]: -30       //输入旋转角度
** 旋转 (多重) **
指定旋转角度或 [基点(B)/复制(C)/放弃(U)/参照(R)/退出(X)]: -60
```

完成移动和旋转后如图 5-109 所示。

知识要点：

通过夹点旋转，使对象绕选中的热夹点进行旋转操作。

利用夹点旋转图形对象命令启动方法如下。

◆　选中夹点，反复按 Enter 键或者空格键，直到命令行显示 "**
旋转 **" 为止。

◆　选中夹点，右击，在弹出的快捷菜单内选择 "旋转" 命令。

图 5-109　绘制辅助线

各选项含义：

◆　基点（B）：重新指定夹点作为对象旋转的基点。

◆　复制（C）：创建多个对象副本，并且不删除源对象。

◆　参照（R）：通过指定相对角度来旋转对象。

使用夹点旋转，可以替代旋转对象命令以及环形阵列中部分简单的操作。如图 5-110 所示为使用夹点旋转方式以 A 点处的夹点为热夹点，重新绘制 "实用案例 5-6"。

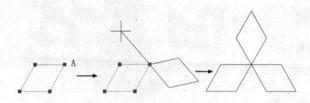

图 5-110　使用夹点旋转绘制三菱标志

步骤 4　绘制其他轮廓并修剪图形

①绘制如图 5-110 所示各圆，小圆半径为 8，顶部大圆半径为 13，右侧大圆半径为 14，完成后如图 5-111 所示。

②绘制其他轮廓线并修剪图形，如图 5-112 所示。

③如图 5-113 所示添加半径为 6 的圆角，绘制槽孔圆弧轮廓线，修剪多余的图形对象。

步骤 5　"夹点拉伸"中心线

选择中心线，单击端点处的夹点，进入夹点拉伸模式，将直线端点拉伸到合适的位置，完成零件绘制。

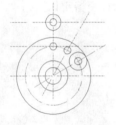　　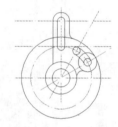

图 5-111　绘制圆　　　　图 5-112　绘制其他轮廓　　　图 5-113　绘制圆角和圆弧

知识要点：

通过夹点拉伸，可以改变选中夹点的位置，进而改变对象的形状和位置，选择的夹点不同，编辑后的结果可能会不同。

利用夹点拉伸图形对象命令启动方法如下。

◆　选中夹点，反复按 Enter 键或者空格键，直到命令行显示 "** 拉伸 **" 为止。

◆　选中夹点，右击，在弹出的快捷菜单内选择"拉伸"命令。

单击某个夹点，进入夹点编辑模式后，命令行显示如下：

** 拉伸 **
指定拉伸点或 [基点(B)/复制(C)/放弃(U)/退出(X)]：

输入或鼠标选取所选夹点移动后的新位置点，按 Enter 键或单击，完成夹点的拉伸。

各选项含义：

◆　基点（B）：当单击某夹点使其成为热夹点时，该夹点即成为对象拉伸时的基点，选择该项，可以重新指定基点。

◆　复制（C）：将热夹点拉伸或移动到多个指定的点，创建多个对象副本，并且不删除源对象。

◆　放弃（U）：放弃上一次的拉伸操作。

◆　退出（X）：退出夹点编辑状态。

步骤 6　保存文件

综合实例演练——绘制传动轮

素材文件：	无
效果文件：	CDROM\05\效果\绘制传动轮.dwg
演示录像：	CDROM\05\演示录像\绘制传动轮.exe

案例解读

该案例绘制机械生产中常见的轮式零件，比较常见于各类机床中，起到传动的作用。本案例重点讲解了圆角、镜像和修剪功能的应用。传动轮效果图如图 5-114 所示。

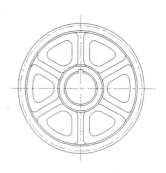

要点流程

- 首先启动 AutoCAD 2010 中文版，进入绘图界面
- 设置图层，绘制中心线
- 用圆、偏移等命令绘制车轮的大致轮廓

图 5-114　传动轮效果图

- 用圆角、直线、阵列等命令绘制车轮的细节结构

流程图如图 5-115 所示。

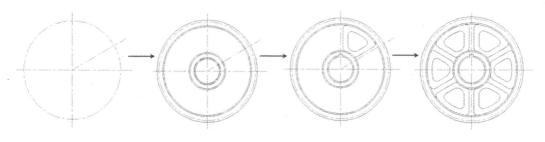

图 5-115　绘制车轮流程图

操作步骤

步骤 1　设置图层

使用图层命令新建图层。"轮廓线"层：线型为实线，线宽为 0.30 毫米，其他设置与 0 层相同；"中心线"层：线型为 CENTER，其他设置与 0 层相同。

步骤 2　绘制中心线

将"中心线"层设为当前层，使用直线、圆和旋转命令绘制中心线，绘制结果如图 5-116 所示。

步骤 3　绘制车轮的大致轮廓

①使用圆命令绘制圆，结果如图 5-117 所示。

②使用偏移命令，绘制结果如图 5-118 所示。

图 5-116　车轮：中心线

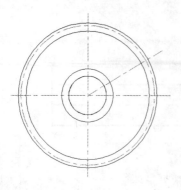

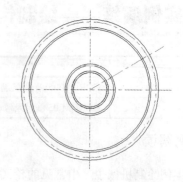

图 5-117　车轮：圆　　　　　　　　　　　　图 5-118　车轮：偏移

步骤 4 绘制车轮的细节结构

①通过直线和修剪命令绘制小圆上的键槽，通过圆弧、直线和偏移命令绘制如图 5-118 所示的直线和圆弧。

②利用圆角命令绘制圆角，如图 5-119 所示。

③使用阵列命令，打开"阵列"对话框。选取"环形阵列"选项卡，单击"选择对象"按钮图，切换到绘图窗口，选择阵列对象，如图 5-120 所示。按 Enter 键返回"阵列"对话框；单击"拾取中心点"按钮图，在绘图区中选取圆的圆心作为中心点。在"项目总数"框中输入 6，单击"确定"按钮。删除多余的斜线，绘图结果如图 5-121 所示。

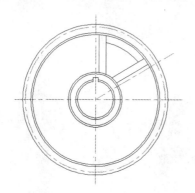

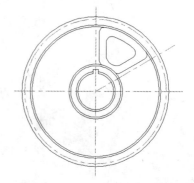

图 5-118　车轮：直线　　　　　　　　　　图 5-119　车轮：圆角

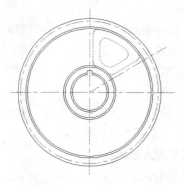

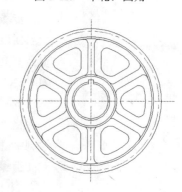

图 5-120　车轮：选择对象　　　　　　　　图 5-121　车轮：阵列

步骤 5 保存文件

第 6 章
高效绘图

本章导读

　　本章将介绍使用 AutoCAD 2010 进行块文件应用和零件图管理及应用案例。

　　图块也称为块，是 AutoCAD 操作中较为核心的内容，许多绘图人员都建立了各种各样的图块。在绘制图形时，如果图形中有大量相同或相似的内容，则可以把需要重复绘制的图形创建成图块。在需要时直接插入它们，这样就不需要再多次绘制相同的图形。例如，机械制图中建立各个规格的齿轮与标注基准符号；建筑制图中建立一些门、窗、楼梯、台阶等以便在绘制时方便调用。在 AutoCAD 中使用块不仅可以提高绘图速度，而且能够增加绘图的准确性，减小文件大小。

　　通过对本章的学习，用户可以了解块文件应用与管理零件图的方法和技巧，并能够根据需要利用外部块快速组合零件图，以及对零件图进行编组和管理。

本章主要学习以下内容：

- 用"创建块"等命令创建螺栓图块
- 用"写块"等命令创建六角螺母块文件
- 用"插入块"等命令组合零件图
- 用"定义属性"等命令定义属性并编辑属性值
- 用"插入块"命令插入一个带有属性的块
- 用"增强属性编辑器"对话框编辑块属性
- 用"设计中心"等命令管理与共享零件图
- 用"工具选项板"命令高效引用外部资源
- 用"编组"命令管理复制零件图
- 用"特性"、"特性匹配"命令管理与修改零件图
- 综合实例演练——定义并插入粗糙度符号图块

实用案例 6.1　创建螺栓图块

素材文件：	CDROM\06\素材\创建螺栓图块素材.dwg
效果文件：	CDROM\06\效果\创建螺栓图块.dwg
演示录像：	CDROM\06\演示录像\创建螺栓图块.exe

案例解读

　　本案例主要讲解 AutoCAD 2010 中创建块的使用方法。通过创建螺栓图块，如图 6-1 所示，使大家熟悉和理解创建块命令的使用方法。

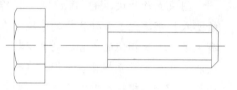

图 6-1　螺栓图块效果图

要点流程

- 启动 AutoCAD 2010 中文版，进入绘图界面
- 打开素材文件
- 运用块定义命令创建螺栓块

操作步骤

步骤 1　打开素材文件

①启动 AutoCAD 2010 中文版，进入绘图界面。

②打开光盘中的素材文件"CDROM\06\素材\创建螺栓图块素材.dwg"，如图 6-2 所示。

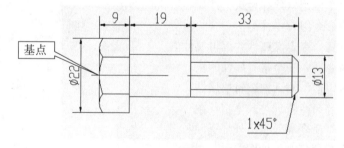

图 6-2　创建螺栓图块素材

步骤 2　用"创建块"命令创建螺栓图块

①在"绘图"工具栏上单击"创建图块"按钮 🖾，启动创建图块命令，打开如图 6-3 所示的"块定义"对话框。

图 6-3 "块定义" 对话框

知识要点：

块的定义就是将图形中选定的一个或几个图形对象组合为一个整体，并为其取名保存，这样它就被视作一个实体在图形中随时进行调用和编辑，即所谓的 "内部图块"。

定义块命令的启动方法如下。

◆　下拉菜单：选择 "绘图→块→创建" 命令。

◆　工具栏：在 "绘图" 工具栏上单击 "创建块" 按钮 ⊡。

◆　输入命令名：在命令行中输入或动态输入 BLOCK 或 B，并按 Enter 键。

启动定义块命令之后，系统将弹出如图 6-3 所示的 "块定义" 对话框。

各选项含义：

◆　"名称" 文本框：输入块的名称，但最多可使用 255 个字符，可以包括字母、数字、空格以及微软和 AutoCAD 没有用作其他用途的特殊字符。

◆　"基点" 栏：用于确定插入点位置，默认值为（0,0,0）。用户可以单击 "拾取点" 按钮 ⊡，然后用十字光标在绘图区内选择一个点；也可以在 X、Y、Z 文本框中输入插入点的具体坐标参数值。一般基点选在块的对称中心、左下角或其他有特征的位置。

◆　"对象" 栏：设置组成块的对象。单击 "选择对象" 按钮 ⊡，可切换到绘图区中选择构成块的对象；单击 "快速选择" 按钮 ⊡，在弹出的 "快速选择" 对话框中进行设置过滤，使其选择组成块的对象；选中 "保留" 单选按钮，表示创建块后其原图形仍然在绘图窗口中；选中 "转换为块" 单选按钮，表示创建块后将组成块的各对象保留并将其转换为块；选中 "删除" 单选按钮，表示创建块后其原图形将在图形窗口中删除。

◆　"方式" 栏：设置组成块对象的显示方式。

◆　"设置" 栏：用于设置块的单位是否链接。

◆　"说明" 文本框：在其中输入与所定义块有关的描述性说明文字。

②在 "块定义" 对话框的名称栏中输入所创建的块名称 "螺栓"。

③单击 "基点" 选项区域中的 "拾取点" 按钮 ⊡，在绘图区内拾取块的基点，如图 6-2 所示。

④单击 "对象" 选项区域的 "选择对象" 按钮 ⊡，在绘图区内拾取块的组成对象，单击右键或按 Enter 键完成拾取对象。

⑤单击"确定"按钮完成块定义。

命令行显示如下：

```
命令: _block 指定插入基点：                    //选取插入基点
选择对象: 找到 1 个                            //选取组成对象
选择对象: 找到 1 个, 总计 2 个
选择对象: 指定对角点:找到 17 个, 总计 19 个
选择对象:
```

步骤3 保存文件

实用案例 6.2 创建六角螺母块文件

素材文件:	CDROM\06\素材\创建六角螺母块文件素材.dwg
效果文件:	CDROM\06\效果\创建六角螺母块文件.dwg
演示录像:	CDROM\06\演示录像\创建六角螺母块文件.exe

案例解读

本案例主要讲解 AutoCAD 2010 中写块命令的使用方法。通过创建六角螺母块文件，如图 6-4 所示，使大家熟悉和理解创建块文件命令的使用方法。

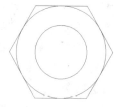

图 6-4 六角螺母块文件效果图

要点流程

- 启动 AutoCAD 2010 中文版，进入绘图界面
- 打开素材文件
- 运用写块命令创建六角螺母块文件

操作步骤

步骤1 打开素材文件

①启动 AutoCAD 2010 中文版，进入绘图界面。

②打开光盘中的素材文件 "CDROM\06\素材\创建六角螺母块文件素材.dwg"，如图 6-5 所示。

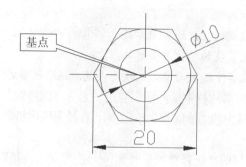

图 6-5 创建六角螺母块文件素材

步骤 2 用"写块"命令创建六角螺母块文件

在命令行中输入或动态输入 WBLOCK 或 W，并按 Enter 键，启动写块命令，打开如图 6-6 所示的"写块"对话框。

图 6-6 "写块"对话框

知识要点：

如果要将指定的图形文件以块的形式进行保存，并能够随意地插入任何图形对象中，那么这就是前面所讲解的"外部图块"。

块存盘操作的命令，就是在命令行中输入或动态输入 WBLOCK 或 W，并按 Enter 键，将弹出"写块"对话框，按照块的定义方法来创建一个"外部图块"，如图 6-6 所示。

注意

◆ 用户可以使用 SAVE 或 SAVEAS 命令创建并保存整个图形文件，也可以使用 EXPORT 或 WBLOCK 命令从当前图形中创建选定的对象，然后保存到新图形中。不论使用哪一种方法创建一个普通的图形文件，它都可以作为块插入任何其他图形文件中。如果需要作为相互独立的图形文件来创建几种版本的符号，或者要在不保留当前图形的情况下创建图形文件，建议使用 WBLOCK 命令。

② 在"源"选项区域中选择"对象"。

③ 单击"基点"选项区域中的"拾取点"按钮，在绘图区内拾取块的基点。

④ 单击"对象"选项区域中的"选择对象"按钮，在绘图区内拾取块的组成对象，单击右键或按 Enter 键完成。

⑤ 在"目标"选项区域的"文件名和路径"框中输入文件名和路径。在"插入单位"下拉框中选择单位（毫米）。

⑥ 单击"确定"按钮完成块文件的创建。

命令行显示如下：

```
命令：wblock
指定插入基点：                          //选取插入基点
选择对象：找到 1 个                      //选取组成对象
选择对象：找到 1 个，总计 2 个
选择对象：找到 1 个，总计 3 个
选择对象：
```

步骤 3 保存文件

实用案例 6.3 利用图块组合零件图

素材文件：	CDROM\06\素材\利用图块组合零件图素材.dwg
效果文件：	CDROM\06\效果\利用图块组合零件图.dwg
演示录像：	CDROM\06\演示录像\利用图块组合零件图.exe

案例解读

本案例主要讲解在 AutoCAD 2010 中插入块命令的使用方法。通过组合基座零件，使大家熟悉和理解插入块文件命令的使用方法。

要点流程

- 启动 AutoCAD 2010 中文版，进入绘图界面
- 打开素材文件
- 运用块定义命令创建凸台块
- 运用插入块命令组合零件

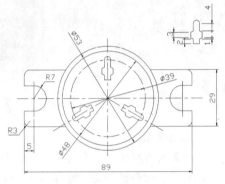

图 6-7 基座完成图

操作步骤

步骤 1 打开素材文件

① 启动 AutoCAD 2010 中文版，进入绘图界面。

② 打开光盘中的素材文件 "CDROM\06\素材\利用图块组合零件图素材.dwg"，图 6-8 所示。

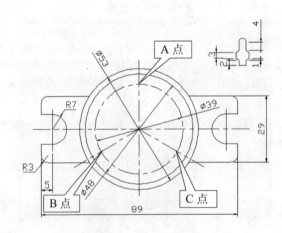

图 6-8 利用图块组合零件图素材

步骤 2 用"插入块"等命令组合零件

① 在"绘图"工具栏上单击"创建图块"按钮 ，启动创建图块命令，打开"块定义"对话框。

②在"块定义"对话框的名称栏中输入所创建的块名称"凸台块"。

③单击"基点"选项区域中的"拾取点"按钮🔲，在绘图区内拾取块的基点，如图 6-9 所示。

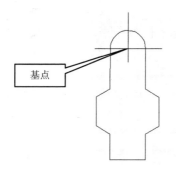

基点

图 6-9　凸台块图

④单击"对象"选项区域中的"选择对象"按钮🔲，在绘图区内拾取块的组成对象，单击右键或按 Enter 键完成拾取对象。

⑤单击"确定"按钮完成块定义。

⑥在命令行中输入或动态输入 INSERT，启动插入块命令，打开"插入"对话框，如图 6-10 所示。

图 6-10　"插入"对话框

知识要点:

当用户在图形文件中定义了块以后，即可在内部文件中进行任意的插入块操作，还可以改变所插入块的比例和旋转角度。

插入块命令的启动方法如下。

◆　下拉菜单: 选择"插入→块"命令。

◆　工具栏: 在"绘图"工具栏上单击"插入块"按钮🔲。

◆　输入命令名: 在命令行中输入或动态输入 INSERT 或 I，并按 Enter 键。

启动插入块命令之后，系统将弹出如图 6-10 所示的"插入"对话框。

各选项含义:

◆　"名称"下拉列表框: 用于选择已经存在的块或图形名称。若单击其后的"浏览"按钮，可打开"选择图形文件"对话框，从中选择已经存在的外部图块或图形文件。

◆ "插入点"栏：确定块的插入点位置。若选择"在屏幕上指定"复选框，表示用户将在绘图窗口内确定插入点；若不选中该复选框，用户可在其下的 X、Y、Z 文本框中输入插入点的坐标值。

◆ "比例"栏：确定块的插入比例系数。用户可直接在 X、Y、Z 文本框中输入块在三个坐标方向的不同比例；若选中"统一比例"复选框，表示所插入的比例一致。

◆ "旋转"栏：用于设置块插入时的旋转角度，可直接在"角度"文本框中输入角度值，也可直接在屏幕上指定旋转角度。

◆ "分解"复选框：表示是否将插入的块分解成各基本对象。

注意
◆ 用户在插入图块对象过后，也可以单击"修改"工具栏中的"分解"按钮🗗对其进行分解操作。

⑦ 单击"名称"文本框，选择"凸台块"。

⑧ 在绘图屏幕上拾取插入的坐标位置 A，如图 6-8 所示，完成插入工作。

⑨ 参考上述方法，在绘图区内完成旋转 120°和-120°插入，插入点分别为 B 点、C 点。

⑩ 完成插入工作。

步骤 3 保存文件

实用案例 6.4　定义属性并编辑属性值

素材文件：	CDROM\06\素材\定义属性并编辑属性值素材.dwg
效果文件：	CDROM\06\效果\定义属性并编辑属性值性.dwg
演示录像：	CDROM\06\演示录像\定义属性并编辑属性值.exe

案例解读

通过"属性定义"将属性附加到块上，并对已定义了的属性进行编辑。

要点流程

● 用"定义属性"命令定义属性
● 对已定义的属性进行编辑

操作步骤

步骤 1 用"定义属性"命令定义属性

① 打开光盘中的素材文件"CDROM\06\素材\定义属性并编辑属性值素材.dwg"，如图 6-11 所示。

② 在下拉菜单中选择"绘图→块→定义属性"命令，弹出"属性定义"对话框，如图 6-12 所示。

图 6-11　粗糙度块　　　　　　图 6-12　"属性定义"对话框

知识要点：

属性概念：属性是随着块插入的附属文本信息。属性包含用户生成技术报告所需的信息，它可以是常量或变量、可视或不可视的，当用户将一个块及属性插入图形中时，属性按块的缩放、比例和转动来显示。

创建属性：要创建属性，首先创建包含属性特征的属性定义。特征包括标记（标志属性的名称）、插入块时显示的提示、值的信息、文字格式、块中的位置和所有可选模式（不可见、常数、验证、预设、锁定位置和多行）。

创建带属性块的启动方法如下。

◆　下拉菜单：选择"绘图→块→定义属性"命令。

◆　输入命令名：在命令行中输入或动态输入 ATTDED 或 ATT，并按 Enter 键。

◆　创建带属性块的命令之后，将弹出"属性定义"对话框，如图 6-12 所示。

各选项含义：

◆　"不可见"复选框：表示插入块后是否显示其属性值。

◆　"固定"复选框：设置属性是否为固定值。当为固定值时，插入块后该属性值不再发生变化。

◆　"验证"复选框：用于验证所输入属性值是否正确。

◆　"预设"复选框：表示是否将该值预置为默认值。

◆　"锁定位置"复选框：表示固定插入块的坐标位置。

◆　"多行"复选框：表示可以使用多行文字来标注块的属性值。

◆　"标记"文本框：用于输入属性的标记。

◆　"提示"文本框：输入插入块时系统显示的提示信息内容。

◆　"默认"文本框：用于输入属性的默认值。

◆　"文字位置"栏：用于设置属性文字的对正方式、文字样式、高度值、旋转角度等格式。

注意

在通过"属性定义"对话框定义属性后，还要使用前面的方法来创建或存储图块。

---

③在"属性"选项组中的"标记"文本框中输入"ROU"，在"提示"文本框中输入"请

输入粗糙度值"。

④ 在"文字设置"选项组中，对图块文字进行对齐方式、大小、样式和旋转角度等的设置。

⑤ 单击"确定"按钮，完成标记为"ROU"的属性定义，如图 6-13 所示。

⑥ 定义块，执行 BLOCK 命令，弹出"块定义"对话框。

⑦ 在"块定义"对话框中进行相关设置，块名称为"ROUGHNESS"，如图 6-14 所示。

图 6-13 标记 ROU 效果图　　　　　　　图 6-14 定义 ROUGHNESS 块

⑧ 单击"确定"按钮，弹出"编辑属性"对话框，如图 6-15 所示。

⑨ 出现提示"请输入粗糙度值"，这是因为在定义块时选择要将原有图形自动转换为块，如果定义块时没有选择此项，则不会出现该对话框。输入粗糙度值"3.1"。

⑩ 单击"确定"按钮，完成块的属性定义，并在原位置插入块，如图 6-16 所示。

图 6-15 "编辑属性"对话框　　　　　　图 6-16 粗糙度块效果图

步骤 2 编辑属性值

① 在命令行中输入或动态输入 ATTEDIT，并按 Enter 键。

知识要点：

块编辑属性值启动方法如下。

◆ 下拉菜单：选择"修改→对象→属性→单个"命令。

◆ 输入命令名：在命令行中输入或动态输入 ATTEDIT，并按 Enter 键。

②在命令提示选择块参照下，在屏幕上选取如图 6-16 所示的粗糙度块，弹出"编辑属性"对话框，如图 6-17 所示。

③编辑属性值，完成操作。

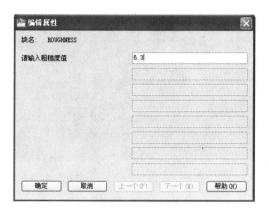

图 6-17 "编辑属性"对话框

步骤 3 保存文件

实用案例 6.5 插入一个带有属性的块

素材文件：	CDROM\06\素材\插入一个带有属性的块素材.dwg
效果文件：	CDROM\06\效果\插入一个带有属性的块.dwg
演示录像：	CDROM\06\演示录像\插入一个带有属性的块.exe

案例解读

本案例的目的是使用"插入块"命令插入一个带有属性的块

要点流程

● 用"插入块"命令插入一个带有属性的块

操作步骤

步骤 1 用"插入块"命令插入带属性的块

①在"绘图"工具栏上单击"插入图块"按钮，启动插入图块命令，弹出"插入"对话框。

②单击"浏览"按钮，打开"选择图形文件"对话框，如图 6-18 所示。

③双击"插入一个带有属性的块素材.dwg"图形文件，返回"插入"对话框。

④用户可以在"比例缩放"和"旋转"文本框中，对所插入的图形文件进行比例缩放、旋转角度等设置。

⑤单击"确定"按钮，完成插入图形文件的查找和设置操作。

⑥在绘图屏幕上拾取插入的坐标位置，完成插入工作，如图 6-19 所示。

图 6-18 "选择图形文件"对话框   图 6-19 基准代号效果图

⑦带有属性的块插入完毕后，用户可以通过 ATTEDIT 命令对块属性进行编辑。

注意

◆ 在块属性没有定义之前，其属性标志就是文本文字。只有当属性连同图形被定义成块后，属性才能按用户指定值插入图形中。

步骤 2 保存文件

实用案例 6.6 编辑块属性

素材文件：	CDROM\06\素材\修改块属性定义素材.dwg
效果文件：	CDROM\06\效果\修改块属性定义.dwg
演示录像：	CDROM\06\演示录像\修改块属性定义.exe

案例解读

本案例的目的是对已经定义了的块属性进行编辑。

要点流程

● 用"增强属性编辑器"对话框编辑块属性

操作步骤

步骤 1 启动"增强属性编辑器"对话框编辑块属性

①打开光盘中的素材文件"CDROM\06\素材\修改块属性定义素材.dwg"，如图 6-20 所示。

②在下拉菜单中选择"修改→对象→属性→单个"命令，弹出"增强属性编辑器"对话框，如图 6-21 所示。

③在"属性"选项卡的"值"文本框中输入新值"B"，完成属性值的修改，如图 6-22 所示。

图 6-20　基准 A　　　　　图 6-21　"属性"选项卡　　　　　图 6-22　基准 B

知识要点：

当用户在插入带属性的对象后，可以对其属性值进行修改操作。

编辑块属性的启动方法如下。

◆　下拉菜单：选择"修改→对象→属性→单个"命令。

◆　工具栏：在"修改 II"工具栏上单击"编辑属性"按钮，如图 6-23 所示。

◆　输入命令名：在命令行中输入或动态输入 DDATTE 或 ATE，并按 Enter 键。

启动编辑块属性之后，系统提示"选择对象"后，用户使用鼠标在视图中选择带属性块的对象，系统将弹出"增强特性编辑器"对话框，根据要求编辑属性块的值即可，如图 6-21 所示。

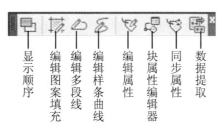

图 6-23　"修改 II"工具栏

各选项含义：

◆　**"属性"选项卡：** 用户可修改该属性的属性值。

◆　**"文字选项"选项卡：** 用户可修改该属性的文字特性，包括文字样式、对正方式、文字高度、比例因子、旋转角度等，如图 6-24 所示。

◆　**"特性"选项卡：** 用户可修改该属性文字的图层、线宽、线型、颜色等特性，如图 6-25 所示。

图 6-24　"文字选项"选项卡　　　　　图 6-25　"特性"选项卡

步骤 3　保存文件

实用案例 6.7 应用设计中心管理与共享零件图

素材文件	CDROM\06\素材\应用设计中心管理与共享零件图素材-1.dwg、应用设计中心管理与共享零件图素材-2.dwg
效果文件	CDROM\06\效果\应用设计中心管理与共享零件图.dwg
视频文件	CDROM\06\视频文件\应用设计中心管理与共享零件图.exe

案例解读

本实例的目的是通过为零件图装配图，如图 6-26 所示，令大家熟悉和理解设计中心资源管理和资源共享的功能的使用方法。

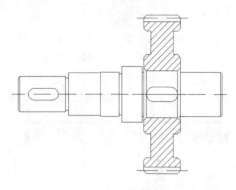

图 6-26 装配图

要点流程

- 启动 AutoCAD 2010 中文版，进入绘图界面
- 新建空白文件
- 运用设计中心命令打开图形资源
- 共享图形资源
- 组装零件图
- 运用修剪、删除和图案填充命令，对零件图进行编辑使其美观

操作步骤

步骤 1 新建空白文件

①启动 AutoCAD 2010 中文版，进入绘图界面。

②新建空白文件。

步骤 2 用"设计中心"命令打开图形资源

①在命令行中输入或动态输入 ADCENTER，并按 Enter 键，启动设计中心命令，打开如图 6-27 所示的"设计中心"面板。

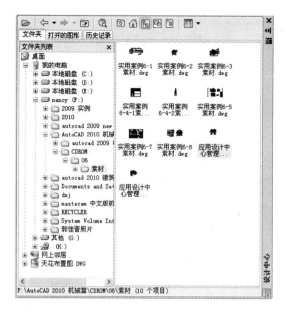

图 6-27 "设计中心"面板

知识要点：

AutoCAD 设计中心 （AutoCAD Design Center，简称 ADC）为用户提供了一个直观且高效的工具，它与 Windows 资源管理器类似。它可以方便地在当前图形中插入块，引用光栅图像及外部参照，在图形之间复制块、复制图层、线型、文字样式、标注样式以及用户定义的内容等。

打开"设计中心"面板的方法如下。

◆ 下拉菜单：选择"工具→选项板→设计中心"命令。

◆ 工具栏：在"标准"工具栏上单击"设计中心"按钮 。

◆ 输入命令名：在命令行中输入 ADCENTER，并按 Enter 键，或按 Ctrl+2 键。

执行以上任何一种方法后，系统将打开"设计中心"面板，如图 6-27 所示。

在 AutoCAD 2010 中，使用 AutoCAD 设计中心可以完成如下工作。

◆ 创建对频繁访问的图形、文件夹和 Web 站点的快捷方式。

◆ 根据不同的查询条件在本地计算机和网络上查找图形文件，找到后可以将它们直接加载到绘图区或设计中心。

◆ 浏览不同的图形文件，包括当前打开的图形和 Web 站点上的图形库。

◆ 查看块、图层和其他图形文件的定义并将这些图形定义插入当前图形文件中。

◆ 通过控制显示方式来控制设计中心控制板的显示效果，还可以在控制板中显示与图形文件相关的描述信息和预览图像。

② 在左侧窗口内，选择"素材"目录，右侧窗口将显示此文件夹下所有图形文件。

③ 在右侧窗口找到"应用设计中心管理与共享零件图素材-1.dwg"文件。

④ 在该文件上右键单击，在弹出的快捷菜单中选择"在应用程序窗口中打开"命令，打开文件，如图 6-28 所示。

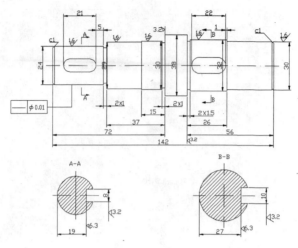

图 6-28　素材

步骤 3　共享图形资源

在右侧窗口中选择"应用设计中心管理与共享零件图素材-2.dwg"文件，右键单击在弹出的快捷菜单中选择"复制"选项，并将其复制到当前图形文件中，如图 6-29 所示。此时将以块的形式插入当前图形文件中。

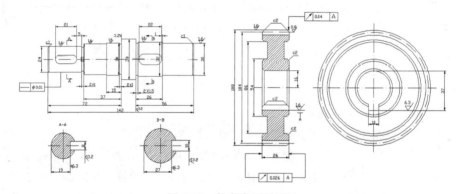

图 6-29　共享资源后显示

步骤 4　组装零件图

① 运用分解命令将复制后的"应用设计中心管理与共享零件图素材-2.dwg"文件图形分解。

② 运用删除命令将尺寸标注和多余的视图删除，如图 6-30 所示。

③ 运用移动命令将轴和齿轮组装在一起，如图 6-31 所示。

图 6-30　删除多余视图　　　　　　　　　　图 6-31　装配图

步骤 5 修改装配图

运用修剪、删除和图案填充命令，对零件图进行编辑，修改后的效果图如图 6-32 所示。

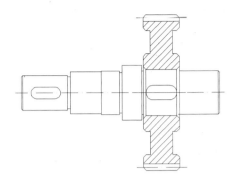

图 6-32　修改装配图

步骤 6 保存文件

实用案例 6.8　应用选项板高效引用外部资源

素材文件：	CDROM\06\素材\应用选项板高效引用外部资源素材.dwg
效果文件：	CDROM\06\效果应用选项板高效引用外部资源\.dwg
演示录像：	CDROM\06\演示录像\应用选项板高效引用外部资源.exe

案例解读

本案例主要讲解 AutoCAD 2010 中工具选项板的使用方法。如图 6-33 所示，通过使用动态块等图形快速地构建图形，使大家熟悉和理解工具选项板的操作方法和使用技巧。

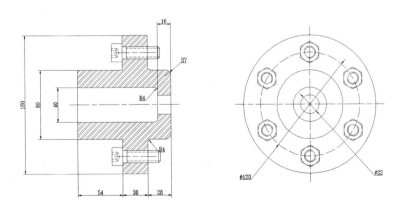

图 6-33　法兰盘效果图

要点流程

- 启动 AutoCAD 2010 中文版，进入绘图界面
- 打开素材文件

- 运用工具选项板命令，插入六角螺母图块
- 运用动态块功能，调整六角螺母尺寸
- 运用环形阵列命令，添加其余六角螺母图块
- 运用工具选项板命令，插入六角圆柱头立柱图块并对其镜像
- 运用工具选项板命令，填充剖面图案并对填充图案进行比例更改

操作步骤

步骤 1 打开素材文件

①启动 AutoCAD 2010 中文版，进入绘图界面。

②打开光盘中的素材文件"CDROM\06\素材\应用选项板高效引用外部资源素材.dwg"，如图 6-34 所示。

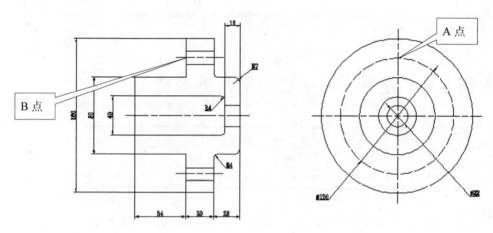

图 6-34　素材

步骤 2 用"工具选项板"命令插入六角螺母图块

①在命令行中输入或动态输入 TOOLPALETTES，并按 Enter 键，启动"工具选项板"命令。

知识要点：

AutoCAD 2010 向用户提供了工具选项板功能，它们可以帮助用户组织、共享和放置块、图案填充及其他工具。利用其可以将某一图案填充到指定的封闭区域，或将工具选项板上提供的某一图形插入当前图形。同时，工具选项板还包含由第三方开发人员提供的自定义工具。用户可为工具选项板添加新选项卡，并将常用图块添加到选项板。

工具选项板启动方法如下。

◆　下拉菜单：选择"工具→选项板→工具选项板"命令。

◆　工具栏：在"绘图"工具栏上单击"工具选项板"按钮 ▦。

◆　输入命令名：在命令行中输入或动态输入 TOOLPALETTES，并按 Enter 键。

◆　使用 Ctrl+3 组合键。

"工具选项板"界面如图 6-35 所示。

工具选项板将块、图案填充和自定义工具等整理在一个便于使用的窗口中。用户可以

通过在"工具选项板"窗口单击鼠标右键，在弹出的快捷菜单中选择所需命令，如图 6-36 所示。

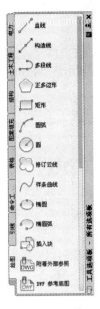

图 6-35 "工具选项板"界面

图 6-36 快捷菜单

各选项含义：

◆ 允许固定：选择该选项，用户可将窗口拖动到图形旁边的固定区域上来固定该窗口。清除此选项可将固定的工具选项板变为浮动状态。

◆ 自动隐藏：选择该选项，使光标从窗口经过时，窗口从活动变为不活动状态。清除该选项后，工具选项板将一直处于打开状态。

◆ 透明度：设置窗口的透明度。

◆ 视图选项：可以设置工具的显示方式、图像大小以及视图样式等。

◆ 排序依据：指定排序方式按名称或按类型对选项板内容进行排序。

◆ 添加文字：在光标位置插入文字输入框。

◆ 添加分隔符：在光标位置添加工具选项板分隔线。

◆ 新建选项板：创建新的选项板并输入名称。

◆ 删除选项板：删除当前选项板。

◆ 重命名选项板：重命名当前选项板。

◆ 自定义选项板：显示"自定义用户界面"对话框。用户可以管理自定义用户界面元素工作空间、工具栏、菜单、快捷菜单和键盘快捷键等。

◆ 自定义命令：显示"自定义"对话框。用户可以自定义工具选项板、选项板组和块编写选项板的界面，创建、修改和组织工具选项板和选项板组，以及输入和输出选项板文件。

② 在工具选项板中选择"机械"选项卡，从中选择"六角螺母"图例，将其拖放至插入如图 6-34 所示的 A 点。

步骤 3 调整六角螺母尺寸

单击六角螺母图块，显示动态块三角编辑按钮，单击后在弹出的下拉菜单中选择 M14 选项，如图 6-37 所示。

步骤 4 添加其余六角螺母图块

①在命令行中输入或动态输入 ARRAY，并按 Enter 键，启动阵列命令。

②弹出"阵列"对话框，以圆心作为阵列中心对六角螺母进行环形阵列，如图 6-38 所示。

图 6-37 动态块下拉菜单

图 6-38 阵列

步骤 5 用"工具选项板"命令插入六角圆柱头立柱图块

①参考上述方法，从工具选项板中在 B 点插入六角圆柱头立柱图块，如图 6-39 所示。

②调整六角圆柱头立柱尺寸为 M14，如图 6-39 所示。

步骤 6 镜像六角圆柱头立柱图块

①在命令行中输入或动态输入 MIRROR，并按 Enter 键，启动镜像命令。

②将六角圆柱头立柱图块通过中心线，镜像出下方图形，如图 6-40 所示。

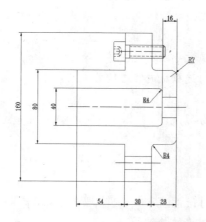

图 6-39 插入六角圆柱头立柱图块

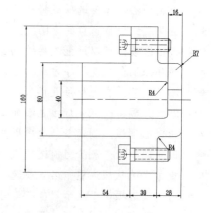

图 6-40 镜像六角圆柱头立柱图块

步骤 7 用"工具选项板"命令填充剖面图案

①在工具选项板中单击"图案填充"选项卡，从中选择如图 6-41 所示的图例。

②将其拖放至主视图填充处，重复填充。

③完成图形构建。

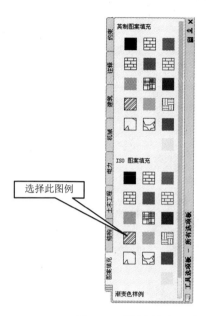

图 6-41 "图案填充"选项卡

步骤 8 保存文件

实用案例 6.9 应用编组管理复杂零件图

素材文件：	CDROM\06\素材\应用编组管理复杂零件图素材.dwg
效果文件：	CDROM\06\效果\应用编组管理复杂零件图.dwg
演示录像：	CDROM\06\演示录像\应用编组管理复杂零件图.exe

案例解读

本案例主要讲解 AutoCAD 2010 中对象编组命令的使用方法。如图 6-42 所示，通过为减速箱装配图对象编组，使大家熟悉和理解对象编组命令的使用方法。

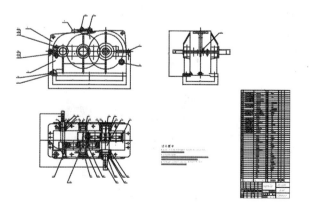

图 6-42 减速箱装配图

要点流程

- 启动 AutoCAD 2010 中文版，进入绘图界面
- 打开素材文件
- 运用对象编组命令将对象编组

操作步骤

步骤 1 打开素材文件

① 启动 AutoCAD 2010 中文版，进入绘图界面。

② 打开光盘中的素材文件"CDROM\06\素材\应用编组管理复杂零件图素材.dwg"，如图 6-43 所示。

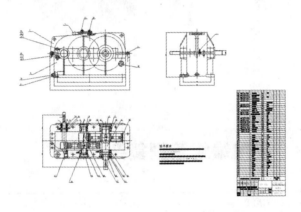

图 6-43　应用编组管理复杂零件图素材

步骤 2 用"编组"命令将对象编组

① 在命令行中输入或动态输入 GROUP，并按 Enter 键，启动对象编组命令。

② 在"编组名"文本框中输入编组名称"零件图"。

③ 单击"新建"按钮，返回绘图区选择三个视图和技术要求。

④ 按 Enter 键完成选择。

⑤ 返回"对象编组"对话框，单击"确定"按钮，完成编组。

⑥ 按 Enter 键完成选择。

⑦ 返回"对象编组"对话框，单击"确定"按钮，完成编组。

命令行显示如下：

```
命令：group                              //弹出对象编组对话框，设置内容
选择要编组的对象：                              //选取编组对象
选择对象：指定对角点：找到 1432 个
选择对象：
```

⑧ 参考上述方法，选择明细表为编组对象，完成"明细表"编组。

⑨ 完成对象编组。

步骤 3 保存文件

实用案例 6.10 应用特性管理与修改零件图

素材文件：	CDROM\06\素材\应用特性管理与修改零件图素材.dwg
效果文件：	CDROM\06\效果\应用特性管理与修改零件图.dwg
演示录像：	CDROM\06\演示录像\应用特性管理与修改零件图.exe

案例解读

本案例主要讲解 AutoCAD 2010 中特性工具的使用方法。通过管理和修改复杂零件图，使大家熟悉和理解特性和特性匹配工具的使用方法，如图 6-44 所示。

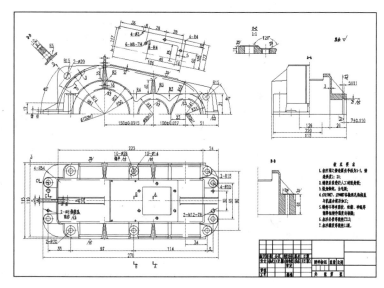

图 6-44　箱体效果图

要点流程

- 启动 AutoCAD 2010 中文版，进入绘图界面
- 打开素材文件
- 运用特性命令修改零件图
- 运用特性和特性匹配命令，修改剖面图标注字母的图层特性
- 运用特性和特性匹配命令，修改尺寸文字的颜色和文字高度
- 运用快速选择和特性命令，修改轮廓线的线宽
- 运用快速选择和特性命令，修改点画线的颜色

操作步骤

步骤 1 打开素材文件

①启动 AutoCAD 2010 中文版，进入绘图界面。

②打开光盘中的素材文件"CDROM\06\素材\应用特性管理与修改零件图素材.dwg"，如图 6-45 所示。

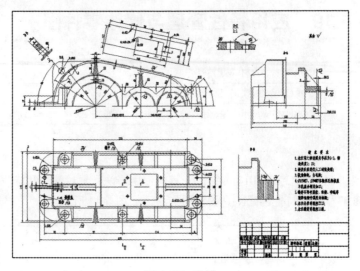

图 6-45 素材

步骤 2 用 "特性" 命令修改零件图

① 在命令行中输入或动态输入 PROPERTIES，并按 Enter 键，启动 "特性" 对话框。

知识要点：

AutoCAD 2010 向用户提供了特性工具选项板功能，它们可以帮助用户控制现有对象的特性，如颜色、线型、线宽等。

特性选项板启动方法如下。

- ◆ 下拉菜单：选择 "工具→选项板→特性" 命令。
- ◆ 下拉菜单：选择 "修改→特性" 命令。
- ◆ 工具栏：在 "绘图" 工具栏上单击 "特性选项板" 按钮 ▦。
- ◆ 输入命令名：在命令行中输入或动态输入 PROPERTIES，并按 Enter 键。
- ◆ 使用 Ctrl+1 组合键。

"特性选项板" 界面如图 6-46 所示。

图 6-46 "特性选项板" 界面

各选项含义：

- ◆ 显示选定对象或对象集的特性。

✓ 选择多个对象时，将只显示选择所有对象的公共特性。

✓ 如果未选择对象，将只显示当前图层和布局的基本特性、附着在图层上的打印样式表名称、视图特性和 UCS 的相关信息。

✓ 可以指定新值以修改任何可以更改的特性。

◆ 对象类型：显示选定对象的类型。

◆ 切换 PICKADD 系统变量的值▦：打开"1"或关闭"0"PICKADD 系统变量。打开 PICKADD 时，每个选定对象都将添加到当前选择集中。关闭 PICKADD 时，选定对象将替换当前选择集。

◆ 选择对象▦：选择所需对象。

◆ 快速选择▦：显示"快速选择"对话框。使用"快速选择"选项过滤选择对象集。

◆ 在标题栏上单击鼠标右键时，将显示快捷菜单选项，如图 6-47 所示。

> 移动(M)
> 大小(S)
> 关闭(C)
> ✓ 允许固定(D)
> 锚点居左(L)   〈
> 锚点居右(G)   〉
> 自动隐藏(A)
> 透明度(T)...

图 6-47 快捷菜单

✓ 允许固定：选择该选项，用户可将窗口拖动到图形旁边的固定区域上来固定该窗口。清除此选项可将固定的工具选项板变为浮动状态。

✓ 锚点居右/锚点居左：将"特性"选项板附着到位于绘图区域右侧或左侧的锚点选项卡基点。

✓ 自动隐藏：选择该选项，使光标从窗口经过时，窗口从活动变为不活动状态。清除该选项后，工具选项板将一直处于打开状态。

✓ 透明：设置窗口的透明度。

✓ 说明：设置"特性"选项板底部说明区域的显示。

注意 --

◆ 在绘制图中选择指定的图形对象，则在"特性"选项板中即显示出所选对象的当前特性设置。当然，选择的对象不同，其"特性"选项板的选项也有所不同。

②单击剖面图标注字母，如图 6-48 所示，其对象的特性显示在左侧"特性"对话框内。

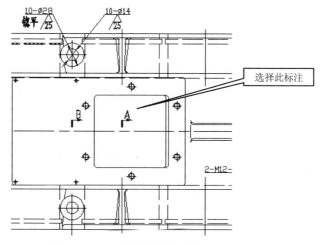

图 6-48   A-A 剖面图标注字母

③在"特性"对话框中单击"图层"文本框，选择"文本层"，此时已将对象图层特性从"尺寸层"修改为"文本层"。

步骤 3 用"特性匹配"等命令修改图层特性

①在命令行中输入或动态输入 MATCHPROP，并按 Enter 键，启动特性匹配命令。

知识要点：

用户可通过以下方法来调用"特性匹配"功能。

◆ 下拉菜单：选择"修改→特性匹配"命令。

◆ 工具栏：在"标准"工具栏上单击"特性匹配"按钮。

◆ 输入命令名：在命令行中输入或动态输入 MATCHPROP 或 MA，并按 Enter 键。

执行该命令后，根据如下提示进行操作，即可进行特性匹配操作。

```
命令：_matchprop                                              //启动特性匹配命令
选择源对象：                                        //选择作为特性匹配的源对象
当前活动设置：颜色 图层 线型 线型比例 线宽 厚度 打印样式 标注 文字 填充图案 多段线
视口 表格材质 阴影显示 多重引线              //显示当前可以进行特性匹配的对象特性
选择目标对象或 [设置(S)]：                    //选择需要进行特性匹配的目标对象
选择目标对象或 [设置(S)]：            //继续选择其他的目标对象，完成后按 Enter 键
```

若在进行特性匹配操作的过程中，选择"设置（S）"选项，将弹出"特性设置"对话框，通过该对话框，可以选择在特性匹配过程中有哪些特性可以被复制，如果不需要复制一些特性，可以取消相应的复选框，如图 6-49 所示。

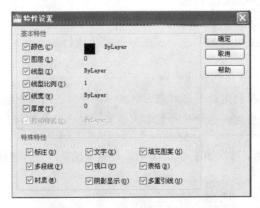

图 6-49 "特性设置"对话框

②选择 A-A 剖面图标注字母，并将其作为源对象。

③选取其他所有剖面图标注字母，将 A-A 剖面图标注字母特性匹配为其他所有剖面图标注字母。

步骤 4 修改尺寸文字的颜色和文字高度

①单击视图中任意一尺寸标注，其对象的特性显示在左侧"特性"对话框内。

②在"特性"对话框中将"颜色"、"尺寸线颜色"、"延伸线颜色"、"文字颜色"都统一修改为"蓝色"；在"文字高度"文本框中输入"5"。

③在命令行中输入或动态输入 MATCHPROP，并按 Enter 键，启动特性匹配命令。

④选择上一步修改过的尺寸标注，并将其作为源对象。

⑤ 选取其他所有标注，进行特性匹配操作。

步骤 5 修改轮廓线的线宽

① 在特性对话框中单击"快速选择"按钮，弹出"快速选择"对话框。设置过滤参数，如图 6-50 所示。

② 在"特性"对话框中单击"线宽"文本框，选择"3.5毫米"。此时即将"轮廓线"图层线型修改为 3.5mm。

步骤 6 修改点化线的颜色

① 在特性对话框中单击"快速选择"按钮，弹出"快速选择"对话框。设置过滤参数，选择图层为"点画线"。

② 在"特性"对话框中单击"颜色"文本框，选择"红色"。此时即将"点画线"图层颜色修改为红色。

步骤 7 保存文件

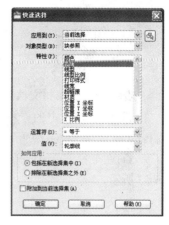

图 6-50　设置过滤参数

综合实例演练——定义并插入粗糙度符号图块

素材文件：	CDROM\06\素材\定义并插入表面粗糙度符号图块素材-1.dwg、定义并插入表面粗糙度符号图块素材-2.dwg
效果文件：	CDROM\06\效果\定义并插入表面粗糙度符号图块.dwg
演示录像：	CDROM\06\演示录像\定义并插入表面粗糙度符号图块.exe

案例解读

本项目是绘制台灯图块，应用二维绘图及编辑命令绘制台灯，将其定义为块文件，如图 6-51 所示。这样在进行家居布局图设计时，就可以多次插入这个块文件。

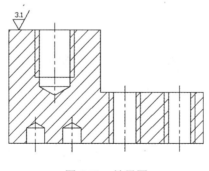

图 6-51　效果图

要点流程

- 打开素材文件"定义并插入表面粗糙度符号图块素材-1.dwg"
- 定义块的属性
- 设置插入基点

- 打开素材文件"定义并插入表面粗糙度符号图块素材-2.dwg",插入上面定义的粗糙度图块

操作步骤

步骤 1 打开素材文件并定义块的属性

①打开光盘中的素材文件"CDROM\06\素材\定义并插入表面粗糙度符号图块素材-1.dwg",如图 6-52 所示。

②在下拉菜单中选择"绘图→块→定义属性"命令,弹出"属性定义"对话框,如图 6-53 所示。

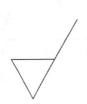

图 6-52　粗糙度块

图 6-53　"属性定义"对话框

③在"属性"选项组中的"标记"文本框中输入"ROU",在"提示"文本框中输入"请输入粗糙度值"。

④在"文字设置"选项组中,对图块文字进行对齐方式、大小、样式和旋转角度等操作。

⑤单击"确定"按钮,完成标记为"ROU"的属性定义,如图 6-54 所示。

⑥定义块,执行 BLOCK 命令,弹出"块定义"对话框。

⑦在"块定义"对话框中进行相关设置,块名称为"ROUGHNESS",如图 6-55 所示。

图 6-54　标记 ROU 效果图

图 6-55　定义 ROUGHNESS 块

⑧ 单击"确定"按钮,弹出"编辑属性"对话框,如图 6-56 所示。

⑨ 出现提示"请输入粗糙度值",这是因为在定义块时选择要将原有图形自动转换为块,如果定义块时没有选择此项,则不会出现该对话框,输入粗糙度值"3.1"。

⑩ 单击"确定"按钮,完成块的属性定义,并在原位置插入块,如图 6-57 所示。

图 6-56　"编辑属性"对话框

图 6-57　粗糙度块效果图

步骤 2 插入基点

① 在命令行中输入或动态输入 BASE,并按 Enter 键,设置插入基点。

② 在命令行提示下输入基点或直接在绘图区点选基点。

③ 设置插入基点完成。

步骤 3 插入粗糙度块

① 打开光盘中的素材文件"CDROM\06\素材\定义并插入表面粗糙度符号图块素材-2.dwg",如图 6-58 所示。

② 在"绘图"工具栏上单击"插入图块"按钮,启动插入图块命令,弹出"插入"对话框,如图 6-59 所示。

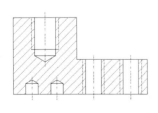

图 6-58　底座

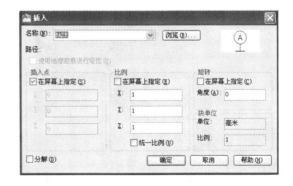

图 6-59　"插入"对话框

③ 单击"浏览"按钮,打开"选择图形文件"对话框,如图 6-60 所示。

④ 双击"定义并插入表面粗糙度符号图块-2.dwg"图形文件,返回"插入"对话框。

⑤ 用户可以在"比例缩放"和"旋转"栏中,对所插入的图形文件进行比例缩放、旋转角度等操作进行设置。

图 6-60 "选择图形文件"对话框

⑥ 单击"确定"按钮，完成插入图形文件的查找和设置操作。

⑦ 在绘图屏幕上拾取插入的坐标位置，完成插入工作，如图 6-61 所示。

图 6-61 粗糙块

步骤 4 保存文件

第7章
文本标注和表格

本章导读

本章将介绍使用 AutoCAD 2010 进行零件图标注注释及应用案例。

文字对象是 AutoCAD 图形中很重要的图形元素，是机械制图和工程制图中不可缺少的组成部分。在一个完整的图样中，通常都包含一些文字注释来标注图样中的一些非图形信息。例如，机械工程图形中的技术要求、装配说明以及工程制图中的材料说明、施工要求等。另外，在 AutoCAD 2010 中，使用表格功能可以创建不同类型的表格，还可以在其他软件中复制表格，以简化制图操作。

本章主要学习以下内容：

- 用"文字样式"、"单行文字"等命令为零件图制作简单的标题栏
- 用"多行文字"等命令在齿轮零件图中添加技术要求并添加"特殊符号"
- 用"表格"等命令在装配图中创建并填充明细表格
- 综合实例演练——制作变速箱装配明细表

实用案例 7.1　为零件图制作简单的标题栏

素材文件：	无
效果文件：	CDROM\07\效果\为零件图制作简单的标题栏.dwg
演示录像：	CDROM\07\演示录像\为零件图制作简单的标题栏.exe

案例解读

本案例主要讲解 AutoCAD 2010 中设置文字样式和添加单行文字命令的使用方法。如图 7-1 所示，通过绘制简单的标题栏，使大家熟悉和理解文字标注命令。

		材料		比例			
		数量		共　张　第　张			
制图							
审核							

图 7-1　简单标题栏效果

要点流程

- 启动 AutoCAD 2010 中文版，进入绘图界面
- 创建新图层
- 用"直线"和"偏移"命令绘制标题栏
- 设置文字样式
- 添加文字信息
- 创建标题栏块
- 编辑标题栏属性

操作步骤

步骤 1　绘制标题栏

①启动 AutoCAD 2010 中文版，进入绘图界面。

②创建新图层"外框线"和"内框线"。其中将"外框线"图层的线宽设为 0.5mm，将"内框线"图层的线宽设为 0.25mm，如图 7-2 所示。

③在"外框线"图层上，运用"直线"命令，绘制出 140×32 的外框线。

④在"内框线"图层上，绘制两条平分线将 140×32 的外框平分成 4 部分，如图 7-3 所示。

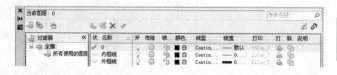

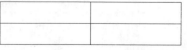

图 7-2　新建图层　　　　　　　　　　　　　　　图 7-3　"外框线"和基线

⑤运用"偏移"命令，按照如图 7-4 所示的尺寸将标题栏图框分成数份，效果如图 7-5 所示。

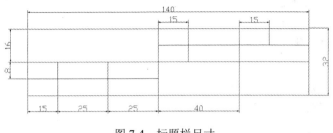

图 7-4　标题栏尺寸

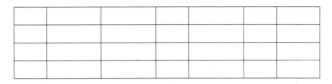

图 7-5　将标题栏内框线分成数份

⑥运用"修剪"命令，在命令行中输入或动态输入 TRIM，并按 Enter 键。

⑦将标题栏图框按照如图 7-4 所示的样式修剪多余线条，完成图框绘制。

步骤 2　用"文字样式"命令设置文字样式

①设置文字样式，选择"格式>文字样式"命令。

②在弹出的"文字样式"对话框中新建"标题栏 3.5"和"标题栏 5"两种文字样式，字体均选用"T 仿宋 GB2312"，"标题栏 3.5"字体高度设置为 3.5，"标题栏 5"字体高度设置为 5，如图 7-6 所示。

图 7-6　"文字样式"对话框

知识要点：

设置文字样式是进行文本标注的第一步，只有在文本字形设置之后才决定在标注文本时使用的文字特性。文字样式用于控制图形中所使用文字的字体、高度、宽度比例等。在一幅图形中可以定义多种文字样式，来适应不同对象的需要。

在 AutoCAD 中新建一个图形文件后，系统会自动建立一个默认的文字样式"Standard（标准）"，而且该样式被文字命令、标注命令等默认引用。

创建文字样式命令启动方法如下。

◆ 下拉菜单：选择"格式→文字样式"命令。

◆ 工具栏：在"文字"工具栏上单击"字体样式管理器"按钮 **A**。

◆ 输入命令名：在命令行中输入或动态输入 STYLE，并按 Enter 键。

使用以上任何一种方法都将弹出"文字样式"对话框，如图 7-6 所示。

各选项含义：

◆ "样式"列表：显示图形中的所有文字样式。列表包括已定义的文字样式名并默认显示选择的当前文字样式。要更改当前样式，可从列表中选择另一种样式或选择"新建"以创建新样式。

◆ "字体"选项区域：更改样式的字体。

　✓ SHX 字体：列出所有注册的 TrueType 字体和 Fonts 文件夹中编译的形（SHX）字体的字体族名。从列表中选择名称后，该程序将读取指定字体的文件。此时可以定义使用同样字体的多个样式。

　✓ 字体样式：指定字体格式，比如斜体、粗体或者常规字体，如图 7-2 所示。选定"使用大字体"后，该选项变为"大字体"，用于选择大字体文件。

　✓ 使用大字体复选框：指定亚洲语言的大字体文件。只有在"字体名"中指定 SHX 文件时才能使用"大字体"。

◆ "大小"选项区域：更改文字的大小。

　✓ 注释性：指定文字为 Annotative。单击信息图标以了解有关注释性对象的详细信息。

　✓ 使文字方向与布局匹配：指定图纸空间视口中的文字方向与布局方向匹配。

　✓ 高度或图纸文字高度：根据输入的值设置文字高度。

◆ "效果"选项区域：修改字体的特性。

　✓ 颠倒：颠倒显示字符。

　✓ 反向：反向显示字符。

　✓ 垂直：显示垂直对齐的字符。

　✓ 宽度因子：设置字符间距。输入小于 1.0 的值将压缩文字；输入大于 1.0 的值则扩大文字。

　✓ 倾斜角度：设置文字的倾斜角。输入一个 -85 和 85 之间的值将使文字发生倾斜。

◆ "置为当前"按钮：将"样式"列表中选定的样式设置为当前。

◆ "新建"按钮：显示"新建文字样式"对话框，可以采用名称或在该框中输入名称，然后单击"确定"按钮使新样式名使用当前样式设置。

◆ "删除"按钮：删除未使用的文字样式。

◆ "应用"按钮：将对话框中设置的样式更改应用到当前样式和图形中具有当前样式的文字。

> **注意**
> ◆ 图样的文字样式既要符合国家制图标准的要求，又要根据实际情况来设置。
> ◆ 如果在"高度"文本框中设置字体高度后，使用"单行文字"（DTEXT）命令标注文字时，用户将不能再设置字体的高度。

步骤 3 用"单行文字"命令添加文字信息

①添加文字信息，输入命令名：在命令行中输入或动态输入 DTEXT，并按 Enter 键。

知识要点：

单行文字命令：使用单行文字创建一行或多行文字，其中，每行文字都是独立的对象，可对其进行重定位、调整格式或进行其他修改。

单行文字命令的启动方法如下。

◆ 下拉菜单：选择"绘图→文字→单行文字"命令。

◆ 工具栏：在"文字"工具栏上单击"单行文字"按钮 A｜。

◆ 输入命令名：在命令行中输入或动态输入 TEXT 或 DT，并按 Enter 键。

执行以上命令时，命令行提示如下：

当前文字样式： "Standard" 文字高度： 2.5000 注释性： 否

在创建单行文字时，系统将提示用户指定文字的起点、选择"对正"或"样式"选项。其中，选择"对正（J）"选项可以设置文字的对齐方式；选择"样式（S）"选项可以设置文字的使用样式。选择文字对齐方式时，用户需输入字母 J，且出现如下所示的命令提示行：

指定文字的起点或 [对正(J)/样式(S)]： j
输入选项 [对齐(A)/调整(F)/中心(C)/中间(M)/右(R)/左上(TL)/中上(TC)/右上(TR)/左中(ML)/正中(MC)/右中(MR)/左下(BL)/中下(BC)/右下(BR)]：

各选项含义：

"对正"是指文字的对齐方式，命令中各选项的含义如下。

◆ 对齐（A）：提示用户确定文字串的起点与终点。系统将自动调整各行文字高度和宽度，使文字均匀分布在两点之间。

◆ 调整（F）：提示用户确定文字串的起点与终点。在不改变高度的情况下，使文字的宽度自由调整，均匀分布在两点之间。

◆ 中心（C）：用于确定文字串基线的水平中点。

◆ 中间（M）：用于指定一点，确定文字串基线的水平和竖直中点。

◆ 右（R）：确定文字串基线的右端点，输入字体高度和旋转角度。

◆ 左上（TL）：文字对齐在第一个字符的文字单元的左上角。

◆ 中上（TC）：文字对齐在文字单元串的顶部，文字串向中间对齐。

◆ 右上（TR）：文字对齐在文字串最后一个文字单元的右上角。

◆ 左中（ML）：文字对齐在第一个文字单元左侧的垂直中点。

◆ 正中（MC）：文字对齐在文字串的垂直中点和水平中点。

◆ 右中（MR）：文字对齐在右侧文字单元的垂直中点。

◆ 左下（BL）：文字对齐在第一个文字单元的左角点。

◆ 中下（BC）：文字对齐在基线中点。

◆ 右下（BR）：文字对齐在基线的最右侧。

系统默认的文字对齐方式为左对齐。当选择其他对齐方式时，按 Enter 键可改变对齐方式。

②填写标题栏，以"审核"为例，如图 7-7 所示。

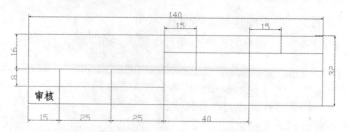

图 7-7　添加文字

③将其余空格处按照图 7-1 所示填写。

步骤 4　创建标题栏块

①创建标题栏块，运用属性定义命令 ATTDEF，弹出"属性定义"对话框，如图 7-8 所示。按照名称及属性选项在"属性"选项区域的"标记"文本框中输入相应的"名称"，在"提示"文本框中输入相应的"属性选项"；将"文字设置"栏的"对正（J）"设置为"中间"，"文字样式"设置相应的"文字样式"，单击"确定"按钮完成设置，如图 7-9 所示。

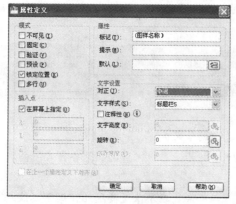

图 7-8　"属性定义"对话框

名　　称	属性选项	文字样式
（图样名称）	请输入图样的名称	标题栏 5
（制图单位）	请输入制图单位名称	标题栏 5
（代号）	请输入图样的代号	标题栏 5
（制图者姓名）	请输入制图者的姓名	标题栏 3.5
（制图日期）	请输入图形完成日期	标题栏 3.5
（审核者姓名）	请输入审核者的姓名	标题栏 3.5
（审核日期）	请输入审核完成日期	标题栏 3.5
（材料标记）	请输入材料的标记	标题栏 3.5
（数量标记）	请输入数量的标记	标题栏 3.5
（比例标记）	请输入图形比例	标题栏 3.5
（S）	请输入这批图形的总张数	标题栏 3.5
（P）	请输入当前张数	标题栏 3.5

图 7-9　名称及属性选项

②运用块定义命令名 BLOCK，弹出"块定义"对话框，如图 7-10 所示。在"名称"处输入"简单标题栏"；拾取"基点"；选择对象。

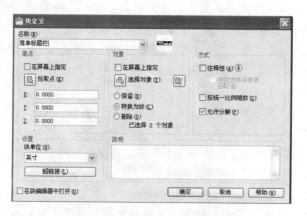

图 7-10　"块定义"对话框

③完成标题栏设置，如图 7-11 所示。

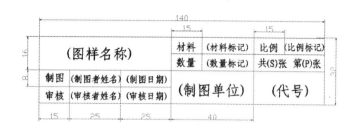

图 7-11　完成图

步骤 5　编辑标题栏属性

①编辑标题栏属性，输入命令名：在命令行中输入或动态输入 DDATTE，并按 Enter 键。

②弹出"编辑属性"对话框，用户可以根据需要在此设置。

步骤 6　保存文件

实用案例 7.2　在齿轮零件图中添加技术要求

素材文件：	CDROM\07\素材\在齿轮零件图中添加技术要求素材.dwg
效果文件：	CDROM\07\效果\在齿轮零件图中添加技术要求.dwg
演示录像：	CDROM\07\演示录像\在齿轮零件图中添加技术要求.exe

案例解读

本案例主要讲解 AutoCAD 2010 中在标注中添加特殊符号的使用方法。通过给齿轮零件图添加技术要求，使大家熟悉和理解特殊符号的使用方法。

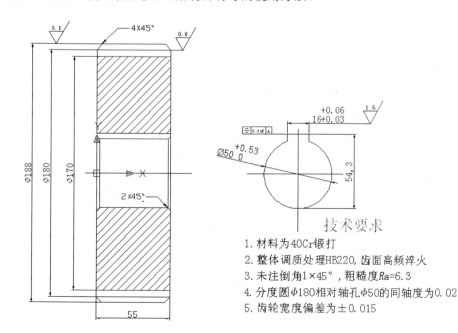

图 7-12　齿轮零件图完成图

要点流程

- 启动 AutoCAD 2010 中文版，进入绘图界面
- 打开素材文件
- 设置文字样式
- 运用多行文字命令添加文字信息
- 添加特殊符号

操作步骤

步骤 1 打开素材文件

①启动 AutoCAD 2010 中文版，进入绘图界面。

②打开光盘中的素材文件"CDROM\07\素材\在齿轮零件图中添加技术要求素材.dwg"，如图 7-13 所示。

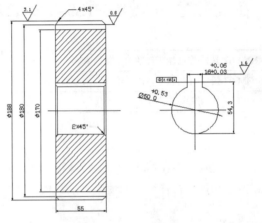

图 7-13　素材

步骤 2 设置文字样式

①设置文字样式，输入命令名：在命令行中输入或动态输入 STYLE 或 ST，并按 Enter 键。

②启动"文字样式"命令。在"文字样式"对话框中新建"宋体"文字样式。

步骤 3 用"多行文字"命令添加文字信息

①运用多行文字命令添加文字信息，输入命令名：在命令行中输入或动态输入 MTEXT，并按 Enter 键。

②在"文字格式"编辑器中设置字体高度和对齐方式，如图 7-14 所示。

③在文字输入框内输入标题"技术要求"，如图 7-15 所示。

图 7-14　"文字格式"编辑器

图 7-15　输入标题

④ 修改文字高度为 6，然后在文字输入框内输入技术要求内容，如图 7-16 所示。

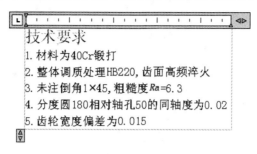

图 7-16　输入技术内容

知识要点:

多行文字命令: 多行文字又称为段落文字，是一种更易于管理的文字对象，可以由两行以上的文字组成，而且各行文字都是作为一个整体处理。

多行文字命令的启动方法如下。

◆ 　下拉菜单: 选择"绘图→文字→多行文字"命令。

◆ 　工具栏: 单击"文字"工具栏中的"多行文字"图标 **A**。

◆ 　输入命令名: 在命令行中输入或动态输入 MTEXT 命令，并按 Enter 键。

使用上述任何一种方法，在绘图窗口中，单击指定一点并向下方拖动鼠标绘制出一个矩形框，此时光标为"+"形式。此时，系统将弹出在位文字编辑器，该编辑器显示了一个"文字格式"工具栏和顶部带标尺的文字编辑输入窗口，如图 7-17 所示。再在位文字编辑器中，利用"文字格式"工具栏，可以设置字符的样式、字体、高度、颜色及字符格式等参数，在文字编辑区中可以输入多行文字。

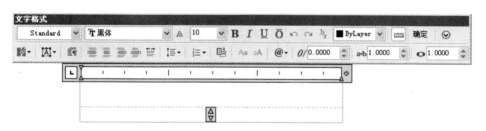

图 7-17　创建"多行文字"

此时，命令行操作如下:

指定对角点或 [高度(H)/对正(J)/行距(L)/旋转(R)/样式(S)/宽度(W)/栏(C)]:

各选项含义:

◆ 　"指定对角点": 此为默认项，用于确定对角点。对角点可通过拖动鼠标来确定。

◆ 　"高度": 用于确定文字的高度。

◆ 　"对正": 用于设置多行文字的排列对齐方式。

◆ 　"行距": 用于设置多行文字的行间距。

◆ 　"旋转": 用于设置多行文字的旋转角度。

◆ 　"样式": 用于设置多行文字样式。

◆ 　"宽度": 用于指定多行文字的行宽度。

知识要点：

在如图 7-17 所示的"文字格式"工具栏中，大多数的设置选项与 Word 文字处理软件的设置有些相似，下面简要介绍一下常用的选项。

各选项含义：

◆ "文字样式"下拉列表框：列出当前已有的文字样式。选择字体后，可从列表中选择样式，设置文字样式。

◆ "字体"下拉列表框：用于设置或指定文字高度。

◆ "字高"下拉列表框：用于指定文字高度。

◆ "粗体"按钮：用于确定字体是否以粗体形式标注。

◆ "斜体"按钮：用于确定字体是否以斜体形式标注。

◆ "下画线"按钮：用于确定字体是否加下画线标注。

◆ "取消"按钮：用于取消上一个操作。

◆ "重做"按钮：用于恢复所做的取消。

◆ "堆叠"按钮：用于确定字体是否以堆叠形式标注。利用"/"、"^"、"#"符号，可以用不同的方式表示分数。在分子、分母中间输入"/"符号可以得到一个标准分式；在分子、分母中间输入"^"符号可以得到左对正的公差值。操作方法是从右向左选取字体对象，单击"堆叠"按钮 ⅍ 即可，"堆叠"前后显示效果比较如图 7-18 所示。

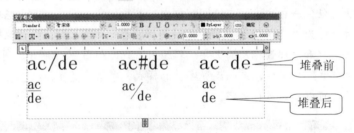

图 7-18 "堆叠"的效果

◆ "颜色"下拉列表框：用于设置文字的颜色。

◆ "确定"按钮：用于完成文字输入和编辑，结束操作命令。

◆ "文字格式"工具栏的使用方法如下。

✓ 对于多行文本而言，各部分文字可以采用不同的字体、高度和颜色等。

✓ 单击粗体工具**B**和斜体工具**I**，为新输入的文字或选定的文字打开或关闭粗体或斜体格式。这两个选项仅适用于使用 TrueType 字体的字符。

✓ 单击左对齐工具 ▤、居中对齐工具 ▤ 和右对齐工具 ▤，可以设置左右文字边界的对正和对齐。"左上"选项是默认设置。在一行的末尾输入的空格是文字的一部分，会影响该行的对正。

✓ 单击"编号"工具 ▤▾ 可以使用编号创建带有句点的列表。

✓ 单击"插入字段"工具 ▦，将打开"字段"对话框，从中可以选择要插入文字中的字段。关闭该对话框后，字段的当前值将显示在文字中。

✓ 单击"符号"工具 @▾，将弹出一个子菜单，如图 7-19 所示，选中子菜单中的各项可以在当前光标位置插入度数符号等。

✓ "倾斜角度"工具 0/用于确定文字是向前倾斜还是向后倾斜。倾斜角度表示的是相对于 90° 方向的偏移角度。倾斜角度的值为正时，文字向右倾斜，倾斜角度的值为负时，文字向左倾斜。

✓ 追踪工具 a·b 用于增大或减小选定字符之间的间距，常规间距为 1.0。设置为大于 1.0 可增大间距，设置为小于 1.0 可减少间距。

✓ "宽度比例"工具 ⊙ 用于扩展或收缩选定字符。字体中字母的常规宽度为 1.0。

✓ "文字格式"工具栏中的"选项"工具 ⊙ 用于控制"文字格式"工具栏的显示，并提供其他编辑选项，如图 7-20 所示。

◆ "选项"子菜单的主要选项含义如下。

图 7-19 "符号"子菜单   图 7-20 "选项"工具

✓ 输入文字：在"选项"子菜单中单击该项，系统将显示"选择文件"对话框，可选择 TXT 格式和 RTF 格式的文件，输入文字的文件必须小于 32KB。选定一个文本文件后，其内容将出现在文字编辑区中，输入的文字保留原始字符格式和样式特性，但可以在在位文字编辑器中编辑和格式化输入的文字。

✓ 项目符号和列表：显示用于创建列表的选项（表格单元不能使用此选项），如图 7-21 所示。

"关闭选项"选项：从应用列表格式的选定文字中删除字母、数字和项目符号。

"以字母标记"选项：将带有句点的字母用于列表中的项的列表格式。

"以数字标记"选项：将带有句点的数字用于列表中的项的列表格式。

"以项目符号标记"选项：将项目符号用于列表中的项的列表格式。

"重新启动"选项：在列表格式中启动新的字母或数字序列。

"继续"选项：将选定的段落添加到上面最后一个列表后继续序列。

"允许自动列表"选项：以键入的方式应用列表格式。

"仅使用制表符分隔"选项：仅当字母、数字或项目符号字符后的空格通过按 Tab 键而不是空格键创建时，列表格式才会应用于文字。默认情况下此选项是选中的。

"允许项目符号和列表"选项：列表格式将被应用于外观类似列表的多行文字对象中的所有纯文本。

✓ 背景遮罩：背景遮罩是向多行文字对象添加不透明背景或进行填充，在快捷菜单中单击该项，系统将显示"背景遮罩"对话框，如图 7-22 所示。边界偏移因子 1.0 非常适合多行文字对象，偏移因子 1.5（默认值）会使背景扩展文字高度的 0.5 倍。在"填充颜色"下，选中"使用图形背景颜色"复选框，可使背景的颜色与图形背景的颜色相同；选中一种背景颜色，或单击"选择颜色"打开"选择颜色"对话框。

图 7-21　项目符号和列表

图 7-22　"背景遮罩"对话框

知识要点：

编辑多行文字的方法如下。

◆　可以双击输入的多行文字。

◆　在输入的多行文字上右击，从弹出的快捷菜单中选择"编辑多行文字"，打开"文字格式"对话框，然后编辑文字即可。

◆　用户还可以借助"特性"面板来修改多行文字的对齐方式、高度等。

步骤 4　添加"特殊符号"

① 添加"度数"符号：将光标移到"1×45"后，然后单击@ ▾ 按钮，打开符号菜单选择"度数"选项，如图 7-23 所示。

② 添加"正/负"符号：将光标移动到"0.015"前，然后单击@ ▾ 按钮，打开符号菜单选择"正/负"选项。

③ 添加"直径"符号：重复操作，在 180 和 50 的前面添加"直径"符号。

④ 完成操作，效果图如图 7-24 所示。

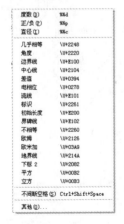

图 7-23　符号下拉菜单

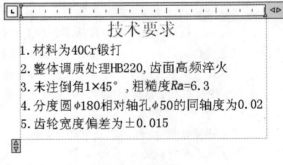

图 7-24　效果图

步骤 5　保存文件

实用案例 7.3　在装配图中创建并填充明细表格

素材文件：	CDROM\07\素材\在装配图中创建并填充明细表格素材.dwg
效果文件：	CDROM\07\效果\在装配图中创建并填充明细表格.dwg
演示录像：	CDROM\07\演示录像\在装配图中创建并填充明细表格.exe

案例解读

本案例主要讲解 AutoCAD 2010 中表格的使用方法。通过在装配图中创建并填充明细表格，使大家熟悉和理解表格的使用方法。

在绘制装配图时，绘制明细栏是必须的一个过程，明细栏和标题栏相似，但也有一定的区别，标题通常用于零件图，而明细栏用于装配图，主要用于标注装配图中各零部件的一些属性，它比普通的标题栏更为详细，如图 7-25 所示。

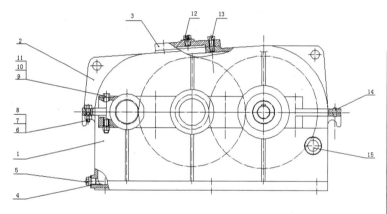

图 7-25　明细表格完成图

要点流程

- 启动 AutoCAD 2010 中文版，进入绘图界面
- 打开素材文件
- 运用"表格"命令绘制明细表格
- 填充明细表格

操作步骤

步骤 1　打开素材文件

① 启动 AutoCAD 2010 中文版，进入绘图界面。

② 打开光盘中的素材文件"CDROM\07\素材\在装配图中创建并填充明细表格素材.dwg"，如图 7-26 所示。

223

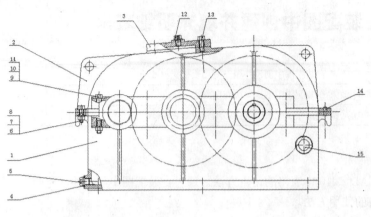

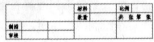

图 7-26　素材

步骤 2　用"表格"命令绘制明细表格

①创建表格，输入命令名，在命令行中输入或动态输入 TABLE，并按 Enter 键。

②弹出"插入表格"对话框，在表格样式选项区域中单击 图标，弹出"表格样式"对话框，选择"新建"选项弹出"新建表格样式：明细表格"对话框，如图 7-27 所示。

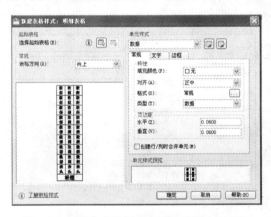

图 7-27　"新建表格样式：明细表格"对话框

③在"常规"选项区域中，设置表格方向为"向上"。

④在"单元样式"选项区的"常规"选项卡中将"数据"单元，设置"对齐"为正中样式。

⑤在"单元样式"选项区的"文字"选项卡中，将"数据"单元，设置"文字样式"为仿宋_GB2312 样式，"文字高度"为 9。

⑥设置完毕，单击"确定"按钮退回到"插入表格"对话框。

⑦在"插入方式"选项区域中，选择"指定窗口"。

⑧在"列和行设置"选项区域中，将"列"设置为 6，将"数据行"设置为 15。

⑨在"设置单元样式"选项区域中，将"第一行单元样式"、"第二行单元样式"和"所有其他行单元样式"均设置为"数据"样式。

⑩单击"确定"按钮，在绘图区中指定表格第一点（左下角），指定表格第二点（右下角）。

知识要点：

表格是在行和列中包含数据的对象。创建表格对象时，首先创建一个空表格，然后在空表格的单元中添加内容。AutoCAD 2010 提高了创建和编辑表格的功能，可以自动生成各类数据表格。

创建表格命令的启动方法如下。

◆ 下拉菜单：选择"绘图→表格"命令。

◆ 工具栏：单击"绘图"工具栏中的"表格"图标 ▦。

◆ 输入命令名：在命令行中输入或动态输入 TABLE 命令，并按 Enter 键。

启动"表格"命令后，打开"插入表格"对话框，如图 7-28 所示。

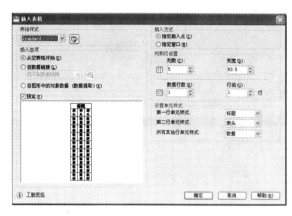

图 7-28 "插入表格"对话框

各选项含义：

◆ "表格样式"下拉列表框：用来选择系统提供或用户已经创建好的表格样式，单击其后的按钮 ⬚，可以在打开的对话框中对所选表格样式进行修改。

◆ "指定插入点"单选按钮：在绘图区中的某点插入固定大小的表格。

◆ "指定窗口"单选按钮：在绘图区中通过拖动表格边框来创建任意大小的表格。

◆ "列和行设置"区域：可以改变"列"、"列宽"、"数据行"和"行高"文本框中的数值，来调整表格的外观大小。

◆ "预览"区域：显示表格的预览效果。

知识要点：

◆ 编辑表格：当插入表格过后，用户可以单击该表格上的任意网格线以选中该表格，然后使用鼠标拖动夹点来修改该表格，如图 7-29 所示。

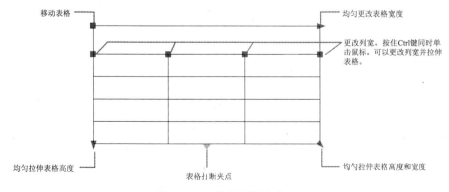

图 7-29 表格控制的夹点

◆ 选择单元格：在表格中单击某单元格，即可选中单个单元格；要选择多个单元格，请单击并在多个单元格上拖动；按住 Shift 键并在另外一个单元格内单击，可以同时选中这两个单元格以及它们之间的所有单元格。选中的选元格效果如图 7-30 所示。

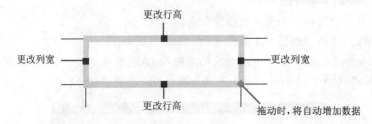

图 7-30 选中的单元格

◆ 在选中单元格的同时，将显示"表格"工具栏，从而可以借助该工具栏对 AutoCAD 的表格进行多项操作，如图 7-31 所示。

图 7-31 "表格"工具栏

> **注意**
>
> 由于"表格"工具栏的各项操作与 Word、Excel 中表格的操作大致相同，在此就不一一讲解了。

步骤 3 填充明细表格

① 填充明细表格，按照如图 7-32 所示填写表格。
② 根据内容大小调整表格列宽和行高。
③ 完成明细表格的绘制。

15	JB/T7941.1-1975	游标B-25	透明有机玻璃	1	
14	GB/T117-2000	圆锥销	235钢	A6×20	
13	GB/T70.1-2000	内六角圆柱头螺钉	Q235	6	
12		通气塞	钢6	1	
11	GB/T6170-2000	螺母M10	钢6	8	
10	GB/T859-1987	垫圈10	65Mn	8	
9	GB/T5782-2000	螺栓M10×80	钢6	8	
8	GB/T859-1987	垫圈8	钢140HV	4	
7	GB/T5782-2000	螺母M8	钢6	4	
6	GB/T5782-2000	螺栓M8×30	钢6	4	
5	JB/ZQ4451-86	六角螺塞	Q235	1	
4	JB/ZQ4451-86	密封垫片	耐油橡胶	1	
3		盖	45	1	
2		箱盖	45	1	
1		箱体	45	1	
序号	代号	名称	材料	数量	备注

图 7-32 明细表格内容

步骤 4 保存文件

综合实例演练——制作变速箱装配明细表

素材文件:	无
效果文件:	CDROM\07\效果\制作变速箱装配明细表.dwg
演示录像:	CDROM\07\演示录像\制作变速箱装配明细表.exe

案例解读

本实例是绘制变速箱装配明细表，如图 7-33 所示，用以说明变速箱装配图中各零部件的名称、数量和组成材料等项。创建变速箱装配明细表首先要绘制表格，然后填写明细表。

3	齿轮轴	1	20CrMnTi	
2	定距环	2	08F	
1	减速器箱体	1	HT200	
序号	名称	数量	材料	备注

图 7-33　变速箱装配明细表

要点流程

- 绘制明细表
- 在表格单元中输入文字
- 用夹点编辑表格

操作步骤

步骤 1

①绘制明细表。在"绘图"工具栏中，单击"表格"图标▦，弹出"插入表格"对话框。

②单击"启动表格样式对话框"按钮▣，在打开的"表格样式"对话框中修改所选的表格样式，将"表格方向"设为"向上"；字体设为"宋体"，表头和数据的字高为 6。

③在"插入表格"对话框中，设置表格的列数为 5、数据行为 2。设置第一行单元样式为"表头"，第二行单元样式和所有其他行单元样式均为"数据"，其他设置如图 7-34 所示，结果如图 7-35 所示。

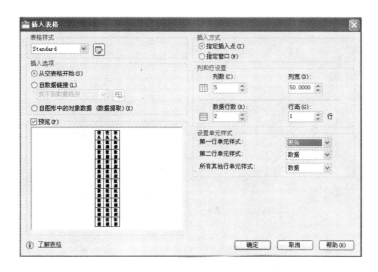

图 7-34　变速箱装配明细表的设置

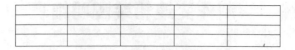

图 7-35　绘制变速箱装配明细表格

步骤 2　输入文字信息

在表格单元中输入文字，结果如图 7-36 所示。

步骤 3　用夹点编辑表格

使用夹点编辑表格，调整表格单元的宽度，结果如图 7-33 所示。

3	齿轮轴	1	20CrMnTi	
2	定距环	2	08F	
1	减速器箱体	1	HT200	
序号	名称	数量	材料	备注

图 7-36　变速箱装配明细表：输入文字

步骤 4　保存文件

第 8 章
尺寸标注和管理

本章导读

本章将介绍使用 AutoCAD 2010 进行零件尺寸的标注和管理以及应用案例。

尺寸标注在 AutoCAD 图形绘制过程中是一项非常重要的内容，在绘制图形时只反映对象的形状，并不能准确表达出图形的各项信息，而图形中各个对象的真实大小和相互位置只有经过尺寸标注后才能确定。AutoCAD 2010 中提供了一套完整的尺寸标注命令和实用程序，用户可以轻松完成零件的尺寸标注。例如，通过 AutoCAD 中的"线性"、"圆弧"、"角度"等标注命令可以对直线、圆弧及角度等进行标注。

通过对本章的学习，用户可以了解常用尺寸标注与形位公差标注的方法和技巧，并能够根据图纸要求创建特定的尺寸标注样式以及对图形进行准确标注。

本章主要学习以下内容：

- 用"标注样式"命令创建标注样板
- 用"线性"、"对齐"等命令标注直齿圆锥齿轮尺寸
- 用"基线"等命令标注台阶轴-1 尺寸
- 用"连续"等命令标注台阶轴-2 尺寸
- 用"半径"、"直径"命令标注法兰盘尺寸
- 用"弧长"命令标注圆弧弧长
- 用"折弯"命令标注圆弧半径折弯
- 用"角度"命令进行角度尺寸标注
- 用"引线标注"命令进行引线标注
- 用"引线设置"命令设置引线
- 标注尺寸公差
- 用"形位公差"命令标注形位公差
- 用"编辑标注尺寸"、"标注间距"等命令协调零件图中各项尺寸
- 用"编辑标注"命令编辑标注尺寸
- 用"折断"标注命令进行折断标注
- 综合实例演练——标注曲柄尺寸

实用案例 8.1　创建标注样板

素材文件:	无
效果文件:	CDROM\08\效果\创建标注样板.dwg
演示录像:	CDROM\08\演示录像\创建标注样板.exe

案例解读

本案例主要讲解 AutoCAD 2010 中创建标注样式的基本方法。通过创建标注样板，使大家熟悉和理解尺寸标注样式设置命令。

要点流程

- 启动 AutoCAD 2010 中文版，进入绘图界面
- 设置标注样式

操作步骤

步骤 1　新建标注样式

① 启动 AutoCAD 2010 中文版，进入绘图界面。

② 下拉菜单：选择"标注→标注样式"命令，打开如图 8-1 所示的"标注样式管理器"对话框。

③ 单击"新建"按钮，打开如图 8-2 所示的"创建新标注样式"对话框。在"新样式名"文本框中输入新建样式的名称"标注样板"。

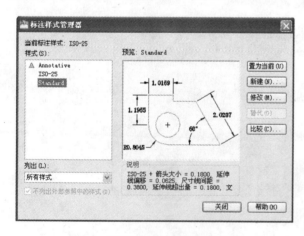

图 8-1　"标注样式管理器"对话框

图 8-2　"创建新标注样式"对话框

④ 单击"继续"按钮，打开如图 8-3 所示的"新建标注样式：标注样板"对话框。

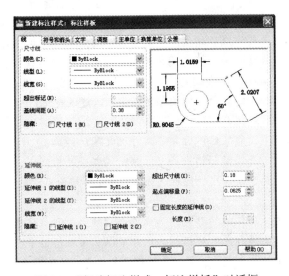

图 8-3 "新建标注样式：标注样板"对话框

知识要点：

通过以下方法可以新建尺寸标注样式。

- 下拉菜单：选择"格式→标注样式"命令。
- 工具栏：在"绘图"工具栏上单击"标注样式"按钮 。
- 输入命令名：在命令行中输入或动态输入 DIMSTYLE、D、DST 或 DIMSTY，并按 Enter 键。

步骤 2 设置尺寸线

在如图 8-4 所示的"线"选项卡中，设置"尺寸线"选项组中的"基线间距"为 5mm；设置"延伸线"选项组中的"超出尺寸线"为 1.5mm，"起点偏移量"为 0.5mm。

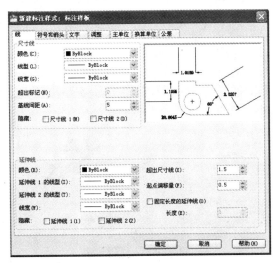

图 8-4 "线"选项卡

各选项含义：

◆ 尺寸线：选择尺寸线的颜色、线型、线宽、超出标记和基线间距等属性。

✓ 颜色：设置尺寸线的颜色。如果单击"颜色"列表底部的"选择颜色"选项，将弹出"选择颜色"对话框，用户可以从该对话框中选择更多的颜色。

✓ 线型：设置尺寸线的线型。如果单击"线型"列表底部的"其他"选项，将弹出"选择线型"对话框，用户可以从该对话框中加载更多的线型供调用。

✓ 线宽：选择尺寸线的线宽。

✓ 超出标记：指定当箭头使用倾斜、小点、建筑标记、积分和无标记时，尺寸线超过延伸线的距离。

✓ 基线间距：设置基线标注中各尺寸线之间的距离。

✓ 隐藏：指定是否显示第一条尺寸线、第二条尺寸线。

✓ 延伸线：设置延伸线的颜色、线型、线宽、超出尺寸线的长度和起点偏移量等属性。

✓ 颜色：选择延伸线的颜色。如果单击"颜色"列表底部的"选择颜色"选项，将弹出"选择颜色"对话框，用户可以从该对话框中选择更多的颜色。

✓ 延伸线 1 的线型：设置第一条延伸线的线型。如果单击"线型"列表底部的"其他"选项，将弹出"选择线型"对话框，用户可以从该对话框中加载更多的线型供调用。

✓ 延伸线 2 的线型：设置第二条延伸线的线型。如果单击"线型"列表底部的"其他"选项，将弹出"选择线型"对话框，用户可以从该对话框中加载更多的线型供调用。

✓ 线宽：选择延伸线的线宽。

✓ 隐藏：指定是否显示第一条尺寸线、第二条尺寸线。

✓ 超出尺寸线：设置延伸线超出尺寸线的距离。

✓ 起点偏移量：设置延伸线到定义该标注的原点的偏移距离。

✓ 固定长度的延伸线：选中该项，则启用固定长度的延伸线。

✓ 长度：设置延伸线的总长度，由尺寸线开始，到标注原点结束。

◆ 预览：通过样例标注图像，显示标注样式的设置效果。

步骤 3 设置符号和箭头

在如图 8-5 所示的"符号和箭头"选项卡中，设置 "箭头大小"为 2。

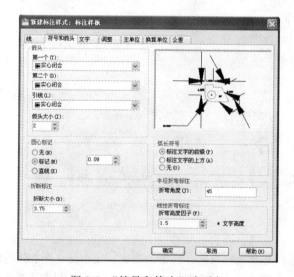

图 8-5 "符号和箭头"选项卡

各选项含义：

◆ 箭头：控制标注箭头的外观。通常情况下，尺寸线的两个箭头相同。

✓ 第一个：设置第一条尺寸线的箭头。如果单击列表底部的"用户箭头"选项，
将弹出"选择自定义箭头块"对话框，可以从该对话框中选择用户定义的箭头
块的名称（该块必须在图形中）。当改变第一个箭头的类型时，第二个箭头将
自动改变以匹配第一个箭头。

✓ 第二个：设置第二条尺寸线的箭头。如果单击列表底部的"用户箭头"选项，
将弹出"选择自定义箭头块"对话框，可以从该对话框中选择用户定义的箭头
块的名称（该块必须在图形中）。改变第二个箭头的类型不影响第一个箭头。

✓ 引线：设置引线箭头。如果单击列表底部的"用户箭头"选项，将弹出"选择
自定义箭头块"对话框，可以从该对话框中选择用户定义的箭头块的名称（该
块必须在图形中）。

✓ 箭头大小：设置箭头的大小。

◆ 圆心标记：控制直径标注和半径标注中的圆心标记和中心线的外观。

✓ 无：不创建圆心标记或中心线。

✓ 标记：创建圆心标记。

✓ 直线：创建中心线。

✓ 大小：设置圆心标记或中心线的大小。

◆ 折断标注：其中"折断大小"设置折断标注的间距。

◆ 弧长符号：控制弧长标注中圆弧符号的显示。

✓ 标注文字的前缀：选中该项，弧长符号位于标注文字的前面。

✓ 标注文字的上方：选中该项，弧长符号位于标注文字的上方。

✓ 无：不显示弧长符号。

◆ 半径折弯标注：控制半径折弯标注的
显示。其中，"折弯角度"指定半径
折弯标注中，尺寸线横向线段的角
度。

◆ 线性折弯标注：控制线性折弯标注的
显示。其中"折弯高度因子"通过形
成折弯的角度的两个顶点之间的距
离确定折弯高度。

◆ 预览：通过样例标注图像，显示标注
样式的设置效果。

步骤 4 设置文字样式

在如图 8-6 所示的"文字"选项卡中，设
置"文字外观"选项组中的"文字高度"为 3mm；
设置"文字位置"选项组中的"水平"为"居
中"，"从尺寸线偏移"为 0.5mm。

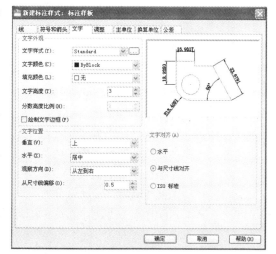

图 8-6 "文字"选项卡

各选项含义：

◆ 文字外观：设置文字的样式、颜色、高度和分数高度比例以及是否绘制文字边框。

✓ 文字样式：从列表中选择标注文字的样式。单击"文字样式"文本框后面的按

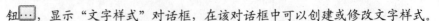

钮□，显示"文字样式"对话框，在该对话框中可以创建或修改文字样式。

✓ 文字颜色：设置标注文字的颜色。如果单击"颜色"列表底部的"选择颜色"选项，将弹出"选择颜色"对话框，用户可以从该对话框中选择更多的颜色。

✓ 填充颜色：设置标注文字的背景颜色。如果单击"颜色"列表底部的"选择颜色"选项，将弹出"选择颜色"对话框，用户可以从该对话框中选择更多的颜色。

✓ 文字高度：设置标注文字的高度。只有当标注文字所使用的文字样式中的文字高度为 0 时，该项设置才有效。如果所使用的文字样式中的文字高度不为 0，则该文字高度值将替代此处设置的文字高度。

✓ 分数高度比例：设置相对于标注文字的分数比例。当"主单位"选项卡上选择"分数"作为"单位格式"时，此选项有效。

✓ 绘制文字边框：选中该项，标注文字的周围将显示一个边框。

◆ 文字位置：设置文字的垂直、水平位置以及距尺寸线的偏移距离。

✓ 垂直：设置标注文字相对尺寸线的垂直位置。

居中：标注文字将位于尺寸线的中间。

上方：标注文字将位于尺寸线上方。

外部：标注文字将位于尺寸线上远离第一个定义点的一侧。

JIS：依据日本工业标准（JIS）放置标注文字。

◆ 水平：设置标注文字相对于延伸线的水平位置。

居中：将标注文字沿尺寸线放置在两条延伸线的中间。

第一条延伸线：沿尺寸线与第一条延伸线左对齐。延伸线与标注文字的距离是箭头大小加上字线间距之和的两倍。

第二条延伸线：沿尺寸线与第二条延伸线右对齐。延伸线与标注文字的距离是箭头大小加上字线间距之和的两倍。

第一条延伸线上方：沿第一条延伸线放置标注文字或将标注文字放在第一条延伸线之上。

第二条延伸线上方：沿第二条延伸线放置标注文字或将标注文字放在第二条延伸线之上。

从尺寸线偏移：设置文字与尺寸线之间的距离。

◆ 文字对齐：设置标注文字的位置。

✓ 水平：水平放置文字。

✓ 与尺寸线对齐：文字角度与尺寸线角度一致。

✓ ISO 标准：当文字在延伸线内时，文字与尺寸线对齐。当文字在延伸线外时，文字水平排列。

◆ 预览：通过样例标注图像，显示标注样式的设置效果。

步骤 5 设置主单位

在如图 8-7 所示的"主单位"选项卡中，设置"线性标注"选项组中的"精度"为"0.00"，"小数分隔符"为"'.'（句点）"。

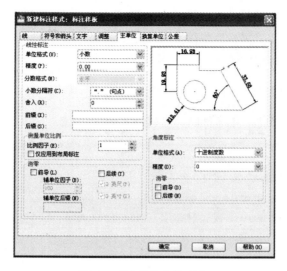

图 8-7 "主单位"选项卡

各选项含义：

◆ 线性标注：设置线性标注的格式和精度。

✓ 单位格式：设置线性标注的单位格式。

✓ 精度：设置线性标注的小数位数。

✓ 分数格式：设置分数的格式。

✓ 小数分隔符：选择用于十进制格式的分隔符。

✓ 舍入：设置线性标注测量值的舍入规则。如果输入 0.5，则所有标注距离都以 0.5 为单位进行舍入。

✓ 前缀：设置文字前缀，可以输入文字或控制代码显示的特殊符号。

✓ 后缀：设置文字后缀，可以输入文字或控制代码显示的特殊符号。

◆ 测量单位比例

✓ 比例因子：设置线性标注测量值的比例因子。例如，比例因子为 3，则 1 英寸直线的尺寸将显示为 3 英寸。

✓ 仅应用到布局标注：选中该项，仅将测量单位比例因子应用于布局视口中创建的标注。

◆ 消零：控制是否输出前导零、后续零、零英尺和零英寸。

✓ 前导：不显示十进制标注中的前导零。例如：0.800 变成.800。

✓ 后续：不显示十进制标注中的后续零。例如：80.000 变成 80。

✓ 零英尺：当距离小于一英尺时，不显示标注中的英尺部分。

✓ 零英寸：当距离为整英尺数时，不显示标注中的英寸部分。

◆ 角度标注：设置角度标注的格式和精度。

✓ 单位格式：设置角度的单位。

✓ 精度：设置角度标注的小数位数。

◆ 消零：控制是否输出前导零和后续零。

✓ 前导：不输出角度十进制标注中的前导零。

✓ 后续：不输出角度十进制标注中的后续零。

◆　预览：通过样例标注图像，显示标注样式的设置效果。

②设置完毕，单击"确定"按钮关闭"新建标注样式：建筑标注样板"对话框，然后单击"关闭"按钮，关闭"标注样式管理器"对话框。

步骤 6　保存文件

实用案例 8.2　直齿圆锥齿轮尺寸标注

素材文件：	CDROM\08\素材\直齿圆锥齿轮.dwg
效果文件：	CDROM\08\效果\直齿圆锥齿轮尺寸标注.dwg
演示录像：	CDROM\08\演示录像\直齿圆锥齿轮尺寸标注.exe

案例解读

本案例主要讲解 AutoCAD 2010 中最常用的线性标注命令的使用方法。通过为直齿圆锥齿轮标注尺寸，如图 8-8 所示，使大家熟悉和理解线性尺寸水平、垂直和对齐标注的使用方法。

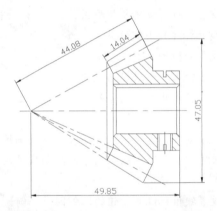

图 8-8　直齿圆锥齿轮尺寸标注完成图

要点流程

- 启动 AutoCAD 2010 中文版，进入绘图界面
- 打开素材文件
- 使用线性标注命令标注尺寸
- 使用对齐标注命令标注尺寸

操作步骤

步骤 1　打开素材文件

①启动 AutoCAD 2010 中文版，进入绘图界面。

②打开光盘中的素材文件"CDROM\08\素材\直齿圆锥齿轮.dwg"，如图 8-9 所示。

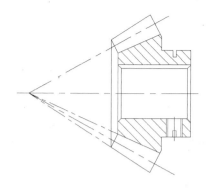

图8-9 直齿圆锥齿轮

步骤2 用"线性" 标注命令标注尺寸

①在"标注"工具栏上单击"线性"按钮，启动线性标注命令。

②根据如图8-10所示，选取 A 点为标注起点，B 点为标注终点。

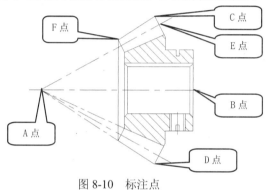

图8-10 标注点

③在绘图区内指定尺寸线位置，完成水平标注。

命令行显示如下：

```
命令：_dimlinear
指定第一条延伸线原点或 <选择对象>：                        //选取标注起始点A
指定第二条延伸线原点：                                    //选取标注起始点B
指定尺寸线位置或
[多行文字(M)/文字(T)/角度(A)/水平(H)/垂直(V)/旋转(R)]：H   //输入H选择水平标注
指定尺寸线位置或 [多行文字(M)/文字(T)/角度(A)]：           //指定尺寸线位置
标注文字 = 49.85
```

知识要点：

在 AutoCAD 2010 中提供了"线性标注"功能，可以对图形对象进行水平、垂直和倾斜标注，还可以设置为角度与放置标注。

线性标注命令的启动方法如下。

◆   下拉菜单：选择"标注→线性"命令。

◆   工具栏：在"标注"工具栏上单击"线性"按钮。

◆   输入命令名：在命令行中输入或动态输入 DIMLINEAR，并按 Enter 键。

各选项含义：

- ◆ 选择对象：如果用户在"线性"标注命令提示直接按 Enter 键，然后在视图中选择要选择尺寸的对象，则 AutoCAD 将该对象的两个端点作为两条延伸线的起点进行尺寸标注。

- ◆ 多行文字（M）：可以输入并修改标注的文字内容，且标注文字的文字类型为多行文字。

- ◆ 文字（T）：表示以单行文行的形式输入标注文字。

- ◆ 角度（A）：设置标注文字的旋转角度。

- ◆ 水平（H）：创建水平的线性标注。

- ◆ 垂直（V）：创建垂直的线性标注。

- ◆ 旋转（R）：旋转标注对象的尺寸线。

> **注意**
>
> 用户可以使用"线性"标注功能来创建具有一定倾斜角度的标注效果，特别是针对轴测视图的对象进行标注时特别有用，后面将通过一个实用案例的讲解作进一步的讲解。

④ 在"标注"工具栏上单击"线性"按钮 ⊢⊣ ，启动线性标注命令。

⑤ 根据图 8-10 显示，选取 C 点为标注起点，D 点为标注终点。

⑥ 在绘图区内指定尺寸线位置，完成垂直标注。

命令行显示如下：

```
命令：_dimlinear
指定第一条延伸线原点或 <选择对象>：                          //选取标注起始点 C
指定第二条延伸线原点：                                      //选取标注起始点 D
指定尺寸线位置或
[多行文字(M)/文字(T)/角度(A)/水平(H)/垂直(V)/旋转(R)]：V    //输入 V 选择垂直标注
指定尺寸线位置或 [多行文字(M)/文字(T)/角度(A)]：            //指定尺寸线位置
标注文字 = 47.05
```

步骤 3 用"对齐"标注命令标注尺寸

① 在"标注"工具栏上单击"对齐"按钮 ↖ ，启动对齐标注命令。

② 根据图 8-10 显示，选取 A 点为标注起点，E 点为标注终点。

③ 在绘图区内指定尺寸线位置，完成对齐标注。

命令行显示如下：

```
命令：_dimaligned
指定第一条延伸线原点或 <选择对象>：                          //选取标注起始点 A
指定第二条延伸线原点：                                      //选取标注起始点 E
指定尺寸线位置或
[多行文字(M)/文字(T)/角度(A)]：                            //指定尺寸线位置
标注文字 = 44.08
```

知识要点：

在进行工程制图时，经常会遇到为斜坡线、坡面等进行尺寸标注，幸好 AutoCAD 2010 为用户提供了一个"对齐"标注的功能。

对齐标注命令的启动方法如下。

◆ 下拉菜单：选择"标注→对齐"命令。

◆ 工具栏：在"标注"工具栏上单击"对齐"按钮。

◆ 输入命令名：在命令行中输入或动态输入 DIMALIGNED，并按 Enter 键。

> **注意**
>
> 其"线性"标注和"对齐"标注时，所标注的数据是不一样的，只有"对齐"标注时，才是斜线段的真实数据。

④ 在"标注"工具栏上单击"对齐"按钮 ，启动对齐标注命令。

⑤ 根据图 8-10 显示，选取 F 点为标注起点，C 点为标注终点。

⑥ 在绘图区内指定尺寸线位置，完成对齐标注。

命令行显示如下：

```
命令：_dimaligned
指定第一条延伸线原点或 <选择对象>：                    //选取标注起始点 A
指定第二条延伸线原点：                                //选取标注起始点 E
指定尺寸线位置或
[多行文字(M)/文字(T)/角度(A)]：                       //指定尺寸线位置
标注文字 = 14.04
```

步骤 4 保存文件

实用案例 8.3　台阶轴–1 尺寸标注

素材文件：	CDROM\08\素材\台阶轴-1.dwg
效果文件：	CDROM\08\效果\台阶轴-1 尺寸标注.dwg
演示录像：	CDROM\08\演示录像\台阶轴-1 尺寸标注.exe

案例解读

本案例主要讲解 AutoCAD 2010 中基线标注命令的使用方法。通过为台阶轴-1 标注尺寸，如图 8-11 所示，使大家熟悉和理解基线尺寸标注与带文字尺寸标注的使用方法。

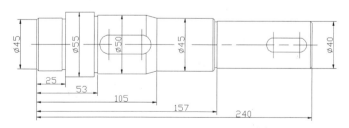

图 8-11　台阶轴-1 尺寸标注完成图

要点流程

● 启动 AutoCAD 2010 中文版，进入绘图界面

- 打开素材文件
- 使用线性标注命令标注尺寸
- 使用基线标注命令标注尺寸

操作步骤

步骤 1 打开素材文件

①启动 AutoCAD 2010 中文版，进入绘图界面。

②打开光盘中的素材文件"CDROM\08\素材\台阶轴-1.dwg"，如图 8-12 所示。

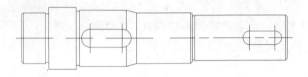

图 8-12 台阶轴-1

步骤 2 用线性标注命令标注尺寸

①在"标注"工具栏上单击"线性"按钮，启动线性标注命令。

②标注 Φ40 尺寸，分别选取 Φ40 尺寸的两端点。

③根据命令提示行显示，输入 T 后按 Enter 键，选择"文字"选项。

④在命令提示行中为尺寸数值加前缀，在尺寸数值前输入"%%C"添加"Φ"标注。

⑤在绘图区内指定尺寸线位置，完成 Φ40 尺寸标注。

命令行显示如下：

```
命令：_dimlinear
指定第一条延伸线原点或 <选择对象>：                        //选取第一个标注点
指定第二条延伸线原点：                                    //选取第二个标注点
指定尺寸线位置或
[多行文字(M)/文字(T)/角度(A)/水平(H)/垂直(V)/旋转(R)]：T  //输入 T 选择文字选项
输入标注文字 <40>：%%c40                                  //添加文字信息
指定尺寸线位置或
[多行文字(M)/文字(T)/角度(A)/水平(H)/垂直(V)/旋转(R)]：    //指定尺寸线位置
标注文字 = 40
```

⑥参考上述方法，在绘图区内完成 Φ45、Φ55、Φ50、25（基准尺寸）的尺寸标注。

步骤 3 用"基线"命令标注尺寸

①在"标注"工具栏上单击"基线"按钮，启动基线标注命令。

②在绘图区内选择基准标注尺寸 25。

③分别拾取 53、105、157、240 尺寸的标注点。

④按 Enter 键。

⑤再次按 Enter 键，完成基线标注。

命令行显示如下：

```
命令：_dimbaseline
选择基准标注：                                            //选取基准标注
指定第二条延伸线原点或 [放弃(U)/选择(S)] <选择>：          //选取下一个标注点
```

标注文字 = 53
指定第二条延伸线原点或 [放弃(U)/选择(S)] <选择>:   //选取下一个标注点
标注文字 = 105
指定第二条延伸线原点或 [放弃(U)/选择(S)] <选择>:   //选取下一个标注点
标注文字 = 157
指定第二条延伸线原点或 [放弃(U)/选择(S)] <选择>:   //选取下一个标注点
标注文字 = 240
指定第二条延伸线原点或 [放弃(U)/选择(S)] <选择>:   //按 Enter 键
选择基准标注: //再次按 Enter 键

知识要点：

基线标注它表示从上一个或选定标注的基线作连续的线性、角度或坐标标注。

基线标注命令的启动方法如下。

◆ 下拉菜单：选择"标注→基线"命令。

◆ 工具栏：在"标注"工具栏上单击"基线"按钮 ⊟ 。

◆ 输入命令名：在命令行中输入或动态输入 DIMBASELINE，并按 Enter 键。

步骤 4 保存文件

实用案例 8.4 台阶轴–2 尺寸标注

素材文件：	CDROM\08\素材\台阶轴-2.dwg
效果文件：	CDROM\08\效果\台阶轴-2 尺寸标注.dwg
演示录像：	CDROM\08\演示录像\台阶轴-2 尺寸标注.exe

案例解读

本案例主要讲解 AutoCAD 2010 中连续标注命令的使用方法。通过为台阶轴-2 标注尺寸，如图 8-13 所示，使大家熟悉和理解连续尺寸标注的使用方法。

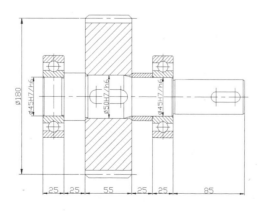

图 8-13 台阶轴-2 尺寸标注完成图

要点流程

● 启动 AutoCAD 2010 中文版，进入绘图界面

- 打开素材文件
- 使用线性标注命令标注尺寸
- 使用连续标注命令标注尺寸

操作步骤

步骤 1 打开素材文件

①启动 AutoCAD 2010 中文版，进入绘图界面。

②打开光盘中的素材文件"CDROM\08\素材\台阶轴-2.dwg"，如图 8-14 所示。

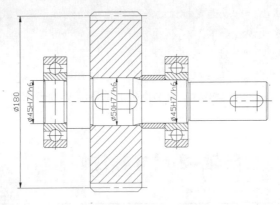

图 8-14　台阶轴-2

步骤 2 用线性标注命令标注尺寸

①在"标注"工具栏上单击"线性"按钮├─┤，启动线性标注命令。

②标注 25 尺寸，分别选取 25 尺寸的两端点。

③在绘图区内指定尺寸线位置，完成 25（基准尺寸）尺寸标注。

步骤 3 用"连续"标注命令标注尺寸

①在"标注"工具栏上单击"连续"按钮├┼┼┤，启动连续标注命令。

②在绘图区内选择基准标注尺寸 25。

③分别拾取 25、55、25、25、85 尺寸的标注点。

④按 Enter 键。

⑤再次按 Enter 键，完成连续标注。

命令行显示如下：

```
命令: _dimcontinue
选择连续标注:                                                    //选取基准标注
指定第二条延伸线原点或 [放弃(U)/选择(S)] <选择>:              //选取下一个标注点
标注文字 = 25
指定第二条延伸线原点或 [放弃(U)/选择(S)] <选择>:              //选取下一个标注点
标注文字 = 55
指定第二条延伸线原点或 [放弃(U)/选择(S)] <选择>:              //选取下一个标注点
标注文字 = 25
指定第二条延伸线原点或 [放弃(U)/选择(S)] <选择>:              //选取下一个标注点
标注文字 = 25
```

指定第二条延伸线原点或 [放弃(U)/选择(S)] <选择>:	//选取下一个标注点
标注文字 = 85	
指定第二条延伸线原点或 [放弃(U)/选择(S)] <选择>:	//按 Enter 键
选择基准标注:	//再次按 Enter 键

知识要点：

连续标注它表示创建从上一个或选定标注的第二条延伸线开始的线性、角度或坐标标注。
线连标注命令的启动方法如下。

◆ 下拉菜单：选择"标注→连续"命令。

◆ 工具栏：在"标注"工具栏上单击"连续"按钮 ⊢⊢⊢。

◆ 输入命令名：在命令行中输入或动态输入 DIMCONTINUE，并按 Enter 键。

> **注意**
>
> 同基线标注一样，执行连续标注前，必须先标注出一尺寸，以确定连续标注所需要
> 的前一尺寸标注的延伸线。

步骤 4 保存文件

实用案例 8.5 法兰盘尺寸标注

素材文件：	CDROM\08\素材\法兰盘尺寸.dwg
效果文件：	CDROM\08\效果\法兰盘尺寸标注.dwg
演示录像：	CDROM\08\演示录像\法兰盘尺寸标注.exe

案例解读

本案例主要讲解 AutoCAD 2010 中半径和直径标注命令的使用方法。如图 8-15 所示，通过为法兰盘标注尺寸，使大家熟悉和理解半径和直径尺寸标注的使用方法。

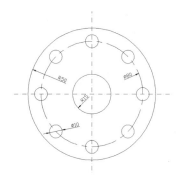

图 8-15 法兰盘尺寸标注完成图

要点流程

● 启动 AutoCAD 2010 中文版，进入绘图界面

● 打开素材文件

- 运用半径标注命令标注尺寸
- 运用直径标注命令标注尺寸

操作步骤

步骤 1 打开素材文件

①启动 AutoCAD 2010 中文版,进入绘图界面。

②打开光盘中的素材文件"CDROM\08\素材\法兰盘尺寸.dwg",如图 8-16 所示。

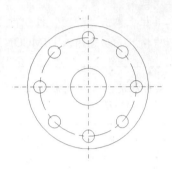

图 8-16　法兰盘尺寸

步骤 2 用"半径"标注命令标注尺寸

①在"标注"工具栏上单击"半径"按钮 ◎,启动半径标注命令。

②在绘图区内选取外圆。

③在绘图区内指定尺寸线位置,完成 R50 尺寸标注。

命令行显示如下:

```
命令: _dimradius
选择圆弧或圆:                                                 //选取外圆
标注文字 = 50
指定尺寸线位置或 [多行文字(M)/文字(T)/角度(A)]:              //指定尺寸线位置
```

知识要点:

半径标注可以测量选定圆或圆弧的半径,并显示前面带有半径符号(R)的标注文字。

半径标注命令的启动方法如下。

- ◆ 下拉菜单:选择"标注→半径"命令。
- ◆ 工具栏:在"标注"工具栏上单击"半径"按钮 ◎。
- ◆ 输入命令名:在命令行中输入或动态输入 DIMRADIUS,并按 Enter 键。

> **注意**
>
> 在进行圆弧标注时,如果选择"文字对齐"方式为"水平"的话,则所标注的半径数值将以水平的方式显示出来。

④参考上述方法,在绘图区内完成 R15 尺寸标注。

步骤 3 用"直径"标注命令标注尺寸

①在"标注"工具栏上单击"直径"按钮 ◎,启动直径标注命令。

②在绘图区内选取均布的小圆。

③在绘图区内指定尺寸线位置，完成 *Φ*10 尺寸标注。

命令行显示如下：

```
命令： _dimdiameter
选择圆弧或圆：                                            //选取均布小圆
标注文字 = 10
指定尺寸线位置或 [多行文字(M)/文字(T)/角度(A)]：          //指定尺寸线位置
```

知识要点：

直径标注用于测量选定圆或圆弧的直径，并显示前面带有直径符号（*φ*）的标注文字。直径标注命令的启动方法如下。

◆　下拉菜单：选择"标注→直径"命令。

◆　工具栏：在"标注"工具栏上单击"直径"按钮◎。

◆　输入命令名：在命令行中输入或动态输入 DIMDIAMETER，并按 Enter 键。

注意

用户可以在"新建/修改标注样式"对话框的"调整"选项卡中进行设置，如在"调整选项"和"文字位置"栏设置不同的选项，则在进行圆弧尺寸标注时将有不同的效果。

④参考上述方法，在绘图区内完成 *Φ*80 尺寸标注。

步骤 4 保存文件

实用案例 8.6　圆弧弧长标注

素材文件：	CDROM\08\素材\圆弧弧长标注素材.dwg
效果文件：	CDROM\08\效果\圆弧弧长标注.dwg
演示录像：	CDROM\08\演示录像\圆弧弧长标注.exe

案例解读

本案例主要讲解 AutoCAD 2010 中弧长标注的使用方法。如图 8-17 所示，通过为基板标注圆弧弧长，使大家熟悉和理解弧长标注的使用方法。

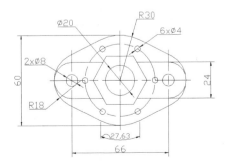

图 8-17　圆弧弧长尺寸标注完成图

要点流程

- 启动 AutoCAD 2010 中文版，进入绘图界面
- 打开素材文件
- 使用弧长标注命令标注尺寸

操作步骤

步骤 1 打开素材文件

①启动 AutoCAD 2010 中文版，进入绘图界面。

②打开光盘中的素材文件"CDROM\08\素材\圆弧弧长标注素材.dwg"，如图 8-18 所示。

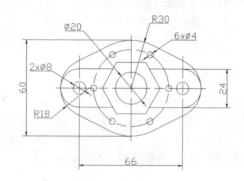

图 8-18 圆弧弧长标注素材

步骤 2 用"弧长"标注命令标注尺寸

①在"标注"工具栏上单击"弧长"按钮，启动弧长标注命令。

②在绘图区内选取最下侧圆弧线段。

③在绘图区内指定尺寸线位置，完成尺寸标注。

命令行显示如下：

```
命令：_dimarc
选择弧线段或多段线弧线段：                                    //选取圆弧线段
指定弧长标注位置或 [多行文字(M)/文字(T)/角度(A)/部分(P)/引线(L)]：//指定尺寸线位置
标注文字 = 27.63
```

知识要点：

弧长标注用于标记圆弧或多段线弧线段上的距离。

执行方法如下。

- ◆ 下拉菜单：选择"标注→弧长"命令。

- ◆ 工具栏：在"标注"工具栏上单击"弧长标注"按钮。

- ◆ 输入命令名：在命令行中输入或动态输入 DIMARC，并按 Enter 键。

执行命令后，命令行提示如下：

```
选择弧线段或多段线弧线段：                              //选择要标注弧长的弧线段
指定弧长标注位置或 [多行文字(M)/文字(T)/角度(A)/部分(P)/引线(L)]：
```

- ◆ 指定尺寸线位置：指定点确定尺寸线的位置。指定位置之后，系统自动测量出弧长并标出尺寸。
- ◆ 多行文字：弹出"文字格式"对话框来编辑尺寸文字，可删除自动生成的测量值，输入新数值，然后单击"确定"按钮。
- ◆ 文字：在命令行中输入标注文字，系统自动生成的测量值显示在尖括号中。

输入标注文字<当前测量值>：　　　　　　　　//输入标注文字，或按 Enter 键接受自动生成的测量值

- ◆ 角度：输入标注文字的角度。

指定标注文字的角度：　　　　　　　　　　　　//输入角度，标注文字将旋转该角度

- ◆ 部分：缩短弧长标注的长度。

指定弧长标注的第一个点：　　　　　　　　　　//指定圆弧上弧长标注的起点
指定弧长标注的第二个点：　　　　　　　　　　//指定圆弧上弧长标注的终点

- ◆ 引线：添加引线对象。仅当圆弧大于 90° 时才会显示该选项。

指定弧长标注位置或 [多行文字(M)/文字(T)/角度(A)/部分(P)/无引线(N)]：
　　　　　　　　　　　　　　　　　　　　　　　　　//指定点或输入选项

步骤 3　保存文件

实用案例 8.7　圆弧半径折弯标注

素材文件：	CDROM\08\素材\圆弧半径折弯标注素材.dwg
效果文件：	CDROM\08\效果\圆弧半径折弯标注.dwg
演示录像：	CDROM\08\演示录像\圆弧半径折弯标注.exe

案例解读

本案例主要讲解 AutoCAD 2010 中折弯标注的使用方法。如图 8-19 所示，通过为圆弧半径折弯标注，使大家熟悉和理解折弯标注的使用方法。

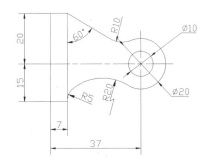

图 8-19　圆弧半径折弯尺寸标注完成图

要点流程

- 启动 AutoCAD 2010 中文版，进入绘图界面

- 打开素材文件
- 使用折弯标注命令标注尺寸

操作步骤

步骤 1 打开素材文件

①启动 AutoCAD 2010 中文版，进入绘图界面。

②打开光盘中的素材文件"CDROM\08\素材\圆弧半径折弯标注素材.dwg"。

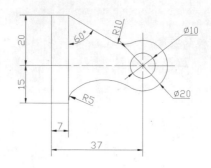

图 8-20　圆弧半径折弯标注素材

步骤 2 用"折弯"标注命令标注尺寸

①在"标注"工具栏上单击"折弯"按钮，启动折弯标注命令。

②在绘图区内选取圆弧线段。

③在绘图区内指定假定圆弧中心位置。

④在绘图区内指定尺寸线位置。

⑤在绘图区内指定折弯尺寸线的折弯位置，完成尺寸标注。

命令行显示如下：

```
命令：_dimjogged
选择圆弧或圆：                                    //选取圆弧线段
指定图示中心位置：                            //指定假定圆弧中心位置
标注文字 = 20
指定尺寸线位置或 [多行文字(M)/文字(T)/角度(A)]：        //指定尺寸线位置
指定折弯位置：                            //指定折弯尺寸线的折弯位置
```

知识要点：

折弯标注用于标记圆或圆弧的半径。折弯标注需要指定一个位置代替圆或圆弧的圆心。

执行方法如下。

- 下拉菜单：选择"标注→折弯"命令。
- 工具栏：在"标注"工具栏上单击"折弯标注"按钮。
- 输入命令名：在命令行中输入或动态输入 DIMJOGGED，并按 Enter 键。

执行命令后，命令行提示如下：

```
选择圆弧或圆：                            //选择要标注尺寸的圆弧或圆
指定图示中心位置：                        //指定点代替圆弧或圆的圆心
指定尺寸线位置或 [多行文字(M)/文字(T)/角度(A)]：
```

- ◆ 指定尺寸线位置：指定点确定尺寸线的位置。指定位置之后，系统自动测量出弧长并标出尺寸。
- ◆ 多行文字：弹出"文字格式"对话框来编辑尺寸文字，可删除自动生成的测量值，输入新数值，然后单击"确定"按钮。
- ◆ 文字：在命令行中输入标注文字。系统自动生成的测量值显示在尖括号中。

输入标注文字<当前测量值>：　　　　　　//输入标注文字，或按 Enter 键接受自动生成的测量值

- ◆ 角度：输入标注文字的角度。

指定标注文字的角度：　　　　　　　　//输入角度，标注文字将旋转该角度

步骤 3 保存文件

实用案例 8.8　角度尺寸标注

素材文件：	CDROM\08\素材\角度尺寸标注素材.dwg
效果文件：	CDROM\08\效果\角度尺寸标注.dwg
演示录像：	CDROM\08\演示录像\角度尺寸标注.exe

案例解读

本案例主要讲解 AutoCAD 2010 中角度标注的使用方法。如图 8-21 所示，通过为直齿圆锥齿轮标注角度尺寸，使大家熟悉和理解角度标注的使用方法。

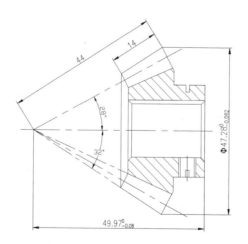

图 8-21　角度尺寸标注完成图

要点流程

- 启动 AutoCAD 2010 中文版，进入绘图界面
- 打开素材文件
- 运用角度标注命令标注尺寸

操作步骤

步骤 1 打开素材文件

①启动 AutoCAD 2010 中文版，进入绘图界面。

②打开光盘中的素材文件"CDROM\08\素材\角度尺寸标注素材.dwg"，如图 8-22 所示。

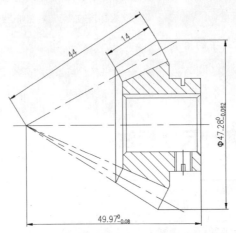

图 8-22　角度尺寸标注素材

步骤 2 用"角度"标注命令标注尺寸

①在"标注"工具栏上单击"角度"按钮△，启动角度标注命令。

②在绘图区内分别选取图中最上侧斜线和中心线。

③在绘图区内指定尺寸线位置，完成尺寸标注。

命令行显示如下：

```
命令：_dimangular
选择圆弧、圆、直线或 <指定顶点>：                        //选取第一条直线
选择第二条直线：                                      //选取第二条直线
指定标注弧线位置或 [多行文字(M)/文字(T)/角度(A)/象限点(Q)]：   //指定尺寸线位置
标注文字 = 28
```

知识要点：

角度尺寸标注用于测量和标注夹角。

启动角度标注命令的方法如下。

◆ 下拉菜单：选择"标注→角度"命令。

◆ 工具栏：在"标注"工具栏上单击"角度标注"按钮△。

◆ 输入命令名：在命令行中输入或动态输入 DIMANGULAR、DAN 或 DIMANG，并按 Enter 键。

执行命令后，命令行提示如下：

```
选择圆弧、圆、直线或<指定顶点>：
```

在此提示下可标注圆弧的包含角、圆上的一段圆弧的包含角、两条不平行直线之间的夹角，或根据给定的三点标注角度，下面分别介绍各项的操作。

◆ 指定顶点：分别指定角点、第一端点和第二端点来测量并标记该角度。

```
选择圆弧、圆、直线或<指定顶点>：                              //按 Enter 键
```

指定角的顶点：   //指定角的顶点
指定角的第一个端点：   //指定角的第一个端点
指定角的第二个端点：   //指定角的第二个端点
指定标注弧线位置或[多行文字(M)/文字(T)/角度(A)]：   //指定标注弧线的位置

- ◆ 选择圆弧：对圆弧所包含的圆心角进行标注。

选择圆弧、圆、直线或<指定顶点>：   //选择圆弧
指定标注弧线位置或[多行文字(M)/文字(T)/角度(A)]：   //指定标注弧线的位置

- ◆ 选择圆：以指定圆的圆心作为角的顶点，测量并标记选择圆时的拾取点和指定的第
  二个点之间所包含的圆心角。

选择圆弧、圆、直线或<指定顶点>：   //选择圆
指定角的第二个端点：   //指定点作为角的第二个端点
指定标注弧线位置或[多行文字(M)/文字(T)/角度(A)]：   //指定标注弧线的位置

- ◆ 选择直线：标记两条不平行直线之间的夹角。

选择圆弧、圆、直线或<指定顶点>：   //选择直线
选择第二条直线：   //指定第二条直线
指定标注弧线位置或[多行文字(M)/文字(T)/角度(A)]：   //指定标注弧线的位置

命令中"多行文字(M)/文字(T)/角度(A)"选项的含义如下。

- ◆ 多行文字：弹出"文字格式"对话框来编辑尺寸文字，可删除自动生成的测量值，
  输入新数值，然后单击"确定"按钮。
- ◆ 文字：在命令行中输入标注文字，系统自动生成的测量值显示在尖括号中。

输入标注文字<当前测量值>：   //输入标注文字，或按 Enter 键接受自动生成的测量值

- ◆ 角度：输入标注文字的角度。

指定标注文字的角度：   //输入角度，标注文字将旋转该角度

④ 在"标注"工具栏上单击"角度"按钮 △，启动角度标注命令。
⑤ 在绘图区内分别选取图中最下侧斜线和中心线。
⑥ 在绘图区内指定尺寸线位置，完成尺寸标注。

命令行显示如下：

命令：_dimangular
选择圆弧、圆、直线或 <指定顶点>：   //选取第一条直线
选择第二条直线：   //选取第二条直线
指定标注弧线位置或 [多行文字(M)/文字(T)/角度(A)/象限点(Q)]： //指定尺寸线位置
标注文字 = 32

步骤 3 保存文件

实用案例 8.9　引线标注

素材文件：	CDROM\08\素材\引线标注素材.dwg
效果文件：	CDROM\08\效果\引线标注.dwg
演示录像：	CDROM\08\演示录像\引线标注.exe

案例解读

本案例主要讲解 AutoCAD 2010 中引线标注的使用方法。如图 8-23 所示，通过为支架零件图添加引线标注，使大家熟悉和理解引线标注的使用方法。

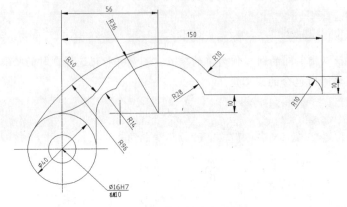

图 8-23　引线标注完成图

要点流程

- 启动 AutoCAD 2010 中文版，进入绘图界面
- 打开素材文件
- 创建引线注释
- 设置文字样式
- 运用多行文字命令添加文字信息
- 添加特殊符号

操作步骤

步骤 1　打开素材文件

①启动 AutoCAD 2010 中文版，进入绘图界面。

②打开光盘中的素材文件"CDROM\08\素材\引线标注素材.dwg"，如图 8-24 所示。

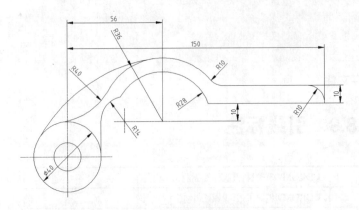

图 8-24　引线标注素材

步骤 2 用"引线标注"命令创建引线注释

①创建引线注释，输入命令名：在命令行中输入或动态输入 QLEADER，并按 Enter 键。使用鼠标在绘图区内单击，设置直线的第一点。

②单击鼠标或输入点坐标，作为引线的折点。

③单击鼠标或输入点坐标，作为引线的终点。

④在提示行设置文字宽度，输入"2.5"。

⑤输入第一行文字"%%C16H7"，输入第二行文字"孔深 10"，完成标注。

命令行显示如下：

```
命令：_qleader
指定第一个引线点或 [设置(S)] <设置>：        //使用鼠标在绘图区内单击，设置直线的第一点
指定下一点：                              //单击鼠标或输入点坐标，作为引线的折点
指定下一点：                              //单击鼠标或输入点坐标，作为引线的终点
指定文字宽度 <0>:2.5                       //设置文字宽度为 2.5
输入注释文字的第一行 <多行文字(M)>:%%C16H7            //输入第一行文字
输入注释文字的下一行：孔深 10                       //输入第二行文字
输入注释文字的下一行：
```

知识要点：

引线标注通过引线将注释与图形对象连接。与尺寸标注命令不同，引线并不测量距离。引线由一个箭头、一条直线段和一条水平线组成。在引线末端可以标注注释文本。

◆　在命令行中输入或动态输入 QLEADER 或 LE，可启动引线标注。

执行命令后，命令行提示如下：

```
指定第一个引线点或 [设置(S)] <设置>：                    //指定引线的起始点
指定下一点：                                      //指定点确定引线的下一点位置
```

确定引线的各端点后，针对不同的注释类型，系统给出的提示也不同，下面分别予以介绍。

◆　注释类型是"多行文字"。

确定引线的各端点后，命令行提示如下：

```
指定文字宽度：                                    //指定文字的宽度
输入注释文字的第一行<多行文字(M)>：                    //输入一行文字后按 Enter 键
输入注释文字的下一行：                              //输入一行文字后按 Enter 键
```

输入完文字后，按 Enter 键，结束引线标注命令。

在命令提示"输入注释文字的第一行<多行文字(M)> :"中，如果输入 M 选择"多行文字(M)"，将弹出"文字格式"对话框来编辑尺寸文字。

◆　注释类型是"复制对象"。

确定引线的各端点后，命令行提示如下：

```
选择要复制的对象：                        //选择现有的多行文字、文字、块参照或公差对象
```

复制的对象添加在了引线后。

◆　注释类型是"公差"。

确定引线的各端点后，弹出"形位公差"对话框，如图 8-25 所示。通过该对话框设置标注内容。

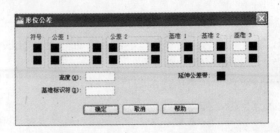

图 8-25 "形位公差"对话框

◆ 注释类型是"块参照"。

确定引线的各端点后，命令行提示如下：

输入块名或[?]：   //输入块的名称，如按 Enter 键将显示图形中定义的所有块
指定插入点或[比例(S)/X/Y/Z/旋转(R)/预览比例(PS)/PX/PY/PZ/预览旋转(PR)]：
                                    //指定插入点或设置插入比例和旋转角度

◆ 注释类型是"无"。

确定引线的各端点，画出引线后，即结束引线命令。

步骤3 保存文件

实用案例 8.10　设置引线标注

素材文件：	CDROM\08\素材\设置引线标注素材.dwg
效果文件：	CDROM\08\效果\设置引线标注.dwg
演示录像：	CDROM\08\演示录像\设置引线标注.exe

案例解读

本案例主要讲解 AutoCAD 2010 中引线标注的使用方法。如图 8-26 所示，通过为零件图添加引线标注，使大家熟悉和理解引线标注的使用方法。

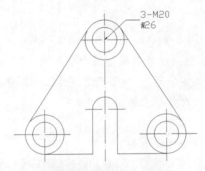

图 8-26　设置引线标注完成图

要点流程

● 启动 AutoCAD 2010 中文版，进入绘图界面
● 打开素材文件

- 创建引线注释
- 设置文字样式
- 使用多行文字命令添加文字信息

操作步骤

步骤 1 打开素材文件

①启动 AutoCAD 2010 中文版，进入绘图界面。

②打开光盘中的素材文件 "CDROM\08\素材\设置引线标注素材.dwg"，如图 8-27 所示。

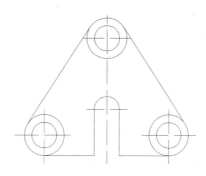

图 8-27　设置引线标注素材

步骤 2 打开 "引线设置" 对话框设置引线

①创建引线注释，输入命令名：在命令行中输入或动态输入 QLEADER，并按 Enter 键。

②在提示行输入 S，选择设置选项，弹出如图 8-28 所示的 "引线设置" 对话框。

图 8-28　"引线设置" 对话框

各选项含义：

◆　"注释" 选项卡。

如图 8-28 所示，在 "注释" 选项卡中，设置引线标注的注释类型、多行文字的样式和是否重复使用注释。

✓　注释类型：设置引线标注的注释类型，包含以下几项。

多行文字：创建多行文本作为引线的注释。

复制对象：选中该项，系统将复制图形中现有的多行文字、文字、块或公差等对象做注释。

公差：弹出"几何公差"对话框，在"几何公差"对话框中，创建公差做注释。

块参照：选中该项，可以创建块做注释。

无：没有注释。

✓ 多行文字选项：设置多行文字的格式。仅当"注释类型"是"多行文字"时，该选项组有效，此选项包含以下几项。

提示输入宽度：是否提示用户指定多行文字注释的宽度。

始终左对齐：选中该项，多行文字注释将保持左对齐。

文字边框：是否给多行文字注释四周加上边框。

✓ 重复使用注释：设置是否重复使用注释，包含以下几项。

无：不重复使用引线注释。

重复使用下一个：重复使用为后续引线创建的下一个注释。

重复使用当前：重复使用当前注释。如果选中了"重复使用下一个"单选按钮，当重复使用注释时将自动选择该项。

◆ "引线和箭头"选项卡。

如图 8-29 所示，在"引线和箭头"选项卡中，设置引线和箭头的样式。

图 8-29 "引线和箭头"选项卡

✓ 引线：设置引线格式，包含以下两项。

直线：在指定点之间创建直线。

样条曲线：指定点作为创建样条曲线的控制点。

✓ 箭头：从下拉列表中选择引线的箭头。如果单击下拉列表底部的"用户箭头"选项，将弹出"选择自定义箭头块"对话框，可以从该对话框中选择用户定义的箭头块的名称（该块必须在图形中）。

✓ 点数：设置引线的点数。

无限制：选中该项，系统会一直提示"指定下一点:"，直到按 Enter 键为止。

最大值：命令行提示"指定下一点:"的次数最多为设置的最大值减一。例如，设置点数为 5，指定 4 个引线点后，系统将自动提示指定注释。

✓ 角度约束：设置第一条与第二条引线的角度限制。

第一段：设置第一段引线的角度。

第二段：设置第二段引线的角度。

◆ "附着"选项卡。

如图 8-30 所示，在"附着"选项卡中，设置引线和多行文字注释的相对位置。仅当注释类型为"多行文字"时，该选项卡才有效。

图 8-30 "附着"选项卡

✓ 第一行顶部：引线的终点与多行文字的第一行顶部对齐。

✓ 第一行中间：引线的终点与多行文字的第一行中间对齐。

✓ 多行文字中间：引线的终点与多行文字的中间对齐。

✓ 最后一行中间：引线的终点与多行文字的最后一行中间对齐。

✓ 最后一行底部：引线的终点与多行文字的最后一行底部对齐。

✓ 最后一行加下画线(U)：给多行文字的最后一行加下画线。

③ 在"注释"选项卡中设置注释类型为"多行文字"，设置多行文字选项为"提示输入宽度"，设置重复使用注释为"无"。

④ 在"引线和箭头"选项卡中设置引线为"直线"，设置箭头格式为"实心闭合"；设置点数最大值为"3"。

⑤ 在"附着"选项卡中设置多行文字附着位置文字在左边时为"最后一行中间"；文字在右边时为"第一行中间"。

步骤 3 引线标注

① 使用鼠标在绘图区内单击，设置直线的第一点。

② 单击鼠标或输入点坐标，作为引线的折点。

③ 单击鼠标或输入点坐标，作为引线的终点。

④ 在提示行设置文字宽度，输入"5"。

⑤ 输入第一行文字"3-M20"，输入第二行文字"深 26"，完成标注。

命令行显示如下：

```
命令：_qleader
指定第一个引线点或 [设置(S)] <设置>：s              //输入 S，选择引线设置
指定第一个引线点或 [设置(S)] <设置>：      //使用鼠标在绘图区内单击，设置直线的第一点
指定下一点：                              //单击鼠标或输入点坐标，作为引线的折点
指定下一点：                              //单击鼠标或输入点坐标，作为引线的终点
指定文字宽度 <0>：5                           //设置文字宽度为 5
输入注释文字的第一行 <多行文字(M)>：3-M20                //输入第一行文字
输入注释文字的下一行：深 26                            //输入第二行文字
输入注释文字的下一行：
```

步骤 6 保存文件

实用案例 8.11　尺寸公差标注

素材文件:	CDROM\08\素材\尺寸公差标注素材.dwg
效果文件:	CDROM\08\效果\尺寸公差标注.dwg
演示录像:	CDROM\08\演示录像\尺寸公差标注.exe

案例解读

本案例主要讲解 AutoCAD 2010 中尺寸公差的标注方法。如图 8-31 所示,通过为零件图添加尺寸公差标注,使大家熟悉和理解尺寸公差的概念和标注方法。

要点流程

- 启动 AutoCAD 2010 中文版,进入绘图界面
- 打开素材文件
- 设置标注样式
- 添加线性标注
- 修改公差上、下偏差

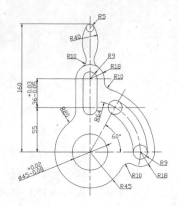

图 8-31　尺寸公差标注完成图

操作步骤

步骤 1　打开素材文件

①启动 AutoCAD 2010 中文版,进入绘图界面。

②打开光盘中的素材文件 "CDROM\08\素材\尺寸公差标注素材.dwg",如图 8-32 所示。

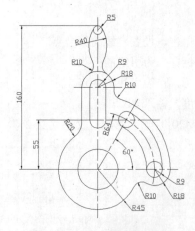

图 8-32　尺寸公差标注素材

步骤 2　设置标注样式为"极限偏差"方式

①设置标注样式,输入命令名,在命令行中输入或动态输入 DIMSTYLE,并按 Enter 键,弹出"标注样式管理器"对话框。

②选择"修改"设置,弹出"修改标注样式"对话框。

③ 在如图 8-33 所示的"公差"选项卡中设置标注文字公差的格式及显示,"方式"为极限偏差。

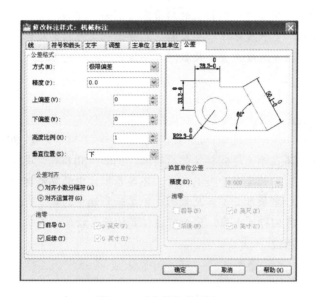

图 8-33 "公差"选项卡

各选项含义:

◆ 公差格式: 设置公差的格式和精度。

✓ 方式: 设置计算公差的方法。

无: 不添加公差。

对称: 添加公差的正/负表达式,将一个偏差值应用于标注测量值中。

极限偏差: 添加正/负公差表达式,将不同的正公差和负公差值应用于标注测量值中。

极限尺寸: 显示公差的最大值和最小值。最大值等于标注值加上在"上偏差"中输入的值。最小值等于标注值减去在"下偏差"中输入的值。

基本尺寸: 创建基本标注,在整个标注周围显示一个框。

✓ 精度: 设置公差值的小数位数。

✓ 上偏差: 设置最大公差值或上偏差值。如果在"方式"中选择"对称",则此值将作为公差。

✓ 下偏差: 设置最小公差值或下偏差值。

✓ 高度比例: 设置公差文字的当前高度。

✓ 垂直位置: 选择对称公差和极限公差的文字对齐方式。

上: 公差文字与主标注文字的顶部对齐。

中: 公差文字与主标注文字的中间对齐。

下: 公差文字与主标注文字的底部对齐。

◆ 公差对齐: 堆叠时,上偏差值和下偏差值的对齐方式。

✓ 对齐小数分隔符: 通过值的小数分隔符堆叠。

✓ 对齐运算符: 通过值的运算符堆叠。

- ◆ 消零: 控制是否显示前导零、后续零、零英尺和零英寸。
  - ✓ 前导: 不显示十进制标注的前导零。例如: 0.800 变成 .800。
  - ✓ 后续: 不显示十进制标注的后续零。例如: 80.000 变成 80。
  - ✓ 零英尺: 当长度小于一英尺时, 不显示标注中的英尺部分。
  - ✓ 零英寸: 当长度是整英尺数时, 不显示标注中的英寸部分。
- ◆ 换算单位公差。
  - ✓ 精度: 设置换算单位的小数位数。
- ◆ 消零: 控制是否显示前导零、后续零、零英尺和零英寸。
  - ✓ 前导: 不显示十进制标注的前导零。例如: 0.800 变成 .800。
  - ✓ 后续: 不显示十进制标注的后续零。例如: 80.000 变成 80。
  - ✓ 零英尺: 当长度小于一英尺时, 不显示标注中的英尺部分。
  - ✓ 零英寸: 当长度是整英尺数时, 不显示标注中的英寸部分。
- ◆ 预览: 通过样例标注图像, 显示标注样式的设置效果。

步骤 3 添加线性标注

①添加线性标注, 输入命令名, 在命令行中输入或动态输入 DIMLINEAR, 并按 Enter 键。

②对绘图区域中长方形的长和宽进行标注, 如图 8-34 所示。

步骤 4 用"特性"面板修改公差上、下偏差

①打开"特性"选项板, 输入命令名, 在命令行中输入或动态输入 PROPERTIES, 并按 Enter 键。

②标注键槽长度 36 尺寸。

③在"特性"选项板的"公差"栏中, 添加公差上偏差为 0.03、下偏差为 0.05。

④标注 Φ45 尺寸。

⑤在"特性"选项板的"公差"栏中, 添加公差上偏差为 0.02、下偏差为 0.08。

⑥完成尺寸公差标注。

步骤 5 保存文件

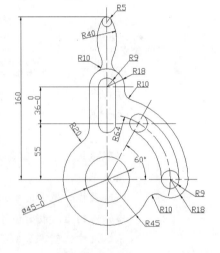

图 8-34　标注尺寸

实用案例 8.12　形位公差标注

素材文件:	CDROM\08\素材\形位公差标注素材.dwg
效果文件:	CDROM\08\效果\形位公差标注.dwg
演示录像:	CDROM\08\演示录像\形位公差标注.exe

案例解读

本案例主要讲解 AutoCAD 2010 中形位公差的标注方法。如图 8-35 所示, 通过为齿轮零件图添加形位公差标注, 使大家熟悉和理解形位公差的概念和标注方法。

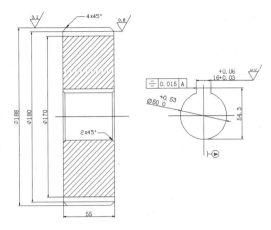

图 8-35　形位公差标注完成图

要点流程

- 启动 AutoCAD 2010 中文版，进入绘图界面
- 打开素材文件
- 添加形位公差
- 添加引线

操作步骤

步骤 1　打开素材文件

①启动 AutoCAD 2010 中文版，进入绘图界面。

②打开光盘中的素材文件"CDROM\08\素材\形位公差标注素材.dwg"，如图 8-36 所示。

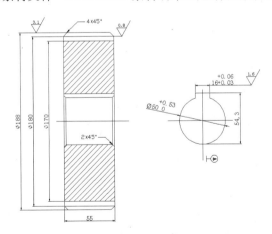

图 8-36　形位公差标注素材

步骤 2　用"形位公差"命令标注形位公差

①添加形位公差，输入命令名，在命令行中输入或动态输入 TOLERANCE，并按 Enter 键，弹出如图 8-37 所示的"形位公差"对话框。

②在"符号"选项区域单击鼠标左键，打开如图 8-38 所示的"特征符号"对话框，选

择"对称度"符号。

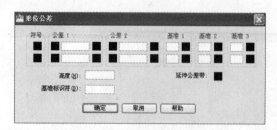

图 8-37 "形位公差"对话框 　　　　　　图 8-38 "特征符号"对话框

③ 在"公差 1"选项区域的第二个框注写公差值"0.015"。

④ 在"基准 1"选项区域的第一个框注写基准符号"A",单击"确定"按钮退出"形位公差"对话框。

⑤ 在绘图区域中单击鼠标或输入点坐标,放置形位公差特征框。

知识要点:

形位公差用于定义图形的形状、轮廓、方向和位置的最大允许偏差以及几何图形的跳动允差。形位公差在机械图中非常重要,它直接影响着装配件的安装。通过以下方法可以启动公差标注命令。

◆ 下拉菜单:选择"标注→公差"命令。

◆ 工具栏:在"标注"工具栏上单击"公差"按钮 ⊞⊡。

◆ 输入命令名:在命令行中输入或动态输入 TOLERANCE 或 TOL,并按 Enter 键。

执行命令后,弹出"形位公差"对话框,如图 8-37 所示。

各选项含义:

◆ 符号:选中"符号"框,将弹出"特征符号"对话框,如图 8-38 所示。在该对话框中可以选择符号。

◆ 公差 1:公差值指明了几何特征相对于理想尺寸的允许偏差量。可在公差值前面加入直径符号,后面加包容条件符号。

　✓ 第一个框:单击该框插入直径符号。

　✓ 第二个框:输入公差值。

　✓ 第三个框:单击该框,将弹出"附加符号"对话框,如图 8-39 所示。在该对话框中可选择符号,作为公差值的修饰符。

图 8-39 "附加符号"对话框

◆ 公差 2:创建第二个公差值,参见"公差 1"的设置。

◆ 基准 1:创建第一级基准参照,基准是理论上的几何参照。

　✓ 第一个框:输入基准参照值。

　✓ 第二个框:单击该框,将弹出"附加符号"对话框。在该对话框中可选择符号,作为基准参照的修饰符。

◆ 基准 2:创建第二级基准参照,参见"基准 1"的设置。

- 基准 3：创建第三级基准参照，参见"基准 1"的设置。
- 高度：输入投影公差带的值。投影公差带控制固定垂直部分延伸区的高度变化，并以位置公差控制公差精度。
- 延伸公差带：在投影公差带值的后面插入投影公差带符号。
- 基准标识符：输入字母，创建由参照字母组成的基准标识符。

在"形位公差"对话框中，指定特征控制框的符号和值后，单击"确定"按钮，关闭"形位公差"对话框，命令行将提示如下。

输入公差位置： //指定位置

公差的特征控制框显示在指定位置。

⑥ 创建引线注释，输入命令名：在命令行中输入或动态输入 QLEADER，并按 Enter 键。使用鼠标在绘图区内单击，设置直线的第一点。

⑦ 单击鼠标或输入点坐标，作为引线的终点，并按 Enter 键。完成标注。

命令行显示如下：

命令：_tolerance //启动"形位公差"对话框，注写内容
输入公差位置： //单击鼠标或输入点坐标，设置形位公差特征框

步骤 3 保存文件

实用案例 8.13 协调零件图中各项尺寸标注

素材文件：	CDROM\08\素材\协调零件图中各项尺寸标注素材.dwg
效果文件：	CDROM\08\效果\协调零件图中各项尺寸标注.dwg
演示录像：	CDROM\08\演示录像\协调零件图中各项尺寸标注.exe

案例解读

本案例主要讲解 AutoCAD 2010 中协调零件图中尺寸标注的方法。如图 8-40 所示，通过为壳体零件图协调各尺寸标注，使大家熟悉和理解几种编辑标注和协调标注位置的方法。

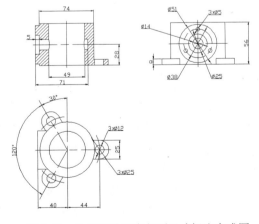

图 8-40 协调零件图中各项尺寸标注完成图

要点流程

- 启动 AutoCAD 2010 中文版，进入绘图界面
- 打开素材文件
- 设置标注样式
- 编辑标注文字
- 调整标注间距

操作步骤

步骤 1 打开素材文件

①启动 AutoCAD 2010 中文版，进入绘图界面。

②打开光盘中的素材文件"CDROM\08\素材\协调零件图中各项尺寸标注素材.dwg"，如图 8-41 所示。

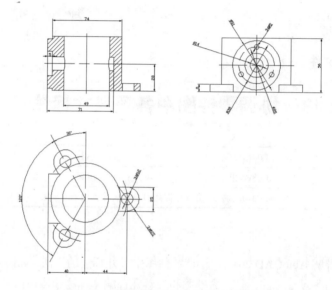

图 8-41　协调零件图中各项尺寸标注素材

步骤 2 修改标注样式

①设置标注样式，输入命令名，在命令行中输入或动态输入 DIMSTYLE，并按 Enter 键，弹出"标注样式管理器"对话框。

②选择"修改"设置，弹出"修改标注样式"对话框。

③在"符号和箭头"选项卡中设置箭头大小为"3.5"。

④在"文字"选项卡中设置文字高度为"5"；文字对齐方式为"ISO 标准"。

⑤在"主单位"选项卡中设置小数分隔符为"'.'（句号）"。

步骤 3 用"编辑标注文字"命令编辑标注文字

①编辑标注文字，输入命令名，在命令行中输入或动态输入 DIMTEDIT，并按 Enter 键。

②选择标注"5"，将其移动到合适位置，如图 8-42 所示。

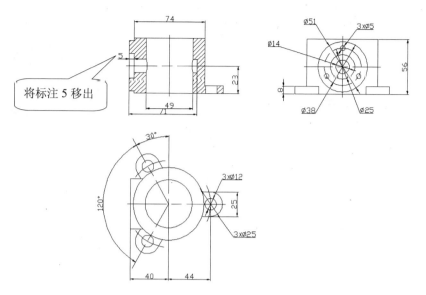

图 8-42　调整标注文字

命令行显示如下：

命令：_dimtedit
选择标注：　　　　　　　　　　　　　　　　　　　　　//单击鼠标选择标注文字"5"
指定标注文字的新位置或 [左(L)/右(R)/中心(C)/默认(H)/角度(A)]：
　　　　　　　　　　　　　　　　　　　//单击鼠标将标注文字"5"移到合适位置

知识要点：

DIMTEDIT 命令用于移动和旋转标注文字，通过以下方法可以启动编辑标注文字命令。

◆　下拉菜单：选择"标注→对齐文字"命令。

◆　工具栏：在"标注"工具栏上单击"编辑标注文字"按钮 。

◆　输入命令名：在命令行中输入或动态输入 DIMTEDIT 或 DIMTED，并按 Enter 键。

各选项含义：

◆　左：沿尺寸线向左对齐标注文字。

◆　右：沿尺寸线向右对齐标注文字。

◆　中心：将标注文字放在尺寸线中间。

◆　默认：将标注文字放在默认位置。

◆　角度：指定标注文字的角度。

步骤 4　用"标注间距"命令调整标注间距

①调整标注间距，输入命令名，在命令行中输入或动态输入 DIMSPACE，并按 Enter 键。

②使用鼠标在绘图区内选择基准标注主视图中的 45 尺寸标注。

③使用鼠标在绘图区内选择要产生间距的标注主视图中的 71 尺寸标注。

④在命令提示行输入 A，选择自动调整间距，完成标注间距调整命令。

⑤完成标注尺寸协调。

命令行显示如下：

命令：_dimspace
选择基准标注：　　　　　　　　　　　　　　　　　　//单击鼠标选择标注文字"45"

选择要产生间距的标注:找到 1 个　　　　　　　　　　　　//单击鼠标选择标注文字"71"
选择要产生间距的标注:
输入值或 [自动(A)] <自动>: A　　　　　　　　　　　　//输入"A",选择自动调整

知识要点:

该命令用来调整对平行线性标注和角度标注之间的间距。

标注间距命令启动方法如下。

- 下拉菜单:选择"标注→标注间距"命令。
- 工具栏:在"标注"工具栏上单击"标注间距"按钮。
- 输入命令名:在命令行中输入或动态输入 DIMSPACE,并按 Enter 键。

实用案例 8.14　编辑标注尺寸

素材文件:	CDROM\08\素材\标注素材.dwg
效果文件:	CDROM\08\效果\编辑标注.dwg
演示录像:	CDROM\08\演示录像\编辑标注.exe

案例解读

本案例的目的是令读者熟悉和理解编辑标注尺寸命令。

要点流程

- 启动 AutoCAD 2010 中文版,进入绘图界面
- 打开素材文件
- 用"编辑标注"命令编辑标注尺寸

操作步骤

步骤 1 打开素材文件

打开光盘中的文件"CDROM\08\素材\标注素材.dwg",如图 8-43 所示。

步骤 2 用"编辑标注"命令编辑标注尺寸

①在"标注"工具栏上单击"编辑标注"按钮，启动编辑标注命令。

②在命令行提示"输入标注编辑类型 [默认(H)/新建(N)/旋转(R)/倾斜(O)] <默认>:"下,按 Enter 键选择"默认"。

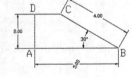

图 8-43　标注素材

③在命令行提示"选择对象:"下,选择线段 AB 的水平标注。

④按 Enter 键结束编辑标注命令,则该水平标注中的标注文字回到默认位置。

知识要点:

DIMEDIT 命令可以同时编辑多个标注对象的标注文字和延伸线。通过以下方法可以启动编辑标注命令。

- 工具栏:在"标注"工具栏上单击"编辑标注"按钮。

◆ 输入命令名: 在命令行中输入或动态输入 DIMEDIT、DED 或 DIMED, 并按 Enter 键。

执行命令后, 命令行提示如下:

输入标注编辑类型 [默认(H)/新建(N)/旋转(R)/倾斜(O)] <默认>:

◆ 默认: 将指定对象中的标注文字放回默认位置。选择该项后系统将提示用户选择对象。

◆ 新建: 选择该项, 将弹出 "文字格式" 对话框来编辑尺寸文字。单击 "确定" 按钮退出 "文字格式" 对话框后, 系统将提示用户选择对象。

◆ 旋转: 旋转指定对象的标注文字, 选择该项, 系统将提示用户指定旋转角度。

◆ 倾斜: 调整线性标注的延伸线倾斜角。选择该项, 系统将提示用户选择对象并指定倾斜角度。

⑤ 按 Enter 键重复编辑标注命令。

⑥ 在命令行提示 "输入标注编辑类型 [默认(H)/新建(N)/旋转(R)/倾斜(O)] <默认>:" 下, 输入 O, 选择 "倾斜" 选项。

⑦ 在命令行提示 "选择对象:" 下, 选择线段 BC 的倾斜标注。

⑧ 按 Enter 键结束选择。

⑨ 在命令行提示 "输入倾斜角度 (按 ENTER 表示无):" 下, 输入 "30", 则该倾斜标注的延伸线倾斜角变为 30。

⑩ 按 Enter 键重复编辑标注命令。

⑪ 在命令行提示 "输入标注编辑类型 [默认(H)/新建(N)/旋转(R)/倾斜(O)] <默认>:" 下, 输入 R, 选择 "旋转" 选项。

⑫ 在命令行提示 "指定标注文字的角度:" 下, 输入 "60"。

⑬ 在命令行提示 "选择对象:" 下, 选择线段 AD 的垂直标注。

⑭ 按 Enter 键结束编辑标注命令, 则该垂直标注中的标注文字旋转了 60°。

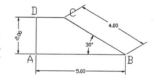

⑮ 在图形中显示出了编辑标注的结果, 如图 8-44 所示。

图 8-44 编辑标注

命令行的操作如下:

```
命令: _dimedit
输入标注编辑类型 [默认(H)/新建(N)/旋转(R)/倾斜(O)] <默认>://按 Enter 键选择"默认"
选择对象: 找到 1 个                        //选择线段 AB 的水平标注
选择对象:                                //按 Enter 键结束编辑标注命令
命令:                                    //按 Enter 键重复编辑标注命令
DIMEDIT
输入标注编辑类型 [默认(H)/新建(N)/旋转(R)/倾斜(O)] <默认>: o
选择对象: 找到 1 个                        //选择线段 BC 的倾斜标注
选择对象:                                //按 Enter 键结束选择
输入倾斜角度 (按 Enter 键表示无): 30        //改变了倾斜标注的延伸线倾斜角
命令:                                    //按 Enter 键重复编辑标注命令
DIMEDIT
输入标注编辑类型 [默认(H)/新建(N)/旋转(R)/倾斜(O)] <默认>: r
指定标注文字的角度: 60
选择对象: 找到 1 个                        //选择线段 AD 的垂直标注
选择对象:                                //按 Enter 键结束编辑标注命令
```

步骤 3 保存文件

实用案例 8.15　折断标注

素材文件：	CDROM\08\素材\折断素材.dwg
效果文件：	CDROM\08\效果\折断标注.dwg
演示录像：	CDROM\08\演示录像\折断标注.exe

案例解读

本案例的目的是令大家熟悉和理解折断标注命令。

要点流程

- 启动 AutoCAD 2010 中文版，进入绘图界面
- 打开素材文件
- 用"折断"标注命令折断尺寸线

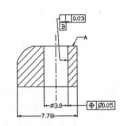

操作步骤

步骤 1 打开素材文件

打开光盘中的素材文件"CDROM\08\素材\折断素材.dwg"，如图 8-45 所示。

图 8-45　折断素材

步骤 2 用"折断"标注命令折断尺寸线

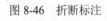

① 在"标注"工具栏上单击"折断标注"按钮，启动折断标注命令。

② 在命令行提示"选择标注或 [多个(M)]:"下，选择图形最下方的水平标注。

③ 在命令行提示"选择要打断标注的对象或 [自动(A)/恢复(R)/手动(M)] <自动>:"下，输入 M，选择"手动"选项。

④ 在命令行提示下，分别指定两个打断点。

⑤ 在图形中显示出了折断标注的结果，如图 8-46 所示。

图 8-46　折断标注

命令行的操作如下：

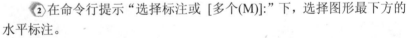

```
命令：_DIMBREAK
选择标注或 [多个(M)]:                                    //选择图形最下方的水平标注
选择要打断标注的对象或 [自动(A)/恢复(R)/手动(M)] <自动>: m
指定第一个打断点：_int 于                                //选择图形右下角的交点
指定第二个打断点：_nea 到                                //选择延伸线上的一点
```

知识要点：

绘图时，有些对象的实际尺寸在图纸上需要缩略绘出，这时就可以使用折断标注，画出带有断折符号的尺寸线。通过以下方法可以启动折断标注命令。

- 下拉菜单：选择"标注→标注打断"命令。
- 工具栏：在"标注"工具栏上单击"折断标注"按钮。
- 输入命令名：在命令行中输入或动态输入 DIMBREAK，并按 Enter 键。

执行命令后，命令行提示如下：

选择标注或 [多个(M)]：

◆ 选择"标注"。

命令行提示如下：

选择要打断标注的对象或 [自动(A)/恢复(R)/手动(M)] <自动>：

✓ 自动：自动将折断标注放置在与选定标注相交的对象的所有交点处。修改标注
或相交对象时，自动更新使用该选项创建的所有折断标注。

✓ 恢复：从选定的标注中取消所有折断标注。

✓ 手动：通过指定打断点，手动放置折断标注。修改标注或相交对象时，不会更
新使用该选项创建的所有折断标注。

◆ 选择"多个"。

命令行提示如下：

选择标注：	//选择标注
选择标注：	//按 Enter 键结束选择

输入选项 [打断(B)/恢复(R)] <打断>：输入选项或按 Enter 键

✓ 打断：在与选定标注相交的对象的所有交点处放置折断标注。修改标注或相交
对象时，自动更新使用该选项创建的所有折断标注。

✓ 恢复：从选定的标注中删除折断标注。

步骤 3 保存文件

综合实例演练——标注曲柄尺寸

素材文件：	CDROM\08\素材\曲柄.dwg
效果文件：	CDROM\08\效果\标注曲柄尺寸.dwg
演示录像：	CDROM\08\演示录像\标注曲柄尺寸.exe

案例解读

本实例是标注曲柄尺寸，如图 8-47 所示，在曲柄图形中共有四种尺寸标注类型：线性尺
寸，用线性标注命令标注；对齐尺寸，用对齐标注命令标注；直径尺寸，用直径标注命令标
注；角度尺寸，用角度标注命令标注。

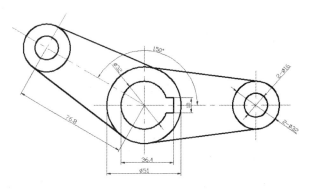

图 8-47 标注曲柄尺寸

要点流程

- 启动 AutoCAD 2010 中文版，进入绘图界面
- 打开素材文件
- 设置标注样式
- 用"线性标注"命令标注线性尺寸
- 用"对齐"、"直径"、"角度"标注命令标注尺寸

操作步骤

步骤 1 设置标注样式

①打开光盘中的素材文件"CDROM\08\
素材\曲柄.dwg"，如图 8-48 所示。

②在"图层特性管理器"中创建"标注"
图层，颜色为蓝色，其他设置与 0 层相同，并
将该层设为当前层。

③选择"标注→标注样式"命令，打开"标

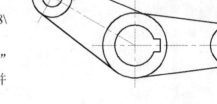

图 8-48 曲柄

注样式管理器"对话框。单击"新建"按钮，弹出"创建新标注样式"对话框，在"新样式"
文本框中输入"机械制图"，单击"继续"按钮，弹出"新建标注样式：机械制图"对话框。
分别在"符号和箭头"选项卡中将箭头大小设置为"2.5"，在"文字"选项卡中将文字高度
设置为"2.5"，在"主单位"选项卡中将小数分隔符设为"'.'（句点）"，其他选项按默认设
置。设置完成后，单击"置为当前"按钮，将"机械制图"标注样式设置为当前标注样式。

步骤 2 线性标注

利用"线性标注"来标注曲柄中的线性尺寸，如图 8-49 所示。

标注曲柄中间大圆直径的命令行提示如下。

```
命令：_dimlinear
指定第一条延伸线原点或 <选择对象>：                    //大圆左侧与水平中心线的交点
指定第二条延伸线原点：                                //大圆右侧与水平中心线的交点
指定尺寸线位置或[多行文字(M)/文字(T)/角度(A)/水平(H)/垂直(V)/旋转(R)]：t
                                              //输入 T，选择"文字"选项
输入标注文字 <32>：%%c32                          //"%%c"表示直径符号
指定尺寸线位置或[多行文字(M)/文字(T)/角度(A)/水平(H)/垂直(V)/旋转(R)]：
                                              //指定尺寸线位置

标注文字= 32
```

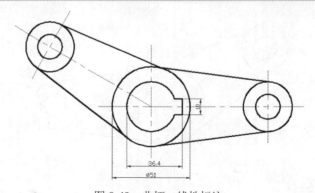

图 8-49 曲柄：线性标注

步骤 3 对齐标注

利用对齐命令标注曲柄中的对齐尺寸，如图 8-50 所示。

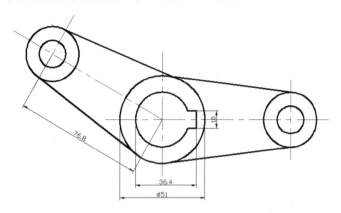

图 8-50 曲柄：对齐标注

步骤 4 标注直径

利用直径命令标注曲柄中的直径尺寸，如图 8-51 所示。标注曲柄右边 ϕ10 小圆的命令行提示如下：

```
命令: _dimdiameter
选择圆弧或圆:                                        //选择曲柄右边ϕ10 小圆
标注文字 = 10
指定尺寸线位置或 [多行文字(M)/文字(T)/角度(A)]: t      //输入 T，选择"文字"选项
输入标注文字 <10>: 2-<>                               //"<>"表示测量值
指定尺寸线位置或 [多行文字(M)/文字(T)/角度(A)]:        //指定尺寸线位置
```

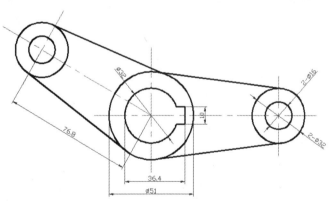

图 8-51 曲柄：直径标注

步骤 5 标注角度

利用角度命令标注曲柄中的角度尺寸 150°，结果如图 8-47 所示。

步骤 6 保存文件

第 9 章
常用零件绘制综合实例

本章导读

在机械工程中，任何一台机器或设备都是由若干个零部件按一定的方式装配而成，而这些零部件中的一些零件（如螺钉、螺栓、键、销、垫圈等），因为用途广、需求量大，根据其结构形式、尺寸大小及性能要求，均以实现标准化、系列化，再根据其标准化程度称其为标准件或通用件；但有些标准件因为其结构较为复杂，给绘制图形造成了不便；因此国家标准对其画法、标记及标注都做出了特殊的表示方法，用户设计时应遵照执行。

本章将根据实际生产中最常用的零件进行绘制和讲解，实用案例由易到难，里面的讲解方法和技巧在工程绘图中经常使用，因此希望读者能通过本章知识点的学习对前面学习过的绘图命令、修改命令及标注命令等加以熟练和灵活使用，从而提高绘图水平和工作效率。

本章主要学习以下内容：
- 通用标准件的设计及实用案例
- 盘盖类零件的设计及实用案例
- 叉架类零件的设计及实用案例
- 轴类零件的设计及实用案例
- 齿轮类零件的设计及实用案例
- 箱体类零件的设计及实用案例
- 零件轴测图的绘制及实用案例

9.1　绘制通用标准件

通过对前面章节的学习，读者基本掌握了 AutoCAD 2010 基本的绘图、编辑、标注等命令的使用，为了能使读者更好地熟悉和掌握，本节针对常见而又比较简单的图形进行绘制，注重绘图的质量和技巧，相信可以为读者以后的图形绘制和学习提供帮助。

实用案例 9.1.1　绘制平键

素材文件：	无
效果文件：	CDROM\09\效果\绘制平键.dwg
演示录像：	CDROM\09\演示录像\绘制平键.exe

案例解读

键是用来联结轴和装在轴上的传动件（如齿轮、皮带轮等），是使其用来传递扭矩的零件。键的种类有很多，常用的键有普通平键和半圆键等。普通平键分为圆头（A 型）、方头（B 型）及单圆头（C 型）三种形式。在设计时，其尺寸可从国家标准（GB1096—2003）中查出，键的高度和宽度是根据被联结轴的直径大小来选取，而长度则是根据传递扭距力的大小计算后，参照标准长度系列确定。

本案例主要绘制普通平键中的圆头（A 型）键，如图 9-1 所示，该键型号为 18×100，即长为 100，宽为 18，高为 11。在键的尺寸中，最关键的尺寸应为宽度尺寸，设计时应引起注意。本案例使用 AutoCAD 中的直线、圆、偏移、倒角、图案填充、标注等常用命令进行绘制。通过对键的绘制，使大家能更好地了解上述命令的使用技巧和键的设计方法。

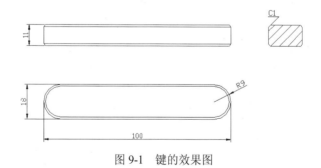

图 9-1　键的效果图

要点流程

- 启动 AutoCAD 2010 中文版，进入绘图界面
- 使用直线、偏移、倒角命令绘制出主视图
- 通过主视图，使用直线、圆、偏移命令，绘制俯视图
- 再通过主视图、俯视图，使用直线、偏移、倒角、图案填充命令，绘制左视图
- 使用标注命令对图形进行尺寸和倒角进行标注
- 将完成后的键保存

操作步骤

步骤 1　绘制主视图

①启动 AutoCAD 2010 中文版，进入绘图界面。

②在"绘图"工具栏上单击"直线"按钮，启动绘制直线命令，打开正交模式，绘制一个长为 100，宽 11 的矩形，如图 9-2（a）所示。

③在"修改"工具栏上单击"偏移"按钮，启动偏移命令，再输入偏移距离"1"后，将 L1、L2 两条直线分别向内偏移，生成 L3、L4 两条直线，如图 9-2（b）所示。

④在"修改"工具栏上单击"倒角"按钮，启动倒角命令，设置两条直线的倒角距离为"1"后，依次对矩形的 4 个角进行倒角，完成主视图，如图 9-2（c）所示。

步骤 2　绘制俯视图

①启动绘制直线命令，利用主视图上的两端直线端点绘制辅助直线 L5、L6，并画出直线 L7，如图 9-3 所示。

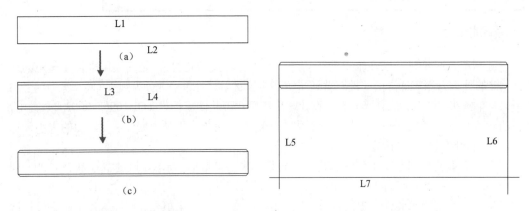

图 9-2　绘制主视图　　　　　　　　　　　图 9-3　绘制俯视图直线

②启动偏移命令，将 L7 直线向上偏移"18"，生成直线 L8。

③在"绘图"工具栏上单击"圆"按钮，启动绘制圆命令，通过三条直线，利用三点画圆和切点捕捉进行画圆，如图 9-4 所示。

④在"修改"工具栏上单击"修剪"按钮，启动修剪命令，将两个圆和 L7、L8 两条直线进行修剪。

⑤在"修改"工具栏上单击"删除"按钮，删除 L5、L6 两条直线，结果如图 9-5 所示。

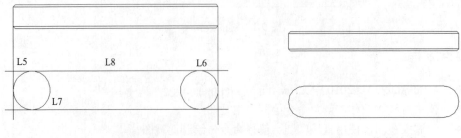

图 9-4　三点画圆　　　　　　　　　　　图 9-5　修剪线条

⑥启动偏移命令，输入偏移距离"1"，将上一步修剪所得的图形向内偏移，完成俯视图的绘制。

步骤 3　绘制左视图

①启动绘制直线命令，利用主视图上的上、下两直线端点绘制辅助直线 L9、L10，并画出直线 L11，如图 9-6 所示。

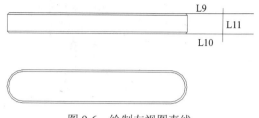

图 9-6　绘制左视图直线

②启动偏移命令，输入偏移距离"18"，将直线 L11 向右偏移，生成直线 L12。

③启动倒角命令，设置两条直线的倒角距离"1"后，依次对四条直线进行倒内角，如图 9-7 所示。

④在"绘图"工具栏上单击"图案填充"按钮，出现"图案填充"对话框。选取"添加：拾取点"按钮，在左视图线框中单击鼠标，再选择填充图案样式，最后单击"确定"按钮完成左视图的绘制，如图 9-8 所示。

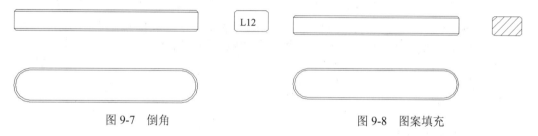

图 9-7　倒角　　　　　　　　　　　　　图 9-8　图案填充

步骤 4　尺寸标注

在"标注"工具栏上单击"线性标注"按钮，标注图中线性尺寸；接着单击"半径标注"按钮，标注圆弧尺寸；再根据选择"引线"标注和"文字输入"命令 A，标注倒角尺寸。这样，普通平键就绘制完成了。

步骤 5　保存文件

实用案例 9.1.2　绘制 O 形圈

素材文件：	无
效果文件：	CDROM\09\效果\绘制 O 形圈.dwg
演示录像：	CDROM\09\演示录像\绘制 O 形圈.exe

案例解读

O 形圈在生产工程中主要是起密封作用，也是应用最为广泛的。O 形圈按其形状不同包括 O 形圈、X 形圈、D 形圈等。其直径和截面尺寸主要是根据密封腔体的大小和形状来决定的，具体公差则根据直径和截面尺寸查找国家标准（GB3452.1—1992）所得。

本案例主要绘制普通 O 形密封圈，型号为 22×2.5，即产品内径尺寸为 22，截面直径为 2.5，如图 9-9 所示，由于该件主要用于管件或腔体的密封，所以对这两个尺寸直径和公差要求都比较高。本案例使用 AutoCAD 中的直线、圆、偏移、图案填充、标注等常用命令进行绘制。通过对 O 形圈的绘制，使读者能更熟悉上述命令的使用。

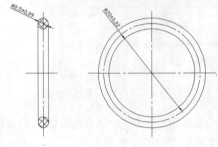

图 9-9   O 形圈效果图

要点流程

- 启动 AutoCAD 2010 中文版，进入绘图界面
- 使用直线、圆、偏移命令绘制出左视图
- 通过左视图，使用圆、复制、删除、图案填充命令，绘制主视图
- 使用标注命令对图形进行尺寸标注
- 将完成后的 O 形圈保存

操作步骤

步骤 1 绘制左视图

① 启动 AutoCAD 2010 中文版，进入绘图界面。

② 在"绘图"工具栏上单击"直线"按钮，启动绘制直线命令，打开正交模式，分别绘制两条长约 35 的十字直线，如图 9-10 所示。

③ 在"绘图"工具栏上单击"圆"按钮，启动绘制圆命令，以十字直线的交点为圆心，绘制一个半径为 10 的圆。

④ 在"修改"工具栏上单击"偏移"按钮，启动偏移命令，输入偏移距离"1.25"，将圆向外偏移一次，生成直径为 22.5 圆。然后将偏移出来的圆再次向外偏移，生成直径为 25 的圆，结果如图 9-11 所示。

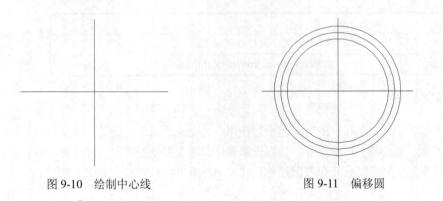

图 9-10   绘制中心线   图 9-11   偏移圆

⑤启动两点绘圆命令，以直径为 25 的圆的 90°象限点和直径为 20 的圆的 90°象限点作为两点绘圆的两个端点，绘制圆；再重新启动两点绘图命令，以刚才两个圆的 270°象限点为端点，绘制圆，如图 9-12 所示。

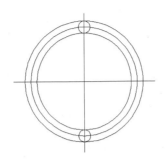

图 9-12　绘制小圆

步骤 2　绘制主视图

①在"修改"工具栏上单击"复制"按钮，选择上一步绘制出来的两个小圆和两中心直线，以正交模式向左复制距离 20。启动直线绘图命令，以象限点捕捉两小圆同端，分别绘制两条直线，如图 9-13 所示。

②直接用鼠标单击选择上述几条中心直线，分别在同轴方向上调整其直线长度到适合长度。然后将中心直线和直径为 22.5 的圆的线型改变为中心线图层，最后在"修改"工具栏上单击"删除"按钮　，将左视图中的两个小圆删除，结果如图 9-14 所示。

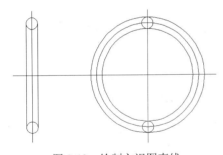

图 9-13　绘制主视图直线

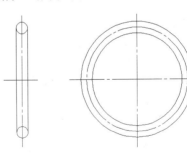

图 9-14　调整中心线

③在"绘图"工具栏上单击"图案填充"按钮，出现"图案填充"对话框。选取"添加：拾取点"按钮，在主视图两小圆线框中单击选择区域后按空格键，再选择填充图案样式"ANSI37"和设定比例为"0.3"，最后按空格键完成图案填充。

步骤 3　尺寸标注

在"标注"工具栏上单击"直径标注"按钮，标注图中直径为 20 和 2.5 的尺寸；如果标注在图上的尺寸线和数值较大，可单击"标注"工具栏上的"标注样式"按钮，再单击"修改"按钮，调整标注样式在全局的使用比例，本尺寸样式比例以"0.5"为宜。然后双击尺寸线，出现"特征工具栏"对话框，在公差栏中选择公差样式和输入公差数值。这样，O 形圈就绘制完成了。

步骤 4　保存文件

实用案例 9.1.3　绘制止动垫圈

素材文件：	无
效果文件：	CDROM\09\效果\绘制止动垫圈.dwg
演示录像：	CDROM\09\演示录像\绘制止动垫圈.exe

案例解读

　　垫圈一般放在螺母下面与螺栓和螺母共同使用，主要是起避免旋紧螺母时对连接零件表面的损伤，分散压应力或调整高度等作用，常见的垫圈分为圆形平垫圈、止动垫圈、弹簧垫圈等，垫圈的规格尺寸主要是根据配用螺栓的螺纹大径来确定直径，再根据直径在国家标准（GB93—87）中查出其他相关尺寸。

　　本案例主要绘制止动垫圈，在设计过程中，垫圈的内圆尺寸比较重要，其主要根据配用螺栓或螺钉的直径大小来确定，根据本案例的结构尺寸，可以确定该件使用于 M22 的螺栓或螺钉中。本案例使用 AutoCAD 中的直线、圆、偏移、图案填充、标注等常用命令进行绘制。如图 9-15 所示，通过对止动垫圈的绘制，加强读者快速绘制图形的能力。

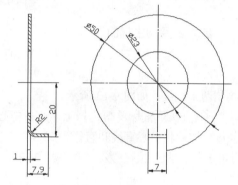

图 9-15　止动垫圈效果图

要点流程

- 启动 AutoCAD 2010 中文版，进入绘图界面
- 使用直线、圆、偏移、修剪命令绘制出左视图
- 通过左视图，使用直线、偏移、倒圆角、图案填充命令，绘制主视图
- 使用标注命令对图形进行尺寸标注
- 将完成后的止动垫圈保存

操作步骤

步骤 1　绘制左视图

①启动 AutoCAD 2010 中文版，进入绘图界面。

②在"绘图"工具栏上单击"圆"按钮⊙，启动绘制圆命令，在画图区域内用鼠标单击一点作为圆心，绘制半径为 25 的圆，再捕捉上一个圆的圆心，绘制半径为 11.5 的同心圆。

③在"绘图"工具栏上单击"直线"按钮╱，通过象限点绘制出圆的中心线，并将直线层改为中心线层，结果如图 9-16 所示。

④在"修改"工具栏上单击"偏移"按钮⊫，启动偏移命令，选择 Y 轴中心直线向左右各偏移一条直线，偏移距离为"3.5"；再选择 X 轴中心直线向下偏移直线，偏移距离为"20"，并将三条偏移直线层改为实线层。

⑤在"修改"工具栏上单击"修剪"按钮⊹，启动修剪命令，选择上一步偏移所得的直线和直径为 50 的圆进行相互修剪，结果如图 9-17 所示。

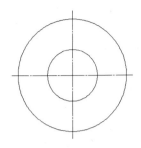

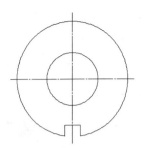

图 9-16　绘制中心线　　　　　　　　　　图 9-17　修剪曲线

⑥启动偏移命令，将长度为 7 的直线向上偏移 1，并更改这条直线图层为虚线层。

⑦启动直线绘图命令，以直线端点为起点分别向上绘制长为 3 的直线，左视图绘制完成，结果如图 9-18 所示。

步骤 2　绘制主视图

①启动直线命令，通过左视图上圆的象限点和直线端点，绘制直线，如图 9-19 所示。

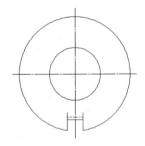

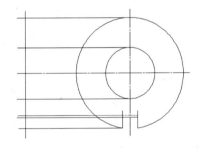

图 9-18　偏移连接直线　　　　　　　　　图 9-19　绘制主视图基线

②启动偏移命令，将主视图上的 Y 轴向直线分别向右偏移距离 1 和 7.9。

③单击"修剪"按钮 ，启动修剪命令，将多余的线条进行修剪，修剪结果如图 9-20 所示。

④在"修改"工具栏上单击"圆角"按钮 ，启动倒圆角命令，将图形的弯角处进行倒圆角，接着启动直线绘图命令，连接被修剪后的直线，结果如图 9-21 所示。

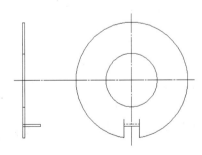

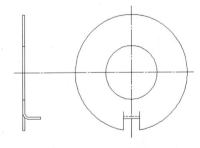

图 9-20　修剪偏移曲线　　　　　　　　　图 9-21　绘制主视图

⑤在"修改"工具栏上单击"打断"按钮 ，启动线条打断命令，将 X 轴中心线进行打断，并调整打断后中心线的长度和位置。

⑥在"绘图"工具栏上单击"图案填充"按钮 ，出现"图案填充"对话框。选取"添加：拾取点"按钮，在主视图剖切面位置进行图案填充，完成主视图的绘制。

步骤 3 尺寸标注

在"标注"工具栏上选择"线型标注"按钮⊢⊣和"半径标注"按钮◎对相关尺寸进行标注，这样，止动垫圈就绘制完成了。

步骤 4 保存文件

实用案例 9.1.4 绘制螺钉

素材文件：	无
效果文件：	CDROM\09\效果\绘制螺钉.dwg
演示录像：	CDROM\09\演示录像\绘制螺钉.exe

案例解读

螺钉主要是用在不经常进行拆卸和受力较小的连接中，根据其头部形状不同，可分为沉头螺钉、圆头螺钉、内六角孔螺钉等。螺钉的螺纹大径主要是根据被连接件的大小和受力情况来决定，而其余尺寸则根据实际连接件的厚度和螺纹大径从国家标准（GB68—85）中查出。

本案例主要绘制内六角孔螺钉，如图 9-22 所示，该螺钉的型号为 M8×25，即工作长度为 25mm，螺纹大径为 M8，这两个尺寸也是螺钉的主要工作尺寸。本案例使用 AutoCAD 中的直线、正多边形、圆、偏移、倒角、旋转、镜向、标注等常用命令进行绘制。在螺钉的绘制过程中，笔者将讲解快速绘制的过程和技巧。

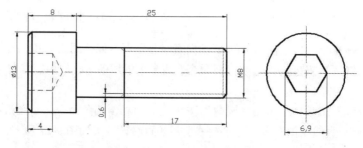

图 9-22　螺钉效果图

要点流程

- 启动 AutoCAD 2010 中文版，进入绘图界面
- 使用圆、正多边形命令绘制出左视图
- 通过左视图，使用直线、偏移、倒角、旋转、镜向命令绘制主视图
- 使用标注命令对图形进行尺寸标注
- 将完成后的螺钉保存

操作步骤

步骤 1 绘制左视图

①启动 AutoCAD 2010 中文版，进入绘图界面。

②在"绘图"工具栏上单击"圆"按钮⊙，启动绘制圆命令，在画图区域内用鼠标单击一点作为圆心，绘制半径为 6.5 的圆。

③在"绘图"工具栏上单击"正多边形"按钮⬠，启动绘制正多边形命令，选择圆心为中心点，绘制一个内接于圆，半径为 3.45 的正六边形。

④在"绘图"工具栏上单击"直线"按钮／，启动直线绘图命令，绘制中心直线，左视图就绘制完成。

步骤 2　绘制主视图

①先将线型图层改为细线层，然后启动直线绘图命令，以圆的上、下象限点，正多边形顶点及中心线端点为起点向左绘制直线，结果如图 9-23 所示。

②在"修改"工具栏上单击"偏移"按钮⟂，启动偏移命令，选择主视图上 Y 轴直线为基准线分别向右偏移距离 4、8、33，再以连接 X 轴中心直线的直线分别向上、下各偏移 4，结果如图 9-24 所示。

③在"修改"工具栏上单击"修剪"按钮∤，启动修剪命令，将图形上线条多余的部分进行修剪。

④在"修改"工具栏上单击"倒角"按钮◹，启动倒角命令，然后将主视图的两端直角进行倒角，倒角距离为 0.6，结果如图 9-25 所示。

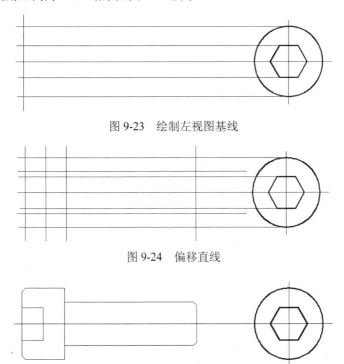

图 9-23　绘制左视图基线

图 9-24　偏移直线

图 9-25　修剪和倒角

⑤在"修改"工具栏上单击"复制"按钮⣿，复制主视图上右端倒角和直线，正交向左偏移 17，再单击直线延长到与上、下直线垂直接触。

⑥启动直线绘图命令，以右端倒角右顶点为起点连接直线到上一步偏移倒角处，再将主视图右端上、下倒角顶点进行连接，结果如图 9-26 所示。

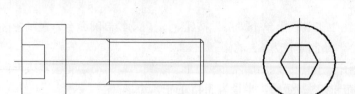

图 9-26　绘制螺纹线

⑦启动直线绘图命令，以正六边形在主视图上投影的右下角顶点为起点向右绘制一条正交直线，长度约为 5。

⑧在"修改"工具栏上单击"旋转"按钮〇，启动旋转命令，以上一步所画直线的左端点为基点将该直线旋转 60°，结果如图 9-27 所示。

⑨在"修改"工具栏上单击"镜像"按钮▲，启动镜像命令，将上一步所得直线以中心线为基准向上镜像复制。

⑩启动倒角命令，将两直线进行倒角，倒角距离为 0.6。

⑪启动直线绘图，以主视图左端的倒角端点为捕捉点连接直线。

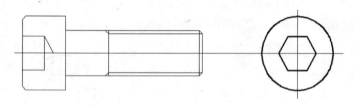

图 9-27　旋转直线

⑫根据效果图要求，改变主视图相关直线到规定图层，完成主视图的绘制。

步骤 3　尺寸标注

在"标注"工具栏上选择"线型标注"按钮 ┣┥，对相关尺寸进行标注，这样螺钉就绘制完成了。

步骤 4　保存文件

实用案例 9.1.5　绘制螺栓

素材文件：	无
效果文件：	CDROM\09\效果\绘制螺栓.dwg
演示录像：	CDROM\09\演示录像\绘制螺栓.exe

案例解读

螺栓主要使用在经常拆卸和受力较大的板或零件连接中，它和螺母配套使用，如图 9-28 所示，根据其形状和用途分为六角头螺栓、沉头螺栓等，螺栓的螺纹大径主要是根据被连接件的大小和受力情况来决定，而其余尺寸则根据实际连接件的厚度和螺纹大径从国家标准（GB5782—86）中查出。

本案例主要绘制六角头螺栓，该螺钉的型号为 M12×30，即工作长度为 30mm，螺纹大径为 M12，这两个尺寸也是螺栓的主要工作尺寸。本案例螺栓的绘制过程与螺钉的绘制基本一样，主要使用 AutoCAD 中的直线、正多边形、圆、偏移、倒角、旋转、标注等常用命令进行绘制。

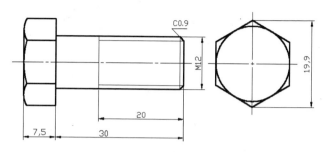

图 9-28　螺栓效果图

要点流程

- 启动 AutoCAD 2010 中文版，进入绘图界面
- 使用正多边形、圆、旋转、直线命令绘制出左视图
- 通过左视图，使用直线、偏移、圆弧、倒角命令，绘制主视图
- 使用标注命令对图形进行尺寸标注
- 将完成后的螺栓保存

操作步骤

步骤 1　绘制左视图

①启动 AutoCAD 2010 中文版，进入绘图界面。

②在"绘图"工具栏上单击"正多边形"按钮◎，启动绘制正多边形命令，在画图区域内用鼠标任意单击一点为基点，绘制一个内接于圆，半径为 9.95 的正六边形，结果如图 9-29（a）所示。

③在"绘图"工具栏上单击"直线"按钮/，启动直线绘图命令，绘制正多边形的中心直线，结果如图 9-29（b）所示。

④在"绘图"工具栏上单击"圆"按钮◎，启动绘制圆命令，以两直线的交点作为圆心，绘制一个内切于正多边形的圆，结果如图 9-29（c）所示。

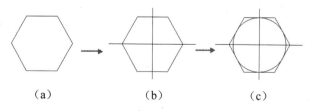

（a）　　　　　　　（b）　　　　　　　（c）

图 9-29　绘制左视图

⑤在"修改"工具栏上单击"旋转"按钮◎，启动旋转命令，以圆心为基点将正多边形旋转 90°，左视图绘制完成。

步骤 2　绘制主视图

①启动直线绘图命令，以正多边形的各顶点和中心直线的端点为起点，向右绘制直线，结果如图 9-30 所示。

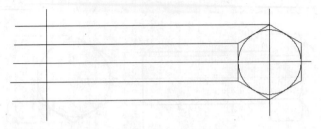

图 9-30　绘制主视图基线

②在"修改"工具栏上单击"偏移"按钮，启动偏移命令，选择主视图上 Y 轴直线为基准线分别向右偏移距离 0.7、7.5、17.5、37.5，再选择连接 X 轴中心线的直线分别向上、下各偏移 6，结果如图 9-31 所示。

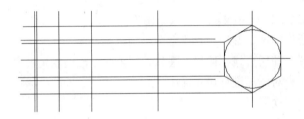

图 9-31　偏移直线

③在"修改"工具栏上单击"修剪"按钮，启动修剪命令，将图形上线条多余的部分进行修剪。

④在"修改"工具栏上单击"倒角"按钮，启动倒角命令，将主视图的右端直角进行倒角，倒角距离为 0.9，结果如图 9-32 所示。

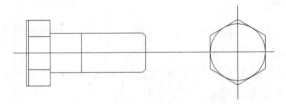

图 9-32　倒角

⑤启动直线绘图命令，以右端倒角右顶点为起点垂直连接直线到左端的直线上，再将主视图右端上、下倒角顶点进行连接，结果如图 9-33 所示。

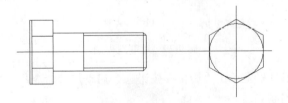

图 9-33　绘制螺纹线

⑥启动直线绘图命令，以正多边形上的斜线中心点为起点，向左绘制直线。

⑦在"绘图"工具栏上单击"圆弧"按钮 ，启动三点画圆绘图命令，利用相关直线的顶点或交点绘制圆弧，结果如图 9-34 所示。

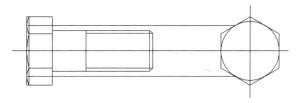

图 9-34　绘制圆弧

⑧启动修剪命令，将螺栓头部进行修剪，并删除多余直线，主视图绘制完成。

⑨调整主视图中心线的长度，改变视图中相关线型的图层，结果如图 9-35 所示。

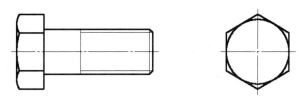

图 9-35　改变线型图层

步骤 3　尺寸标注

在"标注"工具栏上选择"线型标注"按钮 ，对相关尺寸进行标注，这样螺栓就绘制完成了。

步骤 4　保存文件

9.2　绘制盘盖类零件

盘盖类零件是机械设备中不可缺少的一部分，主要起支承、传动、密封、连接等作用，其结构形状常由回转中心孔、轮缘、支承板、凸台等部分组成；有时根据工作需要，须加设加强肋、键槽、螺钉孔、销钉孔等结构。盘盖类零件基本上都是由铸、锻成型后加工而成。本节将结合实用案例，使用常用命令对盘盖类零件进行绘制和讲解。

实用案例 9.2.1　绘制端盖

素材文件：	无
效果文件：	CDROM\09\效果\绘制端盖.dwg
演示录像：	CDROM\09\演示录像\绘制端盖.exe

案例解读

端盖在机器上主要起传递运动、密封、支承等作用，设计时要考虑其用途和工作条件，具体尺寸和外形要根据传动轴的大小和在机械上的安装部位来确定。

本案例主要绘制支承端盖，在端盖的设计中，需要注意的是直径 32mm 的圆和 3 个小孔的定位圆 80mm 的大小和位置是否与连接件相同，如图 9-36 所示。本案例使用 AutoCAD 中的直线、圆、修剪、标注等常用命令对端盖进行绘制。

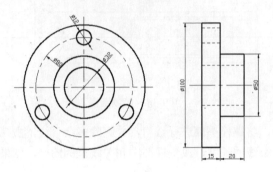

图 9-36 端盖效果图

要点流程

- 启动 AutoCAD 2010 中文版，进入绘图界面
- 使用圆、直线、阵列命令绘制出主视图
- 通过主视图，使用直线、偏移、修剪等命令，绘制左视图
- 使用标注命令对图形进行尺寸标注
- 将完成后的端盖保存

操作步骤

步骤 1 绘制主视图

①启动 AutoCAD 2010 中文版，进入绘图界面。

②在"绘图"工具栏上单击"圆"按钮 ⊘，启动绘制圆命令，以同一个圆心分别绘制直径为 32、50、80、100 的圆。

③在"绘图"工具栏上单击"直线"按钮 ✎，启动直线绘图命令，绘制圆的中心直线，如图 9-37（a）所示。

④启动绘制圆命令，以直径为 80 的圆的 90°象限点为圆心，绘制一个直径为为 12 的圆，如图 9-37（b）所示。

⑤在"修改"工具栏上单击"阵列"按钮 ▦，启动阵列命令，将直径为 12 的圆以中心线交点为中心点，环行阵列出其他两个圆，主视图绘制完成，如图 9-37（c）所示。

步骤 2 绘制左视图

①启动直线绘图命令，以主视图上圆的象限点为起点，向右绘制直线，结果如图 9-38 所示。

②在"修改"工具栏上单击"偏移"按钮 ▧，启动偏移命令，以左视图 Y 轴直线为基准线，向右分别偏移 15、35。

③在"修改"工具栏上单击"修剪"按钮 ⊹，启动修剪命令，修剪左视图上多余的直线，结果如图 9-39 所示。

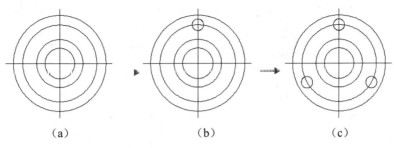

图 9-37　绘制端盖主视图

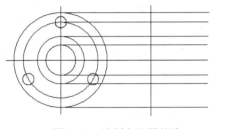

图 9-38　绘制左视图基线

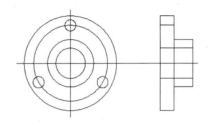

图 9-39　修剪直线

④启动偏移命令，将左视图上直径为 12 的圆中心投影线上、下各偏移 6。

⑤直接单击相关直线，改变其线型图层，并适当调整中心线长度，结果如图 9-40 所示。

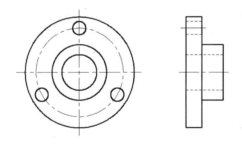

图 9-40　改变线型图层

步骤 3　尺寸标注

在"标注"工具栏上选择"线型标注"按钮 ⊢∣，对相关尺寸进行标注，这样，端盖就绘制完成了。

步骤 4　保存文件

实用案例 9.2.2　绘制连接盘

素材文件：	无
效果文件：	CDROM\09\效果\绘制连接盘.dwg
演示录像：	CDROM\09\演示录像\绘制连接盘.exe

案例解读

连接盘又称联轴器，主要用来连接两轴使其一起旋转并传递转矩；也可用来做安全装置，防止机械过载工作。根据工作条件可分为固定式刚性连接盘、可移动式刚性连接盘、弹性连接盘等。固定式刚性连接盘主要用于同轴度较高、转速较低、工作比较平稳的场合；可移动式刚性连接盘主要用于启动较频繁、较高转矩且传递运动要求准确的场合；弹性连接盘主要用于转速较高、有震动、启动频繁、须正反运动且转矩不大的场合。选用和设计时可根据工作条件查找《机械零件设计手册》等相关资料选取连接盘的类型和尺寸。

本案例主要绘制弹性连接盘中的一块，设计时，应主要考虑连接盘的结构和强度，所以设计时在考虑不影响安装和工作的前提下增添了加强肋，安装定位孔的位置也应与另一块的连接盘一致，轴孔径尺寸和连接盘长度等相关尺寸则是根据连接轴的大小、传递扭矩大小查找国家标准（GB/T4323—1985）所得。本案例使用 AutoCAD 中的直线、圆、修剪、偏移、倒角、标注等常用命令对连接盘进行绘制，效果如图 9-41 所示。

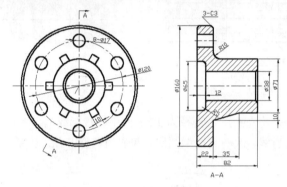

图 9-41　连接盘效果图

要点流程

- 启动 AutoCAD 2010 中文版，进入绘图界面
- 使用圆、直线、修剪、阵列等命令绘制出主视图
- 通过主视图，使用直线、偏移、倒圆角等命令，绘制左视图
- 使用标注命令对图形进行尺寸标注
- 将标注好的左视图进行图案填充
- 将完成后的连接盘进行保存

操作步骤

步骤 1　绘制主视图

①首先启动 AutoCAD 2010 中文版，进入绘图界面。

②在"绘图"工具栏上单击"直线"按钮，启动直线绘图命令，绘制两条中心直线，结果如图 9-42（a）所示。

③在"绘图"工具栏上单击"圆"按钮，启动圆心绘圆命令，以两中心直线的交点为圆心分别绘制直径为 38、71、120、160 的圆，结果如图 9-42（b）所示。

④启动圆心绘圆命令，以直径为 120 的圆的 90°象限点为圆心，绘制一个直径为 17 的圆，结果如图 9-42（c）所示。

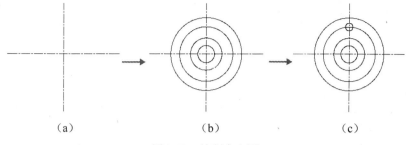

图 9-42　绘制中心圆

⑤在"修改"工具栏上单击"偏移"按钮🔁，启动偏移命令，选择 X 轴中心直线向上、下各偏移一条距离为 5 的直线，再选择直径为 71 的圆向外偏移圆，距离为 10，结果如图 9-43（a）所示。

⑥在"修改"工具栏上单击"修剪"按钮┼，启动修剪命令，将上一步偏移出来的圆和直线进行修剪，结果如图 9-43（b）所示。

⑦在"修改"工具栏上单击"阵列"按钮⬚，启动阵列命令，选择直径为 17 的圆和上一步修剪的线条，以中心线交点为中心点，环行阵列出其他 5 个圆，结果如图 9-43（c）所示。

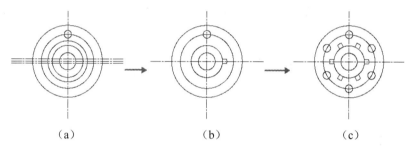

图 9-43　绘制和阵列图形

⑧启动偏移命令，选择直径为 38 的圆向外偏移，偏移距离为 3，再选择直径为 160 的圆向内偏移，偏移距离为 3，主视图绘制完成。

步骤 2　绘制左视图

①启动直线命令，以主视图上圆的象限点和中心直线为起点向右绘制直线，再绘制左视图的 Y 轴基准线，结果如图 9-44 所示。

②启动偏移命令，选择左视图 Y 轴基准线分别向右偏移距离为 12、22、57、82 的直线，结果如图 9-45 所示。

③启动修剪命令和删除命令，对左视图直线进行裁剪，结果如图 9-46 所示。

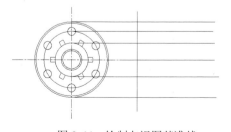

图 9-44　绘制左视图基准线

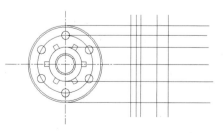

图 9-45　偏移直线

④ 启动偏移命令，选择 X 轴基准线分别向上、下偏移直线，偏移距离为 19、32.5，结果如图 9-47 所示。

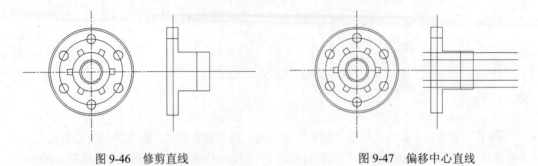

图 9-46 修剪直线   图 9-47 偏移中心直线

⑤ 启动修剪命令，对左视图直线进行修剪，结果如图 9-48 所示。

⑥ 在"修改"工具栏上单击"圆角"按钮 □，启动倒圆角命令，将沉孔部位进行倒圆角，圆角大小为 R5，再将左视图右上角进行倒圆角，圆角大小为 R10，结果如图 9-49 所示。

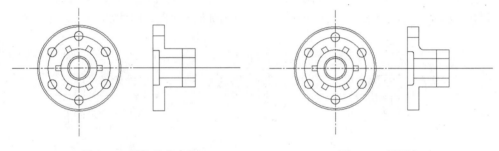

图 9-48 修剪偏移直线   图 9-49 倒圆角

⑦ 启动偏移命令将直径为 17 的圆的左视图投影中心线分别向上、下各偏移 8.5，再选择直径为 71 的圆的边缘投影直线向下偏移距离 10，结果如图 9-50 所示。

⑧ 启动直线命令，以两直线端点为起点和终点连接直线，结果如图 9-51 所示。

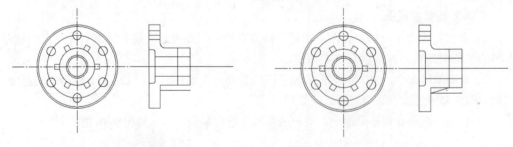

图 9-50 偏移直线   图 9-51 连接直线

⑨ 启动修剪命令，将多余直线进行修剪和删除，结果如图 9-52 所示。

⑩ 在"修改"工具栏上单击"倒角"按钮 □，启动倒角命令，将直径为 71 的圆和直径为 38 的圆的左视图直角分别进行倒角，倒角大小为 C3。接着启动直线命令，连接倒角处直线，结果如图 9-53 所示。

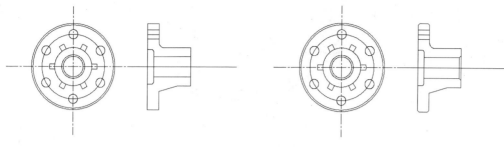

图 9-52　修剪和删除直线　　　　　图 9-53　倒角和连接直线

⑪改变相关线型图层，再双击中心直线调整到适合长度，结果如图 9-54 所示。

步骤 3　尺寸标注

在"标注"工具栏上选择相关标注按钮对尺寸进行标注。

步骤 4　图案填充

在"绘图"工具栏上单击"图案填充"按钮，启动图案填充命令，在左视图剖切面位置进行图案填充，完成连接盘的绘制。

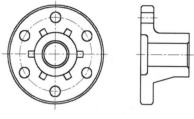

图 9-54　调整线型

步骤 5　保存文件

9.3　绘制叉架类零件

叉架类零件在机械工程中经常用到，主要起支承、传动、连接等作用，结构形状根据工作场合和需要进行设计。叉架类零件基本上都是由铸、锻成型后机械加工而成。本节将结合实用案例，使用常用命令对叉架类零件进行绘制和讲解。

实用案例 9.3.1　绘制曲柄

素材文件：	无
效果文件：	CDROM\09\效果\绘制曲柄.dwg
演示录像：	CDROM\09\演示录像\绘制曲柄.exe

案例解读

曲柄是机械设备中不可缺少的传动件，其主要起支承和传递力矩的作用，具体的结构可参照相关机械设计资料，尺寸则根据曲柄的工作需要而设计。

本案例绘制的曲柄工作时以两端的小孔安装定位销或螺栓连接其他零部件，以大孔圆心为中心上、下摆动。因此，在设计时，注意摇臂的长度和安装孔径大小，再确定产品不同部位的粗糙度。本案例使用 AutoCAD 中的直线、圆、修剪、偏移、旋转、标注等常用命令对曲柄进行绘制，效果如图 9-55 所示。

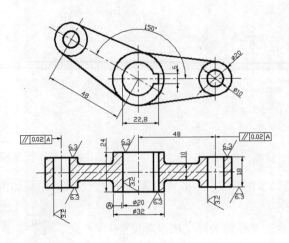

图 9-55 曲柄效果图

要点流程

- 启动 AutoCAD 2010 中文版，进入绘图界面
- 使用圆、直线、旋转、偏移、修剪等命令绘制出主视图
- 通过主视图，使用直线、偏移、倒圆角等命令，绘制俯视图
- 使用标注命令对图形进行尺寸标注
- 将完成后的曲柄保存

操作步骤

步骤 1 绘制主视图

①启动 AutoCAD 2010 中文版，进入绘图界面。

②在"绘图"工具栏上单击"直线"按钮 ，启动直线绘图命令，绘制两条十字形直线。

③在"绘图"工具栏上单击"圆"按钮 ，启动绘圆命令，以两条直线的交点为圆心分别绘制直径为 20、32 的圆，结果如图 9-56 所示。

④在"修改"工具栏上单击"偏移"按钮 ，启动偏移命令，选择 Y 轴中心直线向右偏移，偏移距离为 48。

⑤启动圆心绘圆命令，以上一步偏移所得直线和 X 轴直线的交点为圆心分别绘制直径为 10、20 的圆，结果如图 9-57 所示。

图 9-56 绘制中心圆   图 9-57 绘制小圆

⑥启动直线绘图命令，以切点捕捉圆为起点和终点绘制直线，结果如图 9-58 所示。

⑦ 在"修改"工具栏上单击"旋转"按钮〇，启动旋转命令，选择两小圆和两切线以大圆的圆心为基点复制旋转 150°，结果如图 9-59 所示。

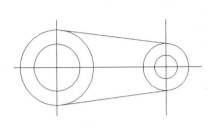

图 9-58　圆切点连接直线

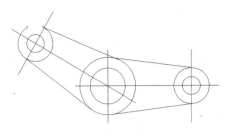

图 9-59　旋转复制

⑧ 启动偏移命令，选择 Y 轴直线向右偏移直线，偏移距离为 12.8，再选择 X 轴直线上、下分别偏移直线，偏移距离为 3，结果如图 9-60 所示。

⑨ 在"修改"工具栏上单击"修剪"按钮／，启动修剪命令，将圆和上一步偏移出来的直线进行修剪，结果如图 9-61 所示。

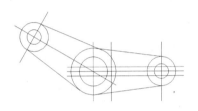

图 9-60　偏移中心直线

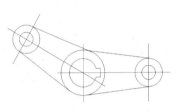

图 9-61　修剪曲线

步骤 2　绘制俯视图

① 启动直线绘图命令，以主视图右边和中间的圆的象限点为起点，向下绘制直线，结果如图 9-62 所示。

② 启动偏移命令，选择俯视图 X 轴直线分别向上偏移直线，偏移距离为 5、9、12，结果如图 9-63 所示。

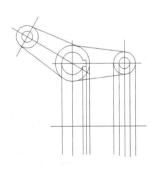

图 9-62　绘制俯视图基线

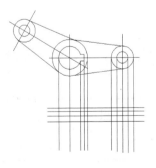

图 9-63　偏移直线

③ 启动修剪命令，将上一步偏移出来的直线进行修剪，结果如图 9-64 所示。

④ 在"修改"工具栏上单击"圆角"按钮〇，启动倒圆角命令，将修剪后的直角进行倒角，倒角大小为 2，结果如图 9-65 所示。

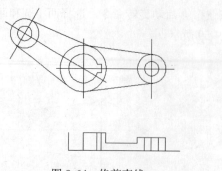

图 9-64　修剪直线　　　　　　　　　　　图 9-65　倒圆角

⑤在"修改"工具栏上单击"镜像"按钮⚺，启动镜像命令，选择俯视图的曲线以 X 轴直线镜像复制图形，再选择图形以 Y 轴直线镜像复制图形，结果如图 9-66 所示。

⑥调整中心直线的图层和长度到适合位置，再将其他曲线改变为粗实线层。

⑦在"绘图"工具栏上单击"图案填充"按钮▨，启动图案填充命令，在俯视图剖切面位置进行图案填充，结果如图 9-67 所示。

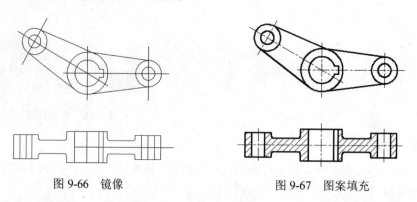

图 9-66　镜像　　　　　　　　　　　图 9-67　图案填充

步骤 3　尺寸标注

在"标注"工具栏上启动相关标注按钮对相关尺寸进行标注，这样，曲柄就绘制完成了。

步骤 4　保存文件

实用案例 9.3.2　绘制拨叉

素材文件：	无
效果文件：	CDROM\09\效果\绘制拨叉.dwg
演示录像：	CDROM\09\演示录像\绘制拨叉.exe

案例解读

拨叉是变速工具箱中不可缺少的传动件，一般为铸造后加工而成，其主要起变速和改变扭矩的作用，具体的结构可参照相关机械设计资料，尺寸则根据拨叉的工作需要而设计。

本案例绘制的拨叉为 CA6140 车床的拨叉，其位于车床变速机构中，主要起换挡，使主轴按照操作者的工作需要获得所需的速度和扭矩的作用。设计时应注意拨叉在工作时的受力情况而选择适合的壁厚和结构，尖角处应默认为 *R2* 的圆角。本案例使用 AutoCAD 中的直线、圆、修剪、偏移、标注等常用命令对拨叉进行绘制，效果如图 9-68 所示。

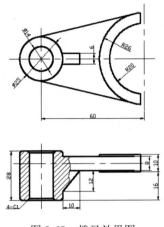

图 9-68 拨叉效果图

要点流程

- 启动 AutoCAD 2010 中文版，进入绘图界面
- 使用圆、直线、偏移、修剪等命令绘制出主视图
- 通过主视图，使用直线、偏移、修剪倒角等命令，绘制俯视图
- 使用标注命令对图形进行尺寸标注
- 将完成后的拨叉保存

操作步骤

步骤 1 绘制主视图

①启动 AutoCAD 2010 中文版，进入绘图界面。

②在"绘图"工具栏上单击"直线"按钮，启动直线绘图命令，绘制两条十字形直线。

③在"绘图"工具栏上单击"圆"按钮，启动绘圆命令，以两条直线的交点为圆心分别绘制直径为 14、25 的圆，结果如图 9-69 所示。

④在"修改"工具栏上单击"偏移"按钮，启动偏移命令，选择 Y 轴直线向右偏移，偏移距离为 60。

⑤启动圆心绘圆命令，以上一步偏移所得直线和 X 轴直线的交点为圆心分别绘制直径为 40、52 的圆，结果如图 9-70 所示。

图 9-69 绘制中心圆　　　　　　　　　　图 9-70 绘制叉架圆

⑥启动直线绘图命令，以切点捕捉命令连接两圆同端，结果如图 9-71 所示。

⑦启动偏移命令，选择大圆 Y 轴直线向左偏移，偏移距离为 2。

⑧在"修改"工具栏上单击"修剪"按钮 ⼗，启动修剪命令，将图形曲线进行修剪，结果如图 9-72 所示。

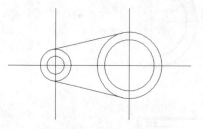
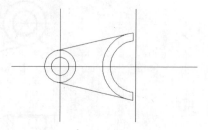

图 9-71　两圆相切连接　　　　　　　图 9-72　修剪线条

步骤 2　绘制俯视图

①启动直线命令，捕捉圆的象限点或端点为起点，向下绘制直线，结果如图 9-73 所示。

②启动偏移命令，将俯视图上的 X 轴直线分别向上偏移，偏移距离为 16、26、28，结果如图 9-74 所示。

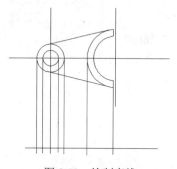
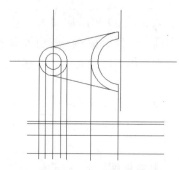

图 9-73　绘制直线　　　　　　　　　图 9-74　偏移直线

③启动修剪命令，将俯视图上的直线进行修剪，结果如图 9-75 所示。

④启动直线命令，以主视图切点为端点向下绘制直线，再绘制俯视图右端的矩形 X 轴中心线，结果如图 9-76 所示。

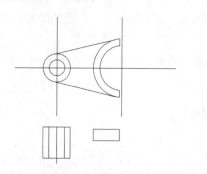
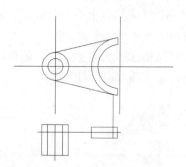

图 9-75　修剪直线　　　　　　　　　图 9-76　绘制基准直线

⑤启动偏移命令，选择俯视图上的 X 轴直线分别向上、下各偏移距离 4。

⑥启动修剪和删除命令将偏移直线和基准线进行修剪和删除，结果如图 9-77 所示。

⑦启动偏移命令，选择小圆中心投影直线向右偏移 22.5，再选择俯视图 X 轴中心线向下偏移距离 16。

⑧启动直线绘图命令，将上一步偏移出来的直线端点进行连接，结果如图 9-78 所示。

⑨启动删除命令，将偏移出来的两条直线进行删除。

⑩启动偏移命令，选择主视图上 X 轴直线向上、下分别偏移距离 3。

⑪启动直线绘图命令，以前两步连接好的直线端点为起点向上绘制直线，结果如图 9-79 所示。

⑫在"绘图"工具栏上单击"样条曲线"按钮 ～，启动样条绘图命令，在俯视图上适合位置绘制样条。

⑬启动修剪命令，将直线和样条等进行修剪，结果如图 9-80 所示。

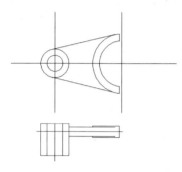

图 9-77　修剪和删除直线

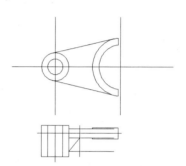

图 9-78　连接直线

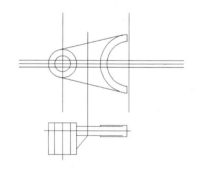

图 9-79　偏移和绘制直线

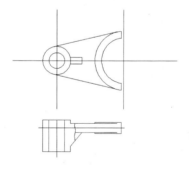

图 9-80　修剪样条和直线

⑭双击中心直线调整其长度到适合位置，再将图形中的相关线型调整到设定图层，结果如图 9-81 所示。

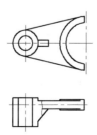

图 9-81　改变线层和调整中心线

⑮在"绘图"工具栏上单击"图案填充"按钮，启动图案填充命令，将俯视图上的剖面部分进行图案填充。

步骤 3 尺寸标注

在"标注"工具栏上选择相关标注按钮对尺寸进行标注。

步骤 4 保存文件

9.4 绘制轴类零件

轴类零件在机械工程中主要起支承、旋转等作用，根据其结构和分工不同可分为轴和轴承两个大类，结构形状根据工作场合和需要参照《机械设计手册》等相关资料和标准进行选择或设计。轴类零件基本上都是由锻成型后车、铣加工而成。本节将结合实用案例，使用常用命令对轴类零件进行绘制和讲解。

实用案例 9.4.1 绘制花键轴

素材文件：	无
效果文件：	CDROM\09\效果\绘制花键轴.dwg
演示录像：	CDROM\09\演示录像\绘制花键轴.exe

📌 案例解读

轴在机械设备中主要起支承旋转零件（如齿轮、带轮、连接盘等）的作用，使其在特定的位置按一定的工作方式转动和传递扭矩。按其工作载荷大小可分为心轴、传动轴、转轴等。心轴是只承受支承弯曲而不传递转矩的轴；传动轴是传递转矩而不承受支承弯曲的轴；转轴是传递转矩和支承弯曲的轴。结构形状和尺寸根据工作需要参照相关机械设计标准和资料进行设计和选用。

本案例绘制的花键轴型号为 8×38×32×6 GB1144—87，属于传动轴中的一种，其主要用于同轴定位精度高和载荷较大时的场合。本案例使用 AutoCAD 中的直线、圆、修剪、偏移、旋转、标注等常用命令对花键轴进行绘制，效果如图 9-82 所示。

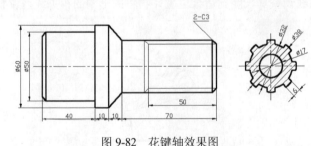

图 9-82 花键轴效果图

📌 要点流程

● 启动 AutoCAD 2010 中文版，进入绘图界面

- 使用圆、直线、偏移、修剪、阵列等命令绘制出左视图
- 通过左视图，使用直线、偏移、倒角等命令，绘制主视图
- 使用标注命令对图形进行尺寸标注
- 将完成后的花键轴保存

操作步骤

步骤 1　绘制左视图

① 启动 AutoCAD 2010 中文版，进入绘图界面。

② 在"绘图"工具栏上单击"直线"按钮，启动直线绘图命令，绘制两条十字形直线。

③ 在"绘图"工具栏上单击"圆"按钮，启动绘圆命令，以两条直线的交点为圆心分别绘制直径为 17、32、38 的圆，结果如图 9-83（a）所示。

④ 在"修改"工具栏上单击"偏移"按钮，启动偏移命令，选择 Y 轴直线向左、右分别偏移，偏移距离为 3，结果如图 9-83（b）所示。

⑤ 在"修改"工具栏上单击"修剪"按钮，启动修剪命令，将图形曲线进行修剪，结果如图 9-83（c）所示。

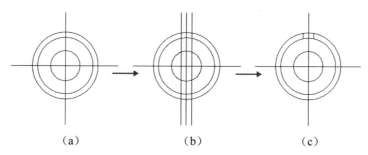

(a)　　　　　　　　　　(b)　　　　　　　　　　(c)

图 9-83　绘制基准圆和齿

⑥ 在"修改"工具栏上单击"阵列"按钮，启动阵列命令，选择直径为 32、38 的圆上修剪的直线以中心线交点为中心点，环行阵列出其他 7 个齿宽线，结果如图 9-84 所示。

⑦ 启动修剪命令，将圆进行修剪，结果如图 9-85 所示。

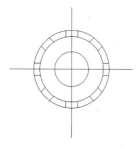

图 9-84　阵列齿宽线

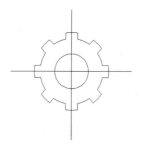

图 9-85　修剪圆

步骤 2　绘制主视图

① 启动直线命令，以直径为 38 的圆象限点和直线端点为起点，向左绘制直线，结果如图 9-86 所示。

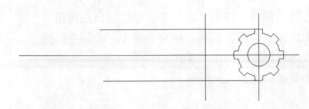

图 9-86 绘制基准直线

(2) 启动偏移命令，将上一步绘制的主视图 Y 轴直线分别向左偏移，偏移距离为 50、70、80、90、130，结果如图 9-87 所示。

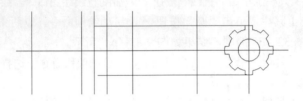

图 9-87 偏移基准直线

(3) 启动偏移命令，选择主视图上 X 轴中心线分别向上、下进行对称偏移，偏移距离为 16、25、30，结果如图 9-88 所示。

图 9-88 偏移中心直线

(4) 启动修剪命令，将主视图上的直线进行修剪，结果如图 9-89 所示。

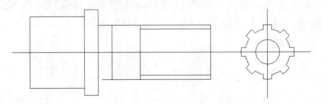

图 9-89 修剪直线

(5) 启动直线命令，以主视图上中部的两直角顶点为起点和终点连接直线。

(6) 启动修剪命令，将主视图上直线进行修剪，结果如图 9-90 所示。

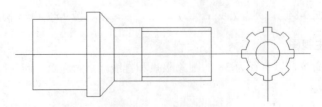

图 9-90 连接和修剪直线

⑦启动倒角命令，将轴的两端进行倒角，倒角大小为 3，结果如图 9-91 所示。

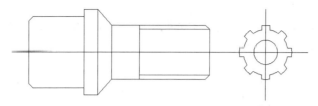

图 9-91　倒角

⑧在"修改"工具栏上单击"复制"按钮，启动复制命令，选择主视图右端的倒角直线向左正交复制直线，复制距离为 50。

⑨启动直线命令，连接主视图上倒角处直线，再双击倒角连接线调整到内齿圆投影线垂直，结果如图 9-92 所示。

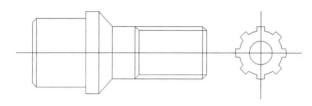

图 9-92　连接和调整倒角直线

⑩调整中心线长度到适合位置，改变相关线型到规定图层，结果如图 9-93 所示。

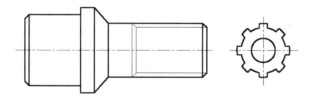

图 9-93　调整中心直线和改变图层

步骤 3　尺寸标注

①在"标注"工具栏上选择相关标注按钮对尺寸进行标注。

②在"绘图"工具栏上单击"图案填充"按钮，启动图案填充命令，在左视图剖切面位置进行图案填充。

步骤 4　保存文件

实用案例 9.4.2　绘制轴承

素材文件：	无
效果文件：	CDROM\09\效果\绘制轴承.dwg
演示录像：	CDROM\09\演示录像\绘制轴承.exe

案例解读

轴承是机械工程中用来支承轴和轴上零件的重要部件,使其在轴运转时保持较高的旋转精度,减小轴和支承部件间的阻力和摩擦。轴承按其摩擦方式的不同,可分为滚动轴承和滑动轴承两大类;按其所受的载荷方向不同,又可分为承受径向载荷的向心轴承和承受轴向载荷的推力轴承以及能够同时承受径向和轴向载荷的向心推力轴承。现轴承已基本实现标准化,结构形状和尺寸根据工作载荷、转速及场合参照相关机械标准和资料进行设计和选用。

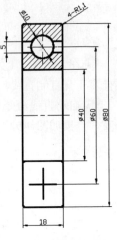

图 9-94 轴承效果图

本案例绘制的轴承型号为 6208,通过型号名称查看参考资料参照《滚动轴承 代号方法》(GB/T272—1993)、《滚动轴承 深沟球轴承 外形尺寸》(GB/T276—1994)可知:该轴承为滚动轴承中的深沟球轴承,宽度系列为 0(正常宽度系列,所以可以不标出),直径系列为 2(轻型系列),轴承直径为:d=8x5=40mm,公差等级为 0 级(普通级,可以不标出)。其主要用于承受径向载荷,也可以承受一定的轴向载荷,同时该类型轴承的价格低廉,因此应用最为普遍。设计或选用时参照 GB/T276—1994 获得具体尺寸。本案例使用 AutoCAD 中的直线、圆、修剪、偏移、标注等常用命令对轴承进行标准画法的绘制。

要点流程

- 启动 AutoCAD 2010 中文版,进入绘图界面
- 使用圆、直线、偏移、修剪等命令绘制出左视图
- 通过左视图,使用直线、偏移、倒圆角等命令,绘制主视图
- 使用标注命令对图形进行尺寸标注
- 将完成后的轴承保存

操作步骤

步骤 1 绘制左视图

①启动 AutoCAD 2010 中文版,进入绘图界面。

②在"绘图"工具栏上单击"直线"按钮 ✐,启动直线绘图命令,绘制两条十字形直线。

③在"修改"工具栏上单击"偏移"按钮 ♨,启动偏移命令,选择 X 轴直线分别向上、下偏移,偏移距离为 20、30、40;再选择 Y 轴直线分别向左、右进行偏移,偏移距离为 9,结果如图 9-95 所示。

④在"修改"工具栏上单击"修剪"按钮 ⊬,启动修剪命令,将上一步所偏移出来的直线进行修剪,结果如图 9-96 所示。

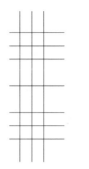
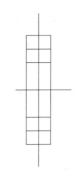

图 9-95　绘制偏移直线　　　　　　　图 9-96　修剪偏移直线

⑤在"绘图"工具栏上单击"圆"按钮，启动绘圆命令，以两直线的交点为中心，绘制一个直径为 10 的圆，结果如图 9-97 所示。

⑥启动偏移命令，选择圆的 X 轴直线上、下进行偏移直线，偏移距离为 2.5。

⑦启动修剪命令，选择圆和直线进行修剪，结果如图 9-98 所示。

图 9-97　绘制圆　　　　　　　　　　图 9-98　修剪直线

⑧在"修改"工具栏上单击"圆角"按钮，启动倒圆角命令，以不修剪倒圆角模式对直角处进行倒圆角，圆角大小为 R1.1，结果如图 9-99 所示。

⑨在"修改"工具栏上单击"打断"按钮，启动打断命令，选择 Y 轴中心直线在中部进行打断。

⑩将中心直线调整到适合位置，再调整下端直线长度，直线长度以矩形的边框长度三分之二的长度为宜，结果如图 9-100 所示。

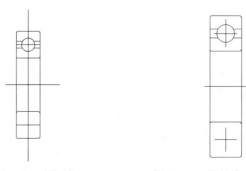

图 9-99　倒圆角　　　　　　　　　图 9-100　调整中心直线长度

⑪将视图中的线型图层改变为设定图层，并将视图下端的中心直线调整为粗实线。

⑫ 在"绘图"工具栏上单击"图案填充"按钮🔲，启动图案填充命令，在视图上端剖切面位置进行图案填充，结果如图 9-101 所示。

图 9-101　图案填充

步骤 2　尺寸标注

在"标注"工具栏上选择相关标注按钮对尺寸进行标注。

步骤 3　保存文件

9.5　绘制齿轮类零件

齿轮类零件是在机械工程中应用最为广泛的一种传动形式，主要用于变速、变向、计数等工作场合。按照齿轮的结构和传动形式可分为圆柱齿轮、圆锥齿轮、涡轮蜗杆齿轮三种类型。齿轮类零件的加工方法有铸造、轧制、粉末冶金及切削加工等，其中切削加工应用最为广泛。本节将结合实用案例，使用常用命令对齿轮类零件进行绘制和讲解。

实用案例 9.5.1　绘制圆柱齿轮

素材文件：	无
效果文件：	CDROM\09\效果\绘制圆柱齿轮.dwg
演示录像：	CDROM\09\演示录像\绘制圆柱齿轮.exe

案例解读

圆柱齿轮主要用于两轴线平行的轴间力矩传动，按齿轮齿向不同，可将其分为直齿、斜齿和人字齿三种形式。在设计时，设计者首先应根据齿轮须传递载荷的大小、工作结构和形式选定齿数和模数（渐开线齿轮模数标准系列 GB/T1357—1987），再根据标准圆柱齿轮的尺寸计算公式计算或根据标准资料选择标准值。

本案例绘制的圆柱齿轮的主要参数从图纸上可知：模数为 3、齿数为 24 齿、压力角为 20°、精度等级为 7HK，其他尺寸可根据查找相关标准或计算得出。在圆柱齿轮的设计中，还要注意圆轴、两端面的跳动度，齿轮齿面的粗糙度、调质硬度等要求，这些都与齿轮的工作寿命密切相关。本案例使用 AutoCAD 中的直线、圆、修剪、偏移、标注等常用命令对圆柱齿轮进行绘制，齿轮效果如图 9-102 所示。

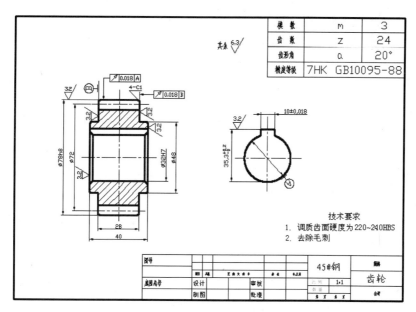

图 9-102 齿轮效果

要点流程

- 启动 AutoCAD 2010 中文版，进入绘图界面
- 使用直线、偏移、修剪、倒角等命令绘制主视图
- 通过主视图中心线，使用圆、偏移、修剪等命令，绘制左视图
- 再通过左视图绘制主视图上轴孔和键槽投影线
- 将主视图进行图案填充
- 使用标注命令对图形进行尺寸标注
- 调入图框，并编辑和填写相关表格和参数
- 将完成后的圆柱齿轮保存

操作步骤

步骤 1 绘制主视图

①启动 AutoCAD 2010 中文版，进入绘图界面。

②在"绘图"工具栏上单击"直线"按钮 ，启动直线绘图命令，绘制两条十字形直线。

③在"修改"工具栏上单击"偏移"按钮 ，启动偏移命令，选择 X 轴直线向上、下分别对称偏移，偏移距离为 24、32.25、36、39，再选择 Y 轴直线向左、右分别对称偏移，偏移距离为 14、20，结果如图 9-103 所示。

④在"修改"工具栏上单击"修剪"按钮 ，启动修剪命令，将偏移直线进行修剪，结果如图 9-104 所示。

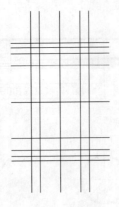

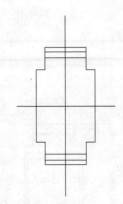

图 9-103　偏移直线　　　　　　图 9-104　修剪偏移直线

⑤在"修改"工具栏上单击"倒角"按钮，启动倒角命令，将 4 尖角处进行倒角，倒角大小为 1，结果如图 9-105 所示。

步骤 2　绘制左视图

①以 X 轴中心直线右端点为起点向右绘制直线，再在右端适合位置绘制一条 Y 轴直线。

②在"绘图"工具栏上单击"圆"按钮，启动绘圆命令，以右端两直线的交点为圆心，绘制一个直径为 32 的圆。结果如图 9-106 所示。

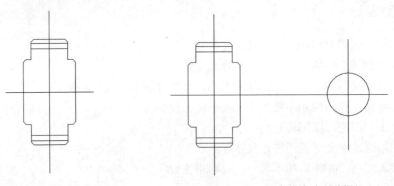

图 9-105　尖角处倒角　　　　　　图 9-106　以直线交点绘制圆

③启动偏移命令，选择右端 Y 轴直线分别向左右进行偏移，偏移距离为 5，再选择右端的 X 轴直线向上偏移，偏移距离为 19.3，结果如图 9-107 所示。

④启动偏移命令，将上一步所偏移出来的直线和圆进行修剪，结果如图 9-108 所示。

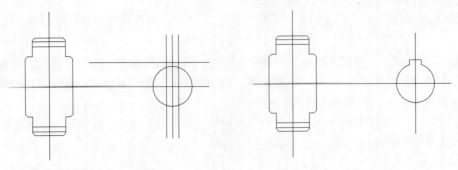

图 9-107　偏移直线　　　　　　图 9-108　修剪曲线

步骤 3　绘制主视图上轴孔和键槽投影线

①启动直线绘图命令，以右端视图上圆的象限点和直线端点为起点，向左绘制直线，结果如图 9-109 所示。

②启动修剪命令，以两端面线为边界修剪直线，结果如图 9-110 所示。

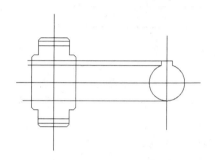
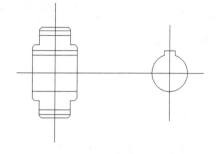

图 9-109　以象限点和端点绘制直线　　　　　　图 9-110　修剪直线

③启动倒角命令，以不修剪倒角方式对主视图上的 4 个直角进行倒角，倒角大小为 2，再将直线调整到倒角的端点处。

④启动直线命令，连接两倒角的端点，结果如图 9-111 所示。

⑤选择中心直线，将其调整到适合位置，再将相关线型改变为特定图层，结果如图 9-112 所示。

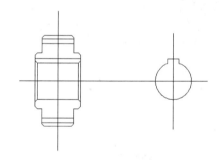

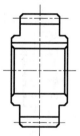

图 9-111　倒角编辑　　　　　　　　　　图 9-112　调整线型图层和长度

步骤 4　将主视图进行图案填充

在"绘图"工具栏上单击"图案填充"按钮，启动图案填充命令，在视图上端剖切面位置进行图案填充。

步骤 5　尺寸标注

在"标注"工具栏上选择相关标注按钮对尺寸进行标注。

步骤 6　调入图框，并编辑和填写相关表格和参数

调入图框，在图框的右上角绘制表格，在其中输入相关齿轮的参数，并在右下角适合位置输入相关技术要求。

步骤 7　保存文件

实用案例 9.5.2　绘制锥齿轮

素材文件：	无
效果文件：	CDROM\09\效果\绘制锥齿轮.dwg
演示录像：	CDROM\09\演示录像\绘制锥齿轮.exe

案例解读

锥齿轮主要用于两轴线相交的轴间力矩传动，通常两轴间相交角度为 90°，同圆柱齿轮相似，锥齿轮按齿轮齿向不同，也可分为直齿、斜齿和曲线齿等多种形式。由于锥齿轮的轮齿由大端至小端逐步减小，因此模数、分度圆直径、齿顶圆高度、齿根圆高度等相关尺寸和参数也会发生相应的变化，故为了便于设计和制造，国家相关标准规定取锥齿轮的大端的参数为标准值来计算锥齿轮的各部分尺寸，大端模数系列选择根据实际情况参照 GB/T12368—1990 进行选择，压力角 a=20°。

本案例绘制的锥齿轮的主要参数从图纸上可知：模数为 5、齿数为 40 齿、压力角为 20°、精度等级为 877CB，其他尺寸可根据查找相关标准或计算得出。在锥齿轮的设计中，还要注意圆轴孔和两端面及工作面之间的跳动度，齿轮齿面的粗糙度、调质硬度等要求，这些都与齿轮的工作寿命密切相关。本案例使用 AutoCAD 中的直线、圆、修剪、偏移、标注等常用命令对锥齿轮进行绘制，效果如图 9-113 所示。

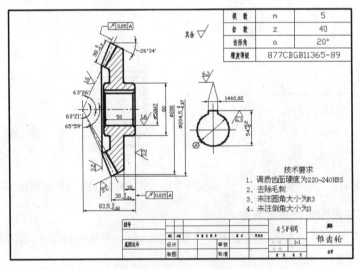

图 9-113　锥齿轮效果图

要点流程

- 先启动 AutoCAD 2010 中文版，进入绘图界面
- 使用直线、旋转、偏移、修剪、倒角等命令绘制主视图
- 通过主视图中心线，使用圆、偏移、修剪等命令，绘制左视图
- 再通过左视图绘制主视图上轴孔和键槽投影线
- 将主视图进行图案填充

308

- 使用标注命令对图形进行尺寸标注
- 调入图框，并编辑和填写相关表格和参数
- 将完成后的锥齿轮保存

操作步骤

步骤 1　绘制主视图

①启动 AutoCAD 2010 中文版，进入绘图界面。

②在"绘图"工具栏上单击"直线"按钮，启动直线绘图命令，绘制两条十字形直线。

③在"修改"工具栏上单击"旋转"按钮，启动旋转命令，选择 X 轴中心直线，以两直线交点为中心点，分别旋转复制直线，旋转角度分别为：60.35°、63.43°、65.98°，结果如图 9-114 所示。

④在"修改"工具栏上单击"偏移"按钮，启动偏移命令，选择 X 轴直线向上偏移直线，偏移距离为 102.25。

⑤启动旋转命令，选择偏移直线，以该直线和 65.98°角度直线的交点为中心点旋转直线，旋转角度为 26.57°，结果如图 9-115 所示。

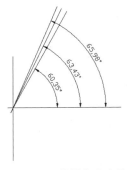

图 9-114　旋转角度直线

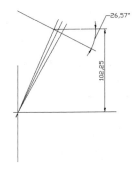

图 9-115　偏移旋转直线

⑥启动偏移命令，选择上一步旋转所得的直线向下偏移距离 38，再选择 X 轴中心直线向上偏移距离 40，最后选择 Y 轴直线向右偏移直线，偏移距离分别为 33.5、43.5、65.5、83.5，结果如图 9-116 所示。

⑦在"修改"工具栏上单击"修剪"按钮，启动修剪命令，将偏移直线进行修剪，结果如图 9-117 所示。

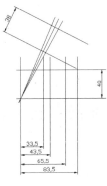

图 9-116　偏移直线

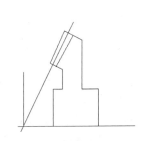

图 9-117　修剪直线

⑧分别启动倒角和倒圆角命令，对上一步所得图形的直角和尖角处进行倒角或倒圆角处理，倒角大小为 3，倒圆角大小为 R3。

⑨在"修改"工具栏上单击"镜像"按钮⚐，启动镜像命令，选择图形以 X 轴中心直线为中心线镜像复制图形，结果如图 9-118 所示。

步骤 2 绘制左视图

①启动直线命令，以 X 轴中心直线的右端点为起点向右绘制直线，并在右端适合的位置绘制一条 Y 轴直线。

②在"绘图"工具栏上单击"圆"按钮⊘，启动绘圆命令，以右端两直线的交点为圆心，绘制一个直径为 50 的圆，结果如图 9-119 所示。

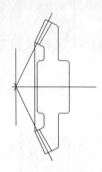
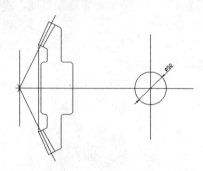

图 9-118　镜像图形　　　　　　　　　图 9-119　绘制圆

③启动偏移命令，选择右端 Y 轴直线向左、右分别偏移距离为 7，再选择 X 轴直线向上偏移距离 29。

④启动修剪命令，将圆上偏移直线和圆进行修剪，结果如图 9-120 所示。

步骤 3 绘制主视图上轴孔和键槽投影线

①启动直线命令，以圆和直线的象限点和端点为起点，向左绘制直线。

②启动修剪命令，以定位孔两端面直线为边界线修剪直线，结果如图 9-121 所示。

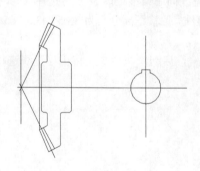
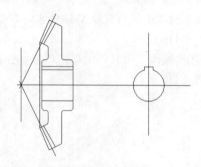

图 9-120　修剪曲线　　　　　　　　　图 9-121　绘制定位孔直线

③在"修改"工具栏上单击"倒角"按钮◹，启动倒角命令，将定位孔上的两端尖角进行倒角，倒角大小为 3。

④启动直线命令，连接两倒角直线，结果如图 9-122 所示。

⑤选择中心直线，将其长度调整到适合长度，再将相关线型改变为特定图层，结果如图 9-123 所示。

步骤 4　将主视图进行图案填充

在"绘图"工具栏上单击"图案填充"按钮，启动图案填充命令，在视图上端剖切切面位置进行图案填充。

步骤 5　尺寸标注

在"标注"工具栏上选择相关标注按钮对尺寸进行标注。

步骤 6　调入图框并编辑和填写相关表格和参数

调入图框，在图框的右上角绘制表格，填入相关齿轮的参数，并在右下角适合位置输入相关技术要求。

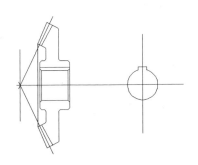

图 9-122　定位孔倒角

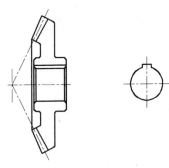

图 9-123　调整相关线型图层

步骤 7　保存文件

9.6　绘制箱体类零件

箱体类零件是机械设备中主要的零部件的之一，主要起支承、容纳、定位、密封等作用，常具有内腔、轴承孔、凸台、加强肋等结构。阀体、阀座、减速器箱体、泵体、机座等都属于这类零件。箱体类零件一般是经铸造成型后，再加工其定位孔、安装孔而成。本节将结合实用案例，使用常用命令对箱体类零件进行讲解。

实用案例 9.6.1　绘制机座

素材文件：	无
效果文件：	CDROM\09\效果\绘制机座.dwg
演示录像：	CDROM\09\演示录像\绘制机座.exe

案例解读

机座主要有支承和定位等作用，外部结构形状和内腔根据工作需要进行设计，设计时注意两端的轴承安装孔须为标准值，两端的端盖定位孔位置应和装配端盖保持一致。同时还应注意圆柱孔及轴孔的圆柱度、同轴度，端面与轴线的垂直度、轴线与安装面的平行度等。本案例将使用常用命令对机座进行快速绘制和讲解。

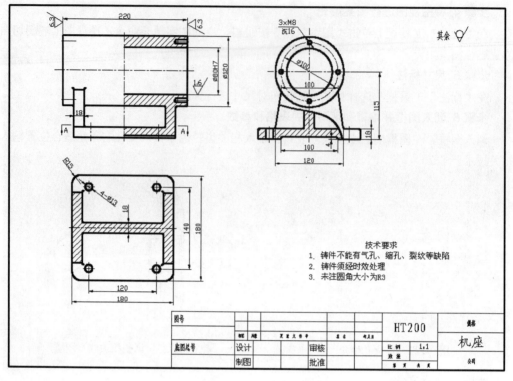

图 9-124　机座效果图

要点流程

- 启动 AutoCAD 2010 中文版，进入绘图界面
- 使用直线、圆、偏移、修剪、倒圆角等命令，绘制左视图
- 通过左视图，使用直线、偏移、修剪等命令，绘制主视图
- 通过主视图，使用直线、偏移、圆、修剪等命令，绘制附视图
- 使用图案填充命令，将视图进行图案填充
- 使用标注命令对图形进行尺寸标注
- 调入图框，并编辑技术要求
- 将完成后的机座保存

操作步骤

步骤 1　绘制左视图

①启动 AutoCAD 2010 中文版，进入绘图界面。

②启动直线绘图命令，绘制两条十字形直线。

③启动绘圆命令，以两直线交点为圆心，分别绘制直径为 80 和 120 的圆。

④启动偏移命令，选择 Y 轴直线向左、右分别对称偏移直线，偏移距离为 9、50、60、90，再选择 X 轴直线向下分别偏移直线，偏移距离为 97、111、115，结果如图 9-125 所示。

⑤启动直线命令，以直径为 120 的圆和偏移 50 所得的直线交点为起点，偏移 97 所得直线和偏移 60 所得直线的交点为终点，分别连接两条直线。

⑥启动修剪命令，将上述偏移直线和连接直线进行修剪，再启动倒圆角命令，将图示尖角处进行倒圆角，大小为 R3，结果如图 9-126 所示。

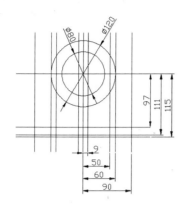

图 9-125　偏移基准直线

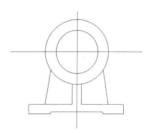

图 9-126　修剪直线并倒圆角

⑦启动样条命令，绘制样条曲线，再启动修剪命令，以样条曲线为边界修剪直线，结果如图 9-127 所示。

⑧启动偏移命令，选择 Y 轴中心直线分别向左、右各偏移距离为 70，再选择左端所得的偏移直线向左、右各偏移距离 6.5，双击中心直线调整到适合位置，再启动修剪命令，以机座两上、下安装面直线为边界，修剪偏移 6.5 所得的直线，结果如图 9-128 所示。

图 9-127　绘制样条直线

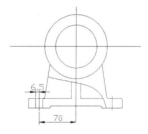

图 9-128　偏移中心直线

⑨启动绘圆命令，以两直线交点为圆心绘制一个直径为 100 的圆，再以该圆的 90°象限点为圆心分别绘制直径为 6.8 和 8 的圆。

⑩启动修剪命令，选择直径为 8 的圆，以直径为 100 的圆和 Y 轴中心直线为边界修剪右下角四分之一的圆，结果如图 9-129 所示。

⑪启动阵列命令，选择直径为 8 和 6.8 的圆以直径为 100 的圆的圆心为基点阵列出其他 3 个圆。

步骤 2　绘制主视图

①启动直线绘图命令，以视图上相关圆象限点和直线的端点为起点。向左绘制直线，结果如图 9-130 所示。

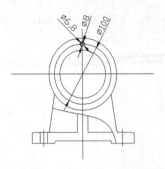

图 9-129　绘制螺钉孔

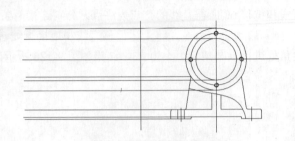

图 9-130　绘制基准直线

②启动偏移命令，选择左端 Y 轴直线分别向左偏移直线，偏移距离为 110、220。

③启动修剪命令，将上述绘制和偏移的直线进行修剪，结果如图 9-131 所示。

④启动偏移命令，选择主视图上 Y 轴直线向左、右分别偏移直线，偏移距离分别为：60、72、90。

⑤启动修剪命令，将视图直线进行修剪，再调整安装定位孔中心线长度，结果如图 9-132 所示。

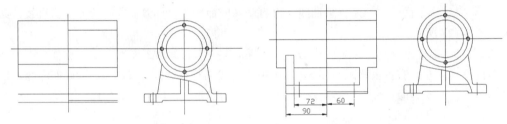

图 9-131　修剪直线　　　　　　　　　图 9-132　偏移和修剪加强肋

⑥启动直线命令，以左视图顶部直径为 6.8 和 8 的圆的象限点为起点向左绘制直线。

⑦启动偏移命令，选择主视图上右端面直线向右分别偏移直线，偏移距离为 16、20。

⑧启动修剪命令，将上两步绘制和偏移的直线进行修剪，再启动直线命令，选择圆直径为 6.8 的直线端点向左绘制直线，结果如图 9-133 所示。

⑨启动旋转命令，将上一步绘制的端点直线以右端点为基点旋转 60°，再启动镜向命令，以小圆的 X 轴中心直线为基准向下镜向复制直线，最后启动修剪命令，修剪尖角处的直线，完成螺钉孔的绘制。

⑩启动镜像命令，选择主视图上的螺钉孔图形以 X 轴中心直线为基线向下复制图形，再选择两螺钉孔中心直线，以主视图 Y 轴中心直线为基点向左复制镜像直线，结果如图 9-134 所示。

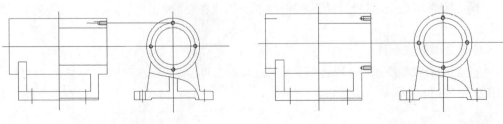

图 9-133　绘制螺钉孔　　　　　　　　　图 9-134　镜像复制图形

步骤 3　绘制俯视图

①启动直线绘图命令，以主视图上的机座加强肋直线为起点向下绘制直线，结果如图 9-135 所示。

②启动偏移命令，选择俯视图上 X 轴直线向上、下分别偏移直线，偏移距离为 9、60、90。

③启动修剪命令，将上述绘制和偏移的直线进行修剪，结果如图 9-136 所示。

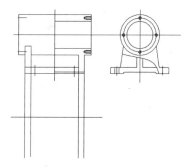

图 9-135　绘制俯视图基线

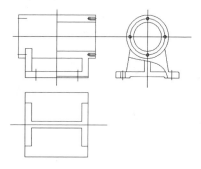

图 9-136　修剪直线

④启动倒圆角命令，将加强肋的截面和上、下连接面进行倒圆角，倒圆角的大小为 R3，并绘制倒角处投影线，再将底座 4 个尖角进行倒角，倒角大小为 15°，结果如图 9-137 所示。

⑤启动偏移命令，选择俯视图上的上、下两条直线向内偏移，偏移距离为 20，再选择左、右两条直线向内偏移，偏移距离为 30。

⑥启动绘圆命令，以上一步偏移所得的 4 条直线的交点为圆心，分别绘制直径为 13 的圆，结果如图 9-138 所示。

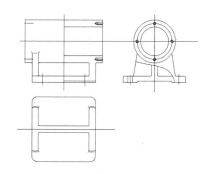

图 9-137　倒圆角

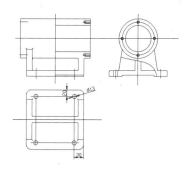

图 9-138　绘制安装孔

⑦启动打断命令，将上一步绘制圆的 4 条直线进行打断，再调整视图中心线长度到适合位置，改变相关线型图层，结果如图 9-139 所示。

步骤 4　图案填充

启动图案填充命令，在视图上端剖切面位置进行图案填充。

步骤 5　尺寸标注

在"标注"工具栏上选择相关标注按钮对尺寸进行标注。

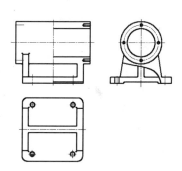

图 9-139　调整相关线型和图层

步骤 6 调入图框并编辑技术要求

调入图框，在图框的右下角适合位置输入相关技术要求。

步骤 7 保存文件

实用案例 9.6.2 绘制箱体

素材文件：	无
效果文件：	CDROM\09\效果\绘制箱体.dwg
演示录像：	CDROM\09\演示录像\绘制箱体.exe

📌 案例解读

箱体主要有支承、定位、容纳等作用，外部结构形状和内腔根据工作需要进行设计，设计时注意型腔壁上轴承安装孔须为标准值。同时还应注意圆柱孔及轴孔的圆柱度、同轴度、端面与轴线的垂直度、轴线与安装面的平行度等。本案例将使用常用命令对箱体进行快速绘制和讲解，效果如图 9-140 所示。

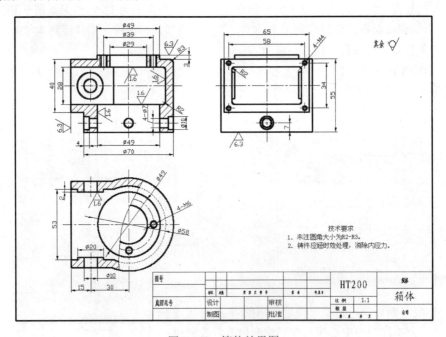

图 9-140 箱体效果图

📌 要点流程

- 启动 AutoCAD 2010 中文版，进入绘图界面
- 使用直线、圆、偏移、修剪等命令，绘制俯视图
- 通过俯视图，使用直线、偏移、修剪等命令，绘制主视图
- 通过主视图，使用直线、偏移、圆、修剪等命令，绘制左视图
- 使用图案填充命令，将视图进行图案填充

- 使用标注命令对图形进行尺寸标注
- 调入图框，并编辑技术要求
- 将完成后的箱体保存

操作步骤

步骤 1　绘制俯视图

① 启动 AutoCAD 2010 中文版，进入绘图界面。

② 启动直线绘图命令，绘制两条十字形直线。

③ 启动绘圆命令，以两直线交点为圆心，分别绘制直径为 29、39、49、58、70 的圆。

④ 启动偏移命令，选择 Y 轴中心直线，向左分别偏移直线，偏移直线距离为：30、45；再选择 X 轴直线分别向上、下偏移直线，偏移距离为：26.5、32.5，结果如图 9-141 所示。

⑤ 启动修剪命令，将视图进行修剪，结果如图 9-142 所示。

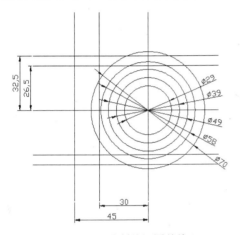

图 9-141　绘制俯视图基线

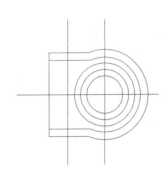

图 9-142　修剪视图曲线

⑥ 启动偏移命令，选择 X 轴直线分别向上、下偏移直线，偏移距离为 24.5，再选择左端的 Y 轴直线，分别向左、右偏移直线，偏移距离为 5 和 10。

⑦ 启动修剪命令，将视图上偏移直线进行修剪，结果如图 9-143 所示。

⑧ 启动绘制样条命令，在视图上的适合位置绘制样条。

⑨ 启动修剪命令，选择样条和圆进行修剪，结果如图 9-144 所示。

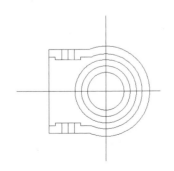

图 9-143　绘制凸台

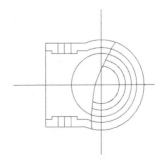

图 9-144　修剪样条直线

⑩ 启动绘圆命令，以直径为 39 的圆的 270° 和 360° 象限点为圆心分别绘制直径为 4.8 和

6 的圆。

⑪启动修剪命令，修剪掉直径为 6 的圆的 1/4 圆弧，再调整两凸台中心线到适合位置，结果如图 9-145 所示。

步骤 2 绘制主视图

①启动直线命令，以圆和直线的象限点或端点向上绘制直线，结果如图 9-146 所示。

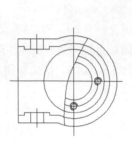

图 9-145　绘制螺钉孔的圆

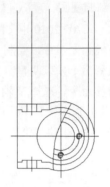

图 9-146　绘制主视图基线

②启动偏移命令，选择主视图上 Y 轴中心直线，向左偏移距离为：14.5、24.5、35；再向右偏移距离为：14.5、24.5；选择主视图 X 轴直线，向上偏移距离为 14、20、23；再向下偏移距离为：14、20、35。结果如图 9-147 所示。

③启动修剪命令，将主视图上偏移直线进行修剪，修剪结果如图 9-148 所示。

④启动倒圆角命令，将外直角进行倒角，倒角大小为 R3，再将内直角进行倒角，倒角大小为 R2。

⑤启动绘圆命令，以主视图上凸台的中心直线和 X 轴直线的交点为圆心分别绘制直径为 10 和 20 的圆。

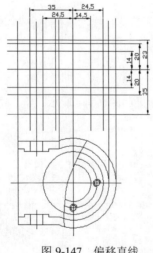

图 9-147　偏移直线

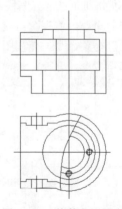

图 9-148　修剪主视图直线

⑥启动偏移命令，选择主视图上最下端的直线向上偏移直线，偏移距离为 7，再选择偏移所得直线向上、下各偏移直线，偏移距离为 3.5 和 5，结果如图 9-149 所示。

⑦启动修剪命令，将上一步偏移所得的直线进行修剪。

⑧启动绘圆命令，以偏移距离 7 所得的中心线和圆的 Y 轴中心线的交点为圆心绘制一个直径为 7 的圆，结果如图 9-150 所示。

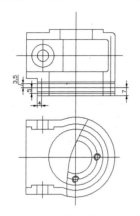 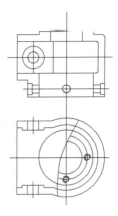

图 9-149   偏移安装孔直线   图 9-150   修剪安装孔直线

⑨启动绘制直线命令，以俯视图上直径为 4.8 和 6 的圆的象限和中心点为起点向主视图绘制直线。

⑩启动修剪命令，将上一步所绘制的直线进行修剪，结果如图 9-151 所示。

⑪启动镜像命令，选择上一步所得的螺钉孔直线以大圆的 Y 轴中心直线为基线，镜像复制图形。

步骤 3 绘制左视图

①启动绘制直线命令，以主视图上直线和中心线的端点为起点，向右绘制直线，结果如图 9-152 所示。

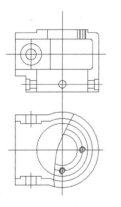 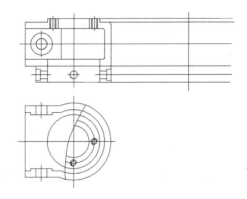

图 9-151   绘制主视图螺钉孔   图 9-152   绘制左视图基线

②启动偏移命令，选择左视图上 Y 轴直线分别向左、右进行偏移，偏移距离为：24.5、32.5、35。

③启动修剪命令，将左视图上直线进行修剪。

④启动绘圆命令，以左视图上下端第二条直线和 Y 轴直线的交点为圆心，分别绘制直径为 7 和 10 的圆，结果如图 9-153 所示。

⑤启动绘制直线命令，以主视图上矩形线端点和凸台象限点为起点向左视图绘制直线。

⑥启动偏移命令，选择左视图上 Y 轴中心线分别向左、右偏移直线，偏移距离为 24.5

和 26.5。

⑦启动修剪命令将左视图上直线进行修剪，再启动倒圆角命令，将左视图内部的矩形线框进行倒圆角，大小为 *R*2，结果如图 9-154 所示。

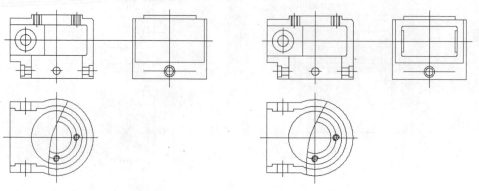

图 9-153　修剪左视图直线　　　　　　图 9-154　偏移和修剪左视图

⑧启动偏移命令，选择左视图上 X 轴中心直线分别向上、下偏移直线，偏移距离为 17，再选择 Y 轴直线分别向左、右偏移直线，偏移距离为 29。

⑨启动绘圆命令，以上一步其中两条偏移直线的交点为圆心，分别绘制直径为 3 和 4 的圆。

⑩启动修剪命令，将直径为 4 的圆以两中心直线为边界修剪掉 1/4 圆弧。

⑪启动复制命令，选择上一步绘制好的两个圆以圆心为基点，复制到偏移直线的另外三个交点处，结果如图 9-155 所示。

⑫启动打断直线命令，将左视图上 4 个螺钉孔的中心直线进行打断。再调整视图中中心线长度到适合位置，改变相关线型图层，结果如图 9-156 所示。

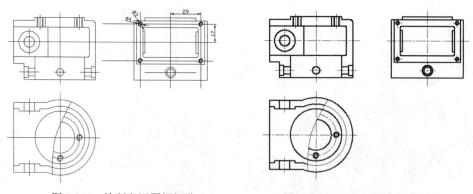

图 9-155　绘制左视图螺钉孔　　　　　　图 9-156　调整相关线型和图层

步骤 4　图案填充

启动图案填充命令，在视图上端剖切面位置进行图案填充。

步骤 5　尺寸标注

在"标注"工具栏上选择相关标注按钮对尺寸进行标注。

步骤 6　调入图框并编辑技术要求

调入图框，在图框的右下角适合位置输入相关技术要求。

步骤 7　保存文件

9.7　绘制零件轴测图

在前面的章节中，介绍了使用 AutoCAD 2010 绘制零件图的方法及步骤，其绘图简单，便于测量，然而零件图中的每个单独视图都不能同时反映零件的长、宽、高三个方向的尺寸和形状，缺乏立体感，不具备一定看图能力的人员很难看懂；因此在绘图工程中，设计人员常绘制轴测图以帮助技术人员更好地读图。轴测图是指能同时反映物体三个方向上形状和尺寸，并沿着其轴向可以测量的图形。轴测图根据投影方法不同，可分为正轴测图和斜轴测图两大类，每一类根据轴向伸缩系数不同又可分为正（或斜）等轴测图、正（或斜）二等轴测图、正（或斜）三等轴测图。本节将结合实用案例，介绍比较常见轴测图的绘制方法和步骤。

实用案例 9.7.1　绘制正等轴测图

素材文件：	无
效果文件：	CDROM\09\效果\绘制正等轴测图.dwg
演示录像：	CDROM\09\演示录像\绘制正等轴测图.exe

案例解读

通过对前面章节的学习，读者应能熟练地对二维平面图形进行绘制和测量。正等轴测图也属于二维平面图形，三个坐标轴上的伸缩系数都相同，其绘制方法也和二维平面图形基本相同。本案例将根据二维视图介绍绘制正等轴测图的方法及步骤，效果如图9-157 所示。

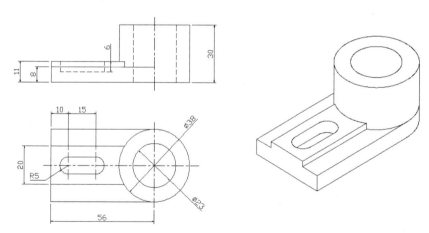

图 9-157　支承座视图及正等轴测图

要点流程

- 启动 AutoCAD 2010 中文版，进入绘图界面
- 使用直线、圆、复制、修剪等命令，绘制正等轴测图
- 将完成后的正等轴测图保存

操作步骤

步骤 1 绘制正等轴测图

①启动 AutoCAD 2010 中文版，进入绘图界面。

②打开工具栏中的"草图设置"对话框，在捕捉类型中选择正等测捕捉，单击"确定"按钮回到绘图界面，操作过程如图 9-158 所示。

③按 F5 键，将鼠标捕捉平面调整为"等轴测平面上"，并打开正交模式。

④启动直线绘图命令，绘制一个长 56、宽 38 的矩形线框，结果如图 9-159 所示。

图 9-158 "草图设置"对话框

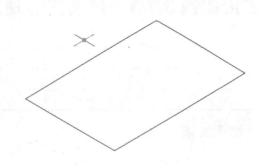

图 9-159 绘制矩形线框

⑤启动绘制椭圆命令，选择等轴测圆（I），以右端直线中点为圆心，绘制一个直径为 38 的椭圆，结果如图 9-160 所示。

⑥启动复制命令，选择上一步绘制的图形，以正交方式向+Z 轴复制图形，距离为 8，结果如图 9-161 所示。

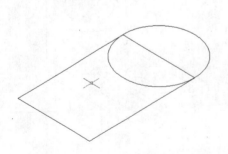

图 9-160 绘制椭圆

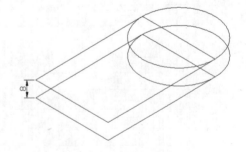

图 9-161 正交复制基面

⑦启动绘制直线命令，以上一步复制所得的两 Y 轴直线中点为起点和终点绘制中心直线。

⑧启动复制命令，选择中心直线，沿 Y 轴方向上、下各正交复制直线，复制距离为 10，结果如图 9-162 所示。

⑨启动复制命令，选择图视直线和圆向+Z 轴复制，复制距离为 3，结果如图 9-163 所示。

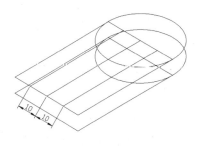

图 9-162　复制中心直线

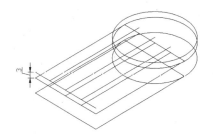

图 9-163　复制凸台直线

⑩启动复制命令,选择第 5 步所绘制的椭圆沿+Z 轴复制,复制距离为 30,结果如图 9-164 所示。

⑪启动直线绘图命令,以圆弧的切点或直线的端点为起点和终点绘制直线,结果如图 9-165 所示。

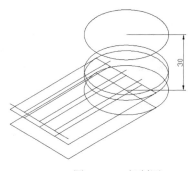

图 9-164　复制圆

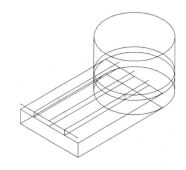

图 9-165　绘制边界直线

⑫启动修剪命令,将视图直线和圆弧进行修剪,结果如图 9-166 所示。

⑬启动复制命令,选择凸台左端的 Y 轴直线,沿 X 轴分别复制直线,复制距离为 10 和 25,结果如图 9-167 所示。

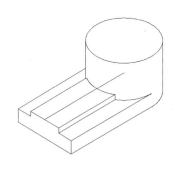

图 9-166　修剪圆弧和直线

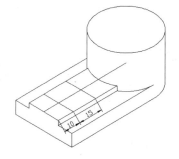

图 9-167　偏移直线

⑭启动绘制圆命令,选择等轴测圆(I),以上一步偏移所得的两直线和中心直线的交点为圆心分别绘制半径为 R5 的圆,再以凸台圆的圆心为基点绘制一个半径为 R5 的圆,结果如图 9-168 所示。

⑮启动直线绘图命令,以切点捕捉两 R5 圆的边缘,连接切线。

⑯启动修剪命令,将键槽直线和椭圆进行修剪,结果如图 9-169 所示。

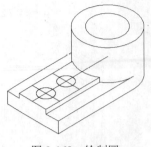

图 9-168　绘制圆

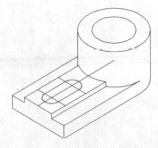

图 9-169　修剪键槽线

⑰ 启动复制命令，选择上一步修剪所得的键槽曲线沿-Z 轴复制，复制距离为 6，结果如图 9-170 所示。

⑱ 启动修剪命令，将键槽上多余的曲线进行修建和删除。

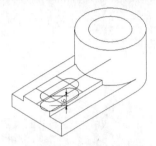

图 9-170　复制键槽曲线

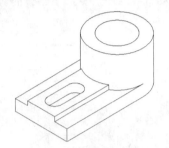

图 9-171　支承座正等轴测图

步骤 2　保存文件

实用案例 9.7.2　绘制斜二轴测图

素材文件：	无
效果文件：	CDROM\09\效果\绘制斜二轴测图.dwg
演示录像：	CDROM\09\演示录像\绘制斜二轴测图.exe

案例解读

斜二轴测图也是属于二维平面图形中的一种，如图 9-172 所示，一般情况下，设定 Z 轴为垂直直线，X 轴为水平直线，Y 轴直线与水平方向夹角成 45°，所以轴向伸缩系数 Z 轴和 X 轴为 1，Y 轴为 0.5，其绘制方法也和二维平面图形基本相同。本案例将根据二维视图介绍绘制斜二轴测图的方法及步骤。

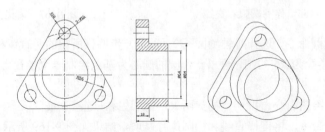

图 9-172　端盖视图及斜二轴测图

要点流程

- 启动 AutoCAD 2010 中文版，进入绘图界面
- 使用直线、圆、阵列、复制、修剪等命令，绘制斜二轴测图
- 将完成后的斜二轴测图保存

操作步骤

步骤 1　绘制斜二轴测图

① 启动 AutoCAD 2010 中文版，进入绘图界面。

② 打开工具栏中的"草图设置"对话框，在"极轴追踪"对话框中启动极轴追踪命令和在极轴角设置中设置 45°的增量角，单击"确定"按钮回到绘图界面，操作过程如图 9-173 所示。

③ 启动直线命令，绘制一个斜二测坐标系，结果如图 9-174 所示。

图 9-173　"草图设置"对话框

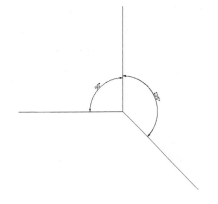

图 9-174　绘制坐标系

④ 启动绘圆命令，以坐标系的原点为圆心，分别绘制直径为 64、84、112 的圆，再以直径为 112 的圆的 90°象限点为圆心，分别绘制直径为 16、36 的圆，结果如图 9-175 所示。

⑤ 启动阵列命令，选择直径为 16、36 的圆，以坐标原点为基点阵列出其他两个圆，结果如图 9-176 所示。

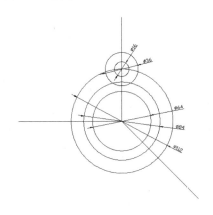

图 9-175　绘制圆

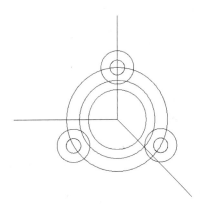

图 9-176　阵列图形

⑥启动直线命令,以切点捕捉模式捕捉三个直径为 36 的圆的边缘绘制直线,结果如图 9-177 所示。

⑦启动修剪命令,将视图上的圆和直线进行修剪,结果如图 9-178 所示。

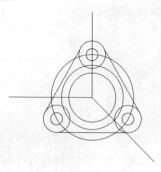

图 9-177　切点捕捉连接直线

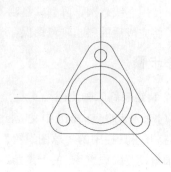

图 9-178　修剪曲线

⑧启动复制命令,选择视图除直径 64 和 84 的圆的曲线,沿+Y 轴(45°)直线进行复制,复制距离为 9,结果如图 9-179 所示。

⑨启动直线命令,以切点捕捉模式连接直径为 36 的基圆和偏移圆的边缘。

⑩启动修剪命令,将视图上不可见的线段进行修剪和删除。

⑪启动复制命令,选择直径为 84 的圆沿+Y 轴进行复制,复制距离为 9,再选择以原点为圆心的直径为 64 和 84 的圆沿+Y 轴进行复制,复制距离为 22.5,结果如图 9-180 所示。

⑫启动修剪命令,将视图中不可见的圆弧和直线部分进行修剪,结果如图 9-181 所示。

⑬启动直线命令,切点捕捉直径为 84 的圆的边缘连接直线。

⑭启动修剪命令,对多余的圆弧进行修剪,删除坐标直线,结果如图 9-182 所示。

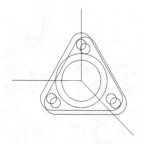

图 9-179　复制线框

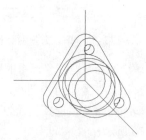

图 9-180　复制圆

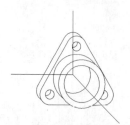

图 9-181　修剪圆弧和直线

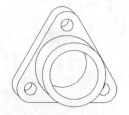

图 9-182　端盖斜二轴测图

步骤 2 保存文件

第 10 章
三维造型

本章导读

本章将介绍使用 AutoCAD 2010 进行基本三维造型功能，并绘制实用案例。

中文版 AutoCAD 2010 除了具有强大的二维绘图功能外，其三维绘图功能也十分强大。在三维空间中，用户可以创建各种三维图形，分别是线框图形、曲面图形和三维实体图形。

在进行三维绘图之前，先要了解三维绘图的基础，如三维坐标系、三维视图等。AutoCAD 中提供了一些基本的三维曲面和三维实体，如长方体、球体、圆柱体、圆锥体、楔体和圆环形实体，除此之外还可以通过拉伸、旋转等操作创建三维曲面和三维实体。熟练掌握这些基本操作之后，才有可能绘制出复杂的三维图形。

本章是三维绘制的基础与核心章节，要想使用 AutoCAD 2010 进行三维设计的读者务必扎实掌握本章的内容。

本章主要学习以下内容：
- 用 UCS 等命令了解和熟悉三维世界坐标系和三维用户坐标系
- 用"标准视图"、"视点预置"、"动态观察"等命令观察三维图形
- 用"多视图"等命令多视口观察三维图形
- 用"面域"、"并集"、"差集"等命令绘制开口扳手
- 用"圆锥体曲面"、"直纹曲面"等命令绘制叶轮外形曲面
- 用"长方体曲面"、"平移曲面"等命令绘制桌子外形
- 用"旋转曲面"等命令绘制水杯外形
- 用"圆柱体"等命令绘制套筒
- 用"拉伸"、"旋转"等命令绘制螺母
- 用"球体"、"圆柱体"等命令绘制铅笔实体
- 用"长方体"等命令绘制抽屉模型
- 用"圆环体"等命令绘制轴承外圈
- 综合实例演练——绘制轨道轮

实用案例 10.1　三维世界坐标系和三维用户坐标系

素材文件：	CDROM\10\素材\三维世界坐标系和三维用户坐标系素材.dwg
效果文件：	CDROM\10\效果\三维世界坐标系和三维用户坐标系.dwg
演示录像：	CDROM\10\演示录像\三维世界坐标系和三维用户坐标系.exe

案例解读

在前面的章节中，已经介绍了在二维空间中世界坐标系（WCS）和用户坐标系（UCS）的知识及使用方法等，它们的变换和使用方法同样适用于三维坐标系。

在三维空间中工作时，为了更好地绘制图形，经常需要不断变换坐标系的原点和方向，从而产生用户坐标系。用户坐标系对于输入坐标、在二维工作平面上创建三维对象以及在三维空间中旋转对象很有用。

案例主要使用和讲解 AutoCAD 三维坐标系操作中最常用的命令——新建 UCS 命令的使用方法。通过新建 UCS 使大家熟悉 AutoCAD 2010 中三维世界坐标系和三维用户坐标系，效果如图 10-1 所示。

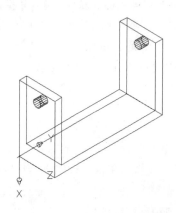

图 10-1　三维世界坐标系和三维用户坐标系效果图

要点流程

- 启动 AutoCAD 2010 中文版，打开素材文件
- 使用 UCS 命令，新建用户坐标系
- 将完成的图形保存

操作步骤

步骤 1　打开素材文件

启动 AutoCAD 2010 中文版，打开本案例素材文件，可以看到世界坐标系下的图形，如图 10-2 所示，同时可以看到世界坐标系的原点处有一个"口"字形的标志。

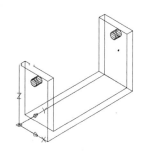

图 10-2 世界坐标系下的三维图形

知识要点:

三维世界坐标系: AutoCAD 2010 默认情况下的三维坐标系即为三维世界坐标系(WCS),包括 X 轴、Y 轴和 Z 轴。WCS 坐标轴的交汇处显示"口"字形标记。所有的坐标值都是相对于原点计算的,并且沿 X 轴正向、Y 轴正向及 Z 轴正向的位移规定为正方向。各坐标轴的正方向按照右手法则确定。

创建三维对象时,可以使用的坐标表示法有: 直角坐标系、柱坐标系和球坐标系。在三种坐标系中均可以用绝对坐标和相对坐标来定位对象,一般用相对坐标表示需要在坐标数据前加"@"符号。

◆ 三维直角坐标系

三维直角坐标系有三个坐标轴: X 轴、Y 轴和 Z 轴,三维直角坐标系是最为常用的坐标系。其格式为 (x,y,z) ,例如 $(100,50,0)$ 表示该位置处于 x 坐标为 100、y 坐标为 50、z 坐标为 0 的点上。相对坐标的格式为: $(@x, y, z)$,例如 $(@100,50,0)$,表示该位置相对于上一位置在 X 轴正方向上距离为 100,在 Y 轴正方向上距离为 50,在 Z 轴正方向上距离为 0。

◆ 圆柱坐标系

圆柱坐标系用以下三个参数来描述点的位置: 点在 XY 平面的投影到坐标原点的距离、点在 XY 平面的投影和从坐标原点的连线与 X 轴正向的夹角、点的 z 坐标值。其格式为 (投影长度<夹角大小, z),例如 $(40<50, 20)$ 表示在 XY 平面的投影点距离坐标原点 40 个单位,该投影点与原点的连线相对于 X 轴正向的夹角为 50°,z 坐标为 20。相对坐标格式为 (@投影长度<夹角大小, z),例如 $(@40<50, 20)$,表示这样一个点: 在 XY 平面的投影点距离上一位置上的点在 XY 平面的投影点 40 个单位,该投影点与上一位置上的点在 XY 平面的投影点的连线相对于 X 轴正向的夹角为 50°,该点相对于上一点在 Z 轴正向上相距 20。

◆ 球坐标系

球坐标系用三个参数来定位三维点: 点到坐标原点的距离、二者连线在 XY 平面的投影与 X 轴正向的夹角、点和坐标原点连线与 XY 平面所成的角度。格式为: (距离<与 X 轴正向的夹角<与 XY 平面所成的角度),例如,球坐标 $(25<90<45)$ 处的点表示该点距离原点为 25,该点与原点的连线在 XY 平面的投影与 X 轴正向的夹角为 90°,该点和坐标原点连线与 XY 平面所成的角度为 45°。球坐标的相对坐标表示为 (@距离<与 X 轴正向的夹角<与 XY 平面所成的角度),例如,球坐标 $(@25<90<45)$ 表示的该点与上一点的关系为: 该点与上一点之间的距离为 25,该点与上一点的连线在 XY 平面的投影与 X 轴正向的夹角为 90°,该点和上一处点连线与 XY 平面所成的角度为 45°。

步骤 2 用 "UCS" 命令新建用户坐标系

在命令行中输入 UCS 命令, 启动 UCS 命令, 按照如下命令行的操作, 可以得到新建的 UCS, 此时的三维图形显示如图 10-3 所示。可以看到用户坐标系显示和世界坐标系的区别, 原点处的"口"字形标志消失。

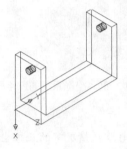

图 10-3 新建用户坐标系后的三维图形

命令行显示如下:

```
命令: ucs
当前 UCS 名称: *世界*
指定 UCS 的原点或 [面(F)/命名(NA)/对象(OB)/上一个(P)/视图(V)/世界(W)/X/Y/Z/Z
轴(ZA)] <世界>: y                           //输入 y 表示绕 Y 轴旋转角度新建 UCS
指定绕 Y 轴的旋转角度 <90>: 90                    //输入绕 Y 轴旋转的角度
```

知识要点:

在 AutoCAD 中, 为了能够更好地辅助绘图, 经常需要修改坐标系的原点和方向, 这时世界坐标系将变为用户坐标系(简称 UCS)。在三维环境中创建或修改对象时, 可以在三维模型空间中移动和重新定向 UCS 以简化工作。UCS 的 *XY* 平面称为工作平面。

UCS 命令启动方法如下。

◆ 输入命令名: 在命令行中输入或动态输入 UCS, 并按 Enter 键。

◆ 下拉菜单: 选择"工具→新建 UCS"命令, 在其下拉菜单中选择一种方式新建 UCS。

各选项含义:

◆ 默认选项: 是"指定 UCS 的原点", 选择该种方式时将要求移动当前 UCS 的原点到指定的位置, 保持其 X、Y 和 Z 轴方向不变, 从而定义新的 UCS。

◆ "面"选项: 输入命令 F 选择, 将 UCS 与实体对象的选定面对齐。

◆ "命名"选项: 按名称保存并恢复通常使用的 UCS 方向

◆ "对象"选项: 根据选定的三维对象定义新的坐标系。该选项使得选择的对象位于新 UCS 的 *XY* 平面。

◆ "上一个"选项: 恢复上一个使用的 UCS。

◆ "视图"选项: 以平行于屏幕的平面为 *XY* 平面, 建立新的坐标系, UCS 原点保持不变。

◆ "X/Y/Z"选项: 绕指定轴旋转当前 UCS。

◆ "Z 轴"选项: 定义 UCS 中的 Z 轴正半轴, 从而确定 *XY* 平面。

技巧

◆ 从绘图区中可以看出三维用户坐标系与三维世界坐标系的区别, 三维世界坐标系在三个坐标轴的交点处呈"口"字形, 三维用户坐标系中则没有该形状标记。

①在命令行中输入 UCSMAN 命令，弹出"UCS"对话框，如图 10-4 所示。

②选择"命名 UCS"选项卡，右击"未命名"，在弹出的菜单中选择"重命名"命令，将已新建的 UCS 命名为 UCS1。

③选择"设置"选项卡，不勾选"开"复选框，单击"确定"按钮后，绘图区中的坐标系将不会显示，如图 10-5 所示。

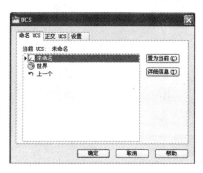

图 10-4 "UCS"对话框 　　　　　 图 10-5 "设置"选项卡

步骤 3 保存文件

实用案例 10.2 　三维图形的视图观察

素材文件：	CDROM\10\素材\三维图形的视图观察素材.dwg
效果文件：	无
演示录像：	CDROM\10\演示录像\三维图形的视图观察.exe

案例解读

在三维设计中，常常需要从各个不同的角度观察所进行的设计。AutoCAD 2010 有强大的三维图形显示功能，通过不同的设置，用户可以在模型空间中使用标准视图、定义视点和使用动态观察命令等方式来观察三维图形。

要点流程

- 启动 AutoCAD 2010 中文版，打开素材文件
- 使用标准视图观察三维图形
- 使用视点预置命令观察三维图形
- 使用动态观察命令观察三维图形

操作步骤

步骤 1 打开素材文件

启动 AutoCAD 2010 中文版，打开素材文件，可以看到东南等轴测视图状态下的三维图形，如图 10-6 所示。

步骤 2 用"标准视图"命令观察三维图形

选择"视图→三维视图→三维视图"命令，分别选择西南等轴测、东北等轴测、西北等

轴测，视图的显示如图 10-7 至图 10-9 所示。

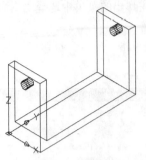

图 10-6　东南等轴测视图

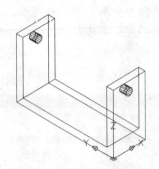

图 10-7　西南等轴测视图

图 10-8　东北等轴测视图

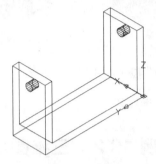

图 10-9　西北等轴测视图

知识要点：

AutoCAD 2010 提供了十余种标准视图来观察三维图形。可供选择的标准视图有：俯视、仰视、左视、右视、主视、后视以及西南等轴测、东南等轴测、东北等轴测、西北等轴测。

标准视图观察命令的启动方法是用下拉菜单：选择"视图→三维视图"命令，在下拉菜单中根据需要选择视图。

步骤 3 用"视点预置"命令观察三维图形

① 选择"视图→三维视图→视点预置"命令，或在命令行中输入 DDVPOINT，启动视点预置命令，弹出"视点预置"对话框，如图 10-10 所示。

② "视点预置"对话框中左图可以设置原点和视点之间的连线在 XY 平面的投影与 X 轴正向的夹角，右图用于设置该连线与投影线之间的夹角。选中"绝对于 WCS"单选按钮；在"X 轴"、"XY 平面"两个文本框内输入 150、65，此时的视图如图 10-11 所示。

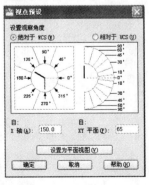

图 10-10　"视点预置"对话框

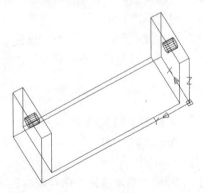

图 10-11　视点预置后的视图

知识要点：

视点是指观察图形的位置，在 AutoCAD 中绘制三维图形时，通过设置视点观察图形相当于从视点所在的位置对三维图形进行观察。AutoCAD 2010 中，可以通过视点预置、视点命令等来设置视点。

视点预置命令启动方法如下。

◆ 　下拉菜单：选择"视图→三维视图→视点预置"命令。

◆ 　输入命令名：在命令行中输入或动态输入 DDVPOINT，并按 Enter 键。

③选择"视图>三维视图>视点"命令，在绘图区中将会出现罗盘和三轴架，如图 10-12 所示。

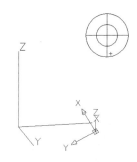

图 10-12　罗盘和三轴架定义视点

知识要点：

视点命令启动方法如下。

◆ 　下拉菜单：选择"视图→三维视图→视点"命令。

◆ 　输入命令名：在命令行中输入或动态输入 VPOINT，并按 Enter 键。

启动 VPOINT 命令后，命令行提示如下：

```
命令: vpoint
*** 切换至 WCS ***
当前视图方向: VIEWDIR=-2.2548,-7.0104,-0.4599
指定视点或 [旋转(R)] <显示坐标球和三轴架>:
```

输入视点坐标，完成视点的设置，命令行提示如下：

```
*** 返回 UCS ***
正在重生成模型。
```

如果在命令行出现提示"指定视点或 [旋转(R)] <显示坐标球和三轴架>:"时按 Enter 键，则会出现如图 10-12 所示的罗盘和三轴架，在罗盘中十字光标代表视点在 XY 平面的投影，罗盘的中心是 Z 轴正方向，第一个圆代表与 XY 平面夹角为 0 到 90°，第二个圆代表与 XY 平面的夹角为 0 到-90°。

> **技巧**
>
> ◆ 　AutoCAD 默认的视点位置为（0,0,1），此时的视图为俯视图，各标准视图实质上是在一些特殊的视点处观察得到的视图。

④ 在命令行输入 VPOINT 命令，直接输入视点的坐标来设置视点。输入视点坐标（1，2，5）后的视图如图 10-13 所示。

步骤 4 用"动态观察"命令观察图形

① 选择"视图>动态观察>受约束的动态观察"命令，鼠标形状变为 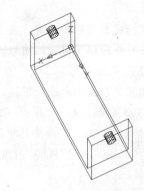 ，此时拖动鼠标即可动态观察图形，如图 10-14 所示。

② 选择"视图>动态观察>自由动态观察"命令，屏幕上将显示一个弧线球，由一个大圆和四个小圆组成，弧线球的中心为目标点。鼠标在不同位置的形状包括 ⊕、⊕ 以及 ⊕ 等几种不同形式。在不同区域拖动鼠标观察图形，并体验其效果，如图 10-15 所示。

图 10-13　直接输入视点坐标定义视点后的视图

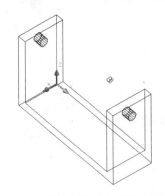

图 10-14　受约束的动态观察三维图形

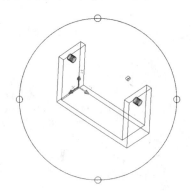

图 10-15　自由动态观察三维图形

③ 选择"视图>动态观察>连续动态观察"命令，看到鼠标形状将变为 ⊗，在绘图区拖动鼠标后视图将会自动连续旋转，这时可以连续地动态观察三维图形。

知识要点：

使用 AutoCAD 的三维动态观察功能可以动态地改变视图，因此是一个很常用的工具。它包含有三个子命令："受约束的动态观察"命令、"自由动态观察"命令、"连续动态观察"命令。

各命令的启动方法如下。

◆　下拉菜单：选择"视图→动态观察"命令，其中有三个选项，单击想要选择的命令即可。

◆　输入命令名：在命令行中输入或动态输入 3DORBIT，并按 Enter 键，可启动"受约束的动态观察"命令；类似的输入 3DFORBIT 和 3DCORBIT 命令可分别启动"自由动态观察"以及"连续动态观察"命令。

◆　工具栏：在"动态观察"工具栏上单击"受约束的动态观察"按钮 ⊕ 启动受约束的动态观察命令；单击"自由动态观察"按钮 ⊘ 启动自由动态观察命令；单击"连续动态观察"按钮 ⊘ 可启动连续动态观察命令。

> **技巧**
>
> ◆　在绘制三维图形时，需要经常变换视角进行观察，可以将"动态观察"工具栏激活，可以更方便地调用该命令。

实用案例 10.3　多视口观察三维图形

素材文件：	CDROM\10\素材\多视口观察三维图形素材.dwg
效果文件：	CDROM\10\效果\多视口观察三维图形.dwg
演示录像：	CDROM\10\演示录像\多视口观察三维图形.exe

案例解读

三维图形设计者常常需要同时从不同视角观察同一个三维图形，AutoCAD 2010 提供了这种功能。使用多视口观察三维图可以很方便地在绘图工作区中显示出同一个图形的多个视口，在不同的视口中可以用不同的视图观察同一图形，便于设计者更好地把握三维图形。

要点流程

- 启动 AutoCAD 2010 中文版，打开素材文件
- 在绘图区中设置多视口
- 对多视口中的一个转换视图进行观察

操作步骤

步骤 1　打开素材文件

打开光盘中的文件"CDROM\10\素材\多视口观察三维图素材.dwg"。

步骤 2　用"多视口"命令设置多视口

选择"视图>视口>三个视口"命令，命令行提示"输入配置选项 [水平(H)/垂直(V)/上(A)/下(B)/左(L)/右(R)] <右>:"，按 Enter 键，表示接受默认设置，此时在绘图工作区中会出现三个视口，左侧两个视口，右侧一个视口，如图 10-16 所示。

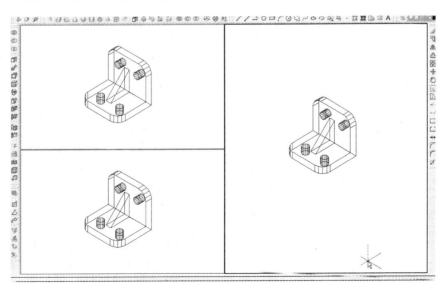

图 10-16　三视口显示三维图

知识要点：

AutoCAD 2010 还可以提供对三维图形的多视口观察，借助这个命令，可以在一个绘图工作区中同时观察三维图形的多个视口，从而更好地理解三维图形。

进行多视口观察的方法如下。

◆ 　下拉菜单：选择"视图→视口"命令，在下拉菜单中根据需要选择命令，例如想要生成三视口，则选择其中的"三个视口"命令。

◆ 　输入命令名：在命令行输入或动态输入 VPORTS，并按 Enter 键。

注意

◆ 　在一个视口下绘制图形时，其他视口内都会同时显示出绘制过程，对于一些复杂三维图形，想要在绘制时从不同视角加以观察，设置多视口是一个选择。

步骤 3　观察其中的一个视口

单击选中一视口，可以切换该视口中三维图形的视图。单击选中左上视口，将其视图转换为"东南等轴测"；单击选中左下视图，将其视图转换为"东北等轴测"，如图 10-17 所示。

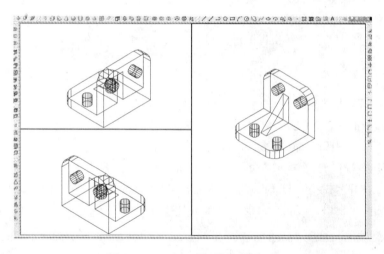

图 10-17　三视口用不同视图表示

实用案例 10.4　绘制开口扳手

素材文件：	无
效果文件：	CDROM\10\效果\绘制开口扳手.dwg
演示录像：	CDROM\10\演示录像\绘制开口扳手.exe

案例解读

面域的创建是一个相对简单的过程，但其前提是组成面域的各曲面段必须是封闭的。面域创建完成以后可以进行布尔运算。如图 10-18 所示，可以利用面域的这一特点绘制图形，从而省去了对二维图形进行复杂的裁剪操作。

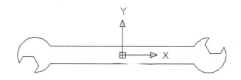

图 10-18　开口扳手效果图

要点流程

- 使用二维绘图工具创建几个简单的二维图形
- 使用面域命令将这几个二维图形创建为面域
- 使用布尔运算操作使这几个面域组合为扳手形状

操作步骤

步骤 1　绘制几个简单的二维图形

① 启动 AutoCAD 2010 中文版，使用二维绘图工具绘制一个矩形。矩形的两个角点分别为（0,0）和（55,6.5）。

② 绘制一个圆心在（65,0）处，半径为 13 的圆，结果如图 10-19 所示。

③ 单击"修改"工具栏上的"镜像"按钮，将已经绘制好的二维图形沿坐标轴镜像，结果如图 10-20 所示。

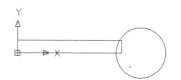

图 10-19　绘制矩形和圆

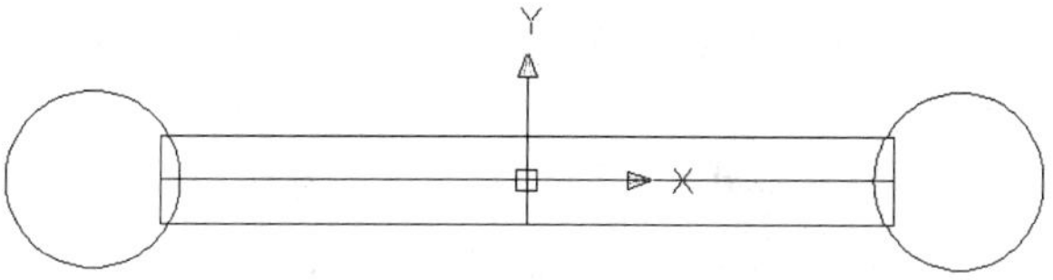

图 10-20　矩形和圆的镜像操作

步骤 2　用"面域"命令创建面域

单击"绘图"工具栏上的"面域"按钮，按照命令行的提示框选已完成的二维图形，命令行提示"已创建 6 个面域"。

知识要点：

面域是具有物理特性（如质量中心）的二维封闭区域，不仅包含边界的信息，还包括边界内闭合区域的信息。利用这些信息，AutoCAD 可以计算如面积等多种工程属性。可以通过多个环或者端点相连形成环的曲线来创建面域，但是不能通过开放对象内部相交构成的闭合区域构造面域（如相交圆弧或自相交曲线）。在进行布尔运算时，必须先创建面域，再对其进行布尔运算。也就是说，布尔运算只用于已经是面域的二维区域的编辑。

面域命令的启动方法如下。

- 下拉菜单：选择"绘图→面域"命令。
- 工具栏：在"绘图"工具栏上单击"面域"按钮。
- 输入命令名：在命令行中输入或动态输入 REGION 或 REG，并按 Enter 键。

注意

◆ 创建面域后的图形与创建前的图形看起来没什么变化，但在性质上却已经发生了
变化，这一点可以通过"对象特性"工具来查看，而且只有在创建面域之后，一
些编辑命令才能使用。

步骤 3 用"并集"命令组合创建的面域

在"实体编辑"工具栏上单击"并集"按钮 ⚬，对已创建的 6 个面域求并，结果如图
10-21 所示。

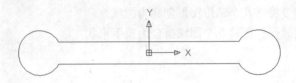

图 10-21　面域的并运算

知识要点：

并集运算是指把两个或两个以上的面域或三维实体组合成为一个新的对象。

并集运算命令的启动方法如下。

◆ 下拉菜单：选择"修改→实体编辑→并集"命令。

◆ 工具栏：在"建模"工具栏或"实体编辑"工具栏上，单击"并集"按钮 ⚬。

◆ 输入命令名：在命令行中输入或动态输入 UNION 或 UNI，并按 Enter 键。

步骤 4 用"差集"等命令绘制其他部分

①单击"绘图"工具栏上的"正多边形"按钮 ⬡，创建一个内接于中心为（70,8），半
径为 7.8 的圆的正多边形，结果如图 10-22 所示。

②单击"修改"工具栏上的"镜像"按钮 ⚎，将已经绘制好的正六边形做镜像操作，
结果如图 10-23 所示。

　　　　　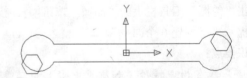

图 10-22　绘制正六边形　　　　　　　图 10-23　正六边形镜像

③单击"绘图"工具栏上的"面域"按钮 ▣，按照命令行的提示选择两个正六边形。
完成选择后按 Enter 键，命令行提示"已创建 2 个面域"，将这两个正六边形创建成面域。

④在"实体编辑"工具栏上单击"差集"按钮 ⚬，用外围的面域减去两个正六边形创
建的面域，这样一个扳手形状的面域就创建完成了，如图 10-18 所示。

知识要点：

差集运算是指从一个面域或三维实体中，减去一个或多个面域或三维实体，得到一个新
的对象。

差集运算命令的启动方法如下。

◆ 下拉菜单：选择"修改→实体编辑→差集"命令。

◆ 工具栏：在"建模"工具栏或"实体编辑"工具栏上，单击"差集"按钮 ⓞ。

◆ 输入命令名：在命令行中输入或动态输入 SUBTRACT 或 SU，并按 Enter 键。

步骤 5 保存文件

实用案例 10.5　绘制叶轮外形曲面

素材文件：	无
效果文件：	CDROM\10\效果\绘制叶轮外形曲面.dwg
演示录像：	CDROM\10\演示录像\绘制叶轮外形曲面.exe

案例解读

这是一个叶轮的曲面示意图，如图 10-24 所示，叶轮上的叶片曲面是一类直纹面，因此可以考虑使用 AutoCAD 中的直纹网格命令来绘制其上的叶片曲面。

图 10-24　叶轮外形曲面效果图

要点流程

- 启动 AutoCAD 2010 中文版，进入绘图界面
- 使用绘制圆锥曲面命令绘制出圆柱曲面
- 使用直纹曲面命令绘制出叶片状的直纹曲面
- 利用三维阵列命令阵列叶片曲面，得到叶轮状的曲面
- 将完成后的曲面保存

流程图如图 10-25 所示。

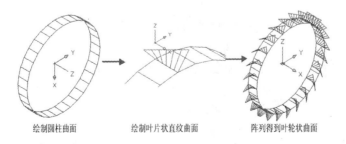

绘制圆柱曲面　　　　　绘制叶片状直纹曲面　　　　阵列得到叶轮状曲面

图 10-25　绘制盒盖曲面流程图

操作步骤

步骤 1 用"圆锥体曲面"命令绘制圆柱曲面

①启动 AutoCAD 2010 中文版，进入绘图界面，在菜单栏中选择"视图>三维视图>东南等轴测"命令，切换到三维东南等轴测视图状态。

②在命令行中输入 UCS，将坐标系绕 Y 轴旋转 90°。

③在命令行中输入 AI_CONE，启动圆锥面绘制命令，利用该命令绘制一个半径为 200，高为 50 的圆柱面，如图 10-26 所示。

命令行的提示如下：

```
命令：ai_cone
指定圆锥面底面的中心点：0,0,0                          //输入底面圆心坐标
指定圆锥面底面的半径或〔直径(D)〕：200                //输入底面的半径
指定圆锥面顶面的半径或〔直径(D)〕<0>：200            //输入顶面的半径
指定圆锥面的高度：50                                   //输入高度
输入圆锥面曲面的线段数目 <16>：32                    //输入曲面线段数目
```

知识要点：

圆锥体表面绘制命令的启动方法为输入命令名，即在命令行中输入或动态输入 AI_CONE 命令，并按 Enter 键。

> **注意**
>
> ◆ 如果输入的圆锥面顶面的半径不为 0，则将会得到一个圆台面，如图 10-27 所示，是一个底部半径为 50，顶部半径为 25，高为 25 的圆台面。

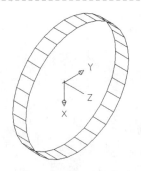

图 10-26　绘制圆柱面

图 10-27　绘制圆台面

步骤 2 用"直纹曲面"命令绘制叶片曲面

①将世界坐标系设为当前坐标系。

②利用 UCS 命令，将坐标系沿着 Z 轴正半轴移动 200 的距离，使得 UCS 的 XY 平面位于圆柱面的切面上，如图 10-28 所示。

③使用 PLAN 命令使视图位于 UCS 的 XY 平面上，绘制一条起始点坐标为原点和（50，0）的直线段。

④利用 UCS 命令再将坐标系沿着 Z 轴正半轴移动 30 的距离。

⑤利用 PLAN 命令使视图位于 UCS 的 XY 平面上，绘制一条起始点坐标分别为（0, -25）

和（50，25）的直线段，如图 10-29 中的虚线所示。

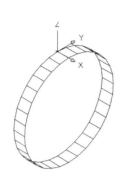 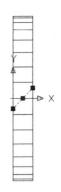

图 10-28　移动坐标系图　　　　10-29　绘制直线段

⑥将视图转换为"东南等轴测"，选择"绘图→建模→网格→直纹网格"命令，启动直纹网格绘制命令，选择第 5 步中和第 3 步中绘制的两条直线定义曲线，得到叶片状的直纹曲面如图 10-30 所示。

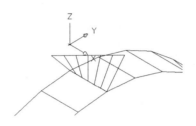

图 10-30　直纹曲面

知识要点：

直纹面是一类特殊的曲面，由一条直线沿着空间的两条导动曲线移动而形成。直纹曲面是实际工程中很有用的一类曲面，比如，航空发动机中的叶轮叶片，其表面形状就是直纹面。

AutoCAD 2010 中的直纹曲面的两条导动曲线称为定义曲线，直纹曲面是以 2×N 多边形网格的形式构造的。该网格的半数顶点沿着一条定义曲线均匀放置，另半数顶点沿着另一条曲线均匀放置。

直纹曲面命令启动方法如下。

◆　下拉菜单：选择"绘图→建模→网格→直纹网格"命令。
◆　输入命令名：在命令行中输入或动态输入 RULESURF，并按 Enter 键。

> **注意**
> ◆　选择定义曲线时，直纹曲面总是从曲线上离拾取点近的一端画出，因此拾取点选择的位置不同，所生成的直纹曲面也不同。

步骤 3　用三维阵列命令阵列叶片曲面

①将世界坐标系设为当前坐标系。

②在菜单栏中选择"修改→三维操作→三维阵列"命令，启动三维阵列命令，按如下命令行的操作进行，使得叶片状的直纹曲面被阵列，得到一个叶轮状曲面，如图 10-31 所示。

图 10-31　叶轮状曲面

命令行的提示如下：

```
命令: _3darray
选择对象:                                                    //选择直纹曲面
找到 1 个
选择对象:                                                    //按 Enter 键
输入阵列类型 [矩形(R)/环形(P)] <矩形>:p                        //输入 p
输入阵列中的项目数目: 24                                       //输入阵列数目 24
指定要填充的角度 (+=逆时针, -=顺时针) <360>:    //输入阵列角度,此处直接按 Enter 键
旋转阵列对象? [是(Y)/否(N)] <Y>:                               //按 Enter 键
指定阵列的中心点: 0,0,0                                        //输入阵列中心点坐标
指定旋转轴上的第二点: 1,0,0                                    //输入第二点坐标
```

步骤 4 保存文件

实用案例 10.6　绘制桌子外形

素材文件:	无
效果文件:	CDROM\10\效果\绘制桌子外形.dwg
演示录像:	CDROM\10\演示录像\绘制桌子外形.exe

案例解读

桌子是日常生活中非常常见的物体，通过绘制桌子的外形来体会三维曲面在造型功能上的作用，如图 10-32 所示。

图 10-32　桌子外形效果图

要点流程

- 启动 AutoCAD 2010 中文版，进入绘图界面
- 使用绘制长方体曲面命令绘制出桌子顶部曲面
- 使用平移曲面命令绘制出桌腿曲面

操作步骤

步骤 1 用"长方体曲面"命令绘制桌子顶部曲面

①启动 AutoCAD 2010 中文版，进入绘图界面，在菜单栏中选择"视图→三维视图→东南等轴测"命令，切换到三维东南等轴测视图状态。

②启动 AI_BOX 命令，绘制一个长方体表面，长方体表面的角点为（-3,-3,0），长为 70，宽为 40，高为 4，结果如图 10-33 所示。

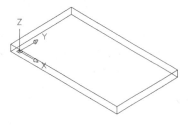

图 10-33　桌面外形

知识要点：

长方体表面绘制命令启动方法如下。

- 输入命令名：在命令行中输入或动态输入 AI_BOX 命令，并按 Enter 键。

> **技巧**
>
> - AutoCAD 中，绘制长方体表面时，除使用 AI_BOX 命令外，还可以使用 3D 命令并根据命令行提示选择。3D 命令包含了所有的基本曲面的绘制，使用它无需记忆各三维曲面的命令，很方便初学者使用。

> **注意**
>
> - 立方体表面需与图形中的其他对象对齐，或按指定的角度旋转，旋转的基点是立方体表面的第一个角点，因此在绘图时需正确设置长方体的长、宽、高。

步骤 2 用"平移曲面"命令绘制桌腿曲面

①在 *XY* 平面上绘制一个圆心在原点处，半径为 1 的圆，如图 10-34 所示。

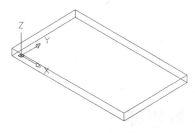

图 10-34　绘制圆

②启动"直线"命令，绘制一条起点为原点，终点为（-3,-3,-30）的直线，结果如图 10-35 所示。

③在命令行中输入 TABSURF 命令，启动平移曲面绘制命令。以已经绘制的圆为轮廓线，以第 2 步中绘制的直线段为方向矢量，得到一个拉伸曲面，结果如图 10-36 所示。

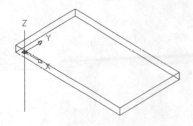

图 10-35　绘制直线段

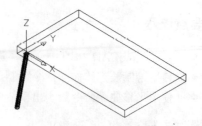

图 10-36　平移曲面

知识要点:

平移曲面即沿着路径拉伸轮廓线。如果路径曲线为直线、圆弧、圆、椭圆或样条曲线拟合多段线,则平移曲面将会由网格平面组成。

平移曲面命令启动方法如下。

◆　下拉菜单: 选择"绘图→建模→网格→平移网格"命令。

◆　输入命令名: 在命令行中输入或动态输入 TABSURF,并按 Enter 键。

注意
- -
◆　AutoCAD 绘制平移曲面,选择用作方向矢量的对象时需注意,在曲线上选定的端点决定方向矢量的方向,可以用这个方法控制方向矢量的方向。
- -

④ 使用"镜像"命令,以第 3 步中绘制的平移曲面为镜像对象,利用自动捕捉功能定义桌面长方体表面的中点为镜像线,进行镜像操作,选择不删除源对象,结果如图 10-37 所示。

⑤ 再次重复镜像命令,以已完成的两条桌腿外形为镜像对象,完成四条桌腿外形的绘制,最后的结果如图 10-38 所示。

图 10-37　镜像操作

图 10-38　再次镜像操作

步骤 3　保存文件

实用案例 10.7　绘制水杯外形

素材文件:	无
效果文件:	CDROM\10\效果\绘制水杯外形.dwg
演示录像:	CDROM\10\演示录像\绘制水杯外形.exe

案例解读

水杯也是日常生活中极为常见的物体，本案例将以如图 10-39 所示水杯为例，主要用到拉伸曲面和旋转曲面的命令完成其外形的绘制，在绘制时主要需注意对坐标系的操作，对二维对象的操作等。

图 10-39　水杯外形效果图

要点流程

* 启动 AutoCAD 2010 中文版，进入绘图界面
* 绘制作为旋转轮廓对象的多段线以及作为拉伸对象的样条曲线
* 使用平移曲面命令绘制出水杯把手
* 使用旋转曲面命令绘制出杯子主体

操作步骤

步骤 1　绘制多段线和样条曲线

①启动 AutoCAD 2010 中文版，进入绘图界面，在菜单栏中选择"视图>三维视图>主视"命令，切换到主视图状态。

②在此视图下，使用多段线绘制命令绘制尺寸如图 10-40 所示的多段线。

③沿此视图下的 Y 轴绘制一条直线段，如图 10-41 所示。

步骤 2　绘制水杯把手

①选择"视图>三维视图>东南等轴测"命令，切换到东南等轴测视图状态。绘制一条直线段，起终点分别为（0,0,6）和（0,0,-6）。

②在命令行中输入 UCS 命令，使坐标系向 Z 轴正半轴平移 6 个单位构成新的坐标系，在当前坐标系的 *XY* 平面上使用样条曲线绘制杯子把手横截面图案，如图 10-42 所示。

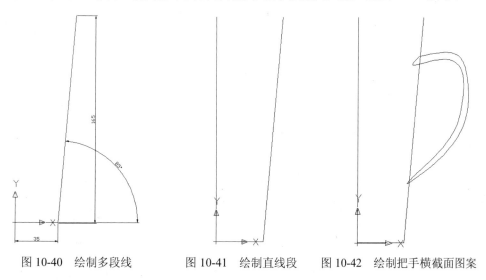

图 10-40　绘制多段线　　　图 10-41　绘制直线段　　　图 10-42　绘制把手横截面图案

步骤 3　用"旋转曲面"命令绘制杯子主体

①为便于曲面的显示，将 SURFTAB1 和 SURFTAB2 系统变量值均修改为 32。

②选择"视图→三维视图→东南等轴测"命令,切换到东南等轴测视图状态。在命令行中输入 TABSURF 命令,启动平移曲面绘制命令。此时以已经绘制的样条曲线为轮廓线,以第 4 步中绘制的直线段为方向矢量,得到一个拉伸曲面,结果如图 10-43 所示。

③在命令行中输入 REVSURF 命令,启动旋转曲面绘制命令。以第 1 步中绘制的多段线为旋转对象,以第 2 步中绘制的直线段为旋转轴,设置旋转角度为 360°,得到一个旋转曲面,结果如图 10-44 所示。这样一个水杯形状的曲面就绘制完成了。

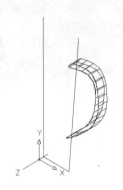

图 10-43　完成拉伸曲面操作

图 10-44　完成旋转曲面操作

知识要点:

通过旋转网格命令可以将路径曲线或轮廓(直线、圆、圆弧、椭圆、椭圆弧、闭合多段线、多边形、闭合样条曲线或圆环)绕指定的轴旋转,创建一个近似于旋转曲面的多边形网格。

旋转曲面命令启动方法如下。

◆　下拉菜单:选择"绘图→建模→网格→旋转网格"命令

◆　输入命令名:在命令行中输入或动态输入 REVSURF,并按 Enter 键。

> **注意**
> ◆　命令行中会提示线框密度 SURFTAB1 和 SURFTAB2 的数值,可以通过命令 SURFTAB1 和 SURFTAB2 显示和改变这两个数值,从而控制网格划分的大小。图 10-32 中所示的 SURFTAB1 和 SURFTAB2 的值均为 20。

步骤 4　保存文件

实用案例 10.8　绘制套筒

素材文件:	无
效果文件:	CDROM\10\效果\绘制套筒.dwg
演示录像:	CDROM\10\演示录像\绘制套筒.exe

案例解读

套筒零件是最常用的机械连接件之一,其结构较简单,如图 10-45 所示。本案例主要使用三维实体设计中基本三维实体的绘制,通过绘制套筒这样的简单零件,使读者熟悉三维实

体绘制的大致流程，并熟悉基本三维实体的绘制命令。读者应注意领
会在三维绘图时不断变换视角和坐标系的重要性。

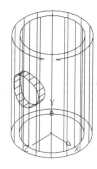

图 10-45　套筒效果图

要点流程

- 启动 AutoCAD 2010 中文版，进入绘图界面
- 绘制多个圆柱体
- 对圆柱体进行布尔运算，得到套筒模型

操作步骤

步骤 1 用"圆柱体"命令绘制多个圆柱体

① 启动 AutoCAD 2010 中文版，进入绘图界面，选择"视图→三维视图→东南等轴测"
命令，切换到三维东南等轴测视图状态。为便于显示，首先将 ISOLINES 值修改为 16。

② 在"建模"工具栏上单击"圆柱体"按钮，启动圆柱体绘制命令，绘制一个底面
直径为 35，高为 50 的圆柱体，如图 10-46 所示。

命令行显示如下：

```
命令：_cylinder
指定底面的中心点或 [三点(3P)/两点(2P)/相切、相切、半径(T)/椭圆(E)]：0,0
                                                    //指定底面圆心
指定底面半径或 [直径(D)] <17.5000>：d          //输入 D 选择直径方式定义底面圆
指定直径 <35.0000>：35                          //输入底面圆直径值
指定高度或 [两点(2P)/轴端点(A)] <-28.0000>：50   //输入圆柱的高度值，完成圆柱体
```

知识要点：

圆柱体命令启动方法如下。

- 下拉菜单：选择"绘图→建模→圆柱体"命令。
- 工具栏：在"建模"工具栏上单击"圆柱体"按钮。
- 输入命令名：在命令行中输入或动态输入 CYLINDER，并按 Enter 键。

③ 再次启动圆柱体绘制命令，以原点为底面圆中心，直径为 28，高为 50 绘制一个圆柱
体，结果如图 10-47 所示。

图 10-46　绘制圆柱体 1

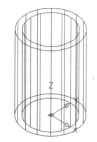

图 10-47　绘制圆柱体 2

步骤 2 对圆柱体进行布尔运算

① 选择"视图→三维视图→主视"命令，切换到主视图状态。此时 UCS 平面的 XY 平面
位于主视图上，在此视图上以（0,30）为圆心，以 15 为直径绘制一个圆，结果如图 10-48 所示。

② 选择："视图→三维视图→东南等轴测"命令，切换到东南等轴测视图状态。在"建

模"工具栏上单击"拉伸"按钮，启动拉伸命令，将上一步中绘制的圆拉伸 20 距离，结果如图 10-49 所示。

③对已绘制得到的三个圆柱体进行布尔运算，用第一个圆柱体减去后两个圆柱体，得到一个套筒的模型，如图 10-50 所示。

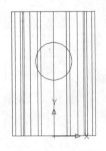
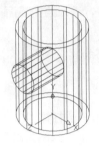
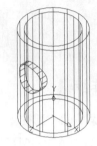

图 10-48　绘制圆　　　　　　　图 10-49　拉伸得到圆柱体　　　　　图 10-50　完成的套筒

知识要点：

在 AutoCAD 中，用户可以将二维图形对象进行面域操作后，沿着指定的路径进行拉伸，或者指定拉伸对象的倾斜角度，或者改变拉伸的方向来创建拉伸实体。

拉伸实体的启动方法：

◆　下拉菜单：选择"绘图→建模→拉伸"命令。

◆　工具栏：在"建模"工具栏上单击"拉伸"按钮。

◆　输入命令名：在命令行中输入或动态输入 EXTRUDE，并按 Enter 键。

启动拉伸实体命令后，根据如下提示进行操作，即可创建拉伸实体对象，如图 10-49 所示。

```
命令：_extrude                                              //启动拉伸命令
当前线框密度： ISOLINES=4                                    //显示当前线框密度
选择要拉伸的对象：找到 1 个                                   //选择拉伸的面域对象
选择要拉伸的对象：                                           //按 Enter 键结束选择
指定拉伸的高度或 [方向(D)/路径(P)/倾斜角(T)] <60.0000>: 20    //输入拉伸高度
```

各选项含义：

◆　方向（D）：通过指定两点确定对象的拉伸长度和方向。

◆　路径（P）：用于选择拉伸路径。拉伸路径可以是直线、圆、圆弧、椭圆、椭圆弧、多段线或样条曲线。路径既不能与轮廓共面，也不能具有高曲率的区域。拉伸实体始于轮廓所在的平面，终于路径端点处与路径垂直的平面。路径的一个端点应该在轮廓平面上，否则，AutoCAD 将移动路径到轮廓的中心，如图 10-51 所示。

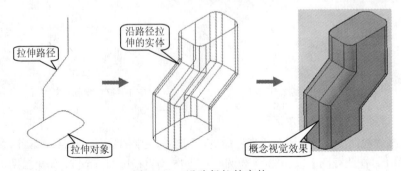

图 10-51　沿路径拉伸实体

◆ 倾斜角(T): 用于确定对象拉伸的倾斜角度。正角度表示从基准对象逐渐变细地拉伸，而负角度则表示从基准对象逐渐变粗地拉伸。但过大的斜角，将导致对象或对象的一部分在到达拉伸高度之前就已经汇聚到一点，如图 10-52 所示。

```
命令: _extrude                                                    //启动拉伸命令
当前线框密度: ISOLINES=4
选择要拉伸的对象: 找到 1 个                                       //选择拉伸的对象
选择要拉伸的对象:                                            //按 Enter 键结束选择
指定拉伸的高度或 [方向(D)/路径(P)/倾斜角(T)] <35.4362>: t //选择倾斜角（T）选项
指定拉伸的倾斜角度 <0>: 30                                   //输入倾斜角度值
指定拉伸的高度或 [方向(D)/路径(P)/倾斜角(T)] <35.4362>: 50  //输入拉伸高度值
```

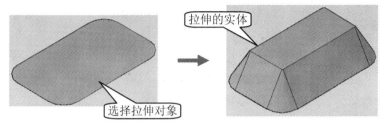

拉伸的实体

选择拉伸对象

图 10-52 创建倾斜角度的拉伸实体

注意

如果拉伸闭合对象，则生成的对象为实体；如果拉伸开放对象，则生成的对象为曲面，如图 10-53 所示。

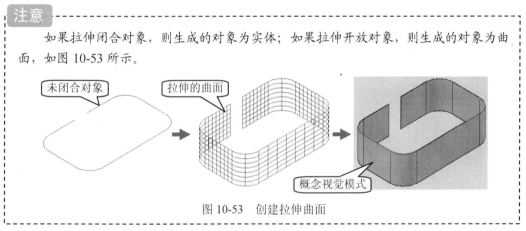

未闭合对象

拉伸的曲面

概念视觉模式

图 10-53 创建拉伸曲面

步骤 3 保存文件

实用案例 10.9 绘制螺母

素材文件：	无
效果文件：	CDROM\10\效果\绘制螺母.dwg
演示录像：	CDROM\10\演示录像\绘制螺母.exe

案例解读

螺母零件是大家所熟悉的基本紧固件之一。用 AutoCAD 2010 来绘制螺母时，主要用到的命令为旋转生成实体命令。本案例主要使用三维实体设计中拉伸得到实体和旋转得到实体的命令，通过本案例可以进一步熟悉三维实体模型的建立过程，同时加深对拉伸和旋转命令的掌握，如图 10-54 所示。

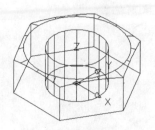

图 10-54　螺母效果图

要点流程

- 启动 AutoCAD 2010 中文版
- 绘制平面正六边形并对其拉伸得到实体
- 绘制平面三角形并对其进行旋转操作得到实体
- 绘制圆柱体
- 对已绘制的图形进行布尔运算，得到螺母模型

操作步骤

步骤 1　用"拉伸"命令绘制实体

①启动 AutoCAD 2010，进入绘图界面，首先将 ISOLINES 值修改为 16。

②在 XY 平面上绘制一个平面正六边形，该六边形的中心在原点，内接圆直径为 19，结果如图 10-55 所示。

③选择"视图→三维视图→东南等轴测"命令，切换到东南等轴测视图状态。在"建模"工具栏上单击"拉伸"按钮，启动拉伸命令，将第 2 步中绘制的正六边形沿 Z 轴正半轴拉伸 4.7 距离，结果如图 10-56 所示。

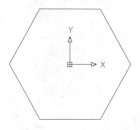

图 10-55　绘制正六边形

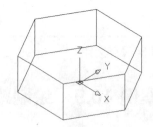

图 10-56　拉伸正六边形

步骤 2　用"旋转"命令绘制实体

①选择"视图→三维视图→主视"命令，切换到主视图状态。此时 UCS 平面的 XY 平面位于主视图上，在此视图上绘制一条通过（9,7.2）且与水平方向成 15°的直线，在此直线的基础上绘制一条水平直线和一条竖直直线，使这三条直线构成一个封闭的三角形，水平直线和竖直直线的尺寸可随意选取，但三角形最左边的顶点不能位于 Y 轴左边，如图 10-57 所示。

②单击"绘图"工具栏上的"面域"按钮，将第 1 步中绘制的三角形创建成面域。

③选择"视图→三维视图→东南等轴测"命令，切换到东南等轴测视图状态。在"建

模"工具栏上单击"旋转"按钮🖼，启动旋转命令，将第 2 步中绘制的面域绕 Y 轴旋转 360°，结果如图 10-58 所示。

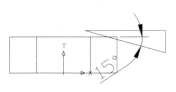

图 10-57　绘制三角形

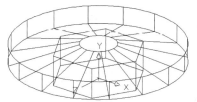

图 10-58　对三角形进行旋转操作

命令行显示如下：

```
命令: _revolve
当前线框密度: ISOLINES=16
选择要旋转的对象: 找到 1 个
选择要旋转的对象:                                  //选择三角形面域完毕
指定轴起点或根据以下选项之一定义轴 [对象(O)/X/Y/Z] <对象>: y      //以 Y 轴为旋转轴
指定旋转角度或 [起点角度(ST)] <360>: //输入 Enter 键表示旋转角度为 360°，完成旋转
```

知识要点：

在 AutoCAD 中，可以通过绕轴旋转开放或闭合对象来创建实体或曲面。

旋转实体的启动方法如下。

◆　下拉菜单：选择"绘图→建模→旋转"命令。

◆　工具栏：在"建模"工具栏上单击"旋转"按钮🖼。

◆　输入命令名：在命令行中输入或动态输入 REVOLVE，并按 Enter 键。

> **注意**
>
> 如果要使用与多段线相交的直线或圆弧组成的轮廓创建实体，请在使用旋转命令（REVOLVE）前使用 PEDIT 的"合并"选项将它们转换为一个多段线对象。

步骤 3　用"差集"等命令绘制其他部分实体

①对已绘制完成的两个实体作布尔运算，将六棱柱减去旋转体，结果如图 10-59 所示。

②在命令行中输入 UCS 命令，将世界坐标系选为当前坐标系。

③在"建模"工具栏上单击"圆柱体"按钮🔲，启动圆柱体绘制命令，绘制一个底面圆心在原点，底面直径为 10.5，高为 7.2 的圆柱体，如图 10-60 所示。

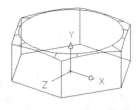

图 10-59　差集运算后

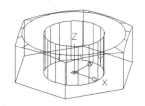

图 10-60　绘制中心圆柱体

④对已完成的实体作布尔运算，使第 3 步中绘制得到的圆柱体被减去，完成一个螺母模型的绘制。

步骤 4　保存文件

实用案例 10.10　绘制铅笔模型

素材文件：	无
效果文件：	CDROM\10\效果\铅笔模型.dwg
演示录像：	CDROM\10\演示录像\铅笔模型.exe

案例解读

　　在本案例中，主要讲解了 AutoCAD 中创建铅笔模型的方法，包括圆柱体、球体、圆锥体和并集命令等，让大家熟练掌握长方体的创建方法和技巧，其效果如图 10-61 所示。

图 10-61　铅笔模型效果

要点流程

- 首先启动 AutoCAD 2010 版，切换到西南等轴测
- 单击"圆柱体"按钮，创建铅笔杆和铅笔帽实体
- 单击"球体"按钮，创建铅笔擦胶实体
- 单击"圆锥体"按钮，创建铅笔尖实体

操作步骤

步骤 1　绘制铅笔杆和铅笔帽实体

①启动 AutoCAD2010 中文版，在"视图"工具栏中单击"西南等轴测"按钮。

②在"建模"工具栏中单击"圆柱体"按钮，按照如下提示创建圆柱体，从而形成铅笔杆，如图 10-62 所示。

```
命令：_cylinder                                              //启动圆柱体命令
指定底面的中心点或 [三点(3P)/两点(2P)/切点、切点、半径(T)/椭圆(E)]：//指定圆心点
指定底面半径或 [直径(D)]：5                                  //输入底面圆半径值
指定高度或 [两点(2P)/轴端点(A)]：120                         //输入圆柱体的高度值
```

③同样，在"建模"工具栏中单击"圆柱体"按钮，按照如下提示创建圆柱体，从而形成铅笔帽，如图 10-63 所示。

```
命令：_cylinder                                              //启动圆柱体命令
指定底面的中心点或 [三点(3P)/两点(2P)/切点、切点、半径(T)/椭圆(E)]：//指定圆心点
指定底面半径或 [直径(D)] <5.000>：6                          //输入底面圆半径值
指定高度或 [两点(2P)/轴端点(A)]<120.000>：12                 //输入圆柱体的高度值
```

图 10-62　创建的铅笔杆

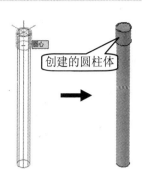

创建的圆柱体

图 10-63　创建的铅笔帽

步骤 2 用"球体"命令绘制铅笔擦胶实体

在"建模"工具栏中单击"球体"按钮◯，按照如下提示创建球体，从而形成铅笔擦胶，如图 10-64 所示。

知识要点：

在 AutoCAD 中创建球体非常简单，在指定圆心后，放置球体使其中心轴平行于当前用户坐标系（UCS）的 Z 轴。

创建球体的启动方法如下。

◆　下拉菜单：选择"绘图→建模→球体"命令。

◆　工具栏：在"建模"工具栏上单击"球体"按钮◯。

◆　输入命令名：在命令行中输入或动态输入 SPHERE，并按 Enter 键。

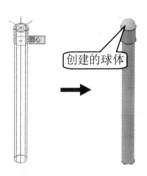

创建的球体

图 10-64　创建的铅笔擦胶

```
命令：_sphere                                        //启动球体命令
指定中心点或 [三点(3P)/两点(2P)/切点、切点、半径(T)]：      //指定球体中心点
指定半径或 [直径(D)]：6                               //输入球体的半径值
```

各选项含义：

◆　三点（3P）：通过在三维空间的任意位置指定三个点来定义球体的圆周，这三个指定点还定义了圆周平面。

◆　两点（2P）：通过在三维空间的任意位置指定两个点来定义球体的圆周，圆周平面由第一个点的 Z 值定义。

◆　相切、相切、半径（T）：定义具有指定半径，且与两个对象相切的球体，指定的切点投影在当前 UCS 上。

注意

用户所创建的三维实体，可通过 ISOLINES 变量来改变线框的数量。

步骤 3 用"圆锥体"命令绘制铅笔尖实体

①在"建模"工具栏中单击"圆锥体"按钮△，按照如下提示创建圆锥体，从而形成铅笔尖，如图 10-65 所示。

```
命令：_cone                                          //启动圆锥体命令
指定底面的中心点或 [三点(3P)/两点(2P)/切点、切点、半径(T)/椭圆(E)]：  //指定圆心点
指定底面半径或 [直径(D)]：5                           //指定圆锥体底面半径值
指定高度或 [两点(2P)/轴端点(A)/顶面半径(T)]：20       //指定圆锥体的高度值
```

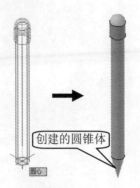

创建的圆锥体

图 10-65　创建的铅笔尖

知识要点：

在 AutoCAD 中，可以以圆或椭圆为底面、将底面逐渐缩小到一点来创建实体圆锥体，也可以通过逐渐缩小到与底面平行的圆或椭圆平面来创建圆台。

创建圆锥体的启动方法如下。

◆　　下拉菜单：选择"绘图→建模→圆锥体"命令。

◆　　工具栏：在"建模"工具栏上单击"圆锥体"按钮 ◁ 。

◆　　输入命令名：在命令行中输入或动态输入 CONE，并按 Enter 键。

当用户启动圆锥体命令后，用户可按如下三种方式来创建圆锥体。

◆　　若以圆作为底面创建圆锥体，用户可按如下提示进行操作，其创建的圆锥体如图 10-66 所示。

```
命令：_cone                                              //启动圆锥体命令
指定底面的中心点或 [三点(3P)/两点(2P)
/切点、切点、半径(T)/椭圆(E)]：                           //指定中心点
指定底面半径或 [直径(D)] <60.000>：1000                   //指定底面半径值
指定高度或 [两点(2P)/轴端点(A)/顶面半径(T)] <97.508>：2000  //输入圆锥高度
```

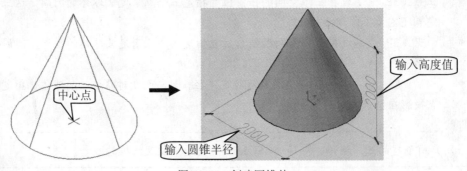

中心点

输入高度值

输入圆锥半径

图 10-66　创建圆锥体

◆　　若以椭圆作为底面创建圆锥体，用户可按如下提示进行操作，其创建的圆锥体如图 10-67 所示。

```
命令：_cone                                              //启动圆锥体命令
指定底面的中心点或 [三点(3P)/两点(2P)
/切点、切点、半径(T)/椭圆(E)]：e                           //选择"椭圆（E）"选项
指定第一个轴的端点或 [中心(C)]：                            //指定轴端点
```

指定第一个轴的其他端点：2000　　　　　　　　　　　　　　　　//输入第一个轴的端点值
指定第二个轴的端点：1000　　　　　　　　　　　　　　　　　//输入第二个轴的端点值
指定高度或 [两点(2P)/轴端点(A)/顶面半径(T)] <2000.000>：1500　　//输入高度值

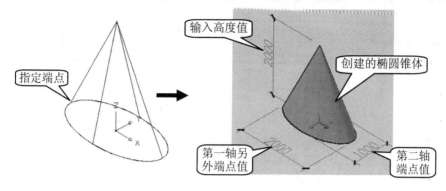

图 10-67　创建的椭圆锥体

◆　在指定圆锥体高度之前，选择"顶面半径（T）"选项，可以按照如下提示来创建圆
　　台锥体，其创建的圆台锥体如图 10-68 所示。

命令：_cone　　　　　　　　　　　　　　　　　　　　　　　//启动圆锥体命令
指定底面的中心点或 [三点(3P)/两点(2P)
/切点、切点、半径(T)/椭圆(E)]：　　　　　　　　　　　　　//指定圆锥底面圆心点
指定底面半径或 [直径(D)] <1000.000>：1000　　　　　　　　　//输入底面半径值
指定高度或 [两点(2P)/轴端点(A)/顶面半径(T)] <80.000>：t　//选择"顶面半径(T)"项
指定顶面半径 <0.000>：500　　　　　　　　　　　　　　　　//输入顶面半径值
指定高度或 [两点(2P)/轴端点(A)] <2000.000>：2000　　　　　//输入圆台锥体的高度值

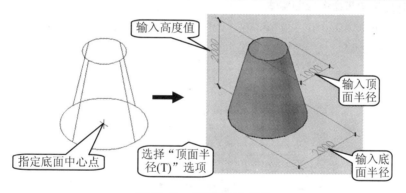

图 10-68　创建的圆台锥体

注意

　　默认情况下，圆锥体的底面位于当前 UCS 的 XY 平面上，圆锥体的高度与 Z 轴平行。
但可以使用圆锥体命令（CONE）的"轴端点"选项确定圆锥体的高度和方向。

②在"建模"工具栏中单击"并集"按钮 ⑩，将所有创建的模型并集操作。

步骤 4 保存文件

实用案例 10.11　绘制抽屉模型

素材文件：	无
效果文件：	CDROM\10\效果\抽屉模型.dwg
演示录像：	CDROM\10\演示录像\抽屉模型.exe

📌 案例解读

在本案例中，主要讲解了 AutoCAD 中创建抽屉模型的方法，包括矩形、面域、拉伸、长方体、差集、圆角、移动、旋转和并集等命令，让大家熟练掌握抽屉模型的创建方法和技巧，其效果如图 10-69 所示。

图 10-69　抽屉模型效果

📌 要点流程

- 首先启动 AutoCAD 2010 中文版，绘制矩形并拉伸大长方体
- 使用长方体命令绘制小长方体，并与大长方体进行差集操作
- 绘制圆角矩形，并进行面域及拉伸实体，然后移至适当的中间位置
- 绘制拉手的剖面轮廓，再对其进行面域及旋转实体，然后进行并集操作

📌 操作步骤

步骤 1　用拉伸等命令绘制实体

①启动 AutoCAD2010 中文版，在"绘图"工具栏中单击"矩形"按钮 ，在视图中绘制 400×320 的矩形。

②在"视图"工具栏中单击"西南等轴测"按钮 ，再单击"面域"按钮 ，将绘制的矩形进行面域操作。

③在"建模"工具栏中单击"拉伸"按钮 ，将面域的矩形向上拉伸 90，如图 10-70 所示。

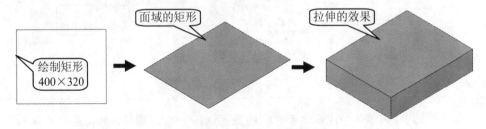

绘制矩形
400×320

面域的矩形

拉伸的效果

图 10-70　绘制并拉伸的矩形

步骤 2　用"长方体"等命令绘制实体

①在"建模"工具栏中单击"长方体"按钮 ，绘制 385×290×75 的长方体，其效果如图 10-71 所示。

命令：_box　　　　　　　　　　　　　　　　　　　　　　　　// 启动长方体命令

指定第一个角点或 [中心(C)]:   //捕捉指定的角点
指定其他角点或 [立方体(C)/长度(L)]: 1   //选择长度(L)选项
指定长度: 290   //输入长度值
指定宽度: 385   //输入宽度值
指定高度或 [两点(2P)] <90.0000>: 75   //输入高度值

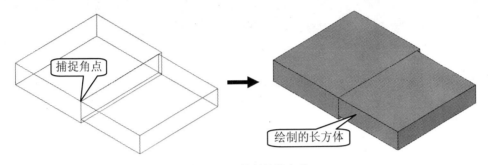

图 10-71 绘制的长方体

知识要点:

在 AutoCAD 中, 用户可以通过基于两点和一个高度来创建长方体, 或者基于长度、宽度和高度来创建长方体, 或者基于一个中心点、角点和高度来创建长方体。

创建长方体的启动方法如下。

◆ 下拉菜单: 选择"绘图→建模→长方体"命令。

◆ 工具栏: 在"建模"工具栏上单击"长方体"按钮。

◆ 输入命令名: 在命令行中输入或动态输入 BOX, 并按 Enter 键。

知识要点:

创建长方体的方法: 启动命令后, 主要有三种方法创建长方体。

◆ 若基于两点和一个高度来创建长方体, 可按如下提示进行创建, 其创建的长方体如图 10-72 所示。

命令: _box   //启动长方体命令
指定第一个角点或 [中心(C)]:   //指定长方体的一个基点
指定其他角点或 [立方体(C)/长度(L)]:   //指定长方体的另一个基点
指定高度或 [两点(2P)] <80.000>: 2000   //输入长方体的高度

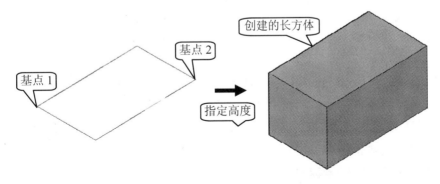

图 10-72 基于两点和高度创建的长方体

◆ 若基于长度、宽度和高度来创建长方体, 用户可按如下提示进行创建, 其创建的长方体如图 10-73 所示。

```
命令：_box                                        //启动长方体命令
指定第一个角点或 [中心(C)]：                       //指定长方体的其中一个角点
指定其他角点或 [立方体(C)/长度(L)]：l              //选择"长度(L)"选项
指定长度：2250                                    //输入长度值
指定宽度：3900                                    //输入宽度值
指定高度或 [两点(2P)] <80.000>：2000              //输入高度值
```

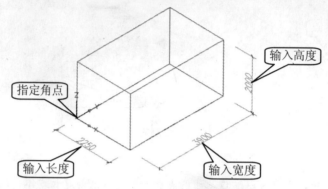

图 10-73　基于长度、宽度和高度值来创建的长方体

◆　若基于一个中心点、角点和高度来创建长方体，可按如下提示进行创建，其创建的
　　长方体如图 10-74 所示。

```
命令：_box                                        //启动长方体命令
指定第一个角点或 [中心(C)]：c                      //选择"中心(C)"选项
指定中心：                                        //指定中心点
指定角点或 [立方体(C)/长度(L)]：                   //指定角点
指定高度或 [两点(2P)] <2000.000>：1000            //输入长方体高度值
```

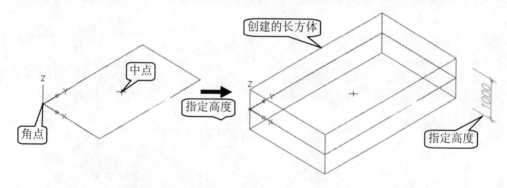

图 10-74　基于一个中心点、角点和高度来创建长方体

注意

◆　如果在创建长方体时使用了"立方体"选项，将创建正方体。在 AutoCAD 中创
　　建长方体时，其各边应分别与当前 UCS 坐标的 X 轴、Y 轴和 Z 轴平等，在输入
　　长方体的长度、宽度和高度时，可输入正、负值。

②在"修改"工具栏中单击"移动"按钮 ✛，按 F8 键切换到正交模式，以小长方体的中点，移至大长方体的中点上，如图 10-75 所示。

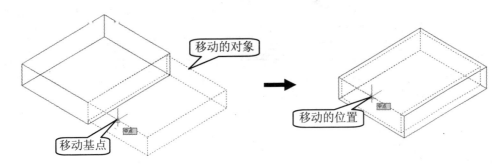

图 10-75　移动的长方体

步骤 3　差集运算

在"建模"工具栏中单击"差集"按钮 ⊚，将小长方体从大长方体中减去，如图 10-76 所示。

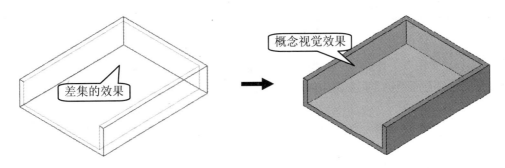

图 10-76　差集的效果

步骤 4　用"圆角"等命令绘制实体

①在"UCS"工具栏中单击"原点"按钮 ⌐，再捕捉图形的右个角点，从而改变 UCS 的坐标原点，再在"视图"工具栏中单击"前视图"按钮 ▤，如图 10-77 所示。

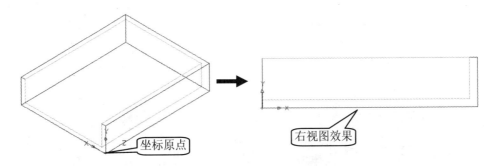

图 10-77　改变坐标原点及视图

②在"绘图"工具栏中单击"矩形"按钮 ☐，在视图中绘制 20×130 的矩形，且中点对齐，如图 10-78 所示。

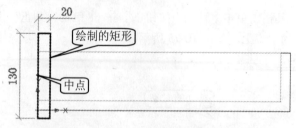

图 10-78 绘制的矩形

③ 在"修改"工具栏中单击"圆角"按钮□，将矩形的左上角和左下角按照半径为 5 进行圆角操作，如图 10-79 所示。

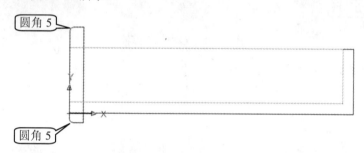

图 10-79 圆角的矩形

④ 在"视图"工具栏中单击"西南等轴测"按钮，再单击"面域"按钮，将绘制的圆角矩形进行面域操作，如图 10-80 所示。

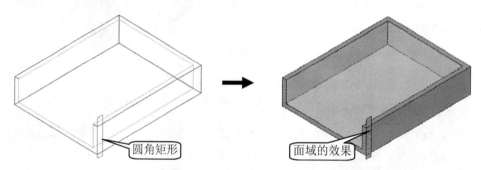

图 10-80 面域的圆角矩形

⑤ 在"建模"工具栏中单击"拉伸"按钮，将面域的圆角矩形拉伸 340，再使用"移动"命令，将拉伸的对象移至对象的中点位置，如图 10-81 所示。

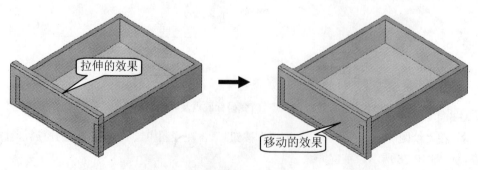

图 10-81 拉伸并移动的实体

步骤 5 用旋转等命令绘制实体

①在"视图"工具栏中单击"前视图"按钮，使用圆、圆角、直线和修剪命令，绘制如图 10-82 所示轮廓对象。

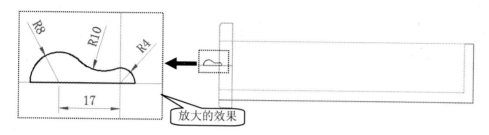

图 10-82　绘制的图形

②在"视图"工具栏中单击"西南等轴测"按钮，使用"移动"命令将其图形平移 170，使之在图形的中间位置，再单击"面域"按钮，将绘制的图形进行面域操作，如图 10-83 所示。

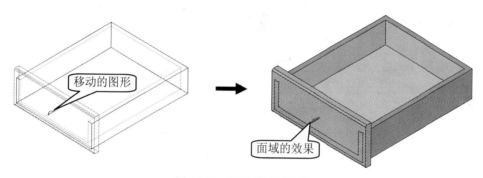

图 10-83　移动并面域操作

③在"建模"工具栏中单击"旋转"按钮，将面域的对象旋转 360°，再单击"并集"按钮，将整个图形进行面域操作，如图 10-84 所示。

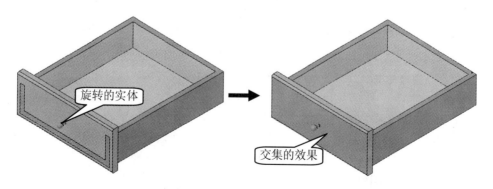

图 10-84　旋转与并集操作

步骤 6 保存文件

实用案例 10.12 绘制轴承外圈

素材文件：	无
效果文件：	CDROM\10\效果\绘制轴承外圈.dwg
演示录像：	CDROM\10\演示录像\绘制轴承外圈.exe

案例解读

本案例为轴承外圈的绘制，绘制过程中会用到倒角操作，倒角操作是一般机械零件中都会用到的。通过绘制简单的轴承外圈，使大家熟悉和理解倒角操作的运用，如图 10-85 所示。

图 10-85 轴承效果图

要点流程

- 启动 AutoCAD 2010 中文版，进入绘图界面
- 绘制长方体及圆柱体、圆环体等基本的几何体
- 使用布尔运算形成基本轮廓
- 用倒角命令生成三维实体的倒角
- 将完成的图形保存

操作步骤

步骤 1 用"圆环体"等命令绘制基本几何体

①启动 AutoCAD 2010，选择"视图→三维视图→东南等轴测"命令，切换到东南等轴测视图状态。用命令 ISOLINES 修改 ISOLINES 值为 16。

②在"建模"工具栏中单击"圆柱体"按钮◎，创建一个底面圆心在（0,0,0）处，半径为 28，高为 13 的圆柱体，绘制出的结果如图 10-86 所示。

③继续绘制一个圆柱体，在"建模"工具栏中单击"圆柱体"按钮◎，创建一个底面圆心在（0,0,0）处，半径为 23，高为 13 的内圆柱体，绘制出的结果如图 10-87 所示。

④执行布尔运算中的差集命令，将内圆柱体从外圆柱体中减去。

⑤单击"绘图"工具栏的"直线"按钮✎，在圆柱体的底面圆心（0,0,0）为起点，以圆柱体的顶面圆心（0,0,13）为终点，绘制直线段如图 10-88 所示。

⑥在"建模"工具栏中单击"圆环体"按钮◎，以第 5 步中绘制的直线中点为圆环体的中心点，令圆环体的半径为 21，圆管半径为 3.5，绘制一个圆环体，结果如图 10-89 所示。

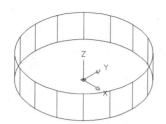

图 10-86　绘制外圆柱体

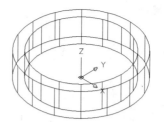

图 10-87　绘制内圆柱体

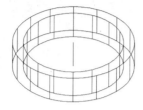

图 10-88　绘制直线段

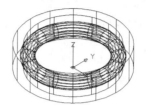

图 10-89　绘制圆环体

知识要点：

圆环体命令的启动方法如下。

◆　　下拉菜单：选择"绘图→建模→圆环体"命令。

◆　　工具栏：在"建模"工具栏上单击"圆环体"按钮◎。

◆　　输入命令名：在命令行中输入或动态输入 TORUS，并按 Enter 键。

步骤 2　用布尔运算形成基本轮廓

执行布尔运算中的差集命令，将圆环体从圆筒中减去，结果如图 10-90 所示。

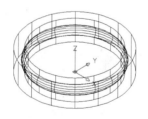

图 10-90　差集运算

步骤 3　绘制三维实体倒角

在"修改"工具栏中单击"倒角"按钮△，对轴承的外圆柱端面倒角，倒角距离设为 0.5，结果如图 10-91 所示，完成轴承外圈的绘制。

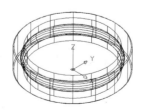

图 10-91　倒角操作

命令行显示如下：

```
命令: _chamfer
当前倒角距离 1 = 0.0000, 距离 2 = 0.0000                        //"修剪"模式
选择第一条直线或 [放弃(U)/多段线(P)/距离(D)/角度(A)/修剪(T)/方式(E)/多个(M)]:
                                                        //选择外圈的上边圆

选择第一条直线或 [放弃(U)/多段线(P)/距离(D)/角度(A)/修剪(T)/方式(E)/多个(M)]:
                                                        //按 Enter 键

基面选择...
输入曲面选择选项 [下一个(N)/当前(OK)] <当前(OK)>: N          //按键 N 令基面为外圆柱面
输入曲面选择选项 [下一个(N)/当前(OK)] <当前(OK)>: OK         //按 Enter 键
指定基面的倒角距离: 0.5                                   //输入倒角距离
指定其他曲面的倒角距离 <0.5000>: 0.5                      //输入倒角距离
选择边或 [环(L)]: 选择边或 [环(L)]: 选择边或 [环(L)]:       //选择要倒角的两条边
```

步骤 4 保存文件

综合实例演练——绘制轨道轮

素材文件:	无
效果文件:	CDROM\10\效果\绘制轨道轮.dwg
演示录像:	CDROM\10\演示录像\绘制轨道轮.exe

案例解读

本实例是绘制轨道轮,用于作为滑动装置。首先用矩形、移动等命令,绘制平面图形,然后将其创建为面域,最后使用旋转命令形成小轮,如图 10-92 所示。

图 10-92 轨道轮效果图

要点流程

- 启动 AutoCAD 2010 中文版,进入绘图界面
- 用旋转等命令绘制轨道轮外圈
- 用拉伸等命令绘制辐条
- 用并集命令合并实体

操作步骤

步骤 1 绘制轨道轮外圈

①用矩形、移动等二维图形绘制命令,绘制如图 10-93 所示的三个平面图形。

② 启用圆角命令，进行圆角处理，结果如图 10-94 所示。

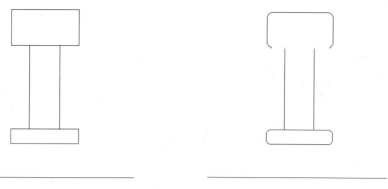

图 10-93　绘制平面图形　　　　　　　　　　图 10-94　圆角处理

③ 选择"绘图→面域"命令，将三个平面图形创建为三个面域。

④ 选择"绘图→建模→旋转"命令，将三个面域绕图形最下面的矩形边长旋转一周，结果如图 10-95 所示。

步骤 2　绘制辐条

① 绘制矩形并拉伸，则绘制出一根辐条，如图 10-96 所示。

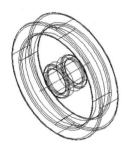 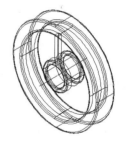

图 10-95　旋转平面图形　　　　　　　　　　图 10-96　绘制出一根辐条

② 启用镜像命令，将上一步绘制的辐条镜像，结果如图 10-97 所示。

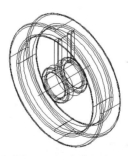

图 10-97　镜像辐条

步骤 3　合并实体

对辐条进行环形阵列，并对它们进行并集运算，最后的效果如图 10-92 所示。

步骤 4　保存文件

第**11**章
三维图形编辑

本章导读

本章将介绍使用 AutoCAD 2010 中关于三维造型编辑的相关内容，并绘制实用案例。

三维造型的编辑是三维造型中的重要部分。创建实体模型后，用户可以通过三维布尔运算、圆角、倒角等操作修改模型的外观，也可以通过三维实体面编辑工具编辑修改实体模型的面。其中的三维镜像和三维阵列等操作更是在三维建模中必不可少的工具，合理地使用各种编辑命令可以极大地提高三维建模中的效率。除此之外，AutoCAD 2010 还提供了视觉样式和渲染三维实体的工具，通过这些工具可以创建更加逼真的模型。

本章主要学习以下内容：

- 用"并集"等命令绘制顶针
- 用"三维阵列"、"差集"等命令绘制模板
- 用"环形阵列"等命令绘制简易轴盖
- 用"三维镜像"等命令绘制简易辐条
- 用"三维对齐"等命令绘制装配带与带轮
- 用"倾斜面"等命令绘制支座
- 用"拉伸面"、"抽壳"等命令绘制通气管
- 用"复制面"、"剖切"等命令绘制笛子
- 用"消隐"等命令进行三维消隐
- 用不同的视觉样式显示图形
- 用"视觉样式管理器"面板设置三维视图
- 用"材质"等命令为三维图形添加材质并渲染图形
- 综合实例演练——绘制热水壶

实用案例 11.1　绘制顶针

素材文件:	无
效果文件:	CDROM\11\效果\绘制顶针.dwg
演示录像:	CDROM\11\演示录像\绘制顶针.exe

案例解读

本案例通过绘制顶针这样的组合实体,使大家熟悉和理解布尔运算命令,如图 11-1 所示。

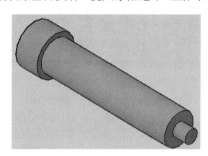

图 11-1　顶针效果图

要点流程

- 启动 AutoCAD 2010 中文版,进入绘图界面
- 使用圆柱体命令绘制出顶针的各段圆柱
- 使用并集命令将各段求并生成顶针实体
- 将完成后的实体保存

操作步骤

步骤 1　绘制顶针的各段圆柱

①启动 AutoCAD 2010,用命令 ISOLINES 修改 ISOLINES 值为 16。选择"视图→三维视图→东南等轴测"命令切换到东南等轴测视图状态。

②用 UCS 命令,将坐标系绕 Y 轴旋转 90°。

③在"建模"工具栏中单击"圆柱体"按钮 🔘,以原点为底面圆心,半径为 4.5,高为 5 绘制一个圆柱体,如图 11-2(a)所示。

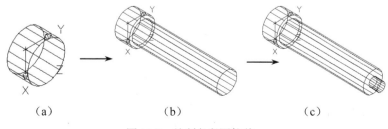

（a）　　　　　　　　　　（b）　　　　　　　　　　（c）

图 11-2　绘制各段圆柱体

④继续绘制圆柱体，在"建模"工具栏中单击"圆柱体"按钮 ⬛，以（0,0,5）为底面圆心，半径为 3.5，高为 30 绘制一个圆柱体，如图 11-2（b）所示。

⑤继续绘制圆柱体，以（0,0,35）为底面圆心，半径为 1.5，高为 3 绘制一个圆柱体，结果如图 11-2（c）所示。

步骤 2 用"并集"命令合并实体

在"实体编辑"工具栏中单击"并集"按钮 ⬤，将已经绘制的三个圆柱体合并为一个实体，完成顶针的建模。

知识要点：

并集运算可以把两个或多个独立的三维实体或面域组合成一个实体或面域。

并集命令启动方法如下。

◆　下拉菜单：选择"修改→实体编辑→并集"命令。

◆　工具栏：在"实体编辑"工具栏上单击"并集"按钮 ⬤。

◆　输入命令名：在命令行中输入或动态输入 UNION，并按 Enter 键。

步骤 3 保存文件

实用案例 11.2　绘制模板

素材文件：	无
效果文件：	CDROM\11\效果\绘制模板.dwg
演示录像：	CDROM\11\演示录像\绘制模板.exe

🔖 案例解读

本案例将绘制一个模板，如图 11-3 所示，该模板可以用来加工机械零件。在绘制过程中将会用到三维阵列命令，通过本案例可以使大家理解和掌握三维阵列命令的使用。

图 11-3　模板效果图

🔖 要点流程

- 启动 AutoCAD 2010 中文版，进入绘图界面
- 使用剖切命令剖切图形
- 绘制长方体及圆柱体
- 绘制作为小孔的圆柱体
- 使用三维阵列命令阵列圆柱体

- 用布尔运算的差集运算将孔减去
- 将完成的图形保存

操作步骤

步骤 1 用"长方体"等命令绘制实体

① 启动 AutoCAD 2010，选择"视图→三维视图→东南等轴测"命令，切换到东南等轴测视图状态。用命令 ISOLINES 修改 ISOLINES 值为 16。

② 在"建模"工具栏中单击"长方体"按钮 □，创建一个角点在（0,0,0）处、长为 400、宽为 400，高为 30 的长方体，绘制出的结果如图 11-4 所示。

③ 在"建模"工具栏中单击"圆柱体"按钮 □，创建一个以第 2 步中绘制的长方体的底面中心即（200,200,0）为圆心，底面半径为 80，高度为 30 的圆柱体，绘制出的结果如图 11-5 所示。

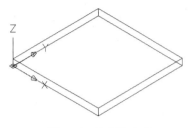
图 11-4　绘制长方体

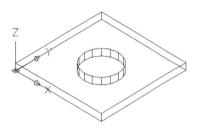
图 11-5　绘制圆柱体

步骤 2 用"三维阵列"命令阵列小圆柱体

① 绘制小圆柱体定位孔。再次在"建模"工具栏中单击"圆柱体"按钮 □，创建一个以（60,60,0）为圆心，底面半径为 20，高度为 30 的圆柱体，绘制出的结果如图 11-6 所示。

② 在菜单栏中选择"修改→三维操作→三维阵列"命令，选择小圆柱体为阵列对象，以长方体的中心线为阵列轴，设置阵列数字为 4，做三维环形阵列操作，结果如图 11-7 所示。

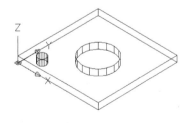
图 11-6　绘制小圆柱

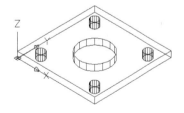
图 11-7　三维阵列操作

命令行显示如下：

```
命令: _3darray
正在初始化…… 已加载 3DARRAY。
选择对象:                                    //选择半径为 20 的小圆柱体
选择对象:                                    //按 Enter 键
输入阵列类型 [矩形(R)/环形(P)] <矩形>:p      //输入 P 选择环形阵列方式
输入阵列中的项目数目: 4                       //输入阵列中的数目
指定要填充的角度 (+=逆时针, -=顺时针) <360>:  //按 Enter 键接受默认角度 360°
```

旋转阵列对象？ [是(Y)/否(N)] <Y>:	//按 Enter 键接受默认设置
指定阵列的中心点：200,200,0	//输入阵列轴的第一点坐标
指定旋转轴上的第二点：200,200,1	//输入阵列轴的第二点坐标

知识要点：

三维阵列命令启动方法如下。

◆ 下拉菜单：选择"修改→三维操作→三维阵列"命令。

◆ 工具栏：在"建模"工具栏上单击"三维阵列"按钮。

◆ 输入命令名：在命令行中输入或动态输入 3DARRAY 或 3A，并按 Enter 键。

步骤 3 用"差集"等命令绘制实体

差集运算：用长方体减去各个圆柱体，完成一个模板的绘制。

知识要点：

差集运算可以从一组实体减去另一组实体，保留余下的部分作为一个实体。

差集命令启动方法如下。

◆ 下拉菜单：选择"修改→实体编辑→差集"命令。

◆ 工具栏：在"实体编辑"工具栏上单击"差集"按钮。

◆ 输入命令名：在命令行中输入或动态输入 SUBTRACT，并按 Enter 键。

步骤 4 保存文件

实用案例 11.3 绘制简易轴盖

素材文件：	无
效果文件：	CDROM\11\效果\绘制简易轴盖.dwg
演示录像：	CDROM\11\演示录像\绘制简易轴盖.exe

案例解读

轴盖也是常用的机械零件，如图 11-8 所示，其上的孔呈圆周状对称分布，因此可以用三维阵列命令很方便地得到。通过本案例可使读者进一步熟悉三维阵列命令。

要点流程

● 启动 AutoCAD 2010 中文版，进入绘图界面

● 绘制基本几何体

● 拉伸得到基本几何体

● 绘制作为孔的小几何体

● 使用三维阵列命令阵列孔

● 使用三维布尔运算得到最后的实体

● 将完成的图形保存

流程图如图 11-9 所示。

图 11-8 效果图

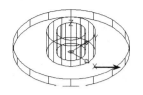 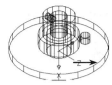 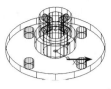 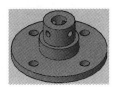

图 11-9　绘制轴盖流程图

操作步骤

步骤 1　绘制基本几何体

①启动 AutoCAD 2010，选择"视图→三维视图→东南等轴测"命令，切换到东南等轴测视图状态。然后使用命令 ISOLINES 修改 ISOLINES 值为 16。

②在"建模"工具栏中单击"圆柱体"按钮 ，创建一个底面圆心在（0,0,0）处，半径为 120，高为 18 的圆柱体，绘制出的结果如图 11-10 所示。

③在"绘图"工具栏中单击"圆"按钮 ，以（0,0,0）为圆心，绘制半径分别为 30 和 50 的圆，结果如图 11-11 所示。

 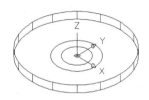

图 11-10　绘制圆柱体　　　　　　　　　图 11-11　绘制圆

④在"建模"工具栏中单击"拉伸"按钮 ，将第 3 步中绘制的两圆沿 Z 轴正向拉伸 50 的距离，结果如图 11-12 所示。

⑤执行布尔运算中的并集命令，将半径为 120 的圆柱体与半径为 50 的圆柱体合并，然后执行差集运算，减去半径为 30 的圆柱体，结果如图 11-13 所示。

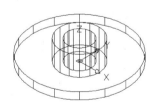 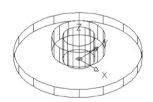

图 11-12　拉伸得到圆柱体　　　　　　　图 11-13　布尔运算

⑥在"绘图"工具栏中单击"圆"按钮 ，以第 5 步中被减去的中间圆柱体的顶圆圆心为圆心，绘制半径分别为 40 和 20 的圆，结果如图 11-14 所示。

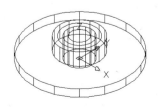

图 11-14　绘制圆

步骤 2 用"三维阵列"命令环形阵列小圆柱体

⒈继续绘制一个圆柱体,在"建模"工具栏中单击"圆柱体"按钮,创建一个底面圆心在(0,90,0)处,半径为 12,高为 18 的小圆柱体,绘制出的结果如图 11-15 所示。

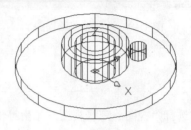

图 11-15　绘制小圆柱体

⒉在"建模"工具栏中单击"拉伸"按钮,将步骤 1 第 6 步中绘制的两圆沿 Z 轴正向拉伸 50 的距离,结果如图 11-16 所示。

⒊执行布尔运算中,将步骤 1 第 5 步中得到的组合体与半径为 40 的圆柱体合并,减去半径为 20 的圆柱体,结果如图 11-17 所示。

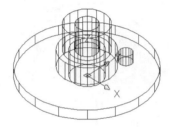 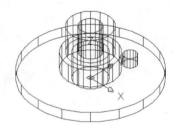

图 11-16　拉伸得到圆柱体　　　　　　　　图 11-17　布尔运算

⒋在命令行中输入 UCS 命令,将坐标系绕着 Y 轴旋转 90°。

⒌在"建模"工具栏中单击"圆柱体"按钮,创建一个底面圆心在(-80,0,-40)处,半径为 8,高为 22 的小圆柱体,绘制出的结果如图 11-18 所示。

⒍在命令行中输入 UCS 命令,将世界坐标系设为当前坐标系。

⒎在菜单栏中选择"修改→三维操作→三维阵列"命令,启动三维阵列命令,采用环形阵列方式,将步骤 2 第 1 步和第 5 步中绘制的两个小圆柱体以 Z 轴为轴阵列,阵列数目为 4,结果如图 11-19 所示。

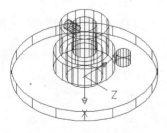 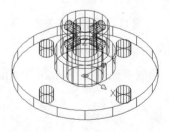

图 11-18　绘制小圆柱体　　　　　　　　图 11-19　三维阵列运算

命令行显示如下:

```
命令: _3darray
```

选择对象:	//选择一个小圆柱体
找到 1 个	
选择对象:	//选择另一个小圆柱体
找到 1 个，总计 2 个	
选择对象:	//按 Enter 键完成选择
输入阵列类型 [矩形(R)/环形(P)] <矩形>:P	//选择环形阵列方式
输入阵列中的项目数目: 4	//输入阵列数目
指定要填充的角度 (+=逆时针, -=顺时针) <360>:	//按 Enter 键接受默认设置
旋转阵列对象? [是(Y)/否(N)] <Y>:	//按 Enter 键接受设置，表示将旋转阵列对象
指定阵列的中心点: 0,0,0	//输入旋转轴的第一点
指定旋转轴上的第二点: 0,0,1	//输入旋转轴的第二点坐标

步骤 3 布尔运算得到最后实体

执行布尔运算中的差集命令，将阵列得到的 8 个小圆柱体减去，结果如图 11-20 所示。

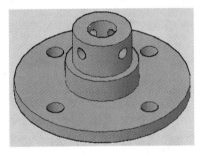

图 11-20　布尔运算后的最终结果

步骤 4 保存文件

实用案例 11.4　简易带辐条皮带轮

素材文件:	无
效果文件:	CDROM\11\效果\绘制简易带辐条皮带轮.dwg
演示录像:	CDROM\11\演示录像\绘制简易带辐条皮带轮.exe

案例解读

本案例为带辐条皮带轮，其中的辐条是沿圆周均匀分布的，因此可以用三维阵列命令。而皮带轮上下是对称的，因此可以考虑用三维镜像命令，本例将综合运用三维阵列和三维镜像命令，如图 11-21 所示。

要点流程

- 启动 AutoCAD 2010 中文版，进入绘图界面
- 绘制拉伸得到基本圆柱体
- 使用布尔运算对各圆柱体进行组合取舍

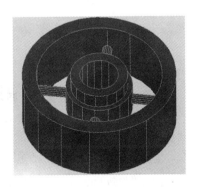

图 11-21　简易带辐条皮带轮效果图

- 使用三维镜像命令做镜像操作
- 绘制作为辐条的圆柱体
- 使用三维阵列命令阵列得到各辐条
- 对各实体求并
- 将完成的图形保存

流程图如图 11-22 所示。

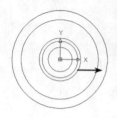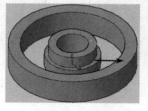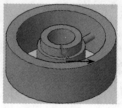

图 11-22　简易带辐条皮带轮流程图

操作步骤

步骤 1　绘制几个圆柱体

①启动 AutoCAD 2010，用命令 ISOLINES 修改 ISOLINES 值为 16。

②在"绘图"工具栏中单击"圆"按钮⊙，在 XY 平面上以（0,0,0）为圆心，绘制半径分别为 40、60、70、130、160 的圆，结果如图 11-23 所示。

③选择"视图→三维视图→东南等轴测"命令，切换到东南等轴测视图状态，为便于观察，将视觉样式修改为"概念"模式。

④在"建模"工具栏中单击"拉伸"按钮⬆，将已绘制的半径为 130 和 160 的两圆沿 Z 轴正向拉伸 60 的距离，结果如图 11-24 所示。

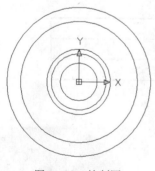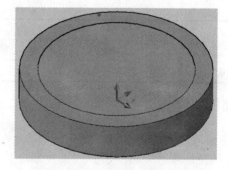

图 11-23　绘制圆　　　　　　　　　图 11-24　拉伸操作

步骤 2　对所绘圆柱体进行布尔运算

①执行布尔运算中的差集命令，将半径为 130 的圆柱体从半径为 160 的圆柱体中减去，结果如图 11-25 所示。

②在"建模"工具栏中单击"拉伸"按钮⬆，将已绘制的半径为 40 和 60 的两圆沿 Z 轴正向拉伸 60 的距离，结果如图 11-26 所示。

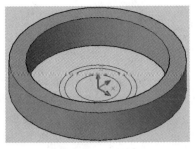

图 11-25　差集运算

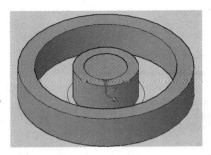

图 11-26　拉伸操作

③继续拉伸图形，在"建模"工具栏中单击"拉伸"按钮，将已绘制的半径为 70 的圆沿 Z 轴正向拉伸 30 的距离，结果如图 11-27 所示。

④执行布尔运算中的并集命令，将半径为 70 的圆柱体与半径为 60 的圆柱体合并，结果如图 11-28 所示。

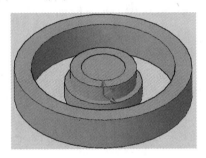

图 11-27　拉伸操作

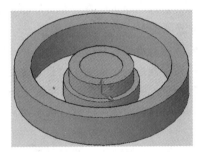

图 11-28　并集运算

⑤执行布尔运算中的差集命令，将半径为 40 的圆柱体从第 4 步中并集运算后得到的组合体中减去，结果如图 11-29 所示。

步骤 3　用"三维镜像"命令进行镜像操作

①在菜单栏中选择"修改→三维操作→三维镜像"命令，启动三维镜像命令，以 *XY* 平面为镜像平面，将已绘制的三维图形做镜像操作，结果如图 11-30 所示。

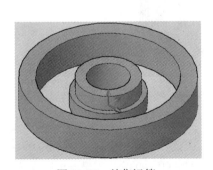

图 11-29　差集运算

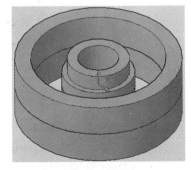

图 11-30　三维镜像操作

命令行显示如下：

```
命令: _mirror3d
选择对象:                                    //选择一个实体
找到 1 个
```

```
选择对象:                                              //选择另一个实体
找到 1 个,总计 2 个
选择对象:                                              //按 Enter 键完成选择
指定镜像平面 (三点) 的第一个点或
  [对象(O)/最近的(L)/Z 轴(Z)/视图(V)/XY 平面(XY)/YZ 平面(YZ)/ZX 平面(ZX)/三点
(3)] <三点>: xy                                       //选择 XY 平面作为镜像平面
指定 XY 平面上的点 <0,0,0>:                             //按 Enter 键
是否删除源对象? [是(Y)/否(N)] <否>: N                    //按 Enter 键不删除源对象
```

知识要点:

有些机械零件的结构是对称的,这时可以用三维镜像命令来创建相对于某一空间平面的镜像对象,这样可以省去一些重复性的绘制步骤。

三维镜像命令启动方法如下。

- ◆ 下拉菜单:选择"修改→三维操作→三维镜像"命令。
- ◆ 输入命令名:在命令行中输入或动态输入 MIRROR3D,并按 Enter 键。

各选项含义:

- ◆ "对象"选项:使用选定平面对象的平面作为镜像平面。
- ◆ "最近的"选项:以最后定义的镜像平面作为当前的镜像平面。
- ◆ "Z 轴"选项:根据平面上的一个点和平面法线上的一个点定义镜像平面。
- ◆ "视图"选项:将镜像平面与当前视口中通过指定点的视图平面对齐。
- ◆ "XY 平面/YZ 平面/ZX 平面"选项:以通过一个定点且与 XY 平面/YZ 平面/ZX 平面平行的平面作为镜像平面。
- ◆ "三点"选项:通过指定三个点来定义镜像平面。

② 执行布尔运算中的并集命令,将所有实体合并,结果如图 11-31 所示。

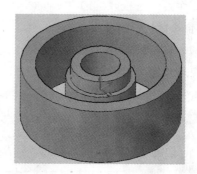

图 11-31　并集运算

步骤 4　绘制作为辐条的圆柱体

在"建模"工具栏中单击"圆柱体"按钮□,创建一个底面圆心在 (0,60,0) 处,半径为 10,选择"轴端点"方式创建,并使轴端点坐标为 (0,140,0),创建一个圆柱体,绘制出的结果如图 11-32 所示。

步骤 5　用三维阵列命令阵列得到各辐条

在菜单栏中选择"修改→三维操作→三维阵列"命令,启动三维阵列命令,采用环形阵列方式,将步骤 4 中绘制的小圆柱体以 Z 轴为轴阵列,阵列数目为 4,结果如图 11-33 所示。

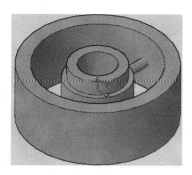

图 11-32　建立小圆柱体

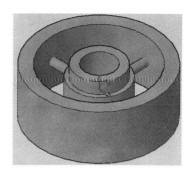

图 11-33　三维阵列操作

命令行显示如下：

```
命令: _3darray
选择对象:                                        //选择小圆柱体
找到 1 个
选择对象:                                        //按 Enter 键完成选择
输入阵列类型 [矩形(R)/环形(P)] <矩形>:P          //选择环形阵列方式
输入阵列中的项目数目: 4                           //输入阵列数目
指定要填充的角度 (+=逆时针, -=顺时针) <360>:     //按 Enter 键接受默认设置
旋转阵列对象? [是(Y)/否(N)] <Y>:       //按 Enter 键接受设置，表示将旋转阵列对象
指定阵列的中心点: 0,0,0                           //输入旋转轴的第一点
指定旋转轴上的第二点: 0,0,1                       //输入旋转轴的第二点坐标
```

步骤 6　对各实体求并

执行布尔运算中的并集命令，将所有实体合并，完成该带轮的绘制。

步骤 7　保存文件

实用案例 11.5　装配带与带轮

素材文件：	CDROM\11\素材\绘制装配带与带轮素材.dwg
效果文件：	CDROM\11\效果\绘制装配带与带轮.dwg
演示录像：	CDROM\11\演示录像\绘制装配带与带轮.exe

案例解读

传送带和带轮一般是装配在一起使用的，本案例主要讨论一种将几个实体装配在一起的方法，通过三维对齐将带轮和传送带装配在一起作为例子，使大家熟悉和理解三维对齐操作的运用，如图 11-34 所示。

要点流程

- 启动 AutoCAD 2010 中文版，进入绘图界面
- 打开素材文件
- 在 *XY* 平面上绘制作为拉伸对象的二维对象
- 使用拉伸命令将二维对象拉伸成三维图形

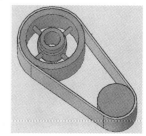

图 11-34　效果图

- 使用镜像命令镜像带
- 使用三维对齐命令对齐带和带轮

流程图如图 11-35 所示。

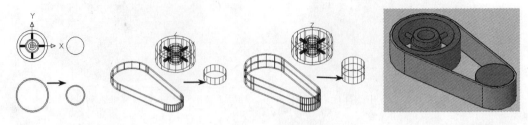

图 11-35　装配带与带轮流程图

操作步骤

步骤 1　打开素材文件

启动 AutoCAD 2010，打开素材文件，该文件即为上一案例中已绘制的带轮。

步骤 2　绘制几何体

① 选择"视图→三维视图→俯视"命令，切换到俯视图状态。在"绘图"工具栏中单击"圆"按钮，在 XY 平面上以（450,0,0）为圆心，绘制半径为 90 的圆，结果如图 11-36 所示。

② 在"绘图"工具栏中单击"圆"按钮，在 XY 平面上以（0,-500,0）为圆心，绘制半径分别为 160 和 170 的两个圆，结果如图 11-37 所示。

图 11-36　绘制圆（1）　　　　　　　　图 11-37　绘制圆（2）

③ 继续绘制圆，在 XY 平面上以（450,-500,0）为圆心，绘制半径分别为 90 和 100 的两个圆，结果如图 11-38 所示。

④ 绘制上两步中绘制的圆的切线，利用自动捕捉功能捕捉其切点绘制，结果如图 11-39 所示。

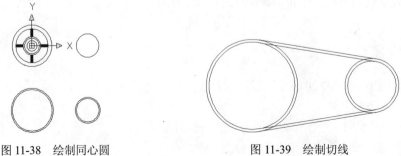

图 11-38　绘制同心圆　　　　　　　　图 11-39　绘制切线

⑤ 修剪多余的圆弧线段，效果如图 11-40 所示。

⑥ 单击"绘图"工具栏中的"面域"按钮 ⌷，将如图 11-40 所示的图形创建为两个面域。

⑦ 使用面域的布尔运算，将已创建的面域中的大环减去小环得到一个面域。

⑧ 选择"视图→三维视图→东南等轴测"命令，切换到东南等轴测视图状态。在"建模"工具栏中单击"拉伸"按钮 ⌷，将上一步中得到的面域以及第 2 步中绘制的半径为 90 的圆沿 Z 轴正向拉伸 60 的距离，得到一个传送带状的实体与一个圆柱体，结果如图 11-41 所示。

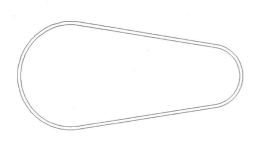

图 11-40　修剪圆弧

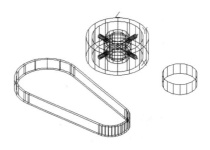

图 11-41　拉伸操作

⑨ 在菜单栏中选择"修改→三维操作→三维镜像"命令，启动三维镜像命令，以 XY 平面为镜像平面，将上一步中拉伸得到的三维图形做镜像操作，结果如图 11-42 所示。

⑩ 执行布尔运算中的并集命令，将传送带与圆柱体和各自的镜像体合并，但注意传动带与圆柱体不合并，结果如图 11-43 所示。

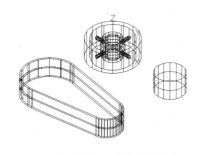

图 11-42　三维镜像操作

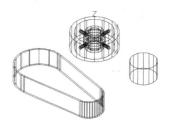

图 11-43　并集运算

步骤 3　用"三维对齐"命令对齐装配带与带轮

在菜单栏中选择"修改→三维操作→三维对齐"命令，启动三维阵列命令，将传送带与两个轮对齐，结果如图 11-44 所示，完成带与带轮的装配。

命令行的操作如下：

```
命令：_3dalign
选择对象：                                    //选择传送带实体
找到 1 个
选择对象：                                    //按 Enter 键完成选择
  指定源平面和方向 ……
指定基点或 [复制(C)]：                         //指定传送带顶面大圆弧的圆心
指定第二个点或 [继续(C)] <C>：                 //指定传送带顶面小圆弧的圆心
指定第三个点或 [继续(C)] <C>：                 //指定传送带底面大圆弧的圆心
  指定目标平面和方向 ...
指定第一个目标点：                             //指定大轮顶面的圆心
```

指定第二个目标点或 [退出(X)] <X>:	//指定小轮顶面的圆心
指定第三个目标点或 [退出(X)] <X>:	//指定大轮底面的圆心

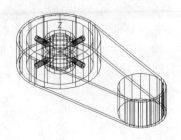

图 11-44　三维对齐操作

知识要点：

在 AutoCAD 2010 中，三维对齐是指定义源平面及目标平面后，使得两个三维实体模型以源平面和目标平面对齐。

三维对齐命令启动方法如下。

◆　下拉菜单：选择"修改→三维操作→三维对齐"命令。

◆　工具栏：在"建模"工具栏上单击"三维对齐"按钮。

◆　输入命令名：在命令行中输入或动态输入 3DALIGN，并按 Enter 键。

步骤 4　保存文件

实用案例 11.6　绘制支座

素材文件：	无
效果文件：	CDROM\11\效果\绘制支座.dwg
演示录像：	CDROM\11\演示录像\绘制支座.exe

案例解读

本案例为一个简单支座的绘制，绘制过程中会用到倾斜面的操作，通过本例可以使大家熟悉倾斜面操作的应用途径，如图 11-45 所示。

要点流程

● 启动 AutoCAD 2010 中文版，进入绘图界面

● 绘制长方体

● 绘制作为肋的长方体

● 使用倾斜面操作对肋长方体的面做倾斜

● 使用三维镜像命令得到完整的支座

● 使用并集运算组合实体

● 将完成的图形保存

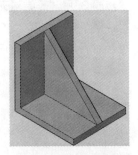

图 11-45　支座效果图

操作步骤

步骤 1 绘制长方体

① 启动 AutoCAD 2010，选择"视图→三维视图→东南等轴测"命令，切换到东南等轴测视图状态。

② 在"建模"工具栏中单击"长方体"按钮🔲，以原点和（200,100,0）为角点，同时以高为 20 建立一个长方体，结果如图 11-46 所示。

③ 再次绘制长方体，以原点和（-20,100,0）为角点，高为 220 建立一个长方体，结果如图 11-47 所示。

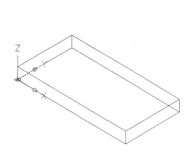

图 11-46 绘制长方体

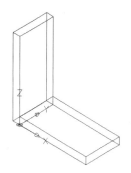

图 11-47 再次绘制长方体

④ 绘制长方体，以（0,0,20）和（200,10,20）为角点，高为 200 建立一个长方体，结果如图 11-48 所示。

步骤 2 用"倾斜面"命令倾斜长方体的面

① 在"实体编辑"工具栏中单击"倾斜面"按钮🔲，选择图 11-49 中的虚线表示的面，同时以 Z 轴为倾斜轴，将倾斜角度设为 45°，进行倾斜面操作，结果如图 11-49 所示。

图 11-48 绘制长方体

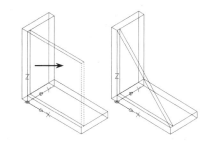

图 11-49 倾斜面操作

命令行的显示如下：

```
命令: _solidedit
实体编辑自动检查: SOLIDCHECK=1
输入实体编辑选项 [面(F)/边(E)/体(B)/放弃(U)/退出(X)] <退出>: _face
输入面编辑选项
[拉伸(E)/移动(M)/旋转(R)/偏移(O)/倾斜(T)/删除(D)/复制(C)/颜色(L)/材质(A)/放弃
(U)/退出(X)] <退出>: _taper
选择面或 [放弃(U)/删除(R)]:                                    //选择倾斜面
```

找到一个面。

选择面或 [放弃(U)/删除(R)/全部(ALL)]:	//按 Enter 键完成选择
指定基点:	//指定基点(0，0，20)
指定沿倾斜轴的另一个点:	//指定 Z 轴的另一点
指定倾斜角度：45	//指定倾斜角度

已开始实体校验。

已完成实体校验。

输入面编辑选项

[拉伸(E)/移动(M)/旋转(R)/偏移(O)/倾斜(T)/删除(D)/复制(C)/颜色(L)/材质(A)/放弃(U)/退出(X)] <退出>: *取消*　　　　　　　　　　　　　　　　　　　//直接按 Esc 键退出

②执行布尔运算中的并集命令，将已绘制的所有实体合并为一个实体。

步骤 3 得到完整支座

①在菜单栏中选择"修改→三维操作→三维镜像"命令，将步骤 2 中得到的实体以 ZX 平面为镜像平面做三维镜像操作，结果如图 11-50 所示。

②执行布尔运算中的并集命令，将镜像得到的实体和源实体合并为一个实体，得到一个支座的模型，如图 11-51 所示。

图 11-50　三维镜像操作　　　　　　　　　　图 11-51　并集运算

步骤 4 保持文件

实用案例 11.7　绘制通气管

案例解读

本案例为一个通气管的绘制，绘制过程中会用到拉伸面操作，拉伸面操作有多种方式。本例中会用到路径拉伸方式和角度拉伸方式，通过本案例可以使大家熟悉和理解拉伸面操作在实体建模中的运用，如图 11-52 所示。

图 11-52　通气管效果图

要点流程

- 启动 AutoCAD 2010 中文版，进入绘图界面

- 绘制长方体
- 绘制作为拉伸路径的圆弧
- 使用拉伸面命令拉伸长方体的上表面
- 使用拉伸面命令拉伸长方体的下表面
- 将得到的实体作抽壳操作
- 将完成的图形保存

操作步骤

步骤 1 绘制长方体

①启动 AutoCAD 2010，选择"视图→三维视图→东南等轴测"命令，切换到东南等轴测视图状态。

②在"建模"工具栏中单击"长方体"按钮 □，以原点和（100,100,1000）为角点建立一个长方体，结果如图 11-53 所示。

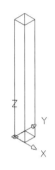

图 11-53　绘制长方体

步骤 2 用"拉伸面"命令拉伸长方体的上、下表面

①选择"视图→三维视图→主视"命令，切换到主视图状态。单击"绘图"工具栏上的"圆弧"按钮，以（500,1000）为圆心，以（500,1500）为圆弧起点，角度为 90°，绘制一个圆弧，结果如图 11-54 所示。

②选择"视图→三维视图→东南等轴测"命令，切换到东南等轴测视图状态。在"实体编辑"工具栏中单击"拉伸面"按钮 □，以长方体的上表面沿着圆弧拉伸，结果如图 11-55 所示。

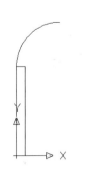

图 11-54　绘制圆弧

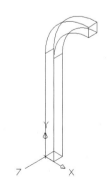

图 11-55　沿路径偏移面

命令行的显示如下：

```
命令: _solidedit
实体编辑自动检查：  SOLIDCHECK=1
输入实体编辑选项 [面(F)/边(E)/体(B)/放弃(U)/退出(X)] <退出>: _face
输入面编辑选项
[拉伸(E)/移动(M)/旋转(R)/偏移(O)/倾斜(T)/删除(D)/复制(C)/颜色(L)/材质(A)/放弃
(U)/退出(X)] <退出>:
_extrude
选择面或 [放弃(U)/删除(R)]:                              //单击选择长方体的上表面
找到一个面。
选择面或 [放弃(U)/删除(R)/全部(ALL)]:                   //按 Enter 键完成选择
指定拉伸高度或 [路径(P)]: p                             //选择路径方式进行拉伸
选择拉伸路径:                                           //选择圆弧
已开始实体校验。
已完成实体校验。
输入面编辑选项
[拉伸(E)/移动(M)/旋转(R)/偏移(O)/倾斜(T)/删除(D)/复制(C)/颜色(L)/材质(A)/放弃
(U)/退出(X)] <退出>: *取消*                             //按 Esc 键退出
```

知识要点：

"拉伸面" 📧 就是将指定的实体表面按指定的长度或指定的路径进行拉伸。首先选择启动拉伸面命令，再选择实体上的面，选择完毕后按 Enter 键，然后输入拉伸的高度值后按 Enter 键，再根据需要输入拉伸倾斜角度值。

拉伸面的启动方法：

◆ 下拉菜单：选择"修改→实体编辑→拉伸面"命令。

◆ 工具栏：在"实体编辑"工具栏上单击"拉伸面"按钮 📧。

◆ 输入命令名：在命令行中输入或动态输入 EXTRUDE，并按 Enter 键。

注意

用户在选择要拉伸的面时，如果多选了并要取消指定的面时，应按住 Shift 键再选择要取消的面即可。如果用户需要将指定的面按照路径进行拉伸时，应事先绘制好拉伸面的路径对象，但这时系统就不会提示输入拉伸的倾斜角度，如图 11-56 所示。

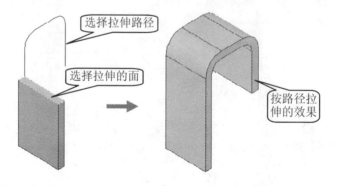

图 11-56 按路径拉伸的面

③在"实体编辑"工具栏中单击"拉伸面"按钮，将长方体的下表面做拉伸操作，依如下命令行操作进行，结果如图 11-57 所示，形成通气管的大致形状。

命令行的显示如下：

```
命令：_solidedit
实体编辑自动检查：SOLIDCHECK=1
输入实体编辑选项 [面(F)/边(E)/体(B)/放弃(U)/退出(X)] <退出>：_face
输入面编辑选项
[拉伸(E)/移动(M)/旋转(R)/偏移(O)/倾斜(T)/删除(D)/复制(C)/颜色(L)/材质(A)/放弃
(U)/退出(X)] <退出>：
_extrude
选择面或 [放弃(U)/删除(R)]：                        //单击选择长方体的下表面
找到一个面。
选择面或 [放弃(U)/删除(R)/全部(ALL)]：              //按Enter键完成选择
指定拉伸高度或 [路径(P)]：400                       //输入拉伸高度
指定拉伸的倾斜角度：330                             //输入拉伸的倾斜角度
已开始实体校验。
已完成实体校验。
输入面编辑选项
[拉伸(E)/移动(M)/旋转(R)/偏移(O)/倾斜(T)/删除(D)/复制(C)/颜色(L)/材质(A)/放弃
(U)/退出(X)] <退出>：*取消*                         //按Esc键退出
```

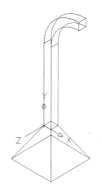

图 11-57　带角度偏移面

步骤 3 用"抽壳"命令对实体抽壳

在"实体编辑"工具栏中单击"抽壳"按钮，对通气管做抽壳操作。抽壳的偏移距离为10，通气管的上下两面不做偏移，使管能够被贯穿，完成通气管的绘制，结果如图 11-58 所示。

图 11-58　抽壳操作

知识要点：

"抽壳" 🔟 就是以指定的厚度在实体对象上创建中空的薄壁操作。

抽壳的启动方法如下。

◆ 下拉菜单：选择"修改→实体编辑→抽壳"命令。

◆ 工具栏：在"实体编辑"工具栏上单击"抽壳"按钮🔟。

注意 ---

在输入抽壳偏距离时，若为正值，则实体表面向内偏移形成壳体；若为负值，则向外偏移形成壳体，如图 11-59 所示。

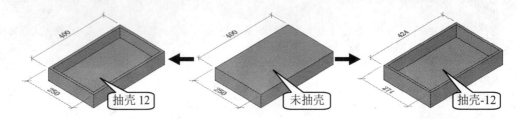

图 11-59 抽壳操作

如果在抽壳时选择了多个要抽壳的面，将抽壳成其他形状的实体，如图 11-60 所示。

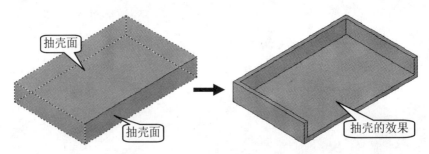

图 11-60 抽壳多个面

步骤 4 保存文件

实用案例 11.8 绘制笛子

素材文件：	无
效果文件：	CDROM\11\效果\绘制笛子.dwg
演示录像：	CDROM\11\演示录像\绘制笛子.exe

案例解读

本案例为笛子的绘制，绘制过程中会用到复制面操作，将作为笛子吹气孔的面做复制操作，复制面只能得到面，因此，在完成复制面操作后可以用剖切命令将其围成的那部分实体从笛子中剖切出去得到笛子形状，如图 11-61 所示。

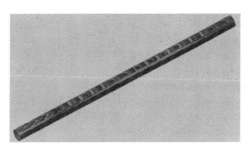

图 11-61　笛子效果图

要点流程

- 启动 AutoCAD 2010 中文版，进入绘图界面
- 绘制笛子的外管和内管圆柱
- 用差集运算得到空心的圆管
- 绘制作为吹气孔的小圆柱
- 用差集运算得到一个吹气孔
- 使用复制面命令得到一系列吹气孔面
- 使用剖切命令得到所有的吹气孔
- 将完成的图形保存

操作步骤

步骤 1　绘制笛子的外管和内管圆柱

①启动 AutoCAD 2010，选择"视图→三维视图→东南等轴测"命令，切换到东南等轴测视图状态，同时使用 ISOLINES 命令修改其值为 16。

②在"建模"工具栏中单击"圆柱体"按钮 ，以原点为底面圆心，半径为 12，采用轴端点方式，轴端点坐标为（0,500,0），建立一个圆柱体，结果如图 11-62 所示。

③建立笛管的内管圆柱，在"建模"工具栏中单击"圆柱体"按钮 ，以原点为底面圆心，半径为 10，采用轴端点方式，轴端点坐标为（0,500,0），建立一个圆柱体，结果如图 11-63 所示。

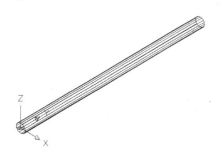

图 11-62　建立外圆柱

图 11-63　建立内圆柱

步骤 2　用差集运算得到空心的圆管

使用三维布尔运算中的差集命令，将外圆柱体减去内圆柱体得到空心的笛管。

步骤 3 绘制作为吹气孔的小圆柱

在"建模"工具栏中单击"圆柱体"按钮，以（0,100,0）为底面圆心，半径为 6，高为 20 建立一个圆柱体，结果如图 11-64 所示。

步骤 4 用差集运算得到一个吹气孔

使用三维布尔运算中的差集命令，将上一步中建立的圆柱体减去，得到一个笛子上的一个吹孔，结果如图 11-65 所示。

图 11-64　建立吹气孔圆柱　　　　　　　　　图 11-65　差集运算

步骤 5 用"复制面"命令得到一系列吹气孔面

① 在"实体编辑"工具栏中单击"复制面"按钮，选择上一步中得到的吹孔的面，将其作复制面操作，如图 11-66 所示。

命令行的显示如下：

```
命令: _solidedit
实体编辑自动检查:  SOLIDCHECK=1
输入实体编辑选项 [面(F)/边(E)/体(B)/放弃(U)/退出(X)] <退出>: _face
输入面编辑选项
[拉伸(E)/移动(M)/旋转(R)/偏移(O)/倾斜(T)/删除(D)/复制(C)/颜色(L)/材质(A)/放弃
(U)/退出(X)] <退出>: _copy
选择面或 [放弃(U)/删除(R)]:                          //选择吹孔面
找到一个面。
选择面或 [放弃(U)/删除(R)/全部(ALL)]:                //按 Enter 键
指定基点或位移: 0,100,0                              //输入基点坐标
指定位移的第二点: @0,60,0                            //输入第二点坐标
输入面编辑选项
[拉伸(E)/移动(M)/旋转(R)/偏移(O)/倾斜(T)/删除(D)/复制(C)/颜色(L)/材质(A)/放弃
(U)/退出(X)] <退出>: *取消*                          //按 Esc 键退出
```

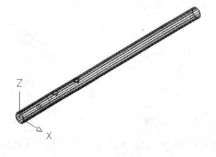

图 11-66　复制面操作

知识要点：

"复制面" 🗗 就是将指定的实体表面按指定的方向和距离复制一个单独面的操作。

复制面的启动方法如下。

◆ 下拉菜单：选择"修改→实体编辑→复制面"命令。

◆ 工具栏：在"实体编辑"工具栏上单击"复制面"按钮 🗗。

②继续复制面命令，均选择在步骤 4 中得到的吹气孔面，在命令行提示"指定位移的第二点:"时分别输入（@0,120,0）、（@0,150,0）、（@0,1800,0）、（@0,210,0）、（@0,240,0）、（@0,270,0）、（@0,350,0）、（@0,380,0）。其余命令行操作与上一步复制面命令相同，得到笛子的所有吹气孔面，如图 11-67 所示。

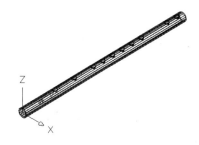

图 11-67　完成复制面操作

步骤 6　用"剖切"命令得到所有的吹气孔

在菜单栏中选择"修改→三维操作→剖切"命令，以复制面操作得到的笛子吹气孔面作为剖切面，将其围成的实体从笛子中剖切出去，完成笛子的绘制，如图 11-61 所示。

知识要点：

在 AutoCAD 2010 中，可以用 SLICE 命令沿某平面把实体一分为二，保留被剖切实体的一半或全部并生成新实体。剖切后的实体将保留原实体的图层及颜色等信息，但源实体的历史记录将不被保存。

剖切三维实体命令的启动方法如下。

◆ 下拉菜单：选择"修改→三维操作→剖切"命令。

◆ 输入命令名：在命令行中输入或动态输入 SLICE，并按 Enter 键。

按照如下命令行操作进行，剖切面为平分实体中两个圆孔的平面，保留实体的内侧部分，得到剖切后的实体如图 11-68 所示。

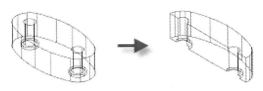

图 11-68　完成剖切后的实体

命令行的操作如下：

```
命令: _slice
选择要剖切的对象:                                              //选择实体
找到 1 个
选择要剖切的对象:                                            //按 Enter 键
```

指定切面的起点或[平面对象(O)/曲面(S)/Z轴(Z)/视图(V)/XY(XY)/YZ(YZ)/ZX (ZX)/三点(3)] <三点>:	//选择左边圆孔的中心点
指定平面上的第二个点:	//选择右边圆孔的中心点
在所需的侧面上指定点或[保留两个侧面(B)] <保留两个侧面>:	//指定实体内侧的任一点

各选项含义：

剖切实体的默认方式是：指定两个点定义垂直于当前 UCS 坐标系 *XY* 平面的剪切平面，然后选择要保留的部分。也可以通过指定平面对象、三点、曲面、Z 轴、视图、各坐标平面等来定义剖切平面，这些都可以在命令行出现提示时加以选择。

- ◆ "平面对象"选项：可以将所选择的平面对象所在的平面作为剖切面，该平面对象可以为曲线、圆、椭圆、圆弧、二维样条曲线、二维多段线等。
- ◆ "曲面"选项：会把剖切平面与所选曲面对齐。
- ◆ "Z 轴"选项：通过在平面上指定一点和在平面的 Z 轴（法向）上指定另一点来定义剪切平面。
- ◆ "视图"选项：以平行于当前视图的平面作为剖切面。
- ◆ "XY/YZ/ZX"选项：将剖切平面与当前用户坐标系的各坐标平面相对齐。
- ◆ "三点"选项：将所选择的三点所在的平面作为剖切平面。

步骤 7 保存文件

实用案例 11.9 三维消隐

素材文件：	CDROM\11\素材\三维消隐素材.dwg
效果文件：	CDROM\11\效果\三维消隐.dwg
演示录像：	CDROM\11\演示录像\三维消隐.exe

案例解读

本案例以法兰盘零件实体的消隐为例，使读者学会三维消隐操作。

要点流程

- 打开素材文件
- 用"消隐"命令消隐隐藏的线和形体

操作步骤

步骤 1 打开素材文件

启动 AutoCAD 2010，打开素材文件，观察其在二维线框模式下的显示，如图 11-69 所示。

步骤 2 用"消隐"命令消隐隐藏的线和形体

选择"视图→消隐"命令，三维实体处于消隐状态，此时观察其效果，可以发现立体感更强，被前景对象掩盖的背景对象不再显示，如图 11-70 所示。

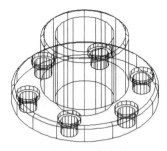

图 11-69　二维线框显示

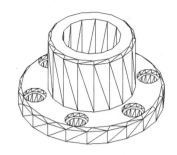

图 11-70　消隐后的显示

知识要点：

消隐是编辑三维实体显示效果中常用到的一个命令，其作用是将隐藏在不透明曲面后，也就是被不透明曲面遮挡住的线从屏幕上消除掉。HIDE 命令将圆、实体、宽线、文字、面域、宽多段线线段、三维面、多边形网格以及厚度非零的对象拉伸边视为隐藏对象的不透明曲面。因此，利用该命令把被其他对象遮挡住的线隐藏起来，就可以增强三维实体的三维视觉显示效果。

消隐命令的启动方法如下。

◆　下拉菜单：选择"视图→消隐"命令。

◆　工具栏：在"渲染"工具栏上单击"消隐"按钮💮。

◆　输入命令名：在命令行中输入或动态输入 HIDE，并按 Enter 键。

实用案例 11.10　使用 VSCURRENT 命令的不同效果显示图形

素材文件：	CDROM\11\素材\使用 VSCURRENT 命令的不同效果显示三维视图素材.dwg
效果文件：	CDROM\11\效果\使用 VSCURRENT 命令的不同效果显示三维视图.dwg
演示录像：	CDROM\11\演示录像\使用 VSCURRENT 命令的不同效果显示三维视图.exe

📥 案例解读

本案例的目的是使用 VSCURRENT 命令的不同效果显示图形。

📥 要点流程

● 打开素材文件

● 用不同的"视觉样式"显示三维图形

📥 操作步骤

步骤 1　打开素材文件

打开光盘中的文件"CDROM\11\素材\使用 VSCURRENT 命令的不同效果显示三维视图素材.dwg"，如图 11-71 所示是一个法兰盘的二维线框的显示效果图。

步骤 2　用不同的"视觉样式"显示图形

①单击"视图样式"工具栏上的下拉菜单，选择"三维隐藏"选项，效果如图 11-72

所示。

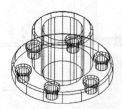 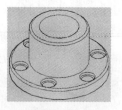

图 11-71　法兰盘的二维线框显示效果　　　图 11-72　法兰盘的三维隐藏显示效果

② 单击"视图样式"工具栏上的下拉菜单，选择"三维线框"选项，效果如图 11-73 所示。

③ 单击"视图样式"工具栏上的下拉菜单，选择"概念"选项，效果如图 11-74 所示。

④ 单击"视图样式"工具栏上的下拉菜单，选择"真实"选项，效果如图 11-75 所示。

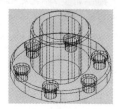 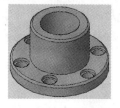 

图 11-73　法兰盘的三维线框显示效果　图 11-74　法兰盘的概念显示效果　图 11-75　法兰盘的真实显示效果

知识要点：

视觉样式用来控制模型的外观显示状态。

视觉样式命令的启动方法如下。

◆　下拉菜单：选择"视图→视觉样式→二维线框/三维线框/三维隐藏/真实/概念"命令。

◆　工具栏：在"视图样式"工具栏上选择"二维线框⬚/三维线框⊗/三维隐藏⊗/概念●/真实●"按钮。

◆　输入命令名：在命令行中输入或动态输入 VSCURRENT，并按 Enter 键，命令行里显示"输入选项 [二维线框(2)/三维线框(3)/三维隐藏(H)/真实(R)/概念(C)/其他(O)]"。

各选项含义：

◆　二维线框(2)：将对象的边界用直线和曲线来表示。光栅和 OLE 对象、线型和线宽都是可见的。如图 11-76 所示，就是三维球体的二维线框的显示效果。

◆　三维线框(3)：与"二维线框"一样，也是将对象的边界用直线和曲线来表示，但 UCS 坐标系显示为彩色的三维坐标系。如图 11-77 所示，就是三维球体的三维线框的显示效果。

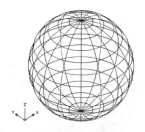 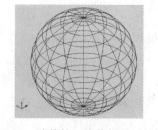

图 11-76　球体的二维线框显示效果　　　图 11-77　球体的三维线框显示效果

◆ 三维隐藏(H): 也叫"三维消隐"。用三维线框表示对象,并隐藏表示后向面的直线。但当鼠标放置在三维图形外面,跟鼠标放置在三维图形上面,显示效果是不一样的,如图 11-78 和图 11-79 所示。

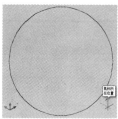

图 11-78　鼠标在图形外面的三维隐藏效果图　　　图 11-79　鼠标在图形上面的三维隐藏效果图

◆ 概念(C): 着色多边形平面间的对象,并使对象的边平滑化,将会显示已附着到对象的材质,如图 11-80 所示。

◆ 真实(R): 着色多边形平面间的对象,并使对象的边平滑化。着色使用一种冷色和暖色之间的过渡而不是从深色到浅色的过渡。这种效果缺乏真实感,但是可以更方便地查看模型的细节,如图 11-81 所示。

图 11-80　球体的概念显示效果　　　　　　图 11-81　球体的真实显示效果

◆ 其他(O): 选择"其他"之后,会在命令行显示"输入视觉样式名称或 [?]:"的提示。如果继续输入 "?",则弹出 AutoCAD 的文本窗口,如图 11-82 所示。

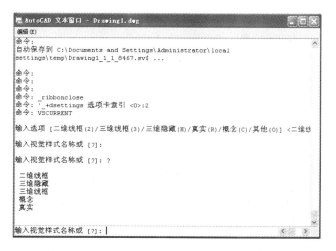

图 11-82　AutoCAD 文本窗口

实用案例 11.11 使用 VISUALSTYLES 命令按要求设置三维视图

素材文件：	CDROM\11\素材\使用 VISUALSTYLES 命令按要求设置三维视图素材.dwg
效果文件：	CDROM\11\效果\使用 VISUALSTYLES 命令按要求设置三维视图.dwg
演示录像：	CDROM\11\演示录像\使用 VISUALSTYLES 命令按要求设置三维视图.exe

案例解读

本案例的目的是使用 VISUALSTYLES 命令按要求设置三维视图，把如图 11-83 所示的素材更改成面样式为"实时"、颜色为"红色"且显示黄色镶嵌面边和轮廓线的图形，如图 11-84 所示。

图 11-83 素材

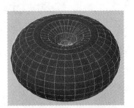

图 11-84 效果图

要点流程

- 打开素材文件
- 用"视觉样式管理器"设置图形显示效果

操作步骤

步骤 1 打开素材文件

打开光盘中的素材文件，如图 11-83 所示。

步骤 2 用"视觉样式管理器"设置图形显示效果

①在"视图样式"工具栏上单击"视图样式管理器"按钮，打开视图样式管理器。

②在"面设置"特性面板中，将"面样式"选项设置为"实时"，"面颜色模式"选项设置为"单色"，"单色"设置为"红色"，如图 11-85 所示。

③在"边设置"特性面板中，将"边模式"选项设置为"镶嵌面边"，镶嵌面边的"颜色"选项设置为"黄色"，如图 11-86 所示。

④在"快速轮廓边"中，将"可见"选项设置为"是"，得到的效果图如图 11-84 所示。

图 11-85 面颜色为红色的实时图形

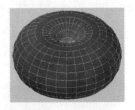

图 11-86 快速轮廓边

知识要点：

"视觉样式管理器"用来创建和修改视觉样式。使用"视觉样式管理器"，可以方便快捷地对视觉样式进行管理。

视觉样式管理器命令的启动方法如下。

◆ 下拉菜单：选择"视图→视图样式→视图样式管理器"命令，或是"工具→选项板→视觉样式"命令。

◆ 工具栏：在"视图样式"工具栏上单击"视图样式管理器"按钮 。

◆ 输入命令名：在命令行中输入或动态输入 VISUALSTYLES，并按 Enter 键。

打开的"视觉样式管理器"如图 11-87 所示，该选项板包括"图形中的可用视觉样式"的样例图像面板、"面设置"特性面板、"材质和颜色"特性面板、"环境设置"特性面板和"边设置"特性面板。

图 11-87 "视觉样式管理器"窗口

各选项含义：

◆ "图形中的可用视觉样式"的样例图像面板：该面板用来显示图形中可用的视觉样式的样例图像，共有"二维线框"、"三维隐藏"、"三维线框"、"概念"和"真实"五个视觉样式，如图 11-87 所示。选中图形之后，双击任意一种视觉样式，就可以使得选中的图形以设置的视觉样式显示出来。

✓ "创建新的视觉样式"按钮 ：该按钮用来命名新的视觉样式并做出说明。

✓ "将选定的视觉样式应用于当前视口"按钮 ：单击该按钮，可以把选中的视觉样式应用于当前视口中的图形，使当前视口中的图形按照选中的视觉样式显示出来。

✓ "将选定的视觉样式输出到工具选项板"按钮 ：会把当前图形的视觉样式添加到工具选项板中。

✓ "删除选定的视觉样式"按钮 ：将选定的视觉样式删除掉。

✓ "面设置"特性面板：该特性面板用来控制面在视口中的外观。其中各项的具体含义和功能如下。

✓ 面样式：用来定义面上的着色。共有"实时"、"古式"和"无"三个选项。

- 实时：接近于面在现实中的表现方式，是系统的默认设置，如图11-88所示。
- 古氏：使用冷色和暖色而不是暗色和亮色来增强面的显示效果，这些面可以附加阴影，而且很难在真实显示中看到，如图11-89所示。
- 无：不应用任何面样式，其他面样式也被禁用，如图11-90所示。

图 11-88　面样式为"实时"的球体　图 11-89　面样式为"古式"的球体　图 11-90　面样式为"无"的球体

✓ 光源质量：用来设定光源是否显示模型上的镶嵌面，共有"平滑"和"镶嵌面的"两个选项。

平滑：显示平滑，是系统的默认设置。

镶嵌面的：显示镶嵌面。

✓ 亮显强度：控制亮显在无材质的面上的大小。在"面设置"特性面板的右上角处有一个"亮显强度"按钮，单击该按钮，可以把"亮显强度"的数值在正负值之间转换。

✓ 不透明度：控制面在视口中的不透明度或透明度。在"面设置"特性面板的右上角处有一个"不透明度"按钮，单击该按钮，可以把"不透明度"的数值在正负值之间转换。

◆ "材质和颜色"特性面板：该特性面板用来控制面上的材质和颜色的显示，其中各项的具体含义和功能如下。

✓ 材质显示：控制是否显示材质和纹理，共有"材质和纹理"、"材质"和"关"三个选项。

材质和纹理：既显示材质，也显示纹理。

材质：只显示材质，不显示纹理。

关：材质和纹理都不显示。

✓ 面颜色模式：控制面上的颜色的显示，共有"普通"、"单色"、"渐浅"和"去饱和度（降饱和度）"四个选项。

普通：指不应用面颜色修改器。

单色：指显示以指定颜色着色的模型。

渐浅：用来更改面颜色的色调和饱和度值。

去饱和度（降饱和度）：通过将颜色的饱和度分量降低百分之三十来使颜色变得柔和。

✓ 单色：显示"选择颜色"对话框，如图11-91所示。用户可以从中根据面颜色模式选择单色或染色。若选择"洋红",则球体的面被着色,如图 11-92 所示。

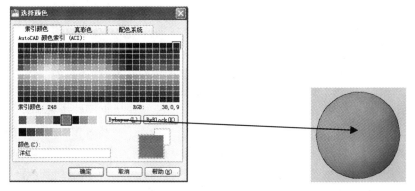

图 11-91   "选择颜色"对话框   图 11-92   单色选择"洋红"的球体

◆ "环境设置" 特性面板:该面板用来控制阴影和背景。其中各项的具体含义和功能如下。

  ✓ 阴影显示:用来控制阴影的显示,共有"全阴影"、"地面阴影"和"关"三个选项。

    全阴影:显示全阴影。

    地面阴影:只显示地面阴影。

    关:不显示阴影。

  ✓ 背景:用来控制背景是否显示在视口中。有"开"和"关"两个选项。

    开:显示背景。

    关:不显示背景。

◆ "边设置"特性面板:该面板用来控制如何显示边。其中各项的具体含义和功能如下。

  ✓ 边模式:用来设置边的显示模式。共有"镶嵌面边"、"素线"和"无"三个选项。

    镶嵌面边:边显示镶嵌面,如图 11-93 所示。

    素线:边显示素线,如图 11-94 所示。

    无:不显示边。

图 11-93   边模式为"镶嵌面边"的球体   图 11-94   边模式为"素线"的球体

◆ 颜色:用来设置边的颜色。在下拉菜单中为边设置颜色,为边模式为素线的球体设置颜色,如果选择"洋红色",则效果图如图 11-95 所示。

  ✓ 边修改器:用来控制应用到所有边模式的设置,"无"选项的设置除外。共有"突出"、"抖动"、"折痕角"和"光晕间隔"四个选项。

    突出:用来将线延伸至超过其交点,以达到手绘的效果。在"边修改器"特性面板的右上角处有一个"突出边"按钮，单击该按钮，可以打开和关闭突出效果。在命令行中输入 VSEDGEOVERHANG 命令，也可以实现该功能，其取值范围为 1 到 100 像素。可以通过在设置前添加减号来关闭外伸效果，该命令的初始值为"-6"即默认情况下，外伸效果是关闭的。

抖动：使线显示出经过勾画的特征。共有"低"、"中"、"高"和"关"四个选项。在"边修改器"特性面板的右上角处有一个"抖动边"按钮，单击该按钮可以打开和关闭抖动效果。如图 11-95 所示图中，抖动选项为"关"，如果改为"高"，则效果如图 11-96 所示。在命令行中输入 VSEDGEJITTER 命令，也可以实现该功能。如果新值输入为"1"，则直线显示出铅笔勾画特征的程度比较低，相当于"低"选项；如果新值输入为"2"，则直线显示出铅笔勾画特征的程度居中，相当于"中"选项；如果新值输入为"3"，则直线显示出铅笔勾画特征的程度最高，相当于"高"选项。

图 11-95　素线为洋红色的球体

图 11-96　抖动效果为"高"

折缝角度：设定面内的镶嵌面边不显示的角度，以达到平滑的效果。在命令行中输入 VSEDGESMOOTH 命令，也可以实现该功能，其取值范围为 0 到 180，该命令的初始值为"1"。

光晕间隔：指定一个对象被另一个对象遮挡处要显示的间隔大小。在命令行中输入 VSHALOGAP 命令，也可以实现该功能，其取值范围为 0 到 100。该命令的初始值为"0"。

✓ 快速轮廓边：用来设置应用到轮廓边的显示，共有"可见"和"宽度"两个选项。

可见：设置轮廓边的显示是否可见，如图 11-97 和图 11-98 所示为比较轮廓线可见和不可见的两种情况。在命令行中输入 VSSILHEDGES 命令，控制当前视口的视觉样式中的实体对象轮廓边的显示。如果新值输入为"0"，则显示关闭；如果新值输入为"1"，则显示打开。该命令的初始值为"0"，即默认情况下，不显示轮廓边。

图 11-97　轮廓线可见

图 11-98　轮廓线不可见

宽度：设置轮廓边显示的宽度。在命令行中输入 VSSILHWIDTH 命令，可以以像素为单位指定当前视口中轮廓边的宽度，其取值范围为 1 到 25。该命令的初始值为 "5"。

✓ 暗显边：设置遮挡边的状态，但只有当边模式设置为 "镶嵌面边" 时，该设置才可行，共有 "可见"、"颜色" 和 "线型" 三个选项。

可见：设置是否显示遮挡边。如图 11-99 和图 11-100 所示，比较暗显边可见和不可见两种情况。在命令行中输入 VSOBSCUREDEDGES 命令，可以控制是否显示遮挡边。如果新值输入为 "0"，则不显示遮挡边；如果新值输入为 "1"，则显示遮挡边。该命令的初始值为 "0"，即默认情况下，不显示遮挡边。

图 11-99　暗显边不可见　　　　　　　　图 11-100　暗显边可见

颜色：设置遮挡边的显示颜色。但只有在显示隐藏边的时候，即 "可见" 选项设置为 "开" 时，才能看到所设置的隐藏边的颜色。在命令行中输入 VSOBSCUREDCOLOR 命令，可以设置遮挡边的颜色。有效值包括随层（256）、随块（0）、随图元（257）、任何 AutoCAD 颜色索引（ACI）颜色（从 1 到 255 的整数），该命令的初始值为 "随图元"。

线型：设置遮挡边的线型。同上，只有在显示隐藏边的时候，即 "可见" 选项设置为 "开" 时，才能看到所设置的隐藏边的线型。在命令行中输入 VSOBSCUREDLTYPE 命令，可以设置遮挡边的线型。

✓ 相交边：设置相交边多段线的状态。同暗显边，共有 "可见"、"颜色" 和 "线型" 三个选项。

可见：设置是否显示相交边。如图 11-99 所示，相交线不可见，而图 11-101 中的相交线可见。在命令行中输入 VSINTERSECTIONEDGES 命令，可以控制是否显示相交边。如果新值输入为 "0"，则不显示相交边；如果新值输入为 "1"，则显示相交边。该命令的初始值为 "0"，即默认情况下，不显示相交边。

颜色：设置相交边多段线的显示颜色。在命令行中输入 VSINTERSECTIONCOLOR 命令，可以设置相交多段线的颜色。值 0 指定 "随块"，值 256 指定 "随层"，值 257 指定 "随图元"。1 到 255 的值可指定 AutoCAD 颜色索引(ACI)颜色。还可以指定真彩色和配色系统颜色。该命令的初始值为 "7"，是一个可以转换基于背景色的颜色（黑色或白色）的特殊值。

线型：设置相交边多段线的线型。在命令行中输入 VSINTERSECTIONLTYPE 命令，可以设置相交边多段线的线型。取值范围从 1 到 11，各值含义与暗显边的线型选项的含义相同。该命令的初始值为 "1"，即默认情况下，相交边的线型为虚线。设置相交边的颜色为红色，线型为 "虚线"，如图 11-102 所示。

图 11-101　相交线可见

图 11-102　相交线为红色的虚线

步骤 3　保存文件

实用案例 11.12　为三维图形添加材质，并渲染图形

素材文件：	CDROM\11\素材\添加材质并渲染图形素材.dwg
效果文件：	CDROM\11\效果\添加材质并渲染图形效果图.bmp
演示录像：	CDROM\11\演示录像\添加材质并渲染图形.exe

案例解读

本项目的目的是：通过为实体添加材质，令大家熟悉和理解"材质"选项板的功能。

要点流程

- 打开素材文件
- 启动"材质"命令，为实体添加材质
- 渲染图形

操作步骤

步骤 1　打开素材文件

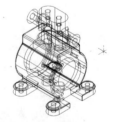

打开光盘中的素材文件"CDROM\11\素材\添加材质并渲染图形素材.dwg"，如图 11-103 所示。

步骤 2　启动"材质"命令，为实体添加材质

①在"渲染"工具栏上单击"材质"按钮，启动材质命令，弹出"材质"选项板。

图 11-103　素材

②在"样例几何体"中选择"圆柱体"命令，在"材质编辑器"面板中，将类型设置为"真实"，样板设置为"反光油漆"，颜色设置为"黄色"，自发光设置为"20"，设置如图 11-104 所示。

知识要点：

材质命令的启动方法如下。

- 下拉菜单：选择"视图→渲染→材质"命令，或选择"工具→选项板→材质"命令。
- 工具栏：在"渲染"工具栏上单击"材质"按钮。
- 输入命令名：在命令行中输入或动态输入 MATERIALS，并按 Enter 键。

步骤 3 渲染图形

①关闭"材质"选项板，单击"渲染"工具栏上的"渲染"按钮 🫖。

②"渲染"窗口自动打开，渲染后的三维显示效果如图 11-105 所示。

图 11-104 "材质"选项板设置

图 11-105 渲染效果图

步骤 4 保存文件

综合实例演练——绘制热水壶

素材文件：	无
效果文件：	CDROM\11\效果\绘制热水壶.dwg
演示录像：	CDROM\11\演示录像\绘制热水壶.exe

案例解读

绘制电热水壶，首先要考虑该产品的实用性能，如图 11-106 所示，包括：

- 电热水壶由壶盖、壶体、壶底座三部分组成，这三部分应能很好地配合。
- 电热水壶的壶口处应设计成便于液体流出的形状。
- 壶体应设计成上细下粗形，既要有一定盛装体积，又要考虑液体的特点；使其达到强度要求。
- 把手尺寸应设置合理，与人手的抓持相符合。

图 11-106　效果图

要点流程

绘制电热水壶的流程图如图 11-107 所示。首先生成电热水壶的大致外形轮廓，然后生成壶口形状实体，再利用抽壳操作生成壶体的空心形状，利用剖切操作生成壶盖，利用拉伸操作生成壶把手，壶底座也利用拉伸操作生成，最后生成的壶包含有三个实体：壶盖、壶体和壶底座。

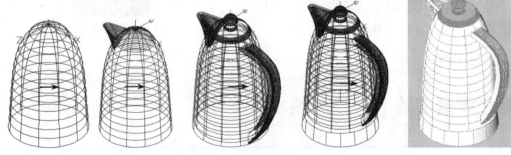

图 11-107　绘制电热水壶流程图

操作步骤

步骤 1　初始设置

启动 AutoCAD 2010，在菜单栏中，选择"视图→三维视图→主视"命令，使主视图为当前视图；输入命令 ISOLINES，将其值改为 16；为方便绘制图形，使"对象捕捉"处于打开状态。

步骤 2　绘制大致外形轮廓

（1）单击"绘图"工具栏上的"样条曲线"按钮 ～，按如下命令行操作，在 XY 平面上绘制一条样条曲线，如图 11-108 所示，此时命令行显示如下。

```
命令：_spline
指定第一个点或 [对象(O)]：0,0                           //输入点坐标，以下同
```

```
指定下一点：-16,-3
指定下一点或 [闭合(C)/拟合公差(F)] <起点切向>：-44,-32
指定下一点或 [闭合(C)/拟合公差(F)] <起点切向>：-66,-105
指定下一点或 [闭合(C)/拟合公差(F)] <起点切向>：-72,-180
指定下一点或 [闭合(C)/拟合公差(F)] <起点切向>：-76,-250
指定下一点或 [闭合(C)/拟合公差(F)] <起点切向>：            //按 Enter 键
指定起点切向：                                              //按 Enter 键
指定端点切向：                                              //按 Enter 键
```

②在第 1 步绘制的样条线的基础上，绘制两条正交直线，并利用修剪命令，将其修剪成如图 11-109 所示的形状。

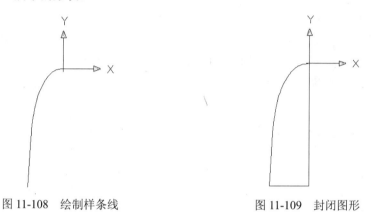

图 11-108　绘制样条线　　　　　图 11-109　封闭图形

③将此二维图形创建为一个面域。

④在菜单栏中选择"修改→三维操作→三维镜像"命令，在"建模"工具栏中单击"旋转"按钮，将第 3 步中得到的面域以 Y 轴为旋转轴旋转 360°，得到实体如图 11-110 所示。

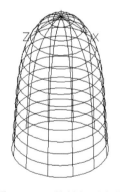

图 11-110　旋转得到实体

步骤 3　绘制壶口形状实体

①在命令行中输入 UCS 命令，将世界坐标系设为当前坐标系，然后将坐标系沿 Z 轴负半轴移动 28。

②输入 PLAN 命令将新建 UCS 的 *XY* 平面作为当前视图。在 *XY* 平面上以（-80,0）为圆心，以 10 为半径绘制一个圆，并从（0,30）出发绘制该圆的切线，如图 11-111 所示。

③继续绘制二维图形，用镜像操作将直线段以 X 轴为轴做镜像操作，用修剪命令及直线命令使得二维图形封闭，结果如图 11-112 中虚线所示。

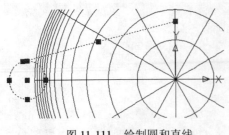

图 11-111　绘制圆和直线

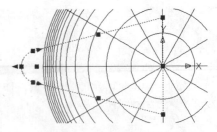

图 11-112　完成二维图形

④将此封闭二维图形创建为一个面域。

⑤在菜单栏中，选择"视图→三维视图→主视"命令，在此视图下绘制一样条曲线，如图 11-113 中虚线所示。

⑥在菜单栏中，选择"视图→三维视图→东南等轴测"命令，在此视图状态下单击"建模"工具栏中的"拉伸"按钮，将由图 11-112 所绘封闭图形中得到的面域沿上一步中绘制的样条做拉伸操作，结果如图 11-114 所示。

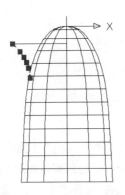

图 11-113　绘制样条曲线

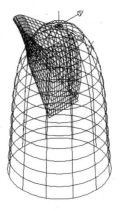

图 11-114　拉伸操作

⑦用布尔运算的并集运算将这两个实体并为一个实体，结果如图 11-115 所示。

⑧将世界坐标系设为当前坐标系。

⑨在菜单栏中选择"修改→三维操作→剖切"命令，将实体沿通过（0,0,-28）且平行于 XY 平面的平面做剖切操作，剖切得到的两部分实体均保留，结果如图 11-116 所示。

图 11-115　并集运算

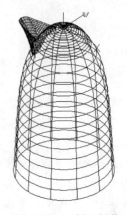

图 11-116　剖切操作

⑩在"修改"工具栏中单击"圆角"按钮，设置圆角半径为4，对壶嘴与壶体交接处的边做圆角操作，如图11-117所示。

步骤4 绘制壶体的空心形状

在"实体编辑"工具栏中单击"抽壳"按钮，选择存在的两个实体中下面的实体，删除其上表面且设置抽壳偏移距离为6，得到抽壳后空心的壶体，结果如图11-118所示。

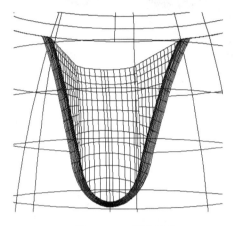

图 11-117 圆角操作

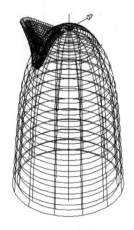

图 11-118 抽壳操作

步骤5 绘制壶盖

①上部的实体用于制作壶盖。在菜单栏中选择"修改→三维操作→剖切"命令，将实体沿通过（0,0,-18）且平行于 XY 平面的平面做剖切操作，将剖切平面的下部分保留，结果如图11-119所示。

②将坐标系沿 Z 轴负半轴移动18的距离，使原点位于壶盖上平面上。

③在"建模"工具栏上单击"圆柱体"按钮，以原点为底面圆心，半径为10，高为15建立一个圆柱体，结果如图11-120所示。

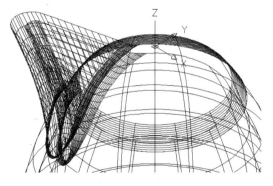

图 11-119 剖切操作

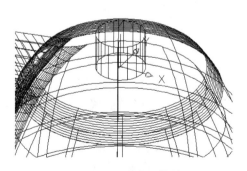

图 11-120 建立圆柱体

④在菜单栏中选择"视图→三维视图→主视"命令，在此视图下绘制如图11-121中虚线所示的二维图形。其中圆弧的圆心位于第3步中绘制的圆柱体的顶面中心处，半径为15。

⑤将第4步中绘制的二维图形创建为面域。

⑥在菜单栏中，选择"视图→三维视图→东南等轴测"命令，在此视图状态下单击"建

模"工具栏中的"旋转"按钮🔄，将第 5 步中绘制的面域绕 Y 轴旋转 360°，形成一个实体，作为壶盖的手柄，结果如图 11-122 所示。

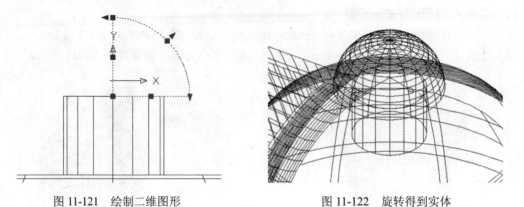

图 11-121　绘制二维图形　　　　　　　　图 11-122　旋转得到实体

⑦用并集运算将形成壶盖的三个实体合并为一个实体。

步骤 6　绘制壶盖的壶把手

①在手柄的圆柱与半球相接处的边倒半径为 4 的圆角，结果如图 11-123 所示。

②将视图切换为主视图状态，在此视图中绘制如图 11-124 中虚线所示的样条线。

③将视图切换为右视图状态，在此视图中绘制如图 11-125 中虚线所示的二维图形。

④将此二维图形创建为面域。将世界坐标系设为当前坐标系。

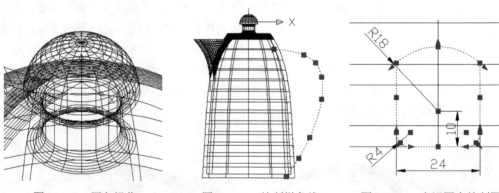

图 11-123　圆角操作　　　　图 11-124　绘制样条线　　　图 11-125　右视图中绘制图形

⑤切换到东南等轴测视图中，在菜单栏中选择"修改→三维操作→三维移动"命令，选择上一步中创建的面域，令移动位移为（70,0,0），做三维移动操作，结果如图 11-126 所示。

⑥将移动后的面域沿着图 11-27 所示的样条线作拉伸操作，结果如图 11-127 所示。

⑦在"实体编辑"工具栏中单击"复制面"按钮🔲，选择壶体实体的外表面，复制位移为（0,0,0）做复制面操作，实际上是把实体的外表面提取成为一个面域但未作移动。

⑧在菜单栏中选择"修改→三维操作→剖切"命令，选取上一步中得到的面域作为剖切曲面，将图 11-128 所示的拉伸得到的实体作剖切操作，保留该实体在壶外的部分，得到壶把手的实体，然后把作为剖切曲面的面域删除，如图 11-128 所示。

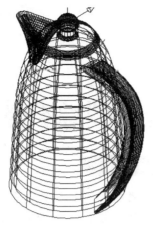

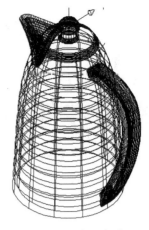

图 11-126　移动面域　　　　　图 11-127　拉伸面域　　　　　图 11-128　剖切操作

⑨对壶把手与壶体两实体求并集运算，使之合并为一个实体。

步骤 7　绘制壶底座

①下面开始绘制热水壶的底座。在"实体编辑"工具栏中单击"复制面"按钮 ⬜，选择壶体实体的底面，复制位移为（0,0,0）作复制面操作，实际上是把实体的底面提取成为一个面域但未作移动。

②单击"建模"工具栏中的"拉伸"按钮 ⬆，将第 1 步中得到的面域沿当前坐标系的 Z 轴负半轴拉伸 32 个单位，并设置倾斜角为-5°，完成壶底座的绘制，结果如图 11-129 所示。

③至此，整个热水壶的绘制完成，图 11-130 为概念模式下的显示。

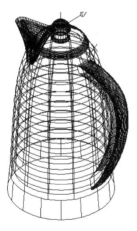

图 11-129　完成底座的绘制　　　　　　　图 11-130　概念模式下的显示

步骤 8　保存文件

第12章
常用零件三维造型综合实例

本章导读

通过对第 10 章、第 11 章的学习，读者对 AutoCAD 2010 三维造型的相关基础知识和操作命令都有了一定的了解和认识。本章将通过对机械工程中常用的零部件进行三维造型绘制和讲解，加深读者对三维造型中相关命令及绘制方法的理解，并提高三维造型在实际制造生产中的综合应用能力。

本章主要学习以下内容：

- 螺纹类零件的三维造型设计及实用案例
- 盘盖类零件的三维造型设计及实用案例
- 轴系零件的三维造型设计及实用案例
- 齿轮类零件的三维造型设计及实用案例
- 箱体类零件的三维造型设计及实用案例

12.1 螺纹类零件的三维造型

实用案例 12.1.1 绘制螺母

素材文件：	无
效果文件：	CDROM\12\效果\绘制螺母.dwg
演示录像：	CDROM\12\演示录像\绘制螺母.exe

案例解读

本案例主要针对型号为 M16 的普通六角螺母进行三维造型设计和讲解。螺母主要和螺栓、垫圈配合使用，起对产品或零件的连接和固定作用。螺母根据其外形的不同，可分为六角螺母、方形螺母、圆螺母、槽形螺母、盖形螺母等，其中六角螺母应用最为广泛。本案例主要使用 AutoCAD 2010 三维命令中的拉伸、螺纹、扫描、交集、差集等命令来对螺母进行造型设计和绘制，并通过渲染达到良好的视觉效果，如图 12-1 所示。

图 12-1 螺母的三维效果图

要点流程

- 启动 AutoCAD 2010 中文版，进入绘图界面
- 使用三维拉伸、差集、倒角等命令，绘制六边形体
- 使用多段线编辑、扫描等命令，绘制螺旋实体
- 通过差集命令，完成螺母造型绘制
- 在螺母渲染着色后将其保存

操作步骤

步骤 1 绘制六边形体

①启动 AutoCAD2010 中文版，进入绘图界面。

②使用二维绘图命令绘制一个直径为 13.6 的圆，再以圆心为基点，绘制一个内接于圆直径为 26.8 的六边形，如图 12-2 所示。

③在"建模"工具栏中单击"拉伸"按钮🗐，启动三维拉伸命令，沿+Z 轴拉伸圆的高度为 20，再向同一个方向拉伸六边形的高度为 13，如图 12-3 所示。

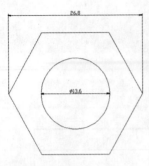

图 12-2　绘制平面图形

图 12-3　拉伸实体

④ 在"建模"工具栏中单击"差集"按钮⊙，启动差集命令，以六边形体为目标体，圆柱体为工具体，进行求差编辑实体，结果如图 12-4 所示。

⑤ 在"建模"工具栏中单击"球体"按钮○，启动绘制球体命令，在六边形体的旁边绘制一个直径为 34.8 的球，结果如图 12-5 所示。

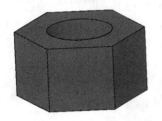

图 12-4　求差编辑实体

图 12-5　绘制球体

⑥ 在"建模"工具栏中单击"三维移动"按钮⊕，启动三维移动命令，以球芯为基点，以六边形体下圆心为目标点移动球体。结果如图 12-6 所示。

⑦ 在"建模"工具栏中单击"交集"按钮⊙，启动交集命令，选择六边形体和球体进行交集编辑，完成六边形体的上圆角处理。然后再以同样的方法编辑六边形体的下圆角，结果如图 12-7 所示。

图 12-6　移动球体

图 12-7　倒圆角

⑧ 在"修改"工具栏上单击"倒角"按钮◻，启动倒角命令，将六边形体的内圆孔上、下分别进行倒角，倒角大小为 C1.5，结果如图 12-8 所示。

步骤 2　绘制螺旋实体

① 在"建模"工具栏上单击"螺旋"按钮▤，启动螺旋命令，选择任意一点为底面中心点，绘制底面和顶面半径都为 8，圈高为 2，螺旋高度为 15 的螺旋线，结果如图 12-9 所示。

图 12-8　倒角

图 12-9　绘制螺旋线

②启动二维绘图命令，绘制螺旋线截面二维图形。再在命令行中输入"pe"，启动多线段编辑命令，使用多条线段模式将绘制的线条合并生成为多线段线条，结果如图 12-10 所示。

③在"修改"工具栏上启动移动命令和旋转，将截面图形移动到螺旋线底部端点，并将截面图形所在的平面设置为 XY 平面，结果如图 12-11 所示。

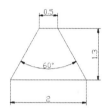

图 12-10　绘制螺纹线截面

图 12-11　移动螺旋线截面

④在"建模"工具栏上单击"扫描"按钮，启动扫描命令，选择截面图形沿螺旋线进行扫描，结果如图 12-12 所示。

步骤 3　完成螺母造型绘制

①启动"三维移动"命令，选择扫描螺旋实体以螺旋线上中心点为基点移动到六边体内孔的圆中心线，结果如图 12-13 所示。

图 12-12　扫描螺旋线

图 12-13　移动扫描实体

②启动"差集"命令，选择六边形体为目标体，螺旋体为工具体，进行求差编辑实体，完成螺母的绘图操作。

③将零件进行渲染着色后保存图形到特定位置。

注意

在三维图形的绘制工程中，选择适合的坐标系位置和坐标平面是绘图的关键，读者可根据自己的习惯旋转或选择坐标系 XY 轴平面或方向。特别是在绘制平面图形和螺旋线的扫描截面时，应将其设置为 XY 平面，并注意坐标轴的方向。

步骤 4　保存文件

实用案例 12.1.2　绘制螺栓

素材文件：	无
效果文件：	CDROM\12\效果\绘制螺栓.dwg
演示录像：	CDROM\12\演示录像\绘制螺栓.exe

案例解读

　　本案例主要针对型号为 M16×45 的普通六角螺栓进行三维造型设计和讲解。在前面的章节中，笔者已对螺栓进行了介绍和二维视图的绘制。本案例主要使用 AutoCAD 2010 三维命令中的拉伸、螺纹、扫描、交集、差集等命令来对螺栓进行造型设计和绘制，并通过渲染达到良好的视觉效果，如图 12-14 所示。

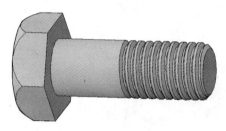

图 12-14　螺栓效果图

要点流程

- 启动 AutoCAD 2010 中文版，进入绘图界面
- 使用三维拉伸、差集等命令，绘制六边形体
- 使用圆柱体、并集、倒角等命令，绘制螺栓外形体
- 使用多段线编辑、扫描等命令，绘制螺旋实体
- 通过差集命令，完成螺栓造型绘制
- 在螺栓渲染着色后将其保存

操作步骤

步骤 1　绘制六边形实体

①启动 AutoCAD2010 中文版，进入绘图界面。

②在"绘图"工具栏上单击"多边形"按钮⬠，启动绘制多边形命令，绘制一个内接于圆半径为 15.125 的正六边形。

③在"建模"工具栏上单击"拉伸"按钮，启动拉伸命令，将六边形拉伸高度为 10，结果如图 12-15 所示。

步骤 2　绘制螺栓外形体

①在"绘图"工具栏上单击"直线"按钮／，启动绘制直线命令，以六边形体顶面左右两顶点连接一条辅助直线。

②在"建模"工具栏上单击"球体"按钮○，启动绘制球体命令，以六边形上辅助直

线的中心点为圆心，绘制一个半径为 16.5 的球体，结果如图 12-16 所示。

图 12-15　绘制中心线

图 12-16　绘制球体

③ 在"建模"工具栏上单击"交集"按钮 ⊙，启动交集命令，选择六边形体和球体进行求交编辑，结果如图 12-17 所示。

④ 在"建模"工具栏上单击"圆柱体"按钮 ⬚，启动绘制圆柱体命令，然后再以辅助直线的中心点为底面圆心绘制一个直径为 16，高为 45 的圆柱体，结果如图 12-18 所示。

图 12-17　求交实体

图 12-18　绘制圆柱体

⑤ 在"建模"工具栏上单击"并集"按钮 ⊙，启动并集命令，选择六边形体和圆柱体进行求和编辑，再删除辅助直线。

⑥ 在"修改"工具栏上单击"倒角"按钮 ◺，启动倒角命令，将圆柱体顶面边缘进行倒角，倒角大小为 1.5×1.5。

步骤 3　绘制螺旋实体

① 在"建模"工具栏上单击"螺旋"按钮 ☰，启动绘制螺旋命令，以绘图区域内任意一点为底面中心点，绘制一个底面直径和顶面直径为 16，圈高为 2，螺旋高度为 25 的螺旋线，结果如图 12-19 所示。

② 在"绘图"和"修改"工具栏上选择二维绘图和编辑命令，绘制平面图形，再在命令行中输入"pe"，启动多线段编辑命令，使用多条线段模式将绘制的线条合并生成为多线段线条，结果如图 12-20 所示。

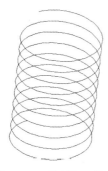

图 12-19　绘制螺旋线

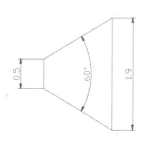

图 12-20　绘制截面图形

③在"修改"工具栏上启动旋转命令，选择截面图形绕任意一点旋转 180°。启动绘制直线命令，绘制辅助直线，结果如图 12-21 所示。

④在"修改"工具栏上启动移动命令，将截面图形以辅助线端点为起点移动到螺旋线底部端点，并将截面图形平面设置为 XY 平面，结果如图 12-22 所示。

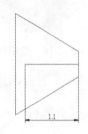

图 12-21　绘制辅助线　　　　　　　　　　图 12-22　移动螺旋线截面

⑤在"建模"工具栏上单击"扫描"按钮🔁，启动扫描命令，并选择截面图形沿螺旋线进行扫描，结果如图 12-23 所示。

步骤 4　完成螺栓造型绘制

①在"建模"工具栏上单击"三维移动"按钮⊕，启动三维移动命令，并选择扫描螺旋实体以螺旋线上中心点为基点移动到圆柱顶面圆心位置，结果如图 12-24 所示。

图 12-23　扫描螺旋截面　　　　　　　　　图 12-24　移动扫描实体

②在"建模"工具栏上单击"差集"按钮◎，启动差集命令，选择圆柱体为目标体，螺旋体为工具体进行求差编辑，完成螺栓的绘图操作。

③将零件进行渲染着色后保存图形到特定位置。

步骤 5　保存文件

12.2　盘盖类零件的三维造型

实用案例 12.2.1　绘制皮带轮

素材文件：	无
效果文件：	CDROM\12\效果\绘制皮带轮.dwg
演示录像：	CDROM\12\演示录像\绘制皮带轮.exe

案例解读

本案例主要针对盘盖类零件中的皮带轮进行三维造型设计和讲解。皮带轮在机械工程中主要起传递载荷、调速、过载保护等作用，根据传动槽的不同，可分为单 V 槽、多 V 槽、圆槽等结构形式。本案例主要使用 AutoCAD 2010 三维命令中的旋转、面域、拉伸、差集等命令来对皮带轮进行造型设计和绘制，并通过渲染达到良好的视觉效果，如图 12-25 所示。

图 12-25　皮带轮效果图

要点流程

- 启动 AutoCAD 2010 中文版，进入绘图界面
- 使用多段线编辑、旋转等命令，绘制外形实体
- 使用多段线编辑、拉伸等命令，绘制键槽实体
- 通过差集命令，完成皮带轮造型绘制
- 在皮带轮渲染着色后将其保存

操作步骤

步骤 1　绘制外形实体

①启动 AutoCAD 2010 中文版，进入绘图界面。

②在 "绘图" 和 "修改" 工具栏上选择二维绘图和编辑命令，绘制平面图形；再在命令行中输入命令 "pe"，启动多线段编辑命令，使用多条线段模式将绘制的线条合并生成为多线段线条，结果如图 12-26 所示。

③在 "建模" 工具栏上单击 "旋转" 按钮 🔄，启动旋转命令，选择上一步所绘制的截面图形绕中心直线旋转 360°，旋转后的图形如图 12-27 所示。

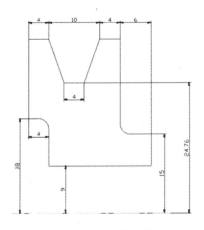

图 12-26　绘制截面图

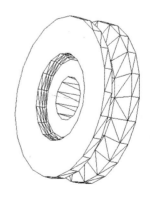

图 12-27　旋转截面图形

步骤 2　绘制键槽实体

①将视图转换为左视方向，选择平面圆的圆心点为基准及坐标原点，启动直线绘图命令绘制长为 12，宽为 5 的矩形，结果如图 12-28 所示。

②在"绘图"工具栏上单击"面域"按钮▣，启动面域命令，选择第 1 步绘制的线框转换为面域对象。

③在"建模"工具栏上单击"拉伸"按钮▣，启动拉伸命令，选择线框拉伸高度为 30，结果如图 12-29 所示。

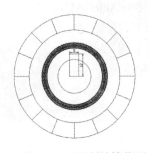

图 12-28　绘制键槽截面

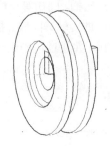

图 12-29　拉伸键槽实体

步骤 3　完成皮带轮造型绘制

①在"建模"工具栏上单击"差集"按钮▣，启动差集命令，选择皮带轮为目标体，键槽实体为工具体进行求差，完成皮带轮的绘图操作。

②将零件进行渲染着色后保存图形到特定位置。

步骤 4　保存文件

实用案例 12.2.2　绘制泵盖

素材文件：	无
效果文件：	CDROM\12\效果\绘制泵盖.dwg
演示录像：	CDROM\12\演示录像\绘制泵盖.exe

案例解读

本案例主要针对盘盖类零件中的泵盖零件进行三维造型设计和讲解。泵盖在机械工程中主要起对轴或零件的支撑和保护作用，具体形状和尺寸根据工作需要进行设计。本案例主要使用 AutoCAD 2010 三维命令中的拉伸、并集、倾斜面、差集等命令来对泵盖进行造型设计和绘制，并通过渲染达到良好的视觉效果，如图 12-30 所示。

要点流程

- 启动 AutoCAD 2010 中文版，进入绘图界面
- 使用三维拉伸、并集、倒圆角等命令，绘制泵盖外形实体
- 使用拉伸、倾斜面、差集等命令，绘制安装孔和定位销孔
- 使用拉伸、倒角、差集等命令，泵盖的轴承安装孔
- 在泵盖渲染着色后将其保存

图 12-30　泵盖效果图

操作步骤

步骤 1　绘制泵盖外形实体

①启动 AutoCAD 2010 中文版，进入绘图界面。

②在"绘图"和"修改"工具栏上选择二维绘图和编辑命令，绘制平面图形，结果如图 12-31 所示。

③在"建模"工具栏上单击"按住并拖动"按钮 ，启动三维拖动拉伸命令，拉伸内环线条的高度为 20，再拉伸外环线条的高度为 11。

④在"建模"工具栏上单击"并集"按钮 ，启动并集命令，选择上一步所拉伸的两个实体进行求和编辑，结果如图 12-32 所示。

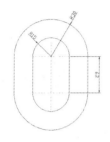

图 12-31　绘制平面图形

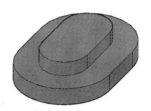

图 12-32　拉伸并求和实体

⑤在"修改"工具栏上单击"倒圆角"按钮 ，启动倒角命令，将立体图上的三个直角进行倒圆角操作，倒圆角大小为 R3，结果如图 12-33 所示。

步骤 2　绘制安装孔和定位销孔

①选择高为 11 的线条的上平面为 XY 平面，再启动二维绘图命令，绘制出安装孔和定位销孔的位置及大小，结果如图 12-34 所示。

图 12-33　倒圆角

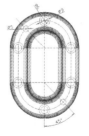

图 12-34　绘制安装定位孔平面图形

②在"建模"工具栏上单击"拉伸"按钮 ，启动拉伸命令，选择直径为 9 的孔沿 Z 轴向下拉伸距离 5.5；选择直径为 6 的孔沿 Z 轴向下拉伸距离 20；选择直径为 5 的孔沿 Z 轴向下拉伸距离 20，结果如图 12-35 所示。

③在"实体编辑"工具栏上单击"倾斜面"按钮 ，启动倾斜面命令，选择直径为 5 的圆柱侧面为倾斜面，以圆柱体上平面圆心为基点，圆柱体下平面圆心为沿倾斜轴的另一点，指定倾斜角度为 3°，倾斜圆柱侧面，结果如图 12-36 所示。

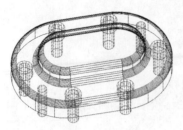

图 12-35　拉伸

图 12-36　倾斜圆柱面

④在"建模"工具栏上单击"差集"按钮⊙，启动差集命令，选择泵体为目标体，圆柱体和圆锥体为工具体进行求差编辑，并删除辅助曲线，结果如图 12-37 所示。

步骤 3　绘制泵盖的轴承安装孔

①将工作视图转换为仰视方向，选择底平面圆弧的圆心为基点，启动二维绘圆命令分别绘制两个直径为 16 的圆，结果如图 12-38 所示。

图 12-37　求差编辑定位安装孔

图 12-38　绘制圆

②隐藏实体图层，启动拉伸命令，选择上一步绘制的圆沿-Z 轴方向拉伸距离 18。

③在"绘图"工具栏上单击"倒角"按钮◻，选择圆柱体下端边缘进行倒角，倒角距离分别为 4 和 8。结果如图 12-39 所示。

④显示隐藏的实体图层，启动差集命令，选择泵体为目标体，两圆柱为工具体进行求差编辑，结果如图 12-40 所示。

图 12-39　倒角

图 12-40　求差所得实体

⑤将实体进行渲染着色后保存文件到特定位置。

技巧

在 AutoCAD 绘制三维图形时，为便于线条或实体的绘制和编辑，需要对一些线条或实体进行隐藏，读者可充分利用图层的设置，在绘制时将其分类管理和编辑，在绘制完成后再统一进行着色或渲染。

步骤 4　保存文件

12.3 轴系零件的三维造型

实用案例 12.3.1 绘制深沟球轴承

素材文件:	无
效果文件:	CDROM\12\效果\绘制深沟球轴承.dwg
演示录像:	CDROM\12\演示录像\绘制深沟球轴承.exe

案例解读

本案例主要针对型号为 6208 的深沟球轴承进行三维造型设计和讲解。在前面的章节中，笔者已对轴承及二维视图的绘制进行了介绍。本案例主要使用 AutoCAD 2010 三维命令中的面域、旋转、阵列、拉伸、差集等命令来对轴承进行造型设计和绘制，并通过渲染达到良好的视觉效果，如图 12-41 所示。

图 12-41 深沟球轴承效果图

要点流程

- 启动 AutoCAD 2010 中文版，进入绘图界面
- 使用面域、旋转等命令，绘制外圈和内圈实体
- 使用球体、阵列等命令，绘制滚动体
- 使用拉伸、交集、差集等命令，绘制保持架
- 在完成的轴承渲染着色后将其保存

操作步骤

步骤 1 绘制外圈和内圈实体

① 启动 AutoCAD2010 中文版，进入绘图界面。

② 在"绘图"和"修改"工具栏上选择二维绘图和编辑命令，绘制轴承的外圈和内圈截面图形，结果如图 12-42 所示。

③ 在"绘图"工具栏上选择"面域"按钮，将图形上的两个封闭曲线转换为面域对象。

④ 在"建模"工具栏上选择"旋转"按钮，启动三维旋转命令，分别选择上一步所做的面域对象以 X 轴中心直线为基线，旋转 360°，结果如图 12-43 所示。

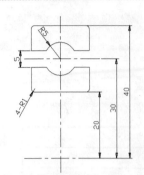

图 12-42　绘制外圈和内圈的截面图

图 12-43　旋转截面

步骤 2　绘制滚动体

① 在"建模"工具栏上单击"球体"按钮○，启动绘制球体命令，同时以所绘制平面图形的上中心交点为基点绘制直径为 10 的球体，结果如图 12-44 所示。

② 在"修改"/"三维操作"工具栏上单击"三维阵列"按钮，启动三维阵列命令，选择球体，然后以内圈的中心直线为基准线，此时 360°环形阵列数目为 12 个，结果如图 12-45 所示。

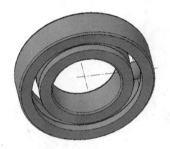

图 12-44　绘制滚动体

图 12-45　阵列滚动体

步骤 3　绘制保持架

① 隐藏实体图层。启动二维绘图和编辑命令在俯视投影方向上的中心线位置绘制矩形，再启动面域命令将矩形线框转换为面域对象，结果如图 12-46 所示。

② 启动三维旋转命令，分别选择第 1 步所做的面域对象，以中心直线为基线旋转 360°，结果如图 12-47 所示。

图 12-46　绘制矩形

图 12-47　旋转矩形

③ 将上一步所做的实体转换为隐藏实体图层，启动画圆命令，然后在内圈的圆心位置绘制同心圆，结果如图 12-48 所示。

④在"建模"工具栏上单击"拉伸"按钮⬚，启动拉伸命令，选择两个圆分别各拉伸距离 40，同时显示上一步旋转所得的实体。结果如图 12-49 所示。

图 12-48　绘制圆

图 12-49　拉伸圆柱体

⑤在"建模"工具栏上单击"交集"按钮⬚，启动交集命令，选择直径为 14 的圆柱体和旋转矩形圈进行求交。

⑥启动三维阵列命令，选择实体，以内圈的中心直线为基准线，此时 360°环形阵列数目为 12 个，结果如图 12-50 所示。

⑦隐藏显示的所有实体，将 XY 轴工作平面转换为俯视方向，启动二维绘图命令，绘制矩形线框，并启动面域命令将矩形线框转换为面域对象，结果如图 12-51 所示。

图 12-50　阵列圆柱体

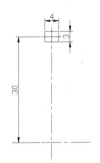

图 12-51　绘制矩形截面

⑧启动三维旋转命令，分别选择上一步所做的面域以下边的中心直线为基线，并旋转360°。

⑨显示直径为 14 的求交圆柱体。在"建模"工具栏上单击"并集"按钮⬚，启动并集命令，选择显示实体进行求和，结果如图 12-52 所示。

⑩显示直径为 10.4 的圆柱体。在"建模"工具栏上选择"差集"按钮⬚，启动差集命令，选择上一步求交所得的实体为目标体，直径为 10.4 的圆柱体为工具体，进行求差编辑，同时删除所有的二维绘图直线，结果如图 12-53 所示。

图 12-52　求和

图 12-53　求差

⑪将隐藏的所有实体显示出来，并对模型进行渲染和着色，完成绘图操作。

步骤 4 保存文件

实用案例 12.3.2　绘制轴承座

素材文件：	无
效果文件：	CDROM\12\效果\绘制轴承座.dwg
演示录像：	CDROM\12\演示录像\绘制轴承座.exe

📎 案例解读

　　本案例主要针对轴系零件中的轴承座进行三维造型设计和讲解。轴承座在机械工程中主要起支撑、润滑等作用，具体形状和尺寸根据工作需要来进行设计。本案例主要使用 AutoCAD 2010 三维命令中的拉伸、并集、移动等命令对轴承座进行造型设计和绘制，并通过渲染达到良好的视觉效果，如图 12-54 所示。

图 12-54　轴承座效果图

📎 要点流程

- 启动 AutoCAD 2010 中文版，进入绘图界面
- 使用面域、拉伸、差集等命令，绘制底板
- 使用面域、拉伸等命令，绘制支承板
- 使用面域、拉伸等命令，绘制加强肋
- 使用拉伸、差集等命令，绘制轴承凸台
- 使用拉伸、移动、交集、差集等命令，绘制顶部凸台
- 将轴承座渲染着色后保存

📎 操作步骤

步骤 1 绘制底板

①启动 AutoCAD 2010 中文版，进入绘图界面。

②在"绘图"和"修改"工具栏上选择二维绘图和编辑命令，在俯视图 XY 轴平面上绘制二维平面图形，结果如图 12-55 所示。

③在"绘图"工具栏上选择"面域"按钮◎，将图形上的封闭曲线转换为面域对象。

④在"建模"工具栏上选择"拉伸"按钮🗂，启动拉伸命令，选择面域对象和两个圆分别沿-Z 轴拉伸距离 14。

⑤在"建模"工具栏上选择"差集"按钮◎，启动差集命令，选择大实体为目标体，两个小圆为工具体，求差编辑对象，结果如图 12-56 所示。

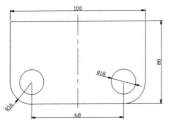

图 12-55　绘制底板平面图形

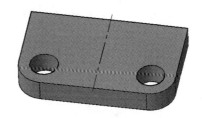

图 12-56　绘制底板

步骤 2　绘制支承板

①将 *XY* 轴工作平面转换为俯视方向。启动二维绘图和编辑命令，通过做辅助圆绘制支承板平面图形，结果如图 12-57 所示。

②启动面域命令，将梯形线框转换为面域对象。

③启动拉伸命令，选择梯形线框向前拉伸距离 12，结果如图 12-58 所示。

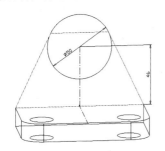

图 12-57　绘制支承板平面图形

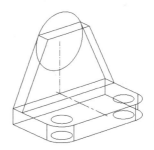

图 12-58　拉伸支承板

步骤 3　绘制加强肋

①将工作坐标系原点移动到支承板下端面直线中心点处，将 *XY* 轴工作平面转换为左视方向，然后启动二维绘图和编辑命令，绘制肋板平面图形，结果如图 12-59 所示。

②启动面域命令，将肋板平面图形的线框转换为面域对象。

③启动拉伸命令，选择肋板平面图形向右拉伸距离 6，再在"建模"工具栏中单击"按住并拖动"按钮 🖱，启动三维拖动拉伸命令，选择肋板实体的左平面向左拉伸距离 6，结果如图 12-60 所示。

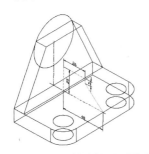

图 12-59　绘制肋板平面图形

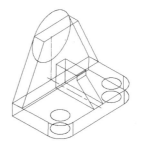

图 12-60　拉伸肋板

步骤 4　绘制轴承凸台

①将 *XY* 轴工作平面转换为主视方向。在"建模"工具栏上单击"三维移动"按钮 🖱，启动三维移动命令，选择支承板平面上的圆向后移动距离 7；再启动二维绘圆命令，以移动后圆的圆心为基点绘制直径为 28 的圆，结果如图 12-61 所示。

423

②启动拉伸命令，选择上一步移动和绘制的两个圆分别沿 Z 轴拉伸距离 50，结果如图 12-62 所示。

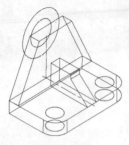

图 12-61　移动和绘制圆

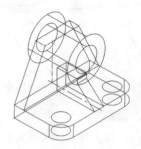

图 12-62　拉伸圆柱体

步骤 5　绘制顶部凸台

①将 XY 轴工作平面转换为俯视方向。在"建模"工具栏上单击"圆柱体"按钮，启动绘制圆柱体命令，以上一步所拉伸圆柱体的后端面圆心为底面圆心，绘制一个直径为 26、高为 30 的圆柱体，再以同一圆心绘制一个直径为 16、高为 30 的圆柱体。渲染着色后的结果如图 12-63 所示。

②启动三维移动命令，选择上一步所绘制的两个小圆柱体向前正交移动距离 26，结果如图 12-64 所示。

图 12-63　拉伸小圆柱体

图 12-64　移动小圆柱体

③在"建模"工具栏上单击"并集"按钮，启动并集命令，选择除直径为 28 和 16 的圆柱体外的所有实体进行并集编辑处理；再启动差集命令，选择组合实体为目标体、直径为 28 和 16 的圆柱体为工具体进行差集处理。

④删除多余的线条，将模型重新渲染和着色，完成轴承座的绘制。

步骤 6　保存文件

12.4　齿轮类零件的三维造型

实用案例 12.4.1　绘制圆柱齿轮

素材文件：	无
效果文件：	CDROM\12\效果\绘制圆柱齿轮.dwg
演示录像：	CDROM\12\演示录像\绘制圆柱齿轮.exe

案例解读

本案例主要针对齿轮类零件中的圆柱齿轮进行三维造型设计和讲解。在第 9 章的实用案例 9.5.1 中，笔者已对该圆柱齿轮的基本知识及二维视图进行了绘制和讲解。本案例主要使用 AutoCAD 2010 三维命令中的面域、拉伸、并集、差集等命令对圆柱齿轮进行三维造型设计和绘制，并通过渲染达到良好的视觉观察效果，如图 12-65 所示。

图 12-65　圆柱齿轮效果图

要点流程

- 启动 AutoCAD 2010 中文版，进入绘图界面
- 使用面域、拉伸等命令，绘制齿轮外形体
- 使用圆柱体、三维移动、并集等命令，绘制齿轮两端凸台
- 使用面域、拉伸、差集等命令，绘制安装定位孔
- 将圆柱齿轮渲染着色后保存

操作步骤

步骤 1　绘制齿轮外形体

①启动 AutoCAD2010 中文版，进入绘图界面。

②在"绘图"和"修改"工具栏上启动相关二维绘图和编辑命令，绘制平面图形，结果如图 12-66 所示。

③删除多余的辅助线条，在"修改"工具栏上单击"阵列"按钮 ，启动环形阵列命令，选择顶部的两段圆弧为阵列对象，同时以直径为 78 的圆的圆心为中心点，环行阵列项目总数为 24，阵列图形。

④在"修改"工具栏上单击"修剪"按钮 ，启动修剪命令，选择圆弧为修剪边界，修剪两个圆，结果如图 12-67 所示。

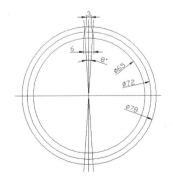

图 12-66　绘制平面图形

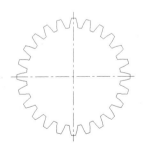

图 12-67　编辑齿形平面

⑤在"绘图"工具栏上单击"面域"按钮 ，将图形上的封闭曲线转换为面域对象。

⑥在"建模"工具栏上单击"拉伸"按钮 ，启动拉伸命令，选择齿轮平面图形沿-Z 轴拉伸高度为 28，着色后结果如图 12-68 所示。

步骤 2 绘制齿轮两端凸台

①在"建模"工具栏上单击"圆柱体"按钮，启动绘制圆柱体命令，然后以辅助中心直线的交点为底面圆心，沿-Z 轴方向绘制一个直径为 48、高为 40 的圆柱体，结果如图 12-69 所示。

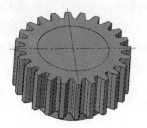

图 12-68　拉伸齿轮体　　　　　图 12-69　拉伸圆柱体

②在"建模"工具栏上单击"三维移动"按钮，启动三维移动命令，选择圆柱体沿+Z 轴方向移动距离 6。然后再在"建模"工具栏上单击"并集"按钮，启动并集命令，选择齿轮体和圆柱体进行求和编辑，结果如图 12-70 所示。

步骤 3 绘制安装定位孔

①移动坐标系原点和中心直线到圆柱顶面的圆心处，启动二维绘图和编辑命令绘制安装定位孔的平面图形，结果如图 12-71 所示。

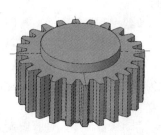

图 12-70　移动和并集实体　　　　图 12-71　绘制安装定位孔平面

②启动面域命令，将绘制的二维线框转换为面域对象。

③启动拉伸命令，选择第 2 步所编辑的面域沿-Z 轴拉伸距离 40。

④在"建模"工具栏上单击"差集"按钮，启动差集命令，选择齿轮实体为目标体，安装定位实体为工具体，进行实体求差编辑，结果如图 12-72 所示。

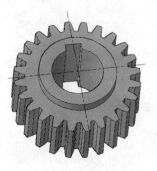

图 12-72　求差实体编辑

⑤启动倒角命令，将圆柱齿轮的尖角处进行倒角，倒角大小为 1。

步骤 4　保存文件

实用案例 12.4.2　绘制锥齿轮

素材文件：	无
效果文件：	CDROM\12\效果\绘制锥齿轮.dwg
演示录像：	CDROM\12\演示录像\绘制锥齿轮.exe

案例解读

本案例主要针对齿轮类零件中的锥齿轮进行三维造型设计和讲解。在第 9 章的实用案例 9.5.2 中，笔者已对该锥齿轮的场合及二维视图进行了绘制和讲解。本案例主要使用 AutoCAD 2010 三维命令中的面域、拉伸、并集、差集等命令对锥齿轮进行三维造型设计和绘制，并通过渲染达到良好的视觉观察效果，如图 12-73 所示。

图 12-73　锥齿轮效果图

要点流程

- 启动 AutoCAD 2010 中文版，进入绘图界面
- 使用面域、旋转等命令，绘制锥齿轮外形体
- 使用拉伸、交集、三维移动、阵列、求差等命令，绘制齿轮齿面
- 使用面域、拉伸、差集等命令，绘制安装键槽
- 将锥齿轮渲染着色后保存

操作步骤

步骤 1　绘制锥齿轮外形体

①首先启动 AutoCAD 2010 中文版，进入绘图界面。

②在"绘图"和"修改"工具栏上启动二维绘图和编辑命令，绘制锥齿轮剖面图形，结果如图 12-74 所示。

③在"绘图"工具栏上单击"面域"按钮◎，启动面域命令，将图形上封闭曲线转换为面域对象。

④在"建模"工具栏上单击"旋转"按钮🗄，启动三维旋转命令，选择面域对象以中心直线为基线旋转 360°，结果如图 12-75 所示。

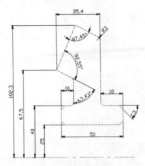

图 12-74 绘制锥齿轮剖面图形

图 12-75 旋转剖面图形

步骤 2 绘制齿轮齿面

① 隐藏实体和中心线，启动二维绘图和编辑命令，在俯视图平面上绘制平面图形如图 12-76 所示。

② 启动面域命令，将图形上的封闭曲线转换为面域对象。

③ 启动三维旋转命令，选择面域对象以 X 轴中心直线为基线旋转 360°，结果如图 12-77 所示。

图 12-76 绘制平面图形

图 12-77 旋转

④ 在"建模"工具栏上单击"偏移"按钮，启动偏移命令，选择斜度为 26.57° 的端面向外偏移距离 1。

⑤ 将 XY 工作平面转换到左视图，启动二维绘图和编辑命令，以端面圆心为起点绘制平面图形，结果如图 12-78 所示。

⑥ 启动面域命令，将图形上的封闭曲线转换为面域对象。

⑦ 在"建模"工具栏上单击"拉伸"按钮，启动拉伸命令，选择第 6 步所得的面域对象拉伸高度为 30，结果如图 12-79 所示。

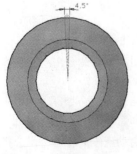

图 12-78 绘制齿截面平面

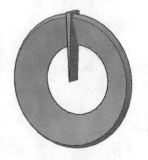

图 12-79 拉伸

⑧在"建模"工具栏上单击"交集"按钮 ⑩，启动交集命令，选择显示的两实体进行求交编辑，结果如图 12-80 所示。

⑨在"修改"/"三维操作"工具栏上单击"三维阵列"按钮，启动三维阵列命令，选择并集所得实体以中心直线的下端点为圆心，沿 X 轴旋转 360°，阵列数量 40，结果如图 12-81 所示。

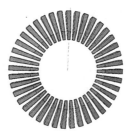

图 12-80　求交　　　　　　　　　　　图 12-81　阵列

⑩显示隐藏的实体和中心线，启动三维移动命令，选择上一步阵列所得的实体，以中心直线下端点为基点，移动到齿轮外形实体前端面的圆心位置，结果如图 12-82 所示。

⑪在"建模"工具栏上选择"差集"按钮 ⑩，启动差集命令，选择外形实体为目标体，齿条形实体为工具体，进行求差编辑，结果如图 12-83 所示。

图 12-82　移动实体　　　　　　　　　图 12-83　求差

步骤 3　绘制安装键槽

①将 *XY* 工作平面转换到左视图，启动二维绘图和编辑命令，绘制键槽平面图形，结果如图 12-84 所示。

②启动面域命令，将上一步所绘制的封闭曲线转换为面域对象。

③启动拉伸命令，将上一步面域的线框拉伸距离为 90，结果如图 12-85 所示。

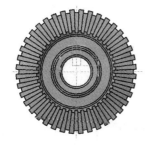

图 12-84　绘制键槽平面尺寸　　　　　图 12-85　拉伸键槽实体

④启动差集命令。选择齿轮体为目标体，矩形体为工具体，求差编辑实体。

步骤 4 渲染并保存文件

12.5 箱体类零件的三维造型

实用案例 12.5.1 绘制上箱体

素材文件：	无
效果文件：	CDROM\12\效果\绘制上箱体.dwg
演示录像：	CDROM\12\演示录像\绘制上箱体.exe

案例解读

本案例主要针对箱体类零件中的变速箱上箱体进行三维造型设计和讲解。由于变速箱的型号和规格很多，每种型号的外形和安装尺寸都不相同，因此在使用或设计时，上箱体和下箱体须配套使用或设计。本案例主要使用 AutoCAD 2010 三维命令中的拉伸、面域、并集、差集、交集、倾斜面等命令，并通过渲染达到良好的视觉观察效果，如图 12-86 所示。

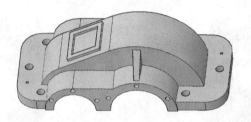

图 12-86 上箱体效果图

要点流程

- 启动 AutoCAD 2010 中文版，进入绘图界面
- 使用面域、拉伸、差集、并集等命令，绘制上箱体的外形实体
- 使用拉伸、并集、差集等命令，绘制凸台和加强肋
- 使用拉伸、交集、差集等命令，绘制内部型腔
- 使用拉伸、差集、并集等命令，绘制观察窗
- 将渲染着色后的上箱体保存

操作步骤

步骤 1 绘制上箱体的外形实体

①启动 AutoCAD 2010 中文版，进入绘图界面。

②在"绘图"和"修改"工具栏上启动二维绘图和编辑命令，绘制安装平面图形，结果如图 12-87 所示。

③ 在"绘图"工具栏上单击"面域"按钮 ⬡，启动面域命令，将图形上的封闭曲线转换为面域对象。

④ 在"建模"工具栏上单击"拉伸"按钮 🔲，启动拉伸命令，选择外部线框沿+Z 轴拉伸高度为 12，选择直径为 9 和 3 的圆分别沿+Z 轴拉伸高度为 15，结果如图 12-88 所示。

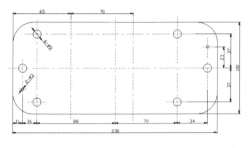

图 12-87　绘制安装平面图形

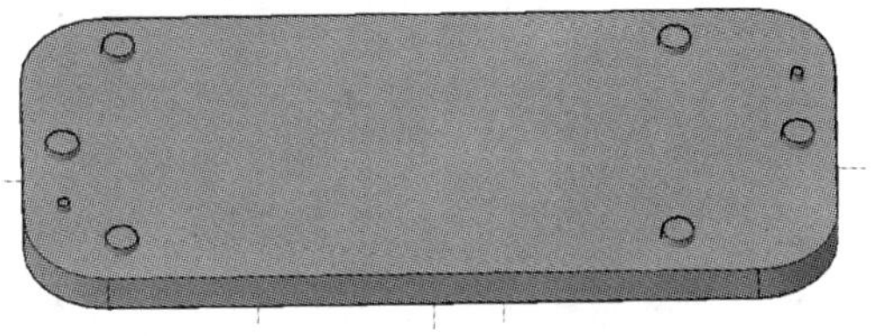

图 12-88　拉伸安装平面

⑤ 在"建模"工具栏上单击"差集"按钮 ⬭，启动差集命令，选择矩形体为目标体，8 个圆柱体为工具体，进行求差编辑对象，结果如图 12-89 所示。

⑥ 隐藏显示实体图层，将工作平面转换为主视方向，启动二维绘图和编辑命令，绘制平面图形，结果如图 12-90 所示。

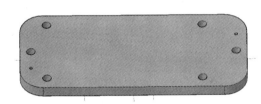 

图 12-89　求差实体

图 12-90　绘制平面图形

⑦ 启动面域命令，将图形上的封闭曲线转换为面域对象。

⑧ 启动拉伸命令，选择面域对象向后拉伸距离为 26，再在"建模"工具栏中单击"按住并拖动"按钮 🔲，启动三维拖动拉伸命令，选择该实体的前端面向前拖动拉伸距离为 26。显示隐藏实体后的结果如图 12-91 所示。

步骤 2　绘制凸台和加强肋

① 隐藏显示实体，移动工作坐标系原点和 XY 轴工作平面到中心线交点位置，启动二维绘图和编辑命令绘制主视图平面，结果如图 12-92 所示。

图 12-91　拉伸

图 12-92　绘制凸台平面

② 启动面域命令，将图形上的封闭曲线转换为面域对象。

③ 启动拉伸命令，选择面域对象向后拉伸距离为 52，启动三维拖动拉伸命令，选择该

实体的前端面向前拖动拉伸距离为 52。显示隐藏实体后的结果如图 12-93 所示。

④ 隐藏显示实体，移动工作坐标系原点和转换 *XY* 平面到中心线交点位置，启动二维绘图和编辑命令绘制左视图平面，结果如图 12-94 所示。

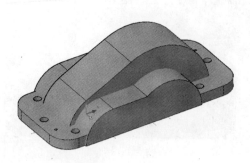

图 12-93　拉伸凸台

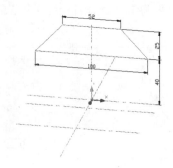

图 12-94　加强肋平面图形

⑤ 启动面域命令，将上一步绘制的封闭曲线转换为面域对象。

⑥ 启动拉伸命令，选择面域对象向右拉伸距离为 4，启动三维拖动拉伸命令，选择该实体的前端面向左拖动拉伸距离为 4。显示隐藏实体后的结果如图 12-95 所示。

⑦ 在"建模"工具栏上单击"并集"按钮 ⑩，启动并集命令，选择所有实体进行并集编辑。

⑧ 移动工作坐标系原点和 *XY* 轴工作平面到凸台平面位置，启动二维绘图和编辑命令以两端面圆弧的圆心为基点分别绘制圆，结果如图 12-96 所示。

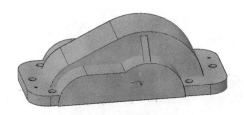

图 12-95　拉伸加肋板

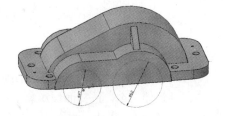

图 12-96　绘制圆

⑨ 启动三维拉伸命令，选择两个圆分别向后拉伸距离为 120。

⑩ 启动差集命令，选择外形实体为目标体，两个圆柱体为工具体，进行求差编辑，结果如图 12-97 所示。

⑪ 启动二维绘图命令，以上一步绘圆的圆心为基点绘制辅助圆和直线，再通过其交点绘制小圆，结果如图 12-98 所示。

图 12-97　拉伸和求差编辑

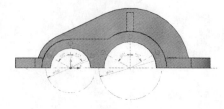

图 12-98　绘制端盖安装定位孔

⑫ 删除辅助圆和直线，启动拉伸命令，选择 6 个小圆分别向后拉伸距离 15。

⑬启动镜像命令，选择上一步拉伸的 6 个小圆柱以 X 轴方向中心直线上的两端点为镜像点，镜像复制小圆柱到后端面位置。

⑭启动求差命令，选择外形实体为目标体，6 个小圆柱为工具体，求差编辑对象，结果如图 12-99 所示。

⑮将 XY 工作平面转换为仰视方向，将工作坐标系原点移动到两中心线交点位置，启动二维偏移和倒圆角命令编辑平面图形，结果如图 12-100 所示。

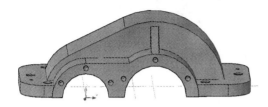 

　　图 12-99　求差编辑端盖安装定位孔　　　　　图 12-100　绘制型腔平面图形

⑯启动面域命令，将上一步绘制的封闭曲线转换为面域对象。

⑰启动拉伸命令，选择面域对象向上拉伸距离为 70，结果如图 12-101 所示。

步骤 3　绘制内部型腔

①隐藏显示实体。将 XY 工作平面转换为主视方向，启动二维绘图和编辑命令，绘制平面图形，结果如图 12-102 所示。

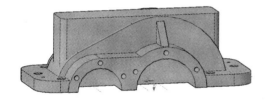 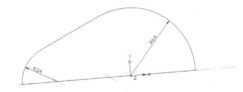

　　图 12-101　拉伸实体　　　　　　　　图 12-102　绘制型腔侧面图形

②启动面域命令，将上一步绘制的封闭曲线转换为面域对象。

③启动拉伸命令，选择面域对象向前和向后各拉伸距离为 30，再显示上一步隐藏的实体，结果如图 12-103 所示。

④在"建模"工具栏上单击"交集"按钮，启动交集命令，选择显示的两实体进行求交编辑。

⑤在"修改"工具栏上单击"倒圆角"按钮，启动倒圆角命令，将实体上端的圆弧和直线进行倒圆角，圆角大小为 6，结果如图 12-104 所示。

 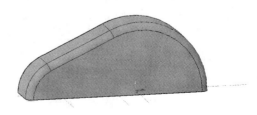

　　图 12-103　拉伸侧面实体　　　　　　　图 12-104　交集和倒圆角编辑

433

⑥ 显示隐藏的外形实体。启动求差命令，选择外形实体为目标体，上一步求差所得的实体为工具体，求差编辑对象。旋转实体结果如图 12-105 所示。

⑦ 在"实体编辑"工具栏上单击"倾斜面"按钮 ，启动倾斜面命令，将凸台和加强肋的侧面倾斜 3°，结果如图 12-106 所示。

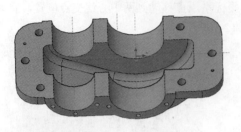
图 12-105　求差腔体

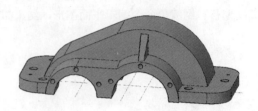
图 12-106　倾斜面角度

步骤 4　绘制观察窗

① 移动工作坐标系原点和 XY 平面到图示位置，启动二维绘图和编辑命令，绘制观察窗平面位置及尺寸，结果如图 12-107 所示。

② 隐藏显示实体。启动面域命令，将上一步绘制的两个封闭曲线分别转换为面域对象。

③ 启动拉伸命令，选择面域对象分别向上拉伸距离 2。

④ 启动求差命令，选择大的四方形体为目标体、小的为工具体，求差编辑对象，结果如图 12-108 所示。

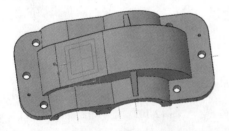
图 12-107　绘制观察窗平面

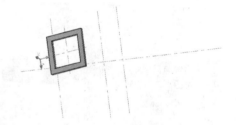
图 12-108　编辑观察窗实体

⑤ 显示被隐藏的实体，启动并集命令，将两个实体进行求和编辑。

⑥ 删除中心直线，将箱体进行渲染和着色。

步骤 5　渲染并保存文件

实用案例 12.5.2　绘制下箱体

素材文件：	无
效果文件：	CDROM\12\效果\绘制下箱体.dwg
演示录像：	CDROM\12\演示录像\绘制下箱体.exe

案例解读

本案例主要针对箱体类零件中的变速箱下箱体进行三维造型设计和讲解。由于变速箱的型号和规格很多，每种型号的外形和安装尺寸都不相同，因此在使用或设计时，上箱体和下箱体须配套使用或设计。本案例主要使用 AutoCAD 2010 三维命令中的拉伸、面域、并集、差集、交集、倾斜面等命令，并通过渲染达到良好的视觉观察效果，如图 12-109 所示。

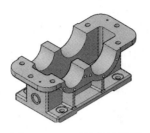

图 12-109　下箱体效果图

◆ 要点流程

- 启动 AutoCAD 2010 中文版，进入绘图界面
- 使用面域、拉伸、差集等命令，绘制底板
- 使用面域、拉伸、并集、差集等命令，绘制箱体外部实体
- 使用拉伸、倒圆角、差集等命令，绘制内部型腔
- 使用拉伸、差集、并集等命令，绘制观察窗
- 将渲染着色后的下箱体保存

◆ 操作步骤

步骤 1　绘制底板

① 启动 AutoCAD2010 中文版，进入绘图界面。

② 在"绘图"和"修改"工具栏上启动二维绘图和编辑命令，绘制底板平面图形，结果如图 12-110 所示。

③ 在"绘图"工具栏上单击"面域"按钮，启动面域命令，将图形上的封闭曲线转换为面域对象。

④ 在"建模"工具栏上单击"拉伸"按钮，启动拉伸命令，选择外部线框沿-Z 轴拉伸高度为 12，选择直径为 20 的圆沿-Z 轴拉伸高度为 2，选择直径为 9 的圆沿-Z 轴拉伸高度为 15，结果如图 12-111 所示。

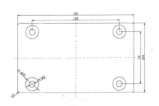

图 12-110　绘制底板平面图形

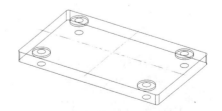

图 12-111　拉伸底板及安装孔实体

⑤ 在"建模"工具栏上单击"差集"按钮，启动差集命令，选择矩形体为目标体，8 个圆柱体为工具体，进行求差编辑对象，结果如图 12-112 所示。

步骤 2 绘制箱体外部实体

①隐藏实体图层，将工作平面转换为俯视方向，启动二维绘图和编辑命令，绘制矩形线框，结果如图 12-113 所示。

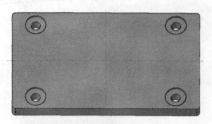

图 12-112 差集编辑实体

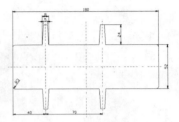

图 12-113 绘制腔体外形平面

②启动面域命令，将图形上的封闭曲线转换为面域对象。

③在"建模"工具栏上单击"拉伸"按钮 ⬆️，启动拉伸命令，选择面域对象沿+Z 轴拉伸距离 68，结果如图 12-114 所示。

④在"建模"工具栏上单击"三维移动"按钮 ⊕，启动三维移动命令，选择实体底平面的中心直线垂直移动到实体顶平面，再启动二维绘图和编辑命令绘制工作面板的轮廓图形，结果如图 12-115 所示。

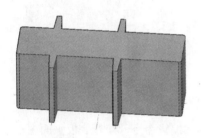

图 12-114 拉伸外形腔体

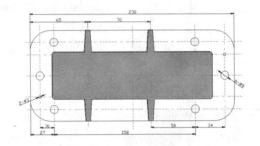

图 12-115 绘制安装平面

⑤隐藏显示实体，启动面域命令，将图形上的封闭曲线转换为面域对象。

⑥启动拉伸命令，选择面域对象沿-Z 轴拉伸距离 12，选择直径为 3 和 9 的圆沿-Z 轴分别拉伸距离 15。

⑦启动求差命令，选择大的实体为目标体、9 个圆柱体为工具体，进行求差编辑对象，结果如图 12-116 所示。

⑧显示所有隐藏的实体。再在"建模"工具栏上单击"并集"按钮 ⬤⬤，启动并集命令，选择所有实体进行并集编辑，结果如图 12-117 所示。

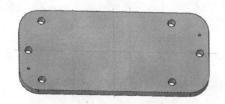

图 12-116 拉伸和求差编辑

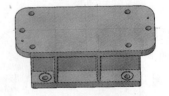

图 12-117 并集实体

⑨隐藏显示实体，移动工作坐标系原点到中心直线交点位置，将 *XY* 轴工作平面转换为

主视方向，启动二维绘图和编辑命令，绘制二维平面图形，结果如图 12-118 所示。

⑩启动面域命令，将第 9 步绘制的封闭曲线转换为面域对象。

⑪启动拉伸命令，选择面域对象向后拉伸距离为 52，再在"建模"工具栏中单击"按住并拖动"按钮，启动三维拖动拉伸命令，选择该实体的前端面向前拖动拉伸距离为 52。显示隐藏实体后的结果如图 12-119 所示。

图 12-118　绘制凸台平面

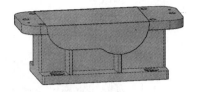

图 12-119　拉伸凸台实体

⑫启动并集命令，选择所有实体进行并集编辑。

⑬隐藏显示实体，启动二维绘图和编辑命令，以两个中心直线交点为圆心分别绘制圆。结果如图 12-120 所示。

⑭启动拉伸和拖动拉伸命令，选择两个圆分别沿+Z 轴和-Z 轴各拉伸距离为 60。

⑮显示隐藏实体。启动求差命令，选择外形实体为目标体，两个圆柱体为工具体，进行求差编辑对象，结果如图 12-121 所示。

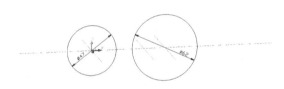

图 12-120　绘制圆

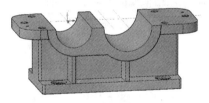

图 12-121　求差编辑

⑯移动工作坐标系原点到凸台端面的圆心位置。启动二维绘图和编辑命令，以圆心为基点绘制辅助圆和直线，再通过其交点绘制小圆，结果如图 12-122 所示。

⑰删除辅助圆和直线，启动拉伸命令，选择 6 个小圆分别向后拉伸距离 15。

⑱启动镜像命令，选择第 17 步拉伸的 6 个小圆柱以 X 轴方向中心直线上的两端点为镜像点，镜像复制小圆柱到后端面位置。

⑲启动求差命令，选择外形实体为目标体、6 个小圆柱为工具体，求差编辑对象，结果如图 12-123 所示。

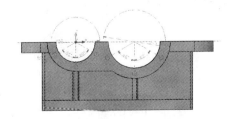

图 12-122　绘制端盖安装定位孔

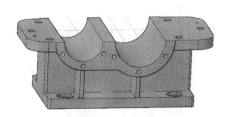

图 12-123　求差编辑端盖安装定位孔

步骤 3 绘制内部型腔

①将 *XY* 轴工作平面转换为俯视方向，启动二维绘图和编辑命令绘制平面图形，结果如图 12-124 所示。

②隐藏显示实体。启动面域命令，将第 1 步绘制的封闭曲线转换为面域对象。

③启动拉伸命令，选择面域对象向下拉伸距离为 72。

④在"修改"工具栏上单击"倒圆角"按钮，启动倒圆角命令，将实体下端的边缘直线进行倒圆角，圆角大小为 6，结果如图 12-125 所示。

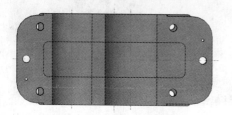

图 12-124　绘制型腔平面图形

图 12-125　拉伸和倒圆角

⑤显示隐藏实体。启动差集命令，选择外形实体为目标体，第 4 步拉伸的实体为工具体，求差编辑对象，结果如图 12-126 所示。

⑥在"实体编辑"工具栏上单击"倾斜面"按钮，启动倾斜面命令，将凸台侧面倾斜 3°，结果如图 12-127 所示。

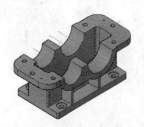

图 12-126　求差腔体

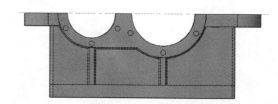

图 12-127　倾斜面角度

⑦移动工作坐标系原点到图示位置，将 *XY* 工作平面转换为左视方向。启动二维绘图命令绘制圆，结果如图 12-128 所示。

⑧启动拉伸命令，选择圆分别向前拉伸距离 2。

⑨启动"差集"命令，选择直径为 20 的圆柱为目标体，直径为 15 的圆柱为工具体，求差编辑对象。

⑩启动"并集"命令，选择两个实体进行求和编辑，结果如图 12-129 所示。

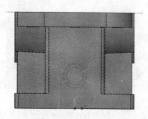

图 12-128　绘制圆

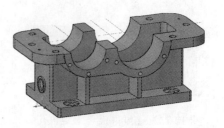

图 12-129　编辑观察窗

步骤 4 绘制观察窗

①移动工作坐标系原点到图示位置，将 *XY* 平面转换为主视图。启动二维绘图和编辑命令，绘制平面图形，结果如图 12-130 所示。

②启动面域命令，将第 1 步绘制的封闭曲线转换为面域对象。

③启动拉伸命令，选择面域对象向后拉伸距离为 120。

④启动差集命令，以旋转外形实体为目标体，第 3 步所拉伸的实体为工具体，进行差集编辑对象。删除中心直线后的结果如图 12-131 所示。

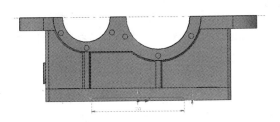

图 12-130 绘制平面图形   图 12-131 求差实体

⑤启动倒角命令，将箱体上非工作面位置进行到圆角处理，倒圆角大小为 3。

步骤 5 渲染并保存文件

第 13 章
信息查询与打印出图

本章导读

　　本章主要介绍 AutoCAD 的对象信息查询与打印出图时的相关设置，包括零件长度、面积、体积、质量等对象信息查询以及出图时图纸布局和打印样式等。

　　AutoCAD 提供了对象信息查询功能，用户在绘制和编辑图形对象时可以查询对象的相关信息，从而与实际想要绘制的对象信息加以核对。

　　AutoCAD 用户绘制和编辑图形对象完毕后可将图形打印出来，即为出图。出图时需要若干准备过程：图纸空间的布局、打印样式的设定以及图纸尺寸、打印区域、打印位置、打印比例、打印方向的设定。

　　俗话说："行百里者半九十"。AutoCAD 绘制和编辑图形文件完成后并不意味着 CAD 工作的结束。在 AutoCAD 编辑工作完成后，用户需要查询对象信息以核对图形对象的正误，设置打印相关样式来达到最优出图。本章将对 AutoCAD 信息查询以及出图设置进行详细地讲解，其可以被看作为 AutoCAD 工作的收尾阶段，关系到 CAD 工作的质量高低，需要引起读者的高度重视。

本章主要学习以下内容：

- 用"距离"、"列表"等命令查询零件长度
- 用"面积"等命令查询面积
- 用"面域/质量特性"等命令查询零件体积
- 在模型空间与图纸空间之间切换
- 用"创建布局向导"等命令设置图纸布局
- 用"添加打印样式表"等命令设置打印样式

实用案例 13.1 查询零件长度

素材文件:	CDROM\13\素材\查询零件长度素材.dwg
效果文件:	CDROM\13\效果\查询零件长度.dwg
演示录像:	CDROM\13\演示录像\查询零件长度.exe

案例解读

本案例主要使用和讲解 AutoCAD 中常用的查询命令——查询距离命令的使用方法。通过查询零件长度，使大家熟悉和理解查询距离命令。

零件长度可以认为是零件中心线的长度，可以首先绘制零件的中心线，然后使用查询命令得到零件中心线的长度即为零件长度。也可以使用查询距离命令在命令行提示下选中零件最左侧一点和最右侧一点所得的两端点之间的距离即为零件长度，如图 13-1 所示。

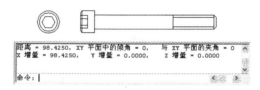

图 13-1　查询零件效果图

要点流程

- 使用"文件→打开"命令打开图形文件
- 使用绘制直线命令绘制零件的中心线
- 使用查询距离命令查询零件的中心线的长度
- 操作完成后保存图形文件

查询零件长度流程图如图 13-2 所示。

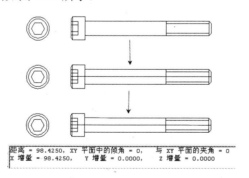

图 13-2　查询零件长度流程图

操作步骤

步骤 1 打开素材文件

启动 AutoCAD 2010 中文版，使用"文件→打开"命令打开素材文件"CDROM\13\素材

"\查询零件长度素材.dwg"。

步骤 2 用"DIST"命令测量零件长度

①在"图形辅助状态栏"中的"对象捕捉"按钮上右击，在弹出的"草图设置"对话框中选中"对象捕捉"选项卡（默认），在"对象捕捉模式"中选中"中点"复选框。

②在"绘图"工具栏上单击"直线"按钮 ╱，启动绘制直线命令，绘制零件的中心线，如图 13-3 所示。中心线的两个端点为零件左侧直线和右侧直线的中点。

③在"图形辅助状态栏"中的"对象捕捉"按钮上右击，在弹出的"草图设置"对话框中选中"对象捕捉"选项卡（默认），在"对象捕捉模式"中选中"端点"复选框。

④在"查询"工具栏上单击"距离"按钮 ，启动查询距离命令，依次选择中心线的两个端点，即图 13-3 中的 A 点和 B 点，AutoCAD 即在命令行窗口中显示中心线两端点的距离、夹角、增量等。

知识要点：

"DIST"查询距离命令可以查询两点间的 X、Y、Z 轴的坐标差和直线距离。也就是说，在二维绘图空间内，可以查询两点的空间距离和平面投影方向的相对距离。

查询距离命令启动方法如下。

◆ 下拉菜单：选择"工具→查询→距离"命令。

◆ 工具栏：在"查询"工具栏上单击"距离"按钮 。

◆ 输入命令名：在命令行中输入或动态输入 DIST 或 DI，并按 Enter 键。

步骤 3 用"LIST"命令查询对象信息

在以上步骤完成后，也可以使用列表显示（LIST）命令得到中心线的长度。操作过程为：在"查询"工具栏上单击"列表"按钮 或在命令行窗口中输入 LIST 命令启动列表显示命令，在命令行提示下选中零件的中心线，AutoCAD 会在命令行中列表显示中心线的相关信息，其中包括中心线的长度，如图 13-4 所示。

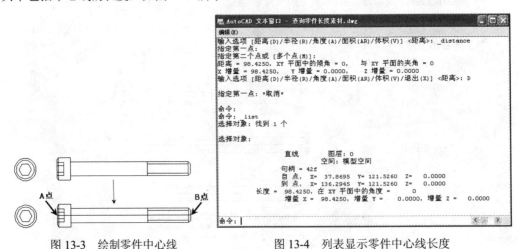

图 13-3　绘制零件中心线　　　　　　图 13-4　列表显示零件中心线长度

知识要点：

"LIST"列表命令查询图形对象信息，根据所查对象的不同会有所不同，大体上包括三部分内容。

◆ 所有对象共有的信息：对象类型、图层、模型或图纸空间、颜色、线型和句柄。

◆ 对象的位置、尺寸等信息：大小、位置、某些重要点的坐标、面积、体积等。

◆ 对象特有的其他信息：实体的历史记录等。

列表命令的启动方法如下。

◆ 下拉菜单：选择"工具→查询→列表显示"命令。

◆ 工具栏：在"查询"工具栏上单击"列表显示"图标🖹。

◆ 输入命令名：在命令行中输入或动态输入 LIST 或 LI，并按 Enter 键。

步骤 4 保存文件

实用案例 13.2 查询面积

素材文件：	CDROM\13\素材\查询面积素材.dwg
效果文件：	无
演示录像：	CDROM\13\演示录像\查询面积.exe

🔖 案例解读

本案例主要使用和讲解 AutoCAD 中常用的查询命令——查询面积命令的使用方法。通过查询不同对象的面积，使大家熟悉和理解查询面积命令。

查询面积可以分为指定点查询和选择对象查询，本案例中优先使用选择对象查询面积，如有需要可使用指定点查询图形面积。

🔖 要点流程

● 使用"文件→打开"命令打开图形文件

● 使用查询面积命令分别查询三个体对象的总面积

● 框选整体模型，使用"修改→分解"命令将三维实体模型分解

● 使用查询面积命令分别查询三个图形对象上表面的面积

● 使用查询面积命令查询立方体侧面的面积，综合指定点查询和选择对象查询两种方式，验证指定点查询面积时选定点必须在 *XY* 平面上或其平行平面上

● 使用查询面积命令加选项，查询两个立方体图形对象上表面的总面积

● 使用查询面积命令减选项，查询两个立方体图形对象上表面的面积差

● 操作完成后保存图形文件

🔖 操作步骤

步骤 1 打开素材文件

启动 AutoCAD 2010 中文版，使用"文件→打开"命令打开素材文件"CDROM\13\素材\查询面积素材.dwg"，如图 13-5 所示。

步骤 2 用"AREA"命令查询面积

①在"查询"工具栏上单击"面积"按钮🖳，或在命令行窗口中输入 AREA 命令，在命令行提示下选择"对

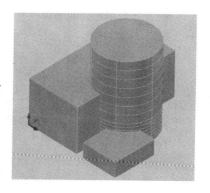

图 13-5 素材原图

象"选项,由于图形文件中面域包含在三维实体中,因此用户选择对象时只能选择三维实体。在绘图区域中选中左边立方体,AutoCAD 即在命令行中显示选中的三维实体对象的三维面积的总和,周长值为零,如图 13-6 所示。

图 13-6　三维实体面积查询

知识要点:

查询面积命令 AREA 可以查询开放或封闭二维图形的周长和面积,对于三维图形对象则不能计算。这一命令在工程制图中非常实用,配合 BOUNDARY(创建边界)命令,工程师可以方便地查询每个房间的面积。

查询面积命令查询的图形可以是直线多边形或曲线形,如果是开放图形,AutoCAD 则会自行假设图形闭合的边界。

面积查询命令 AREA 允许多种查询面积的方式,以不同方式查询同一图形可能得到不同的计算结果,下面具体说明不同方式的适用范围。

◆　指定点面积查询

如图 13-7 所示,逐一指定要查询图形的角点 $A \sim E$,则可得到图中阴影部分的面积。此种方式适用于查询简单的直线图形或带有曲线图形的近似面积值。

◆　闭合对象面积查询

如图 13-8 所示,粗线图形是一条闭合的多段线,查询该多段线的面积则可得到图中阴影部分的面积,此种方式适用于闭合图形。

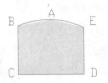

图 13-7　查询指定点面积

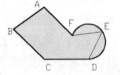

图 13-8　查询对象面积

◆　开放图形面积查询

如图 13-9 所示,图形 ABC 是一条开放的多段线,若查询该多段线的面积,则程序会假设 AC 两点间由直线连接而得到图中阴影部分的面积。

◆　交叉图形面积查询

如图 13-10 所示,图形是一条自相交叉的多段线,若直接查询该多段线的面积,则得到 A 部分面积与 B 部分面积的差。此类图形应当分别查询 A、B 两部分面积。

◆　三维实体面积查询

如图 13-11 所示,对实体对象长方体使用面积查询命令,则得到长方体的表面积以及棱边长总和。

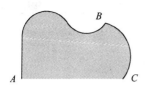 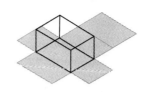

图 13-9　查询开放图形面积　　　图 13-10　查询交叉图形面积　　　图 13-11　立方体的表面积

查询面积命令的启动方法如下。

◆　下拉菜单：选择"工具→查询→面积"命令。

◆　工具栏：在"查询"工具栏上单击"面积"按钮。

◆　输入命令名：在命令行中输入或动态输入 AREA 或 AA，并按 Enter 键。

查询面积命令的参数：

启动查询面积命令，可开始指定角点，或按键盘上的"↓"键展开下拉菜单，从中选择参数，如图 13-12 所示，也可在命令行直接输入快捷键选择参数。

可选参数有以下几项。

◆　对象：选取一条多段线或一个闭合图形等对象，不能同时选取多个对象。

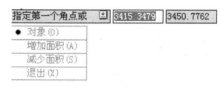

◆　增加面积：使用此参数后可分别求若干个区域的面积，然后自动汇总。

图 13-12　下拉菜单选择参数

◆　减少面积：使用此参数后可对若干区域的面积求差。

②在 AutoCAD 绘图区域中框选整体模型，使用"修改→分解"命令将三维实体模型分解，此时用户可以选中图形对象中的单个面积。

③在"查询"工具栏上单击"面积"命令，或在命令行窗口中输入 AREA 命令，然后在命令行提示下选择"对象"选项，分别选中三个立方体的上表面，AutoCAD 即在命令行窗口中显示当前选中面积对象的面积和周长，如图 13-13 所示。

④在"查询"工具栏上单击"面积"命令，或在命令行窗口中输入 AREA 命令，在命令行提示下选择"对象"选项，在绘图区域中选中左侧较大的立方三维实体的侧面，AutoCAD 即在命令行中显示选中的三维实体侧面的面积与周长，如图 13-14 所示。

⑤在"查询"工具栏上单击"面积"命令，或在命令行窗口中输入 AREA 命令，依次选择左侧较大的立方三维实体侧面的各个角点，按 Enter 键，因侧面的各个角点不在 XY 平面或其平行面上，所以不能得出侧面的面积，如图 13-15 所示。使用角点选项只能局限于 XY 平面或其平行面上角点所定义面的面积查询。

图 13-13　三维实体上表面查询面积

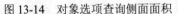

图 13-14　对象选项查询侧面面积　　　　图 13-15　指定点选项查询侧面面积

⑥在"查询"工具栏上单击"面积"命令 📐，或在命令行窗口中输入 AREA 命令，在命令行提示中选择"加"选项，然后再在命令行提示下选择"对象"选项选中左侧立方体的上表面，AutoCAD 即在命令行中显示选中面积对象的面积和周长。在命令行提示下选择右侧小立方体的上表面，AutoCAD 即在命令行中当前选中面积对象的面积和周长，并将面积累加到总面积中在命令行中加以显示，如图 13-16 所示。

⑦在"查询"工具栏上单击"面积"命令 📐，或在命令行窗口中输入 AREA 命令，在命令行提示中选择"减"选项，然后再在命令行提示下选择"对象"选项，选中左侧立方体的上表面，AutoCAD 即在命令行中显示选中面积对象的面积和周长。在命令行提示下选择右侧小立方体的上表面，AutoCAD 即在命令行中当前选中面积对象的面积和周长，并将面积从总面积中减除，如图 13-17 所示。

图 13-16　加选项查询面积　　　　　　　图 13-17　减选项查询面积

注意

在 AutoCAD 查询面积过程中，一般均在二维环境下查询面积，若查询三维实体的面积，AutoCAD 将在命令行中显示三维实体所有面的面积之和，周长为零。用户可以在 AutoCAD 中将实体分解为若干个面，分别查询实体的面积和分解后的面的面积加以验证。

步骤 3　保存文件

实用案例 13.3　查询零件体积和质量

素材文件：	CDROM\13\素材\查询体积和质量素材.dwg
效果文件：	CDROM\13\效果\查询体积和质量.mpr
演示录像：	CDROM\13\演示录像\查询体积和质量.exe

案例解读

本案例主要使用和讲解 AutoCAD 中常用的查询命令——查询面域/质量特性命令的使用方法。通过查询零件的质量和体积，使大家熟悉和理解查询面域/质量特性命令。

用户使用查询面域/质量特性命令并选定实体对象后，AutoCAD 即在命令行显示选中实体对象的质量特性，包括用户感兴趣的质量、体积等。

要点流程

- 启动 AutoCAD 2010 中文版，进入绘图界面
- 使用"文件→打开"命令打开图形文件
- 使用查询面域/质量特性命令查询零件的质量和体积
- 保存质量特性分析结果

查询零件的体积和质量流程图如图 13-18 所示。

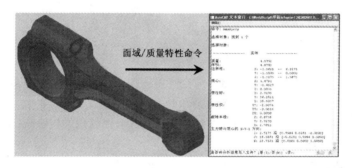

图 13-18　查询零件的体积和质量流程图

操作步骤

步骤 1　打开素材文件

启动 AutoCAD 2010 中文版，使用"文件→打开"命令打开素材文件"CDROM\13\素材\查询零件体积和质量素材.dwg"，如图 13-19 所示。

图 13-19　零件原图

步骤 2　用"MASSPROP"命令查询体积

①在"查询"工具栏上单击"面域/质量特性"按钮，在弹出的命令行提示中选定零件实体，AutoCAD 即在命令行中显示当前选定零件的质量特性。

②按 F2 键打开 AutoCAD 文本窗口,在其中可查看当前选定零件的质量特性,如图 13-20 所示。

③在命令行提示下将分析结果写入文件:在命令行中输入 Y,在弹出的"创建质量与面积特性文件"对话框中设置文件名"查询零件体积和质量.mpr"并保存,如图 13-21 所示。

图 13-20 实体质量特性文本显示   图 13-21 保存质量特性分析结果

知识要点:

MASSPROP 查询"面域/质量特性"命令可以查询三维实体的体积和其他三维信息。也可以在二维图形中查询面域对象的周长、面积和其他信息。

"面域/质量特征"命令还可以查询三维对象的质心和惯性矩等数据,在机械设计中常用。查询距离命令启动方法如下。

◆ 下拉菜单:选择"工具→查询→面域/质量特性"命令。

◆ 工具栏:在"查询"工具栏上单击"面域/质量特性"按钮。

◆ 输入命令名:在命令行中输入或动态输入 MASSPROP,并按 Enter 键。

步骤 3 保存文件

实用案例 13.4 模型空间与图纸空间切换

素材文件:	CDROM\13\素材\切换图纸空间与模型空间素材.dwg
效果文件:	无
演示录像:	CDROM\13\演示录像\切换图纸空间与模型空间.exe

案例解读

本案例的目的是在模型空间与图纸空间进行切换。

要点流程

● 打开素材文件

● 切换到图纸空间

● 切换到模型空间

操作步骤

步骤 1 打开素材文件

打开光盘中的素材文件"CDROM\13\素材\切换图纸空间与模型空间素材.dwg"，如图 13-22 所示。

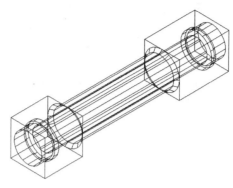

图 13-22　素材

步骤 2 切换到"图纸空间"

单击绘图区下方的 布局1 标签，切换到"布局"设置视口后，看到如图 13-23 所示的图纸空间。

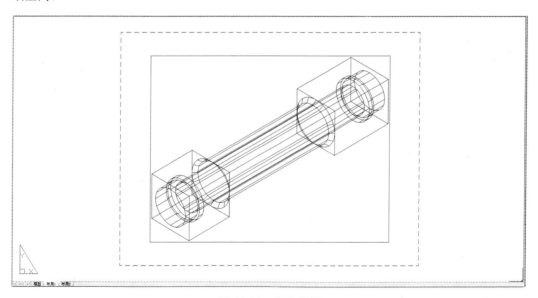

图 13-23　图纸空间

知识要点：

在 AutoCAD 中，图纸空间是以布局的形式来使用的。一个图形文件可包含多个布局，每个布局代表一张单独的打印输出图纸，主要用于创建最终的打印布局，而不用于绘图或设计工作。在绘图区域底部选择"布局 n"选项卡，就能查看相应的布局，也就是指的图纸空间。

下面就针对图纸空间的所有特征进行以下几点归纳。

◆　　VPORTS、PS、MS、和 VPLAYER 命令处于激活状态（只有激活了 MS 命令后，才可使用 PLAN、VPOINT 和 DVIEW 命令)。

- ◆ 视口的边界是实体。可以删除、移动、缩放、拉伸视口。
- ◆ 视口的形状没有限制。例如：可以创建圆形视口、多边形视口或对象等。
- ◆ 视口不是平铺的，可以用各种方法将它们重叠、分离。
- ◆ 每个视口都在创建它的图层上，视口边界与层的颜色相同，但边界的线型总是实线。出图时如不想打印视口，可将其单独置于一图层上，冻结即可。
- ◆ 可以同时打印多个视口。
- ◆ 十字光标可以不断延伸，穿过整个图形屏幕，与每个视口无关。
- ◆ 可以通过 MVIEW 命令打开或关闭视口；SOLVIEW 命令创建视口或者用 VPORTS 命令恢复在模型空间中保存的视口。
- ◆ 在打印图形且需要隐藏三维图形的隐藏线时，可以使用 MVIEW 命令并选择"隐藏 (H)"选项，然后拾取要隐藏的视口边界即可。
- ◆ 系统变量 MAXACTVP 决定了活动状态下的视口数是 64。

步骤 3 切换到"模型空间"

单击状态栏中的 图纸 按钮，在布局中将视口切换到模型空间，如图 13-24 所示。

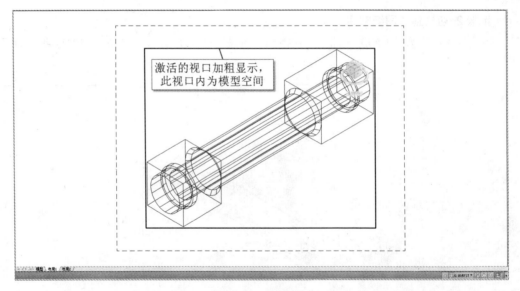

图 13-24　模型空间

知识要点：

在新建或打开 DWG 图纸后，即可看到窗口下侧的视图选项卡上显示有"模型"、"布局 1"和"布局 2"。在前面讲解的各个章节中，所绘制或打开的图形内容，都是在模型空间中进行绘制或编辑操作的，其绘制的模型比例为 1:1。

使用"模型"选项卡，可以将绘图区域拆分成一个或多个相邻的矩形视图，称为模型空间视口。在大型或复杂的图形中，显示不同的视图可以缩短在单一视图中缩放或平移的时间，而且，在一个视图中出现的错误可能会在其他视图中表现出来。

下面就针对模型空间的所有特征进行以下几点归纳。

- ◆ 在模型空间中，可以绘制全比例的二维图形和三维模型，并带有尺寸标注。

- ◆ 模型空间中，每个视口都包含对象的一个视图。例如，设置不同的视口会得到俯视图、正视图、侧视图和立体图等。
- ◆ 用 VPORTS 命令创建视口和视口设置，并可以保存起来，以备后用。
- ◆ 视口是平铺的，它们不能重叠，总是彼此相邻。
- ◆ 在某一时刻只有一个视口处于激活状态，十字光标只能出现在一个视口中，并且也只能编辑该活动的视口（平移、缩放等）。
- ◆ 只能打印活动的视口；如果 UCS 图标设置为 ON，该图标就会出现在每个视口中。
- ◆ 系统变量 MAXACTVP 决定了视口的范围是 2 到 64。

步骤 4 保存文件

实用案例 13.5 设置图纸布局

素材文件：	CDROM\13\素材\设置图纸布局素材.dwg
效果文件：	CDROM\13\效果\设置图纸布局.dwg
演示录像：	CDROM\13\演示录像\设置图纸布局.exe

案例解读

本案例主要使用和讲解 AutoCAD 中设置图纸布局命令——布局向导创建布局命令的使用方法。通过设置图纸布局，使大家熟悉和理解创建布局的方法，如图 13-25 所示。

要点流程

- ● 启动 AutoCAD 2010 中文版，进入绘图界面
- ● 使用"文件→打开"命令打开图形文件
- ● 使用"布局向导"命令创建布局
- ● 将完成后的图纸布局保存

图 13-25 设置图纸布局效果图

设置图纸布局流程图如图 13-26 所示。

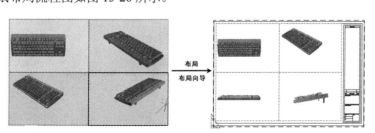

图 13-26 设置图纸布局流程图

操作步骤

步骤 1 打开素材文件

启动 AutoCAD 2010 中文版，使用"文件→打开"命令打开素材文件"CDROM\13\素材\

设置图纸布局素材.dwg",如图 13-27 所示。

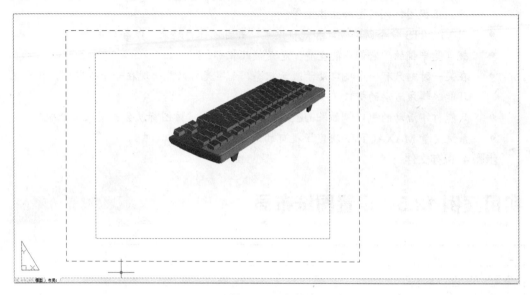

图 13-27 素材

步骤 2 用"创建布局向导"创建布局

①使用"插入→布局→创建布局向导"命令或使用"工具→向导→创建布局"命令或在命令行窗口中输入 LAYOUTWIZARD,按 Enter 键,弹出"创建布局 - 开始"对话框,如图 13-28 所示。

②在"创建布局 - 开始"对话框中输入新建布局的名称为"图纸布局",如图 13-28 所示。

③在"创建布局 - 打印机"对话框中对新建布局配置打印机,如图 13-29 所示。

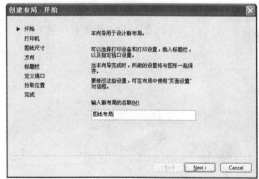

图 13-28 "创建布局 - 开始"对话框　　　图 13-29 "创建布局 - 打印机"对话框

④在"创建布局 - 图纸尺寸"对话框中设置图纸大小以及图纸布局中的图纸单位,如图 13-30 所示。

⑤在"创建布局 - 方向"对话框中选择图形在图纸上的方向,如图 13-31 所示。

⑥在"创建布局 - 标题栏"对话框中选择标题栏,并确定标题栏在新建布局中的类型,如图 13-32 所示。

⑦在"创建布局 - 定义视口"对话框中定义视口以及视口的比例、行间距、列间距,如图 13-33 所示。

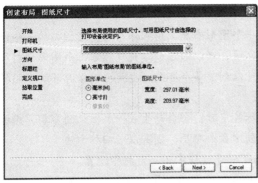

图 13-30 "创建布局 - 图纸尺寸"对话框

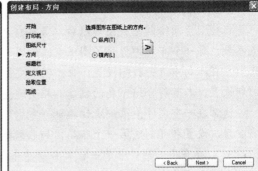

图 13-31 "创建布局 - 方向"对话框

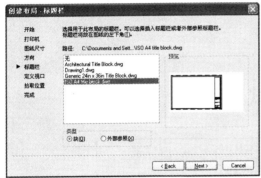

图 13-32 "创建布局 - 标题栏"对话框

图 13-33 "创建布局 - 定义视口"对话框

⑧在"创建布局 - 拾取位置"对话框中单击"选择位置"按钮,在图形中指定视口配置的位置。

⑨在"创建布局 - 完成"对话框中单击"完成(FINISH)"按钮完成布局创建。

设置完成后的图纸布局如图 13-34 所示。

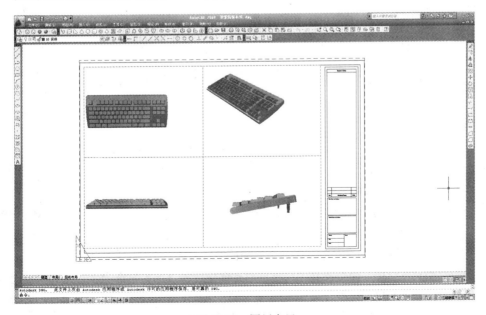

图 13-34 图纸布局

知识要点：

在模型空间绘制完成图形以后，需要创建一个图形布局，用来保存与打印相关的一些设置参数。每一个布局都提供了图纸空间的图形环境，可以通过创建视口指定每个图形的打印比例。在布局中进行打印设置，每个图形文件可以创建多个布局，也就可以保存多种不同的打印设置。本节将介绍布局的创建和相关设置。

通常在一个文件中第一次切换到"布局"标签下时，会自动生成一个默认的布局，根据需要修改设置即可创建第一个布局。如果需要创建多个布局，则有以下四种方法。

- ◆ 在布局工具栏中单击 按钮新建布局，创建过程中不指定打印设置。
- ◆ 使用向导创建布局，选择"插入→布局→创建布局向导"命令。
- ◆ 使用样板创建布局，选择"插入→布局→来自样板的布局"命令。
- ◆ 除了以上几种方式以外，也可以右键单击"布局"选项卡选择"新建"命令直接创建布局。

步骤 3 保存文件

实用案例 13.6 设置打印样式

素材文件：	CDROM\13\素材\设置打印样式素材.dwg
效果文件：	CDROM\13\效果\设置打印样式.dwg
演示录像：	CDROM\13\演示录像\设置打印样式.exe

案例解读

本案例主要使用和讲解在 AutoCAD 中设置打印样式命令的使用方法。通过创建打印样式表，令大家熟悉和理解设置打印样式命令。

要点流程

- 打开素材文件
- 设置"布局元素"为"显示布局和模型选项卡"
- 用"添加打印样式表"命令创建打印样式表
- 设置"默认打印样式"
- 保存文件

操作步骤

步骤 1 打开素材文件

启动 AutoCAD 2010 中文版，使用"文件→打开"命令打开素材文件"CDROM\13\素材\打印样式素材.dwg"。

步骤 2 设置"布局元素"为"显示布局和模型选项卡"

使用"工具→选项"命令，在"选项"对话框中选择"显示"选项卡，在"布局元素"区域中选中"显示布局和模型选项卡"选项。单击 AutoCAD 绘图区域下方的"布局"标签进入图纸空间。图形对象在图纸空间中显示如图 13-35 所示。

步骤 3 用"添加打印样式表"命令创建打印样式表

①使用菜单"工具→向导→添加打印样式表"命令，弹出"添加打印样式表"对话框，单击"下一步"按钮。

②在"添加打印样式表 - 开始"对话框中选择"创建新打印样式表"选项，单击"下一步"按钮。

③在"添加打印样式表 - 选择打印样式表"对话框中选择"命名打印样式表"单选框，如图 13-36 所示，单击"下一步"按钮。

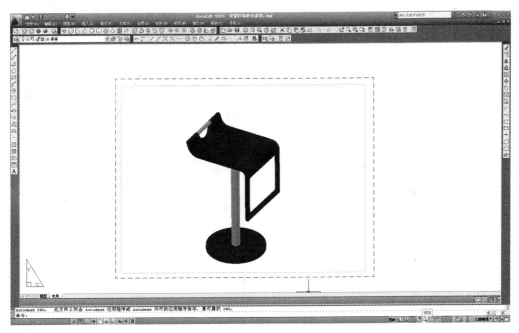

图 13-35　图形文件在图纸空间内的显示

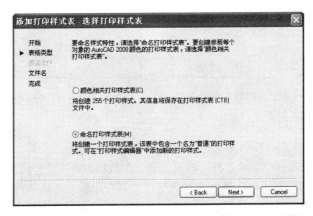

图 13-36　"添加打印样式表 - 选择打印样式表"对话框

④在"添加打印样式表 - 文件名"对话框中输入新创建的打印样式表的名称为"案例-设置打印样式"，单击"下一步"按钮。

⑤在"添加打印样式表 - 完成"对话框中单击"打印样式表编辑器"按钮，弹出"打印样式表编辑器"对话框，如图 13-37 所示。

⑥在"打印样式表编辑器"对话框中选择"格式视图"选项卡，单击"添加样式"按

钮,在弹出的对话框中输入添加的样式的名称为"案例 - 打印样式",在"格式视图"选项卡中可以对当前的打印样式进行设置,如图 13-38 所示。设置完成后单击"保存并关闭"按钮,退出打印样式表编辑操作。单击"完成"按钮退出添加打印表操作。

知识要点:

打印样式表是打印时配置绘图仪各绘图笔的参数表,用于修改打印图形的外观,包括对象的颜色、线型和线宽等,也可指定端点、连接和填充样式以及抖动、灰度、笔指定和淡显等输出效果。

打印样式表分为两类:命名样式表和颜色相关样式表。颜色相关样式表是根据图形对象的颜色指定"线宽"、"端点"、"连接"等参数的样式表,这种样式表文件扩展名为".ctb"。命名样式表则脱离颜色,只给对象指定某些特定打印参数,这种样式表文件的扩展名为".stb"。颜色相关样式表为每种颜色的图形指定"线宽"、"抖动"、"颜色"等一系列参数,即使在实际操作中大部分参数只需要使用默认值不必更改,这些参数仍被记录在文件中。命名样式表只对特定的参数进行设置,并非所有颜色和物体都会被指定样式,这就有可能造成操作中遗漏某些需要设置的部分。

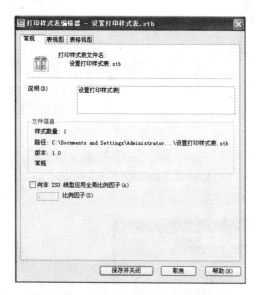

图 13-37 "打印样式表编辑器"对话框

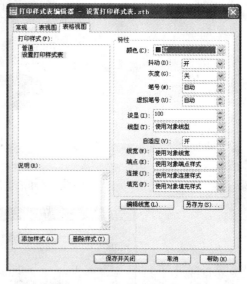

图 13-38 "格式视图"选项卡

步骤 4 设置"默认打印样式"

①选择"工具→选项"命令,打开"选项"对话框,在"选项"对话框中选中"打印和发布"选项卡,在窗体中单击"打印样式表设置"按钮,弹出"打印样式表设置"对话框,在"新图形的默认打印方式"区域中选择"使用命名打印样式"选项,在"当前打印样式表设置"区域中设置"设置打印样式.stb"为默认打印样式表;设置"设置打印样式表"为图层0 的默认打印样式;设置"设置打印样式表"为对象的默认打印样式。单击"确定"按钮退出打印样式表设置操作。

②选择"文件→打印预览"命令,预览图形文件的打印效果,如果命令行提示为:"_preview 未指定绘图仪。请用'页面设置'给当前图层指定绘图仪",则用户可以根据命令行提示在"页面设置"对话框中设置当前图层的绘图仪。保存图形文件,退出 AutoCAD 2010。

步骤 5 保存文件

第14章
机械设计综合实例

本章导读

　　本章将通过机械设计中的典型零件齿轮和轴的三维实体设计和装配以及零件图和装配图的绘制，练习三维实体的绘制和编辑方法以及绘制完整机械图纸的方法和步骤。

　　零件的三维实体可以帮助工程人员更加深入地观察所设计的机械产品，而平面图纸则是标准化的工程语言。到目前为止，尽管很多软件的三维建模技术已相当发达，然而在机械设计和制造等领域仍是以标准化的平面图纸为主，可见其重要作用。

　　本章将综合使用前面章节中讲解过的命令和方法，深入练习，达到学以致用的目的。

本章主要学习以下内容：

- 绘制轴的三维模型
- 绘制齿轮的三维模型
- 装配齿轮和轴
- 创建样板文件
- 绘制轴零件图
- 绘制齿轮零件图
- 绘制齿轮轴装配图

14.1　齿轮轴各零件的三维模型及装配

本章中要设计的是常见的齿轮减速器的输出轴和齿轮。轴是最常见的机械零件，根据轴工作时受载荷情况的不同可以分为转轴、心轴、传动轴等。

常见的传动轴一般由以下几个部分组成，即轴头、轴身、轴肩、退刀槽、砂轮导程槽等。从三维建模的观点来看，轴可以看做是其一半的截面绕其轴线旋转一周形成的实体，然后经过圆角、倒角等实体编辑后形成的，也可以认为是一系列同心圆柱体的堆叠。

一般来说，轴的设计方法比较传统，即先通过回转零件的位置和轴承的间距确定轴的长度，再根据轴上的齿轮、皮带轮等零件的工作状态确定轴的受载状态，从而计算出轴的尺寸，随后经过圆角处理确定每一个轴段的直径和长度，最后要经过校核，才能最终确定轴的外形尺寸。由于每一个相邻轴段的直径不能相差过大，设计出的轴往往呈阶梯状，因此也被称为"阶梯轴"。

齿轮按其外形可以分为圆柱齿轮、锥齿轮、齿条、涡轮蜗杆等；按齿形又可分为直齿轮、斜齿轮、人字齿轮等。本章中设计的齿轮属于斜齿圆柱齿轮，比较适合高速、重载的工作条件。

齿轮的制造方法分为切削法和铸造法等，其中切削法又包括范成法和展成法。切削法适合于精度要求高，模数较小的齿轮，而铸造法适合于精度要求不高的大模数齿轮。

实用案例 14.1.1　绘制轴的三维模型

素材文件：	无
效果文件：	CDROM\14\效果\轴的三维模型.dwg
演示录像：	CDROM\14\演示录像\轴的三维模型.exe

▶ 案例解读

本案例综合使用了 AutoCAD 中三维对象的绘制和编辑方法，绘制了一个常见的传动轴零件。通过旋转对象生成轴的主体，然后在这个基础上添加其他特征，如键槽、倒角等。键槽用于安装平键，通过平键将齿轮的扭矩传递给轴，再通过轴将扭矩输出。在轴的端部添加倒角特征可以便于齿轮等零件的装配。

轴的效果图如图 14-1 所示。

▶ 要点流程

- 启动 AutoCAD 2010 中文版，进入绘图界面
- 使用绘制直线命令绘制轴一半的轮廓线
- 使用旋转二维对象命令创建轴的实体
- 添加圆角、倒角特征
- 使用布尔运算绘制键槽
- 保存文件

图 14-1　轴的效果图

流程图如图 14-2 所示。

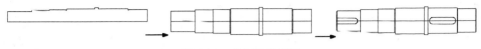

图 14-2 绘制轴流程图

操作步骤

步骤 1 绘制轴一半的轮廓线

①启动 AutoCAD2010 中文版，进入绘图界面。

②在"绘图"工具栏上单击"直线"按钮，启动绘制直线命令，绘制轴的一半轮廓线，尺寸如图 14-3 所示。

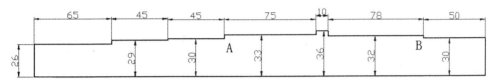

图 14-3 轴的半轮廓线

③在"修改"工具栏上单击"偏移"按钮，在命令行提示下分别输入偏移距离 2 和 1，并通过夹点编辑的方式将图 14-3 中 A 和 B 处绘制出砂轮越程槽，如图 14-4 所示。

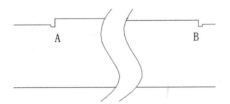

图 14-4 绘制砂轮越程槽

> **注意**
>
> 在 A 点左侧和 B 点右侧的轴段上需要安装轴承，因此要求的加工精度较高，需要使用磨床，在 A 点和 B 点绘制砂轮越程槽可以在装配时使零件靠紧端面。

步骤 2 创建轴的实体

①在"绘图"工具栏上单击"面域"按钮，在命令行提示下选择所有直线，将封闭的直线段转换为一个面域。在"概念视图"样式下可以看到转换后的面域，如图 14-5 所示，其中左上的是封闭直线段，右下的是转换成的面域。

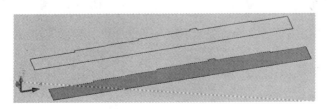

图 14-5 转换后的面域

②在"建模"工具栏上单击"旋转"按钮🗗，命令行显示如下。

```
命令: _revolve
当前线框密度: ISOLINES=4
选择要旋转的对象: 找到 1 个                          //鼠标选取刚创建的面域
选择要旋转的对象:                          //右击或直接按 Enter 键,结束对象选择
指定轴起点或根据以下选项之一定义轴 [对象(O)/X/Y/Z] <对象>:
                          //使用鼠标选择如图 14-6 所示中的 C 点,将其作为旋转轴线的起点
指定轴端点:                          //鼠标选择 D 点作为轴线的端点
指定旋转角度或 [起点角度(ST)] <360>:
                          //直接按 Enter 键,旋转 360°,生成实体,如图 14-7 所示
```

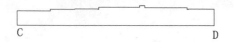

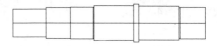

图 14-6　选择旋转轴线　　　　　　图 14-7　旋转生成的实体

步骤 3 添加倒角特征

在"修改"工具栏上单击"倒角"按钮◻，启动倒角命令，输入两个倒角距离 2，为如图 14-8 中所示的边添加倒角，倒角后的效果如图 14-9 所示。

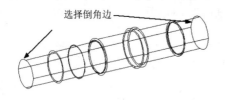

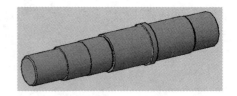

图 14-8　选择倒角边　　　　　　　图 14-9　倒角后的效果

步骤 4 绘制键槽

①在命令行中输入"ucs"，启动用户坐标系命令，鼠标移动到轴端面圆心附近当捕捉到圆心时单击，如图 14-10 所示。将用户坐标系的原点移动到端面圆心处，如图 14-11 所示。

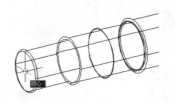

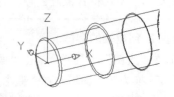

图 14-10　捕捉端面圆心　　　　　　图 14-11　移动后的用户坐标系

②重复"ucs"命令，在命令行提示下输入"0,0,20"，将用户坐标系向 Z 轴正方向移动 20，如图 14-12 所示。

③在当前用户坐标系下，绘制一段键槽轮廓的封闭曲线，尺寸如图 14-13 所示，并将该封闭曲线转换为面域。

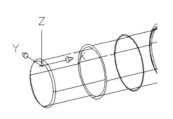
图 14-12 用户坐标系

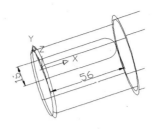
图 14-13 绘制键槽轮廓线

④ 在"建模"工具栏上单击"拉伸"按钮，在命令行提示下用鼠标选择第 3 步生成的面域，移动鼠标，此时绘图区出现拉伸后效果，然后在一定拉伸高度上单击，如图 14-14 所示，完成实体拉伸，拉伸后的效果如图 14-15 所示。

图 14-14 移动鼠标选择拉伸高度

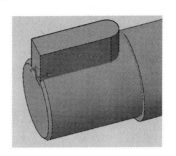
图 14-15 拉伸后的效果

⑤ 重复"ucs"命令，将用户坐标系的原点移动到轴肩右端面的中心，如图 14-16 所示。再重复该命令，将原点向 Z 轴正方向移动 25，如图 14-17 所示。

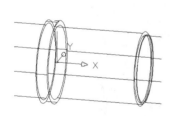
图 14-16 移动原点到轴肩端面圆心

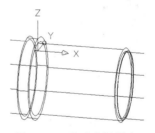
图 14-17 移动坐标原点

⑥ 在当前用户坐标系下，绘制一段键槽轮廓的封闭曲线，尺寸如图 14-18 所示，并将该封闭曲线转换为面域。

⑦ 在"建模"工具栏上单击"拉伸"按钮，在命令行提示下用鼠标选择第 6 步生成的面域，拉伸生成一定高度的实体，拉伸后的效果如图 14-19 所示。

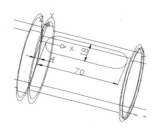
图 14-18 绘制键槽轮廓线

图 14-19 拉伸后的效果

⑧在“建模”工具栏上单击“差集”按钮，命令行显示如下。

```
命令: _subtract 选择要从中减去的实体或面域
选择对象: 找到 1 个                                  //鼠标选取轴的主体
选择对象:                          //右击或直接按 Enter 键结束对象选择
选择要减去的实体或面域
选择对象: 找到 1 个                              //鼠标选取第一个拉伸实体
选择对象: 找到 1 个，总计 2 个                   //鼠标选取第二个拉伸实体
选择对象:    //右击或直接按 Enter 键结束对象选择，完成实体布尔运算，如图 14-20 所示
```

⑨在“修改”工具栏上单击“圆角”按钮，启动圆角命令，输入圆角半径 1.5，为图 14-21 中所示的边添加圆角特征。

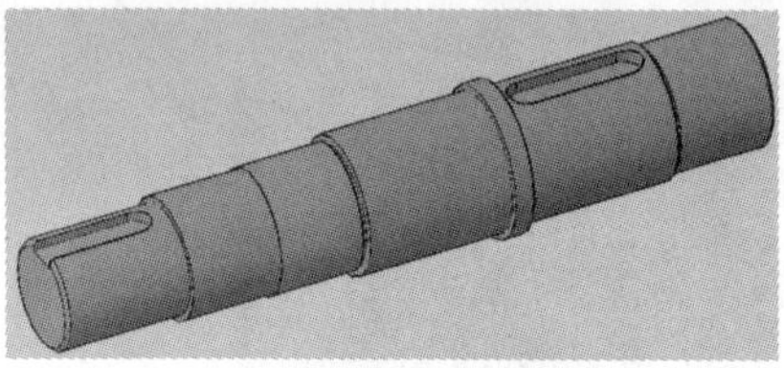

图 14-20　切除键槽

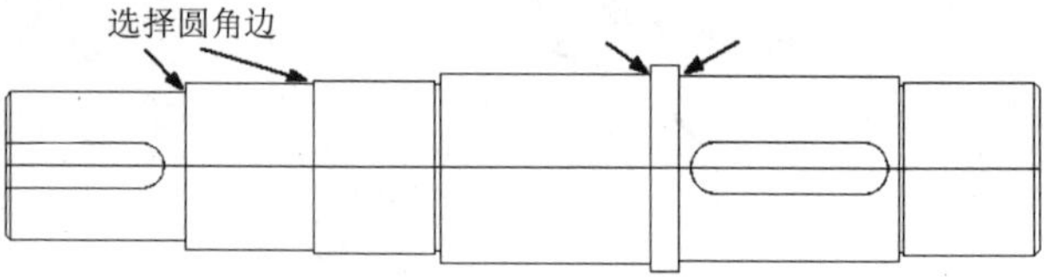

图 14-21　选择圆角边

⑩选择“视图→渲染→渲染”命令，在默认设置下对轴进行简单渲染，如图 14-22 所示。

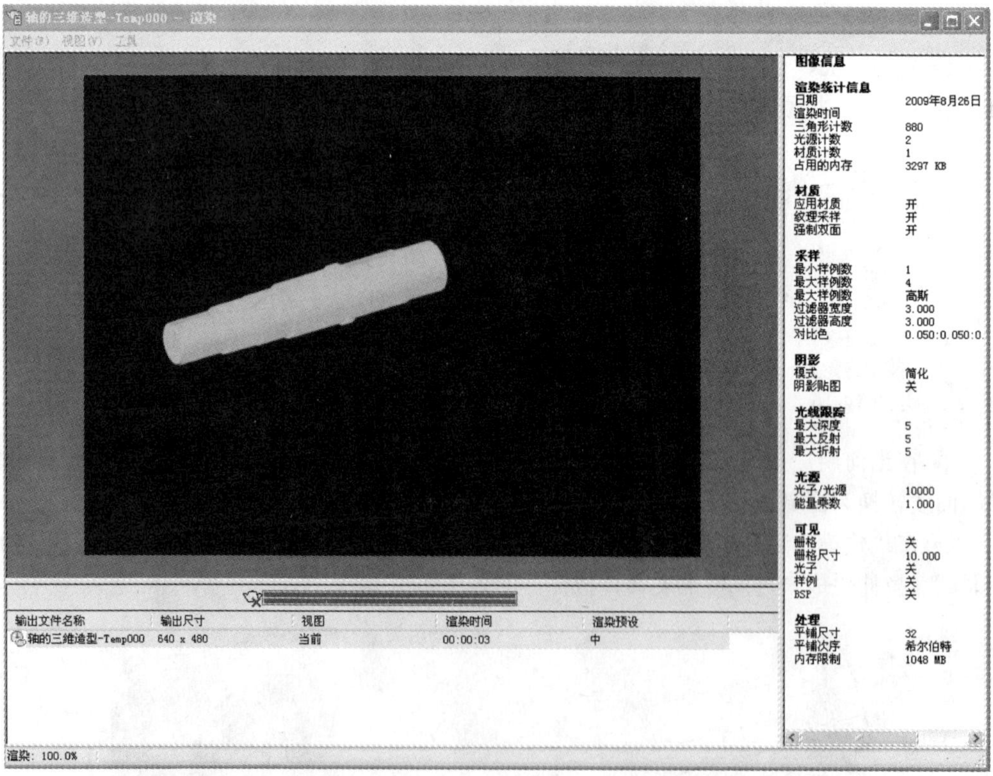

图 14-22　渲染窗口

步骤 5 保存文件

实作案例 14.1.2　绘制齿轮的三维模型

素材文件：	无
效果文件：	CDROM\14\效果\齿轮的三维模型.dwg
演示录像：	CDROM\14\演示录像\齿轮的三维模型.exe

案例解读

本案例综合使用了 AutoCAD 中三维实体的创建和编辑的方法，绘制了一个常见的圆柱斜齿齿轮。齿轮三维模型如图 14-23 所示。该零件的建模方法与实际的加工工程较为相似，即先制造齿轮的胚体，再切制出轮齿。

图 14-23　齿轮三维模型

要点流程

- 启动 AutoCAD 2010 中文版，进入绘图界面
- 使用实体建模方法绘制齿轮的胚体
- 绘制切除轮廓线
- 去除多余材料，得到轮齿
- 保存文件

流程图如图 14-24 所示。

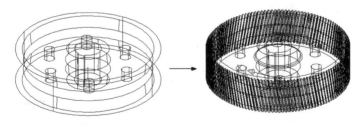

图 14-24　齿轮流程图

操作步骤

步骤 1　绘制齿轮的胚体

① 启动 AutoCAD2010 中文版，进入绘图界面。

② 在"建模"工具栏上单击"圆柱体"按钮，以坐标原点为圆心，绘制直径分别为 340 和 64，高均为 80 的两个圆柱体。在"建模"工具栏上单击"长方体"按钮，绘制长

36，宽 18，高 80 的长方体，宽边中点位于坐标原点处，如图 14-25 所示。

③命令行输入"ucs"，启动用户坐标系命令，设定用户坐标系如图 14-26 所示。

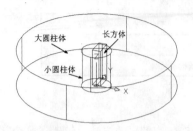

图 14-25　绘制圆柱体和长方体

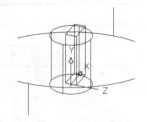

图 14-26　设置用户坐标系

④使用"绘制直线"、"偏移对象"、"旋转对象"、"修剪对象"等命令，绘制如图 14-27 所示梯形。在"绘图"工具栏中单击"面域"按钮，在命令行提示下选择梯形封闭环，创建面域。

⑤在"建模"工具栏上单击"旋转"按钮，以 Y 轴为旋转轴，以上一步生成的面域为旋转对象，旋转生成实体，如图 14-28 所示。

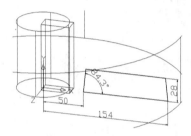

图 14-27　绘制梯形

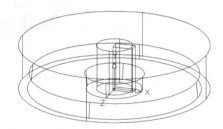

图 14-28　旋转生成实体

⑥在"修改"工具栏上单击"镜像"按钮，以（0,40）和（100,40）为镜像直线上的两点，以上一步生成的旋转实体为镜像对象，得到一个镜像实体。

⑦恢复世界坐标系，重复"圆柱体"命令，以（102.5,0,0）为底面圆心，绘制半径为 12.5，高为 80 的圆柱体。然后在"修改"工具栏上单击"阵列"按钮，选择"环形阵列"，以坐标原点为阵列中心，以刚绘制的圆柱体为阵列对象，生成沿圆周均布的六个圆柱体，如图 14-29 所示。

⑧在"修改"工具栏上单击"差集"按钮，编辑以上绘制的实体，得到齿轮的胚体，其在"概念视图"样式下的效果如图 14-30 所示。

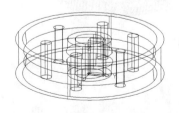

图 14-29　环形阵列圆柱体

图 14-30　齿轮胚体

步骤 2　绘制切除轮廓线

①启动"圆"命令，绘制半径分别为 164.375、167.5 和 172 的三个圆。

②使用"直线"和"旋转对象"命令，绘制如图 14-31 所示过圆心的三条直线。启动"圆弧"命令，绘制如图 14-32 所示圆弧，并绘制该圆弧的镜像曲线，修剪这组曲线并添加半径为 0.5 的圆角，得到如图 14-33 所示的图形。

> **注意**
>
> ◆ 这里使用了一种简化的绘制轮齿的近似方法，在齿数比较多的情况下这种简化方式与标准的渐开线齿轮的画法相差不大。

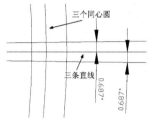

图 14-31　绘制直线

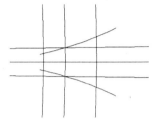

图 14-32　绘制圆弧

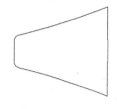

图 14-33　修剪曲线

③在"绘图"工具栏上单击"面域"按钮◎，在命令行提示下选择上一步绘制的封闭环，创建一个面域。

④在"建模"工具栏上单击"三维旋转"按钮⊕，选择如图 14-34 所示面域，并将该面域绕 X 轴逆时针旋转 12°，如图 14-35 所示。

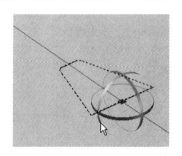

图 14-34　选择旋转轴

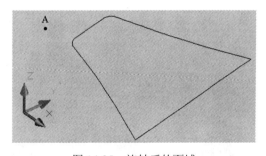

图 14-35　旋转后的面域

步骤 3　去除多余材料，得到轮齿

①在"建模"工具栏上单击"螺旋"按钮⧠，以图 14-35 中边的中点 A 为端点，绘制一段以坐标原点为圆心，半径为 164.375、圈数为 0.01647、顺时针方向、螺旋高度为 90 的螺旋线，如图 14-36 所示。

②将齿轮胚体向 Z 轴正方向移动 5 个单位。

③在"建模"工具栏上单击"扫掠"按钮⧠，以刚创建的面域为扫掠对象，以螺旋线为扫掠路径，生成实体，如图 14-37 所示。在"修改"工具栏上单击"阵列"按钮⧉，选择"环形阵列"，以刚绘制的实体为阵列对象，生成均布的 131 个实体，如图 14-38 所示。

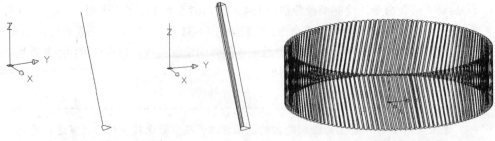

图 14-36　绘制螺旋线　　　　图 14-37　扫掠生成实体　　　　图 14-38　环形阵列

④ 在"修改"工具栏上单击"差集"按钮 ⨁，将齿轮胚体减去环形阵列的实体，得到轮齿，如图 14-39 所示。

⑤ 为如图 14-39 中所示边线添加半径为 5 的圆角和 2×45°的倒角，如图 14-40 所示。

图 14-39　生成轮齿

图 14-40　圆角和倒角后的齿轮

⑥ 选择"视图→渲染→渲染"命令，在默认设置下对齿轮进行简单渲染，如图 14-41 所示。

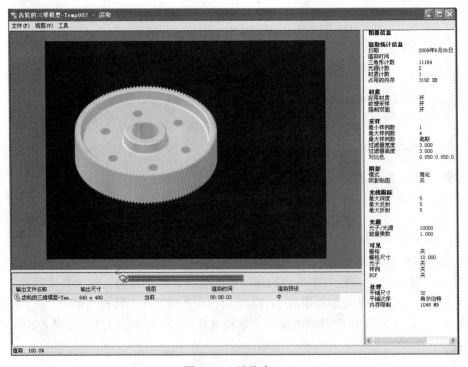

图 14-41　渲染窗口

步骤 4　保存文件

实用案例 14.1.3　齿轮轴的装配

素材文件：	无
效果文件：	CDROM\14\效果\齿轮轴装配体.dwg
演示录像：	CDROM\14\演示录像\齿轮轴装配体.exe

案例解读

本案例综合使用了 AutoCAD 中三维对象的编辑方法，通过移动和对齐对象使轴、键和齿轮装配在一起。在装配体的基础上可以直观地观察到设计中可能存在的问题，比如干涉等。通过本节学习，可以使读者掌握基本的装配方法和技巧。

装配效果图如图 14-42 所示。

图 14-42　装配效果图

要点流程

- 启动 AutoCAD 2010 中文版，进入绘图界面
- 复制齿轮和轴到新的文件
- 绘制平键
- 使用三维对齐等命令将零件移动旋转，装配在一起
- 渲染实体
- 保存文件

流程图如图 14-43 所示。

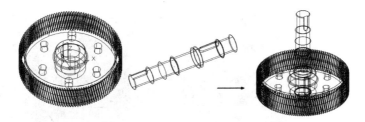

图 14-43　齿轮轴装配流程

操作步骤

步骤 1　复制齿轮和轴到新的文件

①启动 AutoCAD 2010 中文版，进入绘图界面。

②打开 "CDROM\14\效果\轴的三维模型.dwg" 和 "CDROM\14\效果\齿轮的三维模型.dwg"，将两个文件中的实体复制到新文件中，如图 14-44 所示。

步骤 2　绘制平键

使用 "直线"、"偏移对象"、"圆"、"修剪对象" 和 "拉伸" 等命令绘制 "平键 18×70"，高 11，如图 14-45 所示。

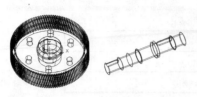

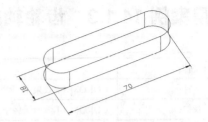

图 14-44　复制齿轮和轴到新文件　　　　　　　图 14-45　绘制平键

步骤 3　装配齿轮、平键和轴

① 在"建模"工具栏上单击"三维对齐"按钮 ，在命令行提示下选择平键为对齐对象，以图 14-46 中所示点 1、2、3 为源点，点 1'、2'、3'为目标点，将平键与键槽对齐，在"概念视图"样式下对齐后的效果如图 14-47 所示。

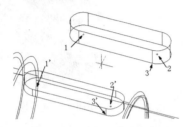

图 14-46　选择源点和目标点　　　　　　　图 14-47　对齐后的效果

② 重复"三维对齐"命令，将齿轮与轴对齐，如图 14-48 所示。

步骤 4　渲染并保存文件

选择"视图>渲染>渲染"命令，在默认设置下对装配体进行简单渲染，如图 14-49 所示。

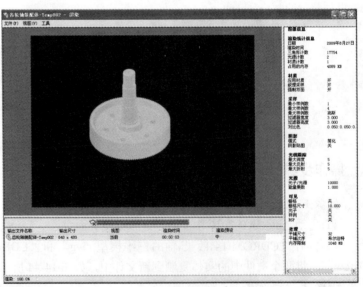

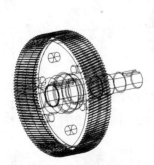

图 14-48　齿轮与轴对齐　　　　　　　图 14-49　渲染窗口

14.2 绘制齿轮轴零件图

图纸是工程化的语言，对于机械加工而言，图纸可以表达零件绝大部分的几何信息和技术要求。本节将根据三维模型数据来绘制齿轮和轴的零件图。

实用案例 14.2.1 创建样板文件

素材文件：	无
效果文件：	CDROM\14\效果\A3.dwt
演示录像：	CDROM\14\演示录像\A3.exe

案例解读

创建符合绘制齿轮轴零件图纸标准的样板文件。

要点流程

- 设置单位类型和精度
- 设置图形界限
- 设置文字样式
- 设置标注样式
- 设置图层
- 设置图框和标题栏

操作步骤

步骤 1 设置单位类型和精度

选择"格式→单位"命令，弹出"图形单位"对话框，如图 14-50 所示。通常，长度的单位类型设置为"小数"，在"用于缩放插入内容的单位"下拉列表框中选择"毫米"，其余均可按默认值进行设置。单击"方向"按钮，弹出"方向控制"对话框，如图 14-51 所示。在"基准角度"中选择默认值"东"，单击"确定"按钮，完成单位类型和精度的设置。

图 14-50 "图形单位"对话框

图 14-51 "方向控制"对话框

步骤 2 设置图形界限

选择"格式→图形界限"命令，命令行显示如下。

```
命令: _limits
重新设置模型空间界限:
指定左下角点或 [开(ON)/关(OFF)] <0.0000,0.0000>:          //直接按 Enter 键
指定右上角点 <420.0000,297.0000>: 420,297                   //横 A3 幅面
```

步骤 3 设置文字样式

在"样式"工具栏上单击"文字样式"按钮，打开"文字样式"对话框。单击对话框中的"新建"按钮，在弹出的"新建文字样式"对话框中输入新文字样式名"工程字-35"，如图 14-52 所示。单击"确定"按钮返回到"文字样式"对话框，并进行相应的设置。在该对话框中选中"使用大字体"复选框。在"SHX 字体"下拉列表框中选择"gbenor.shx"，用以标注直体数字与字母；在"大字体"下拉列表框中选择"gbcbig.shx"，用以标注符合国标的工程字体。由于 AutoCAD 预先将大字体的宽度比例设置为 0.7，因此"宽度因子"可以直接使用默认值 1.0000，如图 14-53 所示。

图 14-52 "新建文字样式"对话框　　　　　　　图 14-53 "文字样式"对话框

步骤 4 设置标注样式

① 在"样式"工具栏上单击"标注样式"按钮，打开"标注样式管理器"对话框，如图 14-54 所示。

② 单击对话框中的"新建"按钮，弹出"创建新标注样式"对话框，在"新样式名"文本框中输入"尺寸-35"，如图 14-55 所示。

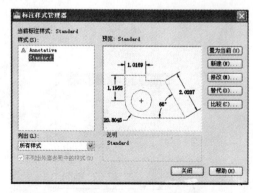

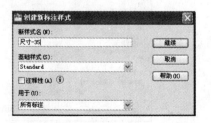

图 14-54 "标注样式管理器"对话框　　　　　　图 14-55 "创建新标注样式"对话框

③ 在"创建新标注样式"对话框中单击"继续"按钮，弹出"新建标注样式"对话框，选择"线"选项卡，并在其中进行相应的设置。"基线间距"文本框设置为 5.25，"超出尺寸线"文本框设置为 1.75，"起点偏移量"设置为 0，其余为默认值，如图 14-56 所示。

④ 选择"符号和箭头"选项卡，将"箭头大小"文本框设置为 3.5。

⑤ 选择"文字"选项卡，"文字样式"选择"工程字-35"，"文字高度"选择 3.5，"从尺寸线偏移"设为 0.875，其余为默认值，如图 14-57 所示。

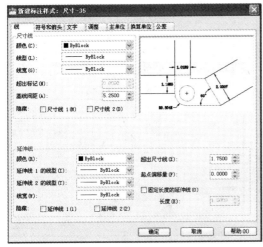

图 14-56 "线"选项卡

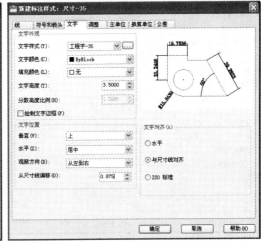

图 14-57 "文字"选项卡

⑥ 选择"主单位"选项卡，"精度"选择"0.000"，"小数分隔符"选择"'.'（句号）"，如图 14-58 所示。"换算单位"和"公差"选项卡中均使用默认选项，单击"确定"按钮，返回到"标注样式管理器"对话框。

⑦ 由于新建的标注样式"尺寸-35"尚不能用于标注符合国标的角度尺寸，因此在"标注样式管理器"对话框中的"样式"列表框中选中"尺寸-35"，再单击"新建"按钮，弹出"创建标注样式"对话框。然后在该对话框的"用于"下拉列表中选择"角度标注"，其余按默认值进行设置，如图 14-59 所示。

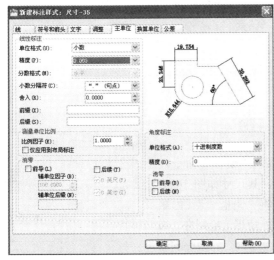

图 14-58 "主单位"选项卡

图 14-59 "创建新标注样式"对话框

⑧在"创建标注样式"对话框中单击"继续"按钮，弹出"创建标注样式"对话框，在"文字"选项卡中选择"文字对齐"选项组中的"水平"单选按钮，其余按默认值进行设置，如图14-60所示。单击"确定"按钮，返回到"标注样式管理器"对话框。这时可以看到在"样式"列表中的"尺寸-35"下方增加了一个标记为"角度"的子样式，同时在预览窗口显示出对应的角度标注效果，如图14-61所示。单击"关闭"按钮，完成尺寸标注样式的设置。

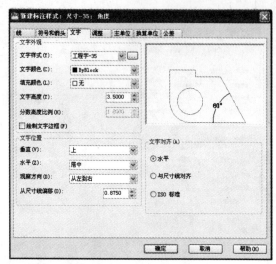

图14-60 "文字"选项卡

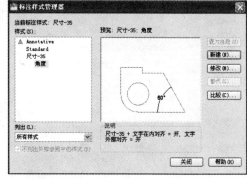

图14-61 "标注样式管理器"对话框

步骤5 设置图层

在"图层"工具栏上单击"图层特性管理器"按钮，弹出"图层特性管理器"对话框，按如图14-62所示添加并设置新图层。

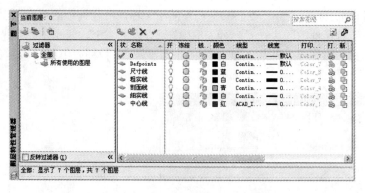

图14-62 "图层特性管理器"对话框

步骤6 绘制图框和标题栏

①综合使用"绘制矩形"、"分解"以及"偏移"命令，绘制带装订边的A3幅面x型图纸的图框，其尺寸如图14-63所示。图框的左下角位于坐标原点。注意将"图框线"（内矩形）绘制在"粗实线"层，"图纸边界线"（外矩形）绘制在"细实线"层。

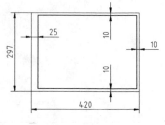

图14-63 A3幅面图框

②同样使用"绘制直线"、"偏移"等命令按照国标的要求在绘图区任意位置绘制标题栏，如图 14-64 所示。

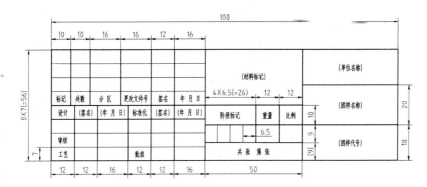

图 14-64　国标标题栏

③以标题栏的右下角为基点，将标题栏移动到图框内，基点与图框线的右下角重合，这样就完成了图框和标题栏的绘制，如图 14-65 所示。

> **注意**
>
> 一般情况下，可以将图框和标题栏分别定义为块，以在制图时插入块的方式添加图框和标题栏，这里仅提供了一种简便的方式。

④选择"文件→另存为"命令，弹出"图形另存为"对话框。在"文件类型"下拉列表框中选择"AutoCAD 图形样板"，在"文件名"中输入"横 A3"，然后单击"保存"按钮，保存该样板文件，如图 14-66 所示。

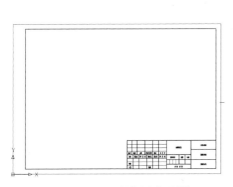

图 14-65　A3 图框和标题栏

图 14-66　另存为样板文件

实用案例 14.2.2　绘制轴零件图

素材文件：	无
效果文件：	CDROM\14\效果\轴零件图.dwg
演示录像：	CDROM\14\演示录像\轴零件图.exe

案例解读

本案例综合使用了 AutoCAD 中二维对象的绘制和编辑以及尺寸和公差的标注方法，绘制出符合国标的零件图纸。

轴的零件图如图 14-67 所示。

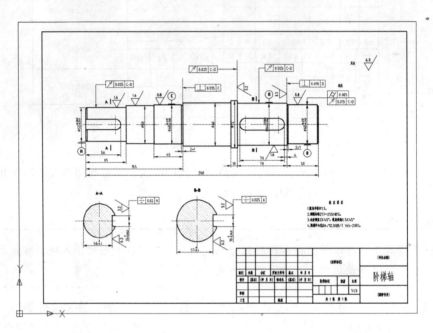

图 14-67　轴的零件图

要点流程

- 启动 AutoCAD 2010 中文版，进入绘图界面
- 使用绘制直线命令绘制轴的主体轮廓线
- 添加圆角、倒角特征
- 添加尺寸和公差等标注
- 保存文件

流程图如图 14-68 所示。

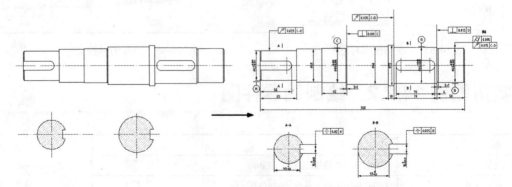

图 14-68　轴零件图流程图

操作步骤

步骤 1 绘制轴的主体轮廓线

①启动 AutoCAD 2010 中文版，进入绘图界面。

②选择"文件→新建"命令，弹出"选择样板"对话框，并在"文件名"中输入"横 A3.dwt"。单击"确定"按钮，打开一个新文件。

③在"绘图"工具栏上单击"直线"按钮 ，在"中心线"层绘制一条水平直线，在 "粗实线"层绘制轴一半的轮廓线，如图 14-69 所示，其尺寸可参见图 14-3。

图 14-69 轴的一半轮廓线

④在"修改"工具栏上单击"镜像"按钮 ，以中心线为镜像直线，镜像生成轴的下半轮廓线，如图 14-70 所示。再在"绘图"工具栏上单击"直线"按钮 ，补全直线，如图 14-71 所示。

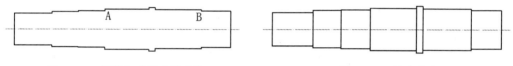

图 14-70 镜像生成下半轮廓线   图 14-71 补全直线

⑤使用"偏移对象"命令和夹点编辑功能将图 14-70 中 A 点和 B 点修改为如图 14-72 和图 14-73 所示的样式。修改后的效果如图 14-74 所示。

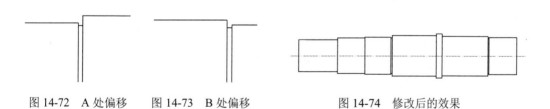

图 14-72 A 处偏移   图 14-73 B 处偏移   图 14-74 修改后的效果

步骤 2 添加圆角、倒角特征

①在"修改"工具栏上单击"倒角"按钮 ，选择轴左右端面角点处的两直线，绘制倒角，如图 14-75 和图 14-76 所示。然后在"绘图"工具栏上单击"直线"按钮 ，补全直线，如图 14-77 所示。

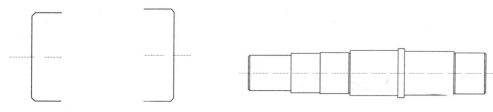

图 14-75 左端倒角   图 14-76 右端倒角   图 14-77 倒角后的效果

②在"修改"工具栏上单击"圆角"按钮 ，设置圆角半径为1.5，并为如图14-21所示的角点添加圆角。

③使用"直线"、"偏移对象"以及"修剪"等命令绘制键槽，尺寸可参见图14-13和图14-18。绘制后的键槽效果如图14-78所示。

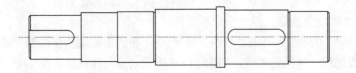

图 14-78 绘制键槽

④在"中心线"层绘制两组十字中心线，在"粗实线"层绘制两个半径分别为26和32的圆，如图14-79所示。使用"偏移对象"和"直线"命令绘制如图14-80所示的键槽，键槽宽度分别为16和18，槽底距轴中心面分别为20和25。

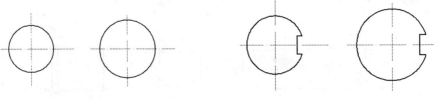

图 14-79 绘制两个圆　　　　　　　　　　图 14-80 绘制键槽断面

⑤在"绘图"工具栏上单击"图案填充"按钮 ，在"样式"栏中单击，选择"ANSI31"，如图14-81所示。单击"添加：拾取点"按钮 ，在绘图区单击轴断面内点，完成剖面线的绘制，如图14-82所示。

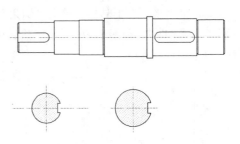

图 14-81 "图案填充和渐变色"对话框　　　　　图 14-82 添加剖面线

注意

◆ 至此，已完成了图纸中图形的绘制，下面要进行的是尺寸和公差的标注以及添加技术说明等。在进行尺寸标注前，为了将图形放置在图框中需要对图形进行缩放，同时修改标注的比例因子。

步骤 3 添加尺寸和公差等标注

①在"修改"工具栏上单击"缩放"按钮 ，选择所有已绘制的图形，输入比例因子 2/3，将原图形缩小。

②在"样式"工具栏上单击"标注样式"按钮 ，单击"修改"按钮，弹出"修改标注样式"对话框，选择"主单位"选项卡，在"测量单位比例"的"比例因子"栏中输入 1.5，即按照 1:1.5 的比例标注尺寸，如图 14-83 所示。

③在"标注"工具栏上单击"线性标注"按钮 ，标注轴上各个尺寸。在标注直径和上下限时，在命令行提示下输入"%%c52+0.060^+0.041"，其中"%%c"表示直径符号，"+0.060^+0.041"表示公差的上下限，选中使其高亮显示。单击工具栏上的"堆叠"按钮，如图 14-84 所示。

④重复线性标注命令，标注其他尺寸，完成后的效果如图 14-85 所示。

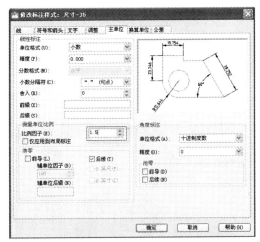

图 14-83 "修改标注样式"对话框

图 14-84 标注直径和上下限

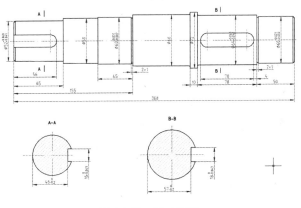

图 14-85 尺寸标注

⑤综合使用"绘制正多边形"、"旋转对象"、"分解对象"和"拉长对象"命令绘制粗糙度符号。选择"绘图→块→定义属性"命令，弹出"属性定义"对话框，如图 14-86 所示。在"标记"栏输入"ROU"，在"提示栏"输入"请输入粗糙度值"。单击"确定"按钮，返回绘图区，并将标记"ROU"放置在粗糙度符号的上方，如图 14-87 所示。

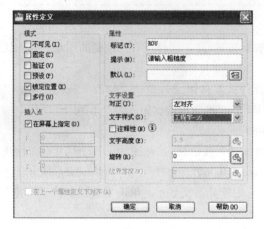

图 14-86 "属性定义"对话框

图 14-87 粗糙度符号和标记

⑥选择"绘图→块→创建"命令，弹出"块定义"对话框，如图 14-88 所示。以粗糙度符号下端顶点为基点，以符号和标记为对象定义为块，单击"确定"按钮，弹出"编辑属性"对话框，在"请输入粗糙度值"栏输入粗糙度值，如图 14-89 所示。原标记"ROU"变成输入的数值，如图 14-90 所示。

⑦为绘制符合国标的粗糙度符号，需要定义反方向的块，如图 14-91 和图 14-92 所示。

图 14-88 "块定义"对话框

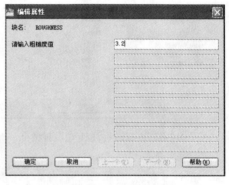

图 14-89 "编辑属性"对话框

图 14-90 块样例

图 14-91 符号和标记

图 14-92 块样例

⑧使用同样方法定义基准符号。

⑨选择"插入→块"命令，弹出"插入"对话框，如图 14-93 所示。选择刚定义的基准符号，为图形添加基准符号和粗糙度符号。

⑩单击"修改"工具栏上的"公差"按钮 ⊞，弹出"形位公差"对话框，选择公差符号，填写公差值和基准，如图 14-94 所示，完成标注后的效果如图 14-95 所示。

⑪将绘制的所有图形和标注移动到图框内。在"标注"工具栏中单击"多行文字"按钮 A，在标题栏上方适当位置添加技术要求，如图 14-96 所示。

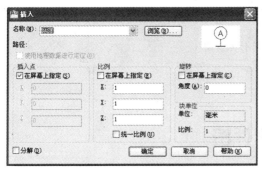

图 14-93 "插入"对话框

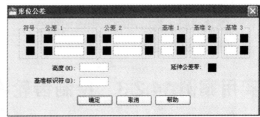

图 14-94 "形位公差"对话框

注意

基准符号要对准尺寸线，形位公差要通过引线指向零件表面或尺寸线。

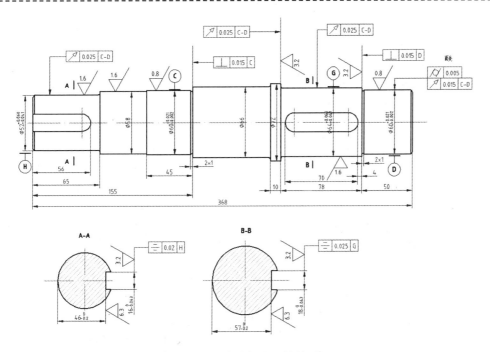

图 14-95 完成标注后的效果

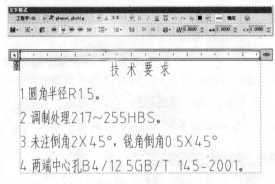

图 14-96　添加技术说明

⑫最后输入标题栏等，完成图纸绘制，如图 14-67 所示。

步骤 4　保存文件

实用案例 14.2.3　绘制齿轮零件图

素材文件：	无
效果文件：	CDROM\14\效果\齿轮零件图.dwg
演示录像：	CDROM\14\演示录像齿轮零件图\.exe

案例解读

本案例综合使用了 AutoCAD 中二维对象的绘制和编辑，绘制方法与轴零件图的绘制方法相似，需要注意的是要绘制详细的技术表格，其中包括齿数、模数等齿轮基本参数，也包括齿形公差等测量项目。

齿轮图纸效果图如图 14-97 所示。

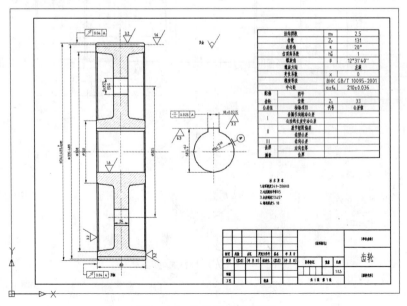

图 14-97　齿轮图纸效果图

要点流程

- 启动 AutoCAD 2010 中文版，进入绘图界面
- 使用样板文件新建文件
- 绘制齿轮中心线和四分之一的轮廓线
- 镜像生成完整的轮廓线
- 添加标注和公差，填写技术表格及标题栏
- 保存文件

流程图如图 14-98 所示。

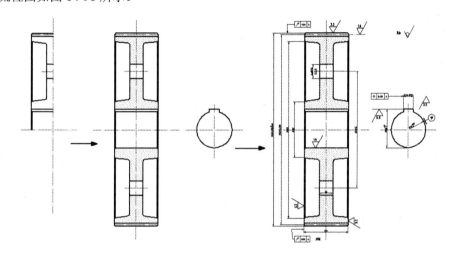

图 14-98　齿轮流程图

操作步骤

步骤 1 使用样板文件新建文件

① 启动 AutoCAD 2010 中文版，进入绘图界面。

② 选择"文件>新建"命令，弹出"选择样板"对话框。在"文件名"中输入"横 A3.dwt"，然后单击"确定"按钮，打开一个新文件。

步骤 2 绘制齿轮中心线和四分之一的轮廓线

参考"实用案例 14.1.2"的尺寸和绘制方法，使用"绘制直线"命令在"中心线"层绘制两条中心线，在"粗实线"层绘制四分之一的齿轮轮廓，如图 14-99（a）所示。

步骤 3 镜像生成完整的轮廓线

详见"实用案例 5.3"的方法，绘制完整的齿轮轮廓线，如图 14-99（b）所示。

步骤 4 添加标注和公差，填写技术表格及标题栏

① 将图形缩小为原图的 2/3，并将缩小后的图形移动到图框内，同时修改标注的比例因子为 1.5。详见"实用案例"14.2.2"的方法和步骤为图形添加尺寸、公差和粗糙度符号等标注，如图 14-100 所示。

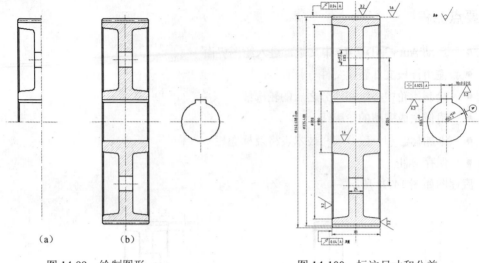

图 14-99 绘制图形   图 14-100   标注尺寸和公差

② 在标题栏上方合适位置绘制技术表格，行距为 7，字号 5 号，如图 14-101 所示。在表格下方添加"技术要求"，如图 14-102 所示。

③ 填写标题栏，这样齿轮零件图就绘制完成了，如图 14-97 所示。

法向模数	mn	2.5
齿数	Z_2	131
齿形角	α	20°
齿顶高系数	h_a^*	1
螺旋角	β	12°31′40″
螺旋方向		左旋
变位系数	x	0
精度等级	8HK GB/T 10095—2001	
中心距	a±fa	210±0.036

配偶		图号		
齿轮		齿数	Z_1	33
公差组		检验项目	代号	公差值
I		齿圈径向跳动公差		
		公法线长度变动公差		
II		基节极限偏差		
		齿型公差		
III		齿向公差		
齿厚		法向齿厚		
测量		齿厚		

图 14-101   技术表格

技 术 要 求

1.齿面硬度241～286HB

2.未注圆角半径R5

3.未注倒角2X45°

4.锻造斜度1：10

图 14-102   技术要求

步骤 5 保存文件

实用案例 14.3   绘制齿轮轴装配图

素材文件：	无
效果文件：	CDROM\14\效果\齿轮轴装配图.dwg
演示录像：	CDROM\14\演示录像\齿轮轴装配图.exe

案例解读

本案例综合使用了 AutoCAD 中二维对象的绘制和编辑绘制了齿轮和轴的装配图。与零件图不同的是，装配图要表达零件间的装配关系，因此需要添加配合尺寸和公差，并通过绘制零件序号引线和明细表来详细描述各个零件。

齿轮轴装配图如图 14-103 所示。

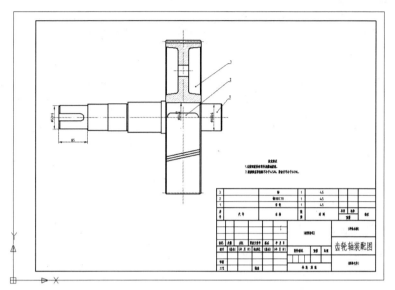

图 14-103　齿轮轴装配图

要点流程

- 启动 AutoCAD 2010 中文版，进入绘图界面
- 复制轴和齿轮到新文件，并编辑图形，使齿轮为半剖
- 添加配合尺寸和公差
- 绘制零件序号引线，填写明细表
- 保存文件

流程图如图 14-104 所示。

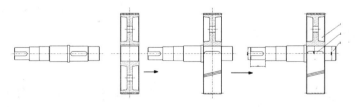

图 14-104　装配流程图

操作步骤

步骤 1　复制轴和齿轮到新文件并编辑图形

① 启动 AutoCAD 2010 中文版，进入绘图界面。

② 选择"文件→新建"命令，弹出"选择样板"对话框。在"文件名"中输入"横 A3.dwt"，然后单击"确定"按钮，打开一个新文件。

③ 打开"CDROM\14\效果\轴零件图.dwg"和"CDROM\14\效果\齿轮零件图.dwg"，关

闭"尺寸线"图层，将两个文件中的图形复制到新文件中，如图 14-105 所示。

④ 使用移动对象命令，将齿轮移动到轴肩位置，使齿轮与轴肩右端面贴合，并删除剖面线，如图 14-106（a）所示。

步骤 2 半剖齿轮

修改轴的剖面，添加轮齿示意线，并为上半剖面添加剖面线，如图 14-106（b）所示。

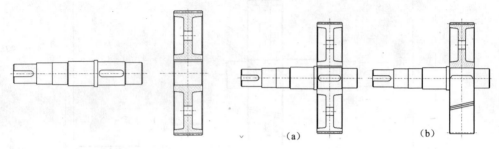

(a) (b)

图 14-105 复制到同一窗口   图 14-106 修改图形

步骤 3 添加配合尺寸和公差

为图纸标注配合尺寸，如图 14-107 所示。

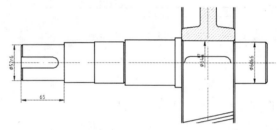

图 14-107 添加标注

步骤 4 绘制零件序号引线

① 在命令行输入 QLEADER，启动"引线"命令。在命令行提示下直接按 Enter 键，弹出"引线设置"对话框，选择"引线和箭头"选项卡，在"箭头"下拉列表框中选择"小点"，如图 14-108 所示。再选择"附着"选项卡，选中"最后一行加下画线"复选框，如图 14-109 所示。

图 14-108 "引线和箭头"选项卡   图 14-109 "附着"选项卡

②重复"引线"命令，为装配图添加零件序号，如图 14-110 所示。

步骤 5 填写明细表

在标题框上方添加明细表和技术要求，如图 14-111 所示。这样，齿轮轴的装配图就绘制完成了，如图 14-103 所示。

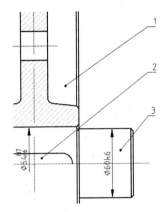

图 14-110 添加序号引线

步骤 6 保存文件

技术要求
1.在装配前所有零件用煤油清洗。
2.接触斑点沿齿高不小于45%，沿齿长不小于60%。

3		轴	1	45			
2		键18×70	1	45			
1		齿轮	1	45			
序号	代号	名称	数量	材料	单件 总件 重量		备注

图 14-111 技术要求和明细表

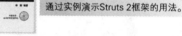

《手把手教你学 AutoCAD 2010 机械实战篇》读者交流区

尊敬的读者：

感谢您选择我们出版的图书，您的支持与信任是我们持续上升的动力。为了使您能通过本书更透彻地了解相关领域，更深入的学习相关技术，我们将特别为您提供一系列后续的服务，包括：

1. 提供本书的修订和升级内容、相关配套资料；
2. 本书作者的见面会信息或网络视频的沟通活动；
3. 相关领域的培训优惠等。

请您抽出宝贵的时间将您的个人信息和需求反馈给我们，以便我们及时与您取得联系。

您可以任意选择以下三种方式与我们联系，我们都将记录和保存您的信息，并给您提供不定期的信息反馈。

1．短信

您只需编写如下短信： B 10906+您的需求+您的建议

发送到1066 6666 789（本服务免费，短信资费按照相应电信运营商正常标准收取，无其他信息收费）

为保证我们对您的服务质量，如果您在发送短信24小时后，尚未收到我们的回复信息，请直接拨打电话 （010）88254369。

2．电子邮件

您可以发邮件至jsj@phei.com.cn或editor@broadview.com.cn。

3．信件

您可以写信至如下地址：北京万寿路173信箱博文视点，邮编：100036。

如果您选择第2种或第3种方式，您还可以告诉我们更多有关您个人的情况，及您对本书的意见、评论等，内容可以包括：

（1）您的姓名、职业、您关注的领域、您的电话、E-mail地址或通信地址；
（2）您了解新书信息的途径、影响您购买图书的因素；
（3）您对本书的意见、您读过的同领域的图书、您还希望增加的图书、您希望参加的培训等。

如果您在后期想退出读者俱乐部，停止接收后续资讯，只需发送"B10906+退订"至10666666789即可，或者编写邮件"B10906 +退订+手机号码+需退订的邮箱地址"发送至邮箱：market@broadview.com.cn亦可取消该项服务。

同时，我们非常欢迎您为本书撰写书评，将您的切身感受变成文字与广大书友共享。我们将挑选特别优秀的作品转载在我们的网站（www.broadview.com.cn）上，或推荐至CSDN.NET等专业网站上发表，被发表的书评的作者将获得价值50元的博文视点图书奖励。

我们期待您的消息！
博文视点愿与所有爱书的人一起，共同学习，共同进步！

通信地址：北京万寿路 173 信箱　博文视点（100036）　　　电话：010-51260888
E-mail：jsj@phei.com.cn，editor@broadview.com.cn

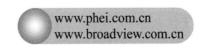
www.phei.com.cn
www.broadview.com.cn

反侵权盗版声明